国产软件应用系列教材

# 数据库基础

主　编　宋庆江　班海琴　刘　蕊

副主编　尹德龙　韦姗姗

西安电子科技大学出版社

## 内 容 简 介

本书是介绍国产优秀数据库管理系统达梦数据库(也称 DM 数据库)的基础专业书籍，书中由关系数据库理论开始，结合大量的示例逐步深入，系统地阐述 DM 数据库的基础知识及应用。

本书共 11 章，主要包括数据库基础，DM 数据库概述，DM 数据库的安装、卸载和常用工具介绍，DM 数据库表空间、用户和模式，DM 数据库表对象，数据查询，视图与索引，DM SQL 编程，DM SQL 数据库对象编程，DM 作业管理，以及 DM 数据控制等。

本书内容全面，书中知识点均有贴近生活的示例，语言通俗，操作性强，方便学习。本书可作为高等学校相关专业的教材，也可作为 IT 领域工作者的参考用书。

**图书在版编目(CIP)数据**

数据库基础 / 宋庆江，班海琴，刘蕊主编. —西安：西安电子科技大学出版社，2023.1
ISBN 978-7-5606-6680-8

Ⅰ. ①数…　Ⅱ. ①宋…　②班…　③刘…　Ⅲ. ①数据库系统　Ⅳ. ①TP311.13

中国版本图书馆 CIP 数据核字(2022)第 185692 号

策　　划　刘玉芳
责任编辑　刘玉芳
出版发行　西安电子科技大学出版社(西安市太白南路 2 号)
电　　话　(029) 88202421　88201467　　邮　　编　710071
网　　址　www.xduph.com　　电子邮箱　xdupfxb001@163.com
经　　销　新华书店
印刷单位　陕西日报社
版　　次　2023 年 1 月第 1 版　2023 年 1 月第 1 次印刷
开　　本　787 毫米×1092 毫米　1/16　印张 19
字　　数　450 千字
印　　数　1～3000 册
定　　价　49.00 元
ISBN　978-7-5606-6680-8 / TP
**XDUP 6982001-1**
***如有印装问题可调换***

# 前　言

本书结合关系数据理论与DM数据库重要知识点，多示例、多角度地介绍了DM数据库这一优秀国产数据库管理系统。通过本书的学习，读者应能掌握DM数据库的相关知识并能熟练应用于相关领域应用的开发。

本书共11章。第1章为数据库基础，介绍了数据库的相关概念、关系数据库理论及关系数据库的规范化。第2章为DM数据库概述，对DM数据库进行了简单介绍，阐述了数据库、实例、用户、表空间、表对象等相关概念，介绍了DM数据库的文件构成。第3章为DM数据库的安装、卸载和常用工具介绍，通过演示的方式介绍了DM数据库相关操作平台，为后面章节的学习做好铺垫。第4章为DM数据库表空间、用户和模式，介绍了表空间、用户和模式这几个数据库对象，通过语法讲解结合示例展示了对这几个数据库对象的相关操作。第5章为DM数据库表对象，通过语法与示例结合介绍了数据表的创建与维护、数据表约束等相关内容。第6章为数据查询，多示例、多角度阐述了数据库最为重要的知识数据检索查询功能。第7章为视图与索引，阐述了视图与索引这两个数据库对象在数据库中的应用。第8章为DM SQL编程，循序渐进地介绍了DM SQL编程的基本概念和知识点，包括变量、数据类型、流程控制语句、游标等重要内容。第9章为DM SQL数据库对象编程，介绍了关系数据库中处理复杂业务的重要对象存储过程、存储函数和包，以及实现复杂约束保证数据完整性和数据库模式有效的触发器。第10章为DM作业管理，介绍了通过DM作业实现一些常规工作的自动化处理，以提高数据库管理的效率，从而高质量地服务数据库管理。第11章为DM数据控制，介绍了DM数据的安全机制之一，通过数据访问控制确保数据库中数据的安全。

本书精选了日常生活中易于理解的经典示例，助力读者对知识点的掌握，大幅缩减了读者学习理解的时间。本书将实用性与理论性相结合，展示了数据库在生活中的应用，也印证了国产优秀关系型分布数据库管理系统——DM数据库是一款极具创新性的不可多得的专业软件。

本书共11章，第1、4、5章由尹德龙编写，第2、3、6章由班海琴编写，第7、8章由刘蕊编写，第9、10章由宋庆江编写，第11章由韦姗姗编写，宋庆江、班海琴、刘蕊负责全书的统稿和定稿。

本书的编写得到了周继烈教授带领的项目组的帮助，在此对周继烈教授项目组表示衷心感谢。同时也感谢DM数据库有限公司提供的技术资料。

由于编者水平有限，书中难免有疏漏之处，恳请广大读者批评指正。

编　者

2022年9月

# 目　录

# 第1章 数据库基础

在购买商品的时候，我们会思考超市管理系统的商品信息存放在哪里吗？在交移动话费的时候，我们会思考个人电话信息存放在哪里吗？在入学的时候，我们会思考学生的个人数据存放在哪里吗？……也许我们没有关注到这些信息，然而这些数据信息却需要“存储仓库”来保存，数据库便是这类相关数据的仓库。

## 1.1 数据库基础知识

### 1.1.1 数据管理技术的发展

伴随信息相关技术的发展，数据的管理经历了人工管理、文件系统和数据库系统 3 个阶段。

#### 1. 人工管理阶段

人工管理阶段为 20 世纪 50 年代中期之前。此阶段计算机的软硬件均不完善，硬件存储设备只有磁带、卡片和纸带，软件方面还没有操作系统，计算机主要用于科学计算。这个阶段由于还没有软件系统对数据进行管理，程序员在程序中不仅要规定数据的逻辑结构，还要设计其物理结构，包括存储结构、存取方法、输入/输出方式等。当数据的物理组织或存储设备改变时，用户程序就必须重新编制。由于数据的组织面向应用，不同的计算程序之间不能共享数据，使得不同的应用之间存在大量的重复数据，很难维护应用程序之间数据的一致性。

人工管理阶段的主要特点如下：

(1) 数据的管理者：人。

(2) 数据面向的对象：某一应用程序。每个应用程序有自己的数据，多个应用程序间的数据无法互相利用，各应用程序间的数据不具参照性。

(3) 数据的共享程度：数据无共享，冗余度极大。一组数据只对应一个应用程序，当多个应用程序涉及相同的数据时必须各自定义，无法相互利用和参照。

(4) 数据的独立性：数据不独立，完全依赖于程序。当数据的逻辑结构或者物理结构发生变化后，应用程序就必须作出相应的修改，数据完全依赖于应用程序，缺乏独立性。

(5) 数据控制能力：应用程序自己控制。需要数据时由应用程序自己设计、说明和管理，没有相应的软件系统负责数据的管理工作，应用程序不仅规定数据的逻辑结构，还需设计数据的物理结构，包括存储结构、存取方法和输入方式等。

(6) 数据的存储：用完即删除，不长期存放在计算机中。此阶段的计算主要用于科学计算，数据不需要进行长期保存。

### 2. 文件系统阶段

文件系统阶段为20世纪50年代中期到60年代中期。由于计算机大容量存储设备(如硬盘)的出现，推动了软件技术的发展，产生了标志性的专门的管理软件——操作系统(Operating System，OS)。在文件系统阶段，数据以文件为单位存储在外存，且由操作系统统一管理。操作系统为用户使用文件提供了友好界面。文件的逻辑结构与物理结构脱钩，程序和数据分离，使数据与程序有了一定的独立性。用户的程序与数据可分别存放在外存储器上，各个应用程序可以共享一组数据，实现了以文件为单位的数据共享。

在文件系统阶段，由于数据的组织仍然是面向程序的，所以存在大量的数据冗余。而且数据的逻辑结构不能方便地修改和扩充，数据逻辑结构的每一点微小改变都会影响到应用程序。由于文件之间互相独立，因而它们不能反映现实世界中事物之间的联系，操作系统不负责维护文件之间的联系信息。如果文件之间有内容上的联系，那么也只能由应用程序去处理。

文件系统阶段的主要特点如下：

(1) 数据的管理者：文件系统。由文件系统对数据进行管理，文件系统把数据组织成相互独立的数据文件，利用“文件名”进行访问，按“记录”进行存取。

(2) 数据面向的对象：某一应用程序。一个或一组文件对应一个应用程序，即文件仍然是面向应用的。

(3) 数据的共享程度：共享性差，冗余度大。当不同的应用程序具有相同的数据时，必须建立各自的文件，不能共享相同的数据。

(4) 数据的独立性：独立性差。文件系统中的文件为某一应用服务，文件的逻辑结构设计针对的是具体的应用，如果想对文件中的数据再增加一些新的应用，则是难以实现的。

(5) 数据控制能力：应用程序自己控制。文件系统中的文件仍然由针对它的具体应用程序来控制。

(6) 数据的存储：以文件的形式长期存储于计算机中。此阶段计算大量用于数据处理，数据需要长期存储于计算机外部存储设备进行反复查询、修改、插入和删除等操作。

### 3. 数据库系统阶段

数据库系统阶段为20世纪60年代后期至今。20世纪60年代中后期，由于计算机应用更为广泛，管理的数据急剧增长，各应用间对数据集合的共享要求越来越强烈，大容量磁盘产生，硬件价格下降，软件价格上升，联机实时处理要求增多，人们开始思考分布处理，随之出现了数据库技术及数据库的管理软件“数据库管理系统”，从而进入了数据库系统阶段。

数据库系统阶段的主要特点如下：

(1) 数据的管理者：数据库管理系统。

(2) 数据面向的对象：整个应用系统。数据“整体”结构化，数据库中的数据不再针对某一个应用，而是面向整个组织或企业。

(3) 数据的共享程度：共享性高，冗余度小。数据是面向整个系统的，是有结构的数据，不仅可以多个应用共享，也易于增加新的应用，数据库系统弹性大，易于扩充。

(4) 数据的独立性：具有高度的物理独立性和逻辑独立性。应用程序与数据库的物理存储相互独立，应用程序与数据库的逻辑结构相互独立。

(5) 数据的结构化：整体结构化，用数据模型描述。

(6) 数据控制能力：由数据库管理系统提供数据安全性、完整性、并发控制和恢复能力。

### 1.1.2　数据库的基本概念

#### 1. 数据与信息

(1) 数据(Data)：数据库研究和处理的对象。数据的形式不仅是数字，它还包含文字、图像、音频、视频等形式。换言之，数据库中的数据是现实世界中存在的各类事物，它以数字、图像、音频、视频等形式存放在信息世界中。

(2) 信息(Information)：现实世界中事物的存在方式或运动状态的表征，是客观事物在人脑中的反映。

(3) 数据与信息：数据与信息是不可分割的术语，信息是数据内容的展现。例如，为了表示某个学生，用(张三，男，1999，贵州，计算机应用专业)这样一条数据表示，那么它展现出来的姓名为张三、性别为男、1999 年出生、贵州人、计算机应用专业即为信息。

#### 2. 数据库(DataBase，DB)

数据库是存储数据的仓库，是长期存储于计算机中的有组织、可共享的数据集合。有组织指的是存放在计算机中的数据以某种格式加工存储；可共享指的是多个用户、多个应用共享这一存储于计算机内的有组织的数据集合。

#### 3. 数据库管理系统(DataBase Management System，DBMS)

数据库管理系统是位于用户与操作系统之间用以创建、管理、维护数据库的软件，它能有效地组织和处理数据库中的数据。为了管理好数据库中的数据，数据库管理系统应具备以下功能。

(1) 数据定义功能：用户能通过 DBMS 提供的数据定义语言(Data Definition Language，DDL)方便地对数据库的对象进行定义。

(2) 数据操纵功能：DBMS 提供数据操纵语言(Data Manipulation Language，DML)，用户可通过 DML 操作数据库中的数据，如对数据库中的数据进行增加、修改、删除、检索等操作。

(3) 数据运行管理功能：DBMS 统一管理数据库中的数据，保证用户事务的正常运行，确保数据的安全性与完整性。

(4) 数据库的建立与维护功能：通过 DBMS 创建数据库，备份、恢复数据库，以及进行数据转换和数据库的转储。

4. 数据库系统(DataBase System，DBS)

数据库系统是计算机系统中引入了数据库后的系统，它一般由数据库、数据库管理系统、应用系统、数据库管理员(DataBase Administrator，DBA)及用户构成，数据库管理员负责数据库的日常管理与维护工作。通常把数据库系统简称为数据库。例如，在计算机系统中引入图书数据库后构成图书馆管理系统，它的基本构成如图 1-1 所示。

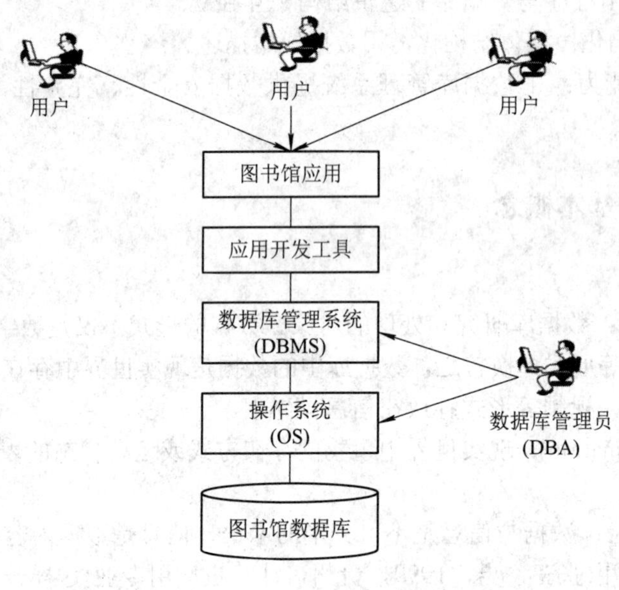


图 1-1　图书馆管理系统

## 1.1.3　数据模型

数据库是存放数据的仓库，数据是现实世界中存在的各种事物，数据库要存储现实世界中的事物，需对现实世界中的事物进行抽象模拟。在数据库中，使用数据模型来对现实事物及事物关系进行抽象模拟，数据模型是数据库的基础。

通常人们使用多种不同的模型对事物进行抽象表示，最为常见的模型是概念模型与结构数据模型，概念模型是从用户的角度对事物进行抽象表示，结构数据模型则是从计算机的角度对事物进行抽象表示。数据库存储数据时，我们需要根据需求将现实事物及事物联系从用户的角度抽象模拟表示，将其转化成某种 DBMS 支持的结构数据模型存储，即完成现实世界到机器世界的抽象模拟。

1. 概念模型

概念模型是从用户的角度对事物及事物关系进行抽象，并用某种方法进行建模展现，它不依赖于任何 DBMS，是数据库设计人员与用户交流的语言，是现实世界到机器世界的一个中间层，完全从用户的角度抽象表示。

1) 概念模型的相关概念

在使用概念模型抽象表示现实世界时，需要掌握概念模型的一些相关概念。

(1) 实体实例(Entity Instance)：简称实例，是现实世界具体的某个人、某件事、某一物。例如，一个叫张三的学生，一门叫高级语言程序设计的课程，这样具体到某一事物即为实例。

(2) 实体(Entity)：具有相同特征的实例的集合。例如：学校的每一个学生即为一个实例，他们有学号、姓名、性别、生日、入学时间、专业等共同特征，那么学校学生的集合就是实体，称为学生实体；学校所开设的课程都有课程号、课程名、学分等共同特征，那么学校所开课程的集合即为实体，称为课程实体。对应的还有教师实体、班级实体等。

(3) 属性(Attribute)：实体所具有的特征。例如，学生实体的学号、姓名、性别、生日等即为学生实体的属性，一个实体由若干相关属性描述。属性有名和值，如姓名即为属性名，对应到某一个具体的实例(即具体的学生)，其属性上就有该学生对应属性的值，如张三。一个属性名可以对应多个属性值。

(4) 码(Key)：包含候选码(或称候选键)、主码(或称主键)。能唯一标识实体的属性或属性组的码称为候选码，即某一属性或属性组的值确定了，也就确定了该实体中的对应实例，这一属性或属性组即是候选码。例如，学生实体，学号属性是候选码，身份证号是候选码，移动电话是候选码，因为这些属性的值是唯一的，其值确定了，也就确定了具体的某一个学生。一个实体可能有多个候选码，从这些候选码中选出一个来区分这一实体中的不同实例，这一被选出来的候选码称为主码。例如，在学生实体的多个候选码中选出学号作为主码。

(5) 域(Domain)：属性的取值范围。例如，学生实体性别属性只能取男或女，性别属性的域即(男，女)；生日属性的取值要确保其年龄大于 0 而小于某个合理的值(如 100)，生日属性的域为当前系统日期的年份减生日的年份，通常为 0～100。

(6) 联系(Relationship)：实体与实体的关联。现实世界中的事物普遍是相互联系的，在信息世界中用联系表示现实世界中各事物的关联。联系通常是一个活动，如教师实体与课程实体的授课联系，学生实体与课程实体的选课联系。实体间的联系也可能产生联系属性。例如，学生实体与课程实体的选课联系，学生选修课程产生选课时间、选课成绩，选课时间、选课成绩即为联系的属性。联系中涉及的实体个数称为联系的元，元为 2 的联系为二元联系，二元联系是最为普遍的实体间联系。二元联系一般有 3 类，即一对一联系(1∶1)、一对多联系(1∶n)和多对多联系(m∶n)，下面分别介绍。

① 一对一联系(1∶1)：对于实体 A 中的每一个实例，实体 B 中最多有一个实例与之关联，而对于实体 B 中的每一个实例，实体 A 中也最多有一个实例与之相关联，则称 A 与 B 实体是一对一联系。例如，班长实体与班级实体，对于班长实体中的每一个实例，只对应班级实体中的一个班级，理解为一个班长只管理一个班，而班级实体中的每一个实例，在班长实体中最多有一个实例与之对应，理解为一个班级只有一个班长，班长实体与班级实体即为一对一联系。

② 一对多联系(1∶n)：对于实体 A 中的每一个实例，实体 B 中有 n 个实例与之关联(n≥0)，而对于实体 B 中的每一个实例，实体 A 最多有一个实例与之关联，那么实体 A 与实体 B 的联系为一对多联系，A 为 1 端，B 为多端。例如，专业实体与班级实体，对于专业实体中的每一个实例(一个实例即一个专业)，在班级实体可以有多个实例(一个实例即一个班级)与之对应，理解为一个专业可以有多个班级，而对于班级实体中的每一个实例，在专业实体中最多有一个实例与之对应，理解为一个班级只属于一个专业，专业实体与班级

实体即为一对多联系，专业实体为1端，班级实体为多端。

③ 多对多联系(m∶n)：对于实体A中的每一个实例，实体B中有n(n≥0)个实例与之关联，而对于实体B中的每一个实例，实例A中亦有m(m≥0)个实例与之关联，则实体A与实体B的联系为多对多联系。例如，对于学生实体中的每一个实例(一个实例即一个学生)，课程实体中可以有多个实例(一个实例即一门课程)与之对应，理解为一个学生可以选修多门课程，而课程实体中每一个实例，学生实体中可以有多个实例与之对应，理解为一门课程可以有多个学生选修，学生实体与课程实体即为多对多联系。

2) 概念模型的表示

概念模型是现实世界到信息世界的第一次抽象，是设计人员与用户交流的语言，是信息世界直观而真实的模拟，用概念模型抽象现实世界中的实体以及实体之间的联系较为直观且容易理解。那么概念模型如何描述实体、实体属性以及实体之间的联系呢？概念模型的表示方法很多，较为著名而实用的表示方法为实体－联系法(Entity-Relationship，E-R)即E-R图，用E-R图表示实体、实体属性、实体与实体的联系方法如表1-1所示。一对一E-R图例如图1-2所示，一对多E-R图例如图1-3所示，多对多E-R图例如图1-4所示。

**表1-1　E-R图表示属性、实体、实体与实体的联系**

| 类型名称 | 表示方法描述 | 示　例 |
|---|---|---|
| 实体 | 用矩形表示实体，并在矩形中写上实体名 | 学生 |
| 属性 | 椭圆表示属性，并在椭圆中写上属性名，用无向线将其与矩形表示的实体连接 | 姓名 |
| 联系 | 用菱形表示实体联系，并在菱形中写上联系名称，在菱形表示的联系两端用无向线与联系相关的矩形表示的实体相连接，在无向线的旁边写清联系的类型(1, n, m)，如果联系有属性，则用无向线将属性连接到联系 | 选课 |

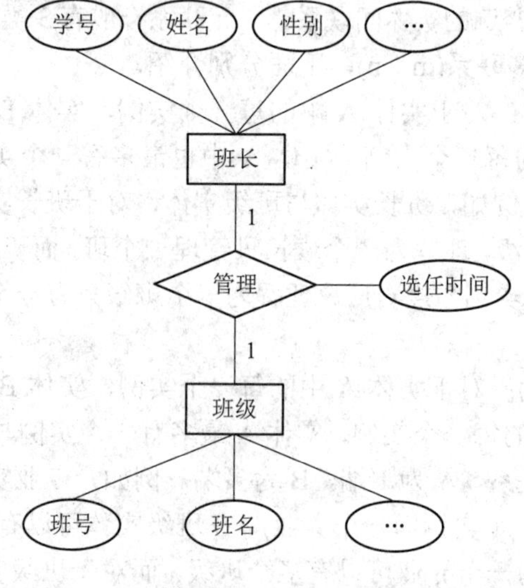


图1-2　一对一E-R图例

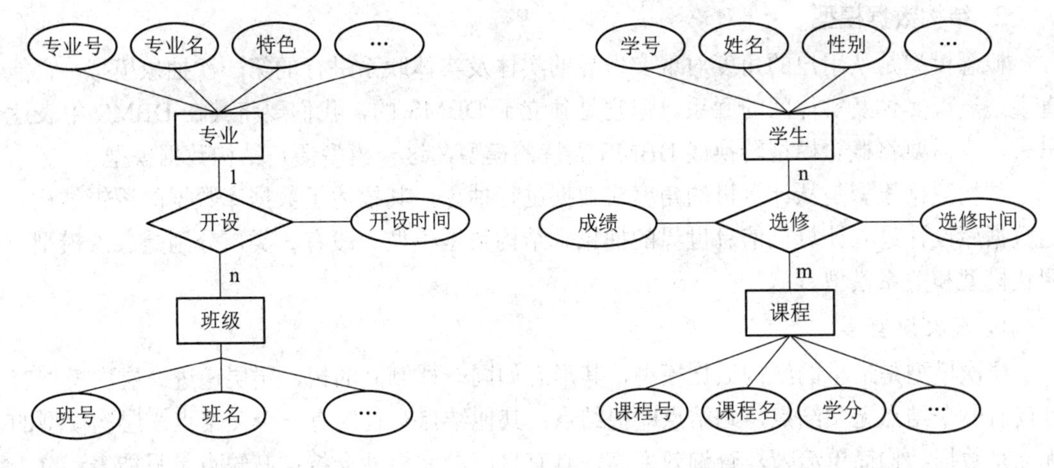


图 1-3 一对多 E-R 图例　　　　图 1-4 多对多 E-R 图例

在实际的应用设计中，应用系统往往涉及现实世界的多个实体，在做数据库的概念模型设计时，要确定各实体的联系，通过分析将现实世界中多个实体用 E-R 模型图表示出来，E-R 模型图是和用户交流的语言，亦是做好后面数据库设计的基础。例如，在学校的学生相关管理系统中，可能有学生实体、课程实体、教师实体、系实体、专业实体、班级实体等，学生与课程是多对多联系，教师与课程是多对多联系，系与教师是一对多联系，系与专业是一对多联系，专业与班级是一对多联系，班级与学生是一对多联系……如图 1-5 所示为学校学生相关管理系统的部分 E-R 模型图。在应用的数据库设计中，应根据具体需求确定实体数量和实体关系。

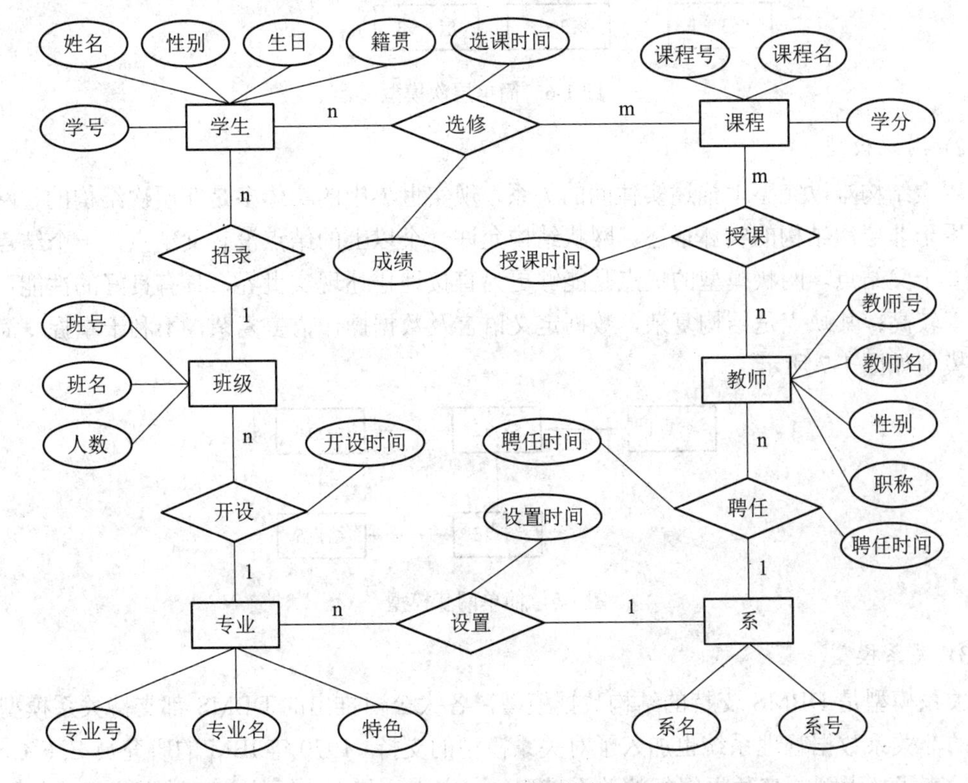


图 1-5 E-R 模型图

### 2. 结构数据模型

概念模型是从用户的角度对现实世界的实体及实体联系进行的第一次抽象模拟，它能直观地展现实体及实体间的联系，但它是独立于 DBMS 的，我们要将其在 DBMS 中表达出来，就需要将概念模型转换成 DBMS 支持的模型，这一模型便是结构数据模型。

结构数据模型是从计算机的角度对数据进行抽象，其描述了数据库数据的逻辑结构，是数据库设计进入计算机信息世界的抽象。结构数据模型一般有 3 类，分别是层次模型、网状模型和关系模型。

#### 1) 层次模型

层次模型是最早的结构数据模型，其形态如同一棵倒立的树，层层递进。层次模型有且仅有一个结点无父结点，此结点即根结点；其他结点有且仅有一个父结点。层次模型的优点是数据结构简单清晰，查询效率高，具有良好的完整性支持；其缺点是只能表示 1∶N 的联系，限制了对数据库存取路径的控制，任一结点只有一条自根结点到达它的路径。简单层次模型如图 1-6 所示。

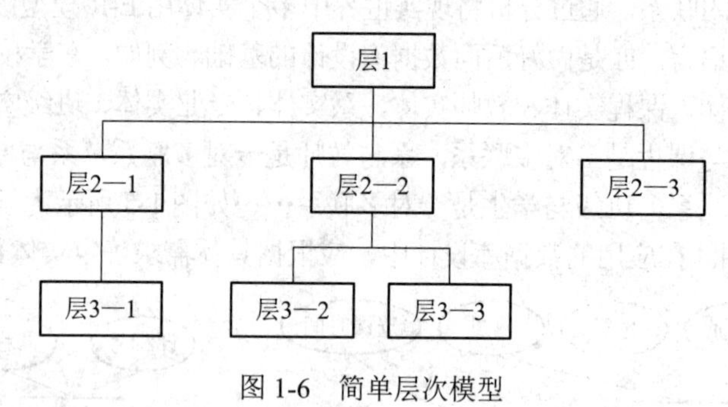


图 1-6　简单层次模型

#### 2) 网状模型

层次结构难以完整地描述实体间的关系，现实世界中的实体多是非层次结构的，网状模型用于非层次结构的实体描述。网状结构允许一个以上的结点没有父结点，一个结点可以有多个父结点。网状模型的优点是能够更为直接地描述现实世界，具有良好的性能，存取效率较高；其缺点是结构复杂，数据定义语言及数据操作语言复杂，不利于掌握。简单网状模型如图 1-7 所示。

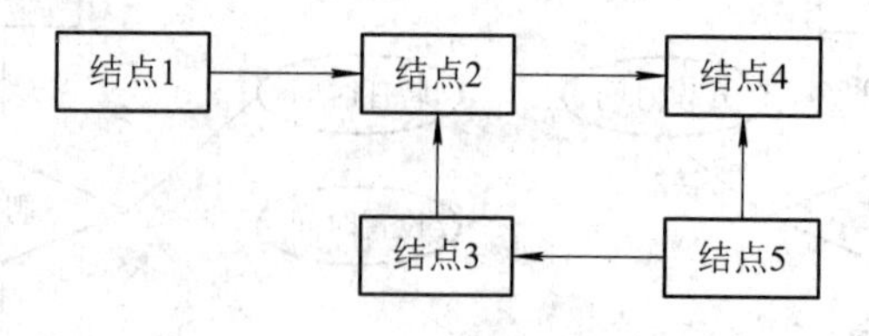


图 1-7　简单网状模型

#### 3) 关系模型

关系模型是 DBMS 支持的结构数据模型，各大公司推出的 DBMS 都支持关系模型，早期的非关系数据管理系统也加入了对关系模型的支持。1970 年 IBM 的研究员 E. F. Codd 博士发表了《大型共享数据银行的关系模型》一文中，其中介绍的 DM 数据库就是基于关系模型的数据库管理系统。下面将介绍关系模型的基本理论。

# 1.2　关系数据库概述

如前所述，关系模型是最重要的结构数据模型，关系数据库是基于关系模型的，关系模型是关系数据库的基础。

## 1.2.1　关系模型

关系模型由关系数据结构、关系操作和关系完整性 3 部分构成。

### 1. 关系数据结构

关系数据结构即关系模型的逻辑结构，它是一张由行和列组成的二维表，描述了从 DBMS 的观点抽象的数据逻辑结构。表 1-2 所示的学生基本信息表是一个关系数据表。

表 1-2　学生基本信息表

| 学　号 | 姓　名 | 性　别 | 生　日 | 籍　贯 | 班　号 |
|---|---|---|---|---|---|
| 2016001 | 张三 | 男 | 1999-10-21 | 贵州贵阳 | 01 |
| 2016002 | 李四 | 女 | 2000-1-21 | 贵州黔南 | 02 |
| 2016003 | 王五 | 男 | 1998-12-15 | 贵州安顺 | 01 |
| 2016004 | 张六 | 男 | 1999-10-12 | 贵州铜仁 | 02 |

1) 关系的基本概念

(1) 关系：一些满足某些约束性条件的二维表。

(2) 元组：关系的每一行称为一个元组(即二维表的行)。其一行存储的是现实世界的一个客观事物或事物间的联系，通常也把元组称为行或记录。

(3) 属性：关系的列，也称为字段。例如，表 1-2 中的学号、姓名、性别、生日、籍贯、班号为“学生基本信息表”这一关系的属性。

(4) 域：关系中在属性列上的取值范围即为属性的域。如性别的域是(男，女)，生日的域是确保年龄大于 0。

(5) 码：或称为键。在关系中，如果一个属性或属性组的值确定了，也就确定了关系中的行，那么这一属性或属性组称为候选码(键)。如果一个关系(表)中有多个候选码，从中选取一个作为主码(键)。在设计数据库时，对于每一个关系(表)，通常会选取一个属性或属性组作为该关系的主码(键)。因为候选码能唯一标识关系中的一行，所以候选码的取值是唯一的，即作为候选码的属性的值是不重复的。主码是候选码之一，故主码上的值亦是不重复的。

(6) 关系模式：关系模式是关系的形式化描述，简单地表示为关系名(属性名 1，属性名 2，属性名 3，…，属性名 n)，主码(键)的属性或属性组用下画线表明。例如，表 1-2 的形式化描述(即关系模式)为：学生基本信息表(学号，姓名，性别，生日，籍贯，班号)。关系模式其实是一个关系(表)的表头描述，关系的表头亦称关系的结构或关系的型，表头以外所有的行集合是关系(表)的内容(关系的值)，一个关系由表头和表内容构成。对于一个关系，表头是保持不变的，表的内容是存储的现实世界事物或事物间的联系，故表的内容(值)是经常改变的。

(7) 关系数据库：关系数据库是由若干关联的关系组成的集合。一个关系存储的是一个实体或实体的联系，关系数据库是关系的集合，故关系数据库存储的是某一领域的实体和实体的联系。一个关系用关系模式表示，关系数据库中所有关系的关系模式表示的关系集合便是关系数据库的模式，它是我们设计的某个领域的数据库的全体逻辑结构描述。

2) 关系数据库的性质

(1) 关系的属性是最小的、不可再分的。

(2) 关系中一列的所有值是同一数据类型，即关系属性的属性值类型一致。

(3) 关系中所有属性名(列名)具有唯一性。

(4) 关系的属性与顺序无关，即关系的属性排列顺序无关紧要。

(5) 关系中不能存在完全相同的两行(元组)。

(6) 元组的顺序无关紧要，即元组由上至下或由下至上的顺序是无关紧要的。

### 2. 关系操作

关系存储的实体或实体的联系是一个集合，关系操作是以集合运算为根据的集合操作，操作的对象和结果都是集合。常用关系操作分为两大部分：选择、投影、连接等查询操作，增加、修改、删除等更新操作。

SQL(Structured Query Language)是关系数据库管理的标准语言，所有的关系型数据库都可以使用 SQL 进行数据访问和控制。

1) 查询操作

查询操作主要通过强大的 SQL 查询功能实现，它的主要语句是 SELECT 语句。

(1) 选择(SELECT)：在关系中选择满足条件的元组，它是从行的角度进行运算的。例如，查询学生基本信息表中 1999 年出生的学生的基本信息。

(2) 投影(PROJECT)：投影是从关系中选择出若干属性组成新的关系，它是从列的角度进行运算的。例如，查询学生基本信息表中所有学生的学号。

(3) 连接(JOIN)：连接是从两个关系的笛卡儿乘积中选择满足条件的元组，它是从元组的角度进行实体间的运算。

关系的查询操作主要有选择、投影、连接等，它们在实际应用中往往是综合使用的，即连接中有选择，选择中有投影，连接中有选择、有投影。在学习中，要灵活使用 SQL 查询功能。

2) 更新操作

更新操作主要通过 SQL 的 INSERT、UPDATE、DELETE 三个语句实现。

(1) 增加(INSERT)：在关系中插入新的元组数据。例如，向学生基本信息表中插入某一学生的学号、姓名、性别、生日、籍贯、班号。

(2) 修改(UPDATE)：修改关系中满足某些逻辑条件的属性值。例如，将学号为 2016001 的学生的性别改为女。

(3) 删除(DELETE)：删除关系中满足某些逻辑条件的元组。例如，将班号为 01 的学生删除。

### 3. 关系完整性

关系完整性是指关系数据库中数据的正确性与一致性。关系完整性由关系的完整性规则来定义，完整性规则是关系的某种约束条件。关系模型的完整性分为 3 种：实体完整性、参照完整性和用户定义完整性。

#### 1) 实体完整性

在关系中，实体完整性是通过主码(键)来实现的，关系的主码不能取空值和重复，例如，表 1-2 中的主码“学号”不能取空值也不能重复。

实体完整性规则：若属性(或属性组)A 为关系 R 的主码(键)，则属性(或属性组)A 不能取空值及重复值。

#### 2) 参照完整性

现实世界中的事物往往存在某种关系，用关系数据模型抽象现实事物时亦存在某种联系，这一联系通过参照完整性来约束。

定义：设 A 为基本关系 R 的一个属性或属性组，但不是关系 R 的主码。如果 A 与关系 S 的主码 B 相对应，则 A 为关系 R 的外码(键)，关系 R 称为参照关系，关系 S 称为被参照关系。例如，学生管理系统中的学生关系与班级关系，关系模式为学生(学号, 姓名, 性别, 生日, 籍贯, 班号)，班级(班号, 班名, 人数, 专业)。这两个关系中，学生属于某个班，学生关系中“班号”的取值是实实在在存在的班级的“班号”，即学生关系的“班号”的取值应参照班级关系的“班号”，学生关系的属性“班号”不是学生关系的主码，但与班级关系的“班号”相对应，因此属性“班号”是学生关系的外码(键)，学生关系是参照关系，班级关系是被参照关系。类似的还有班级关系与专业关系、专业关系与系关系、系关系与教师关系等。

参照完整性规则：若属性(或属性组)A 是关系 R 的外码(键)，它与关系 S 的主码 K 相对应，则在关系 R 的每个元组的属性(或属性组)A 取值必须是空值或关系 S 中某个主码 K 的值。

例如，定义中的学生关系与班级关系，学生关系中的班号的取值有以下两种情况：

(1) 空值：代表该学生未分配至班级。

(2) 非空值：取班级关系中存在的某个“班号”，代表将该学生分配至某个班。

#### 3) 用户定义完整性

在关系数据库中，除了实体完整性和参照完整性外，根据实际的应用需求，还需要一些特殊的约束性条件，用户定义完整性是针对这些特殊的约束性条件，反映具体的应用领域必须满足的一些语义。例如，学生基本信息表中的性别只能取男或女，生日的取值必须满足使学生的年龄介于 14 到 40 之间。

### 1.2.2 E-R 模型到关系模型的转换

关系模型是从计算机的角度抽象现实世界的实体及实体间联系。在设计相关领域数据库时，可按用户要求从用户的角度抽象概念模型，要用基于关系模型的 DBMS 实施，需要将概念模型转换为关系模型。在转换时，应根据实体联系的类型 1：1、1：n、n：m 进行转换。

**1. 一对一联系(1：1)**

实体直接转换为关系模式，将联系与联系两端的任一实体所对应的关系模式合并，即在联系一端的实体转换的关系模式中加入联系另一端实体的主码和联系的属性。

例如，图 1-2 中“班长”和“班级”实体的一对一联系的转换有以下两种方法：

方法 1：“班长”实体直接转换为关系模式且加入联系另一端实体的主码和联系的属性，即

班长(学号, 姓名, 性别, 班号, 选任时间)

联系另一端实体直接转换关系模式，即

班级(班号, 班名)

方法 2：“班长”实体直接转换为关系模式，“班级”实体直接转换关系模式后加入联系另一端实体“班级”的主码“学号”及联系的属性“选任时间”，即

班长(学号, 姓名, 性别)

班级(班号, 班名, 学号, 选任时间)

**2. 一对多联系(1：n)**

将联系与联系的 n 端的实体合并，即联系两端实体直接转换为关系模式，在 n 端实体转换的关系模式中加入 1 端实体的主码及联系本身的属性。

例如，图 1-3 中“专业”与“班级”实体的一对多的转换为：联系的 1 端实体“专业”直接转换为关系模式，n 端实体“班级”转换为关系模式后加入 1 端实体的主码“专业号”及联系本身的属性“开设时间”，即

专业(专业号, 专业名, 特色)

班级(班号, 班名, 专业号, 开设时间)

**3. 多对多联系(n：m)**

将联系自身转换化为关系模式，即联系两端的实体直接转换为关系模式，联系自身转换为一个关系模式。联系转换的关系模式的属性为联系两端的实体主码与联系的属性，联系转换的关系模式的主码是联系各实体的主码的组合。

例如，图 1-4 中“学生”与“课程”实体的多对多联系的转换方法为：联系两端的实体“学生”“课程”直接转换为关系模式，联系“选修”转换为一个关系模式，属性为联系自身属性与联系两端实体的主码“学号”“课程号”的组合，联系转换的关系模式的主码为“学号”“课程号”的组合，即

学生(学号, 姓名, 性别)

课程(课程号, 课程名, 学分)

选修(学号, 课程号, 选修时间, 成绩)

在设计某一领域的应用时，对这一领域所涉及现实世界的实体及实体间联系的 E-R 模型，可根据 E-R 模型转换为关系模型的方法将其转换为对应的关系模型。但在实际的应用中，转换后的关系模型未必是最优的，还需要根据实际情况，按照关系的规范化理论进行优化，得到最优的数据库关系逻辑结构。

### 1.2.3　关系模型的规范化

如前所述，根据概念模型到关系模型的转换方法转换的关系模型未必是最优的，为降低或消除数据库的存储冗余及消除对数据进行更新操作的异常，可借助规范化理论知识优化数据库结构，对于关系模型，使用范式来实现数据的规范化。

**1. 问题的提出**

表 1-3 中“学生－选课－课程表”是一个不规范的关系，这种不规范的关系通常存在以下 4 个问题：

(1) 数据冗余。使用该关系存储数据，当学生有选课信息时，意味着每选一门课，学生的基本信息“姓名”“性别”“生日”“籍贯”及课程的基本信息“课程名”“学分”就会出现一次。如果该关系中要存储上万个学生的基本信息，每个学生有 20 门选修课，这会导致“姓名”“性别”“生日”“籍贯”的值重复出现 20 次，那么数据的重复程度可想而知，课程信息亦是如此。

**表 1-3　学生—选课—课程表**

| 学号 | 姓名 | 性别 | 生日 | 籍贯 | 课程号 | 课程名 | 学分 | 选修时间 | 成绩 |
|---|---|---|---|---|---|---|---|---|---|
| 001 | 张三 | 男 | 1999-10-21 | 北京 | 01 | 数据库 | 4 | 2016-3-1 | 65 |
| 001 | 张三 | 男 | 1999-10-21 | 北京 | 02 | C 语言 | 4 | 2016-3-1 | 70 |
| 002 | 李四 | 女 | 1998-12-21 | 天津 | 01 | 数据库 | 4 | 2016-3-1 | 80 |
| 002 | 李四 | 女 | 1998-12-21 | 天津 | 02 | C 语言 | 4 | 2016-3-1 | 85 |

(2) 修改异常。假如要修改张三的生日，因为(1)中所述，重复出现的数据将导致修改数据时增加系统开销甚至出现某些元组上对应的数据未被修改。

(3) 插入异常。假如在数据库操作中增加某门课的基本信息，而该门课未被选修，也就意味着学生的基本信息将没有，对于该关系，其主键必然是(学号、课程号)，在关系完整性中提到，主键不允许为空值，即向表中增加未被选修的课程时将不被允许。

(4) 删除异常。假如要删除某个学生的选课信息(因操作员错误录入)，因为每个选课信息都有对应的学生基本信息，所以当删除选课信息时，该学生的基本信息也被删除，这是我们不希望的。

在设计数据库时，应避免出现上述 4 个问题。那么如何解决呢？我们将通过关系的规范化来优化该关系，并解决上述 4 个问题。

2. 数据依赖

在说明关系模型的规范化时，为了便于理解，先来了解数据依赖的一些相关概念。

(1) 函数依赖：在关系中，对于某些属性，其值在关系的内容中是唯一的，即当这些属性的属性值确定时，也就确定了其关系中的某一元组。例如，学生关系中学号确定了，就确定了其是哪一个元组，也就是确定了其他属性如姓名、性别、生日、籍贯的值，则称学号函数决定姓名、性别、籍贯和生日，或者称姓名函数依赖于学号、生日函数依赖于学号、性别函数依赖于学号、籍贯函数依赖于学号，记为：学号→姓名，学号→性别，学号→生日，学号→籍贯。

函数依赖的定义：设 R(U)是属性集 U 上的关系模式，X 与 Y 是 U 的子集，基于 R(U)的任意一个可能的关系 r，r 中不可能存在两个元组在 X 属性上的属性值相等而在 Y 属性上的属性值不等(即 X 属性的值相等，则 Y 属性的值必然相等)，则称“X 函数决定 Y”或“Y 函数依赖于 X”，记为 X→Y，X 为决定因素。

(2) 平凡函数依赖：设有关系模式 R(U)，X→Y 是 R 的一个函数依赖，Y⊆X，则称 X→Y 为平凡函数依赖。若 Y 不是 X 的子集，则称 X→Y 为非平凡的函数依赖。

(3) 完全函数依赖：设有关系模式 R(U)，X→Y 是 R 的一个函数依赖，对于 X 的每个真子集 X′，X′→Y 都不成立，则称 X→Y 是完全函数依赖；反之，如果 X′→Y 存在，则称 X→Y 是部分函数依赖。如表 1-3 关系中，其主码为(学号，课程号)，对于姓名、性别、生日、籍贯属性，其实只要学号值确定，那么它们的值也就确定了，即姓名、性别、生日、籍贯对主码(学号，课程号)是一个部分函数依赖关系。

(4) 传递依赖：设有关系 R(U)，X、Y、Z⊂U，X→Y，且 Y 不是 X 的子集，Y→Z，且 Y 不函数决定 X，则 Z 传递依赖于 X。关系模式为专业→系(专业号，专业名，特色，系编号，系名)，该关系模式的系名传递依赖于专业号，因为专业号→系编号，系编号→系名。

(5) 多值依赖：设 R(U)是属性集 U 上的一个关系模式，X、Y、Z 是 U 的子集，并且 Z = U - X - Y。当且仅当对于 R(U)的任一关系 r，给定的一对(x，z)，有一组 Y 的值，这组值仅仅取决于 x，而与 z 值无关(一个 x 的值决定一组 Y 的值)，则关系模式 R(U)中多值依赖 X→→Y 成立。

(6) 主属性与非主属性：包含在码(候选码和主码)中的属性称为主属性，不包含在任何码中的属性称为非主属性。

3. 范式

在关系模型中，使用范式来实现数据的规范化。所谓范式，即一组规则序列，这些序列可简化数据库设计，优化数据库结构。范式按其规范化的程度分为第一范式、第二范式、第三范式、扩充第三范式和第四范式。

(1) 第一范式(First Normal Form，1NF)：如果关系 R 的每一个属性都是不可分解的，那么 R 为第一范式模型，记为 R∈1NF。

例如，学生(学号，姓名，性别，生日，籍贯，家庭成员)就不满足第一范式，因为家庭成员是可分解的属性，可分解为成员姓名、亲属关系，解决办法是将该关系模式分解成两个关系模式，即学生(学号，姓名，性别，生日，籍贯)，家庭成员(学号，成员姓名，亲属关系)。

(2) 第二范式(Second Normal Form，2NF)：如果关系 R 是第一范式，且每个非主属性都完全函数依赖于主码，则称 R 为满足第二范式的模型，记为 R∈2NF。

例如，关系模式学生(学号，姓名，性别，生日，籍贯，课程号，选课时间，成绩)，该关系的主码(键)为(学号，课程号)，学号、课程号为主属性，对于属性姓名、性别、生日，籍贯的值，只要学号确定其值即确定，即它们是函数依赖于学号的，也就是说，属性姓名、性别、生日、籍贯对主码是部分依赖关系不是完全的函数依赖关系，该关系不满足第二范式，不满足第二范式的关系模式会存在数据冗余、增加异常、修改异常和删除异常。解决办法是分解该关系为两个关系，即学生(学号，姓名，性别，生日，籍贯)、选课(学号，课程号，选课时间，成绩)。

(3) 第三范式(Third Normal Form，3NF)：如果关系 R 是第二范式，且没有非主属性是传递依赖于任何码，则称 R 为满足第三范式的模型，记为 R∈3NF。也就是说，如果存在非主属性对于码的传递函数依赖，则不符合 3NF 的要求。

例如，专业(专业号，专业名，特色，系编号，系名)，在该关系中，码为专业号，因为存在系名对专业号的传递依赖，所以不满足第三范式，解决办法是分解该关系模式为专业(专业号，专业名，特色，系编号)，系(系编号，系名)。

(4) 扩充第三范式(Boyce Codd Normal Form，BCNF)：如果关系模式 R 是第三范式，且每一个决定因素都包含关键字，则称 R 为满足扩充第三范式的模式，记为 R∈BCNF。也就是说每一个决定属性(因素)都包含(候选)码且 R 中的所有属性对于码不存在部分依赖和传递依赖。判断依据：① 每一个决定因子都包含码；② 所有属性(主属性，非主属性)对码是否存在部分依赖和传递依赖。

例如：某公司有若干个仓库；每个仓库只能有一名管理员，一名管理员只能在一个仓库中工作；一个仓库中可以存放多种物品，一种物品也可以存放在不同的仓库中。每种物品在每个仓库中都有对应的数量。

对应的关系模式：仓库(仓库名，管理员，物品名，数量)。

函数依赖：仓库名→管理员，管理员→仓库名，(仓库名，物品名)→数量。

码：(管理员，物品名)，(仓库名，物品名)。

主属性：管理员，物品名，仓库名。非主属性：数量。

分析：非主属性数量对于码不存在部分依赖，也不存在传递依赖，仓库这一关系模式是属于第三范式的，但是仍然存在以下问题。

① 增加异常：假如新增加一个仓库，但未给其存放物品，仓库名、物品名为主码，有仓库名而无物品名，根据实体完整性是不允许的，是增加异常。

② 删除异常：假如要清空某一仓库存放的所有物品，对于这一关系，势必要删除所有物品名。物品名是主码属性，根据实体完整性，会产生删除异常，除非连同仓库信息一起删除，但这样管理员也被删除了。

造成这些问题的原因何在呢？主要是因为主属性对于码存在着部分依赖，即管理员部分依赖于码(仓库名，物品名)，仓库名部分依赖于(管理员，物品名)。

解决办法：将仓库关系分解为两个关系，即仓库(仓库名，管理员)、库存(仓库名，物品名，数量)。

又例如，学生—课程—教师(学号，教师号，课程号)，假如每个教师只教一门课，每门课有若干教师，某个学生选修某门课就对应一个教师。

函数依赖：(学号，课程号)→教师号，教师号→课程号，(学号，教师号)→课程号。

码：(学号，课程号)，(学号，教师号)。

主属性：学号，课程号，教师号。

分析：该关系没有非主属性对于码的部分依赖和传递依赖，故该关系属于 2NF、3NF。但有主属性课程号部分依赖于码(学号，教师号)，因此该关系不属于 BCNF，这种特殊的关系不属于 BCNF，仍然存在异常。

解决办法：分解该关系为学生课程(学号，课程号)、教师—课程(教师号，课程号)。

在关系数据库的设计中，一般情况下，只要关系模式满足第三范式，即可消除多数数据冗余、增加异常、修改异常、删除异常，但并不是所有的第三范式都能解决上述问题。

(5) 第四范式(Fourth Normal Form，4NF)：如果关系模式 R 是第三范式，且每个非平凡多值依赖 X→→Y(Y 不是 X 子集)，X 都含有关键字，则称 R 为满足第四范式的模式，记为 R∈4NF。

例如，授课(课程，教师，参考书)。每位教师可以教多门课，每门课可以由多个教师上，一门课有多种参考书。有如下依赖关系：课程→→教师，课程→→参考书，而课程并不是关键字，所以不满足第四范式，分解如上关系为：任教(课程，教师)、参考书(课程，参考书)。

### 4. 规范化小结

目的：使数据库的关系结构合理化，消除数据库存储数据的较大数据冗余，避免增加、修改、删除数据出现异常，提高数据存储空间利用率，确保存储在数据库中数据的准确性与一致性。

关系模型规范化的步骤如图 1-8 所示。

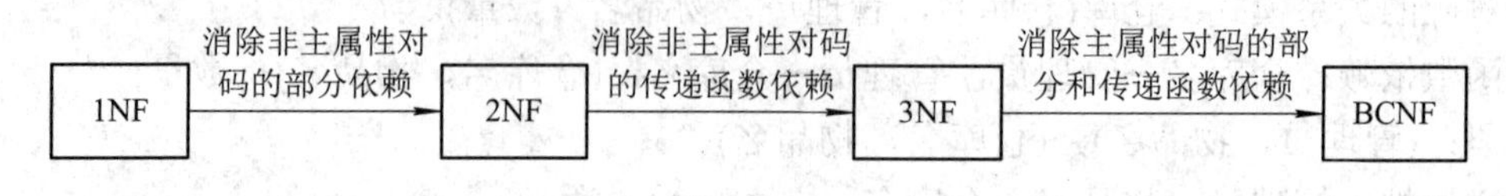


图 1-8　关系模型规范化的步骤

## 1.3　关系数据库的设计

数据库设计就是建立数据库及其应用系统，数据库设计时应根据应用环境构造最优的数据库模式。数据库设计时要考虑如何有效地存储、操作和管理数据，使设计满足用户需求。

### 1.3.1　数据库设计的原则

数据库的设计目标是在 DBMS 的支持下，按照应用环境的要求，设计一个方便用户使用、结构合理、效率高的满足用户需求的数据库系统。

数据库的设计应与应用系统相结合，涉及数据库的结构设计和数据库的行为设计两个方面。数据库设计应将结构设计与行为设计相结合。

数据库的结构设计是从应用的数据结构角度对数据库进行设计，数据的结构是相对静态的，所以数据库的结构设计也称为数据库的静态结构设计，其设计过程是将现实世界的事物及事物联系抽象出概念模型(E-R 图)，再将概念模型转换成相应的结构数据模型(通常为关系模型)。

数据库的行为设计是根据应用系统用户的行为对数据库进行设计，用户行为通常是对数据进行查询统计、事务处理等，一般用户行为是通过应用系统设计来体现的，故数据库的行为设计也称为数据库的动态设计，其设计过程是将现实世界中的数据及应用情况用数据流图和数据字典表示，并描述用户的数据操作要求，从而得出系统的功能结构和数据库结构。

## 1.3.2　数据库设计的步骤

按照规范化的设计方法，一般将数据库的设计分为 6 个步骤，如图 1-9 所示。

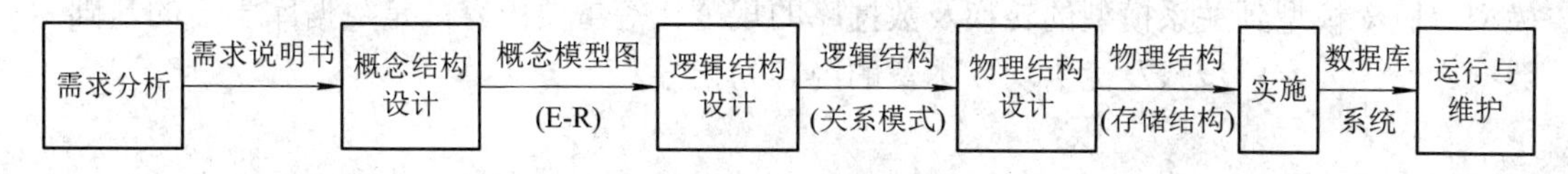


图 1-9　数据库的设计步骤

### 1. 需求分析

(1) 任务：详细调查，明确用户要求，确定系统功能，分析出要处理的对象，确定要存储的数据、系统行为。

(2) 方法：需求的收集、需求分析与整理、业务流程分析产生数据流图、数据分析统计、数据的各种处理功能的分析。

(3) 成果：需求分析说明书，该说明书含数据流图、系统功能结构图和必要的说明等。

### 2. 概念结构设计

(1) 任务：将需求分析得到的用户要求抽象为概念模型。

(2) 方法：定义全局概念结构框架后逐步细化的自顶向下方法、定义局部概念结构集成全局概念结构的自底向上方法、定义核心结构向外扩展的逐步扩张法、结合自顶向下和自底向上的混合结构法。

(3) 成果：形成独立于任何 DBMS 的概念模型(E-R 图)。

### 3. 逻辑结构设计

(1) 任务：将概念结构设计形成的概念模型(E-R 图)转换为特定的 DBMS 系统所支持的数据库的逻辑结构。

(2) 方法：按照概念模型(E-R 图)向关系模型转换的规则把概念模型转换为关系模型，按规范化理论将转换的关系模型优化以消除数据操作异常及不必要的数据存储冗余。

(3) 成果：形成逻辑结构说明书，主要是数据库的模式。

### 4. 物理结构设计

以逻辑结构设计的结果作为输入，结合具体的 DBMS 的特点和存储介质的特性，选取一个最适合应用环境的物理结构，包括数据库文件的组织形式、存储介质的分配、确定存储结构及系统配置等。

5. 实施

设计人员运用 DBMS 所提供的语言和工具，根据逻辑设计和物理设计的结果建立数据库，编写和调试应用程序，组织数据入库，并进行试运行。

6. 运行与维护

数据库应用系统在试运行后即可投入正式使用，但需要在正式运行中对其进行不断的评价、调整与修改。

## 本章小结

本章从数据库的基础知识入手，介绍了数据库的相关知识，包括概念模型、结构数据模型、概念模型到关系模型的转换及数据库的规范化等重要内容，是数据库学习的基础，数据库设计内容、步骤及优劣均以本章的内容为指导。

# 第 2 章　DM 数据库概述

## 2.1　DM 数据库简介

DM 数据库是达梦数据库有限公司推出的新一代高性能数据库产品，是国产通用大型安全关系型数据库管理系统，具有完全的自主知识产权。DM 数据库作为已商业化的国产数据库代表，在政府及事业单位中应用比较广泛。它具有开放的、可扩展的体系结构，易于使用的事务处理系统，以及低廉的维护成本。DM 数据库以 RDBMS 为核心，以 SQL 为标准，是一个能跨越多种软硬件平台、具有大型数据综合管理能力的、高效稳定的通用数据库管理系统。数据库访问是数据库应用系统中非常重要的组成部分。DM 数据库作为一个通用数据库管理系统，提供了多种数据库访问接口，包括 ODBC、JDBC、DPI 以及嵌入方式等。

## 2.2　DM 数据库的特性

DM 数据库除了具备一般 DBMS 所应具有的基本功能外，还具有以下特性：

(1) 通用性：支持所有主流的硬件架构与存储设备；支持所有主流的操作系统；符合所有国内国际数据库管理系统相关标准与规范；支持所有主流的开发环境与技术架构；提供多语言和国际化的支持。

(2) 高性能：高效的并发性能；优化的 I/O 性能；高效的查询引擎。

(3) 高安全性：具有完全自主知识产权；安全级别达到国家信息安全标准(GB/T 20273—2019)第三级，军用信息安全产品为军 B 级；获得多家第三方权威机构的认证。

(4) 高可靠、高可用性：丰富的备份、恢复手段；完整的故障恢复解决方案；全方位的可靠性解决方案；支持无延时的故障转移可靠性解决方案；能够满足各类用户对可靠性的不同要求。

(5) 易用性：简易的安装配置；丰富的客户端管理工具；强大的服务器管理与维护功能；智能的产品升级；丰富详尽的联机帮助与用户手册。

(6) 海量数据存储和管理：灵活的数据分区功能；大数据量读取优化；大数据量备份、恢复优化；大数据量加载优化；理论上最大数据量支持 PB 级以上，实测数据量达到 10 TB 级。

(7) 开发与移植支持：丰富的编程接口；功能强大的数据迁移工具；简化开发与移植的功能设计；和 Oracle 的深度兼容。

(8) 全文索引：DM 数据库实现了全文检索功能，它根据已有词库建立全文索引，文本查询完全在索引上进行。词库(包括中、英文等多种语言)由单独的软件进行维护和更新。全文索引为在字符串数据中进行复杂的词搜索提供了有效支持。全文索引是解决海量数据模糊查询的较好的解决办法。

(9) 对存储模块的支持：DM 数据库可以运用过程语言和 SQL 语句创建存储过程或存储函数(将存储过程和存储函数统称为存储模块)，存储模块运行在服务器端，并能对其进行访问控制，减少了应用程序对 DM 数据库的访问，提高了数据库的性能和安全性。

(10) 对 Web 应用的支持：DM 数据库提供 ODBC 驱动程序和 OLE DB Provider，支持 ADO.NET 应用。支持在 ASP 动态网页中访问 DM 数据库。DM 数据库还提供 PHP 接口，支持 PHP 动态网页技术。

## 2.3 DM 数据库的基本概念

本节主要介绍 DM 数据库中几个重要的概念：数据库、实例、用户、表空间、模式、表、角色、数据文件。

### 1. 数据库

我们常说的数据库如 MySQL、Oracle、HBase 等数据库，是一类软件系统。这些系统除了提供数据的存储外，还提供一整套相关的工具或接口对存储的数据进行管理。DM 数据库就是这样的一种系统。DM 数据库是磁盘上存储的数据的文件集合，这些文件一般包括数据文件、日志文件、控制文件以及临时数据文件等。

### 2. 实例

DM 数据库存储在服务器的磁盘上，而 DM 实例则存储于服务器的内存中。通过运行 DM 实例，可以操作 DM 数据库中的内容。在任何时候，一个 DM 实例只能与一个 DM 数据库进行关联(装载、打开或者挂起数据库)。在大多数情况下，一个 DM 数据库也只有一个 DM 实例对其进行操作。但是在 DM 数据库共享存储集群中，多个 DM 实例可以同时装载并打开一个 DM 数据库(位于一组由多台服务器共享的物理磁盘上)。此时，可以同时从多台不同的计算机访问这个 DM 数据库。

### 3. 用户

DM 数据库通过用户管理确保数据库的安全管理与使用。同时，DM 数据库还赋予了用户另外一层意义，通过创建用户的方式指定使用的表空间。DM 数据库的对象又是通过用户下的模式进行组织管理，即数据库对象被组织管理到用户下的对应模式名中。简言之，用户即是 DM 数据库的安全管理有效机制，也是组织管理数据对象的必要手段。DM 数据库用户是建在实例下的，因为实例相互独立，所有 DM 数据库不同的实例下可以有相同的用户名。另外，在 DM 数据库中通过 CREATE USER 语句创建用户时，会同时创建一个同名的“模式”。也可以通过 CREATE 模式语句单独创建模式，并授权给某个已存在的用户，因此在 DM 数据库中用户与模式是 1∶n 的关系。

### 4. 表空间

表空间是一个用来管理数据存储的概念，表空间只是和数据文件(ORA 或者 DBF 文件)

发生关联。数据文件是物理的，一个表空间可以包含多个数据文件，而一个数据文件只能隶属一个表空间。可以将表空间理解为对应一块物理存储区，专门用来存储数据文件。实例化 DM 数据库时，默认会创建 MAIN、ROLL、SYSTEM、TEAM 及 HMAIN 五个表空间。系统自行维护 ROLL、SYSTEM、TEAM 表空间，用户新建但未指定存放表空间的表默认放在 MAIN 表空间。用户可以自定义表空间，并在创建用户时指定该自定义表空间为默认表空间；也可以在建表时通过加"tablespace Space Name"语句动态指定该表的存储表空间。

### 5. 模式

模式可理解为 DM 数据库对象的容器。在 DM 数据库中，数据库对象(表、视图、存储过程等)创建于模式之下，一个模式只归属于一个用户，一个用户可以创建多个模式，模式中的对象归该用户使用，也可授权其他用户使用。

如何理解表空间、用户和模式的关联呢？模式是属于某个用户的，模式的用户管理模式中的数据库对象。同时，模式中的数据库对象和对象数据存储于用户的表空间定义的磁盘文件。表空间通过逻辑划分定义存储磁盘文件，用户关联表空间确定使用的磁盘文件，模式定义数据库对象确定管理用户。

一个用户一般对应一个模式，该用户的模式名等于用户名，并作为该用户的缺省模式。一个用户还可以使用其他的模式。当创建模式不指定用户时，该模式默认为 SYSDBA 拥有；在同一模式下不能存在同名对象，但在不同模式中的对象名称可以相同；用户可以直接访问同名模式对象，如果要访问其他模式对象，则必须具有对象权限；当用户要访问其他模式对象时，必须附加模式名作后缀(如模式.table)。

### 6. 表

对于基于关系模型的数据库管理系统，表(关系)对象是存储和操作数据的逻辑结构。DM 数据库存储的数据以表格的形式呈现，数据在表中以行和列组织存储。在数据库的相关理论学习中，我们知道一行即一元组，一列即一属性。在关系的性质中说到，表(关系)的每一列都是同一数据类型的数据。DM 数据库使用表来存储数据，那么需要对每一列即属性定义数据类型。一个表只能属于一个表空间。

### 7. 角色

在 DM 数据库中，每个用户都有角色。它决定了该用户有什么权限，比如 DBA，拥有最高权限。实例化的 DM 数据库默认有 3 种角色，分别是 DBA、PUBLIC 和 RESOURCE。新建的用户只拥有 PUBLIC 角色，因此一般新建用户后，需要单独对他(她)进行授权。

### 8. 数据文件

数据库使用了磁盘上大量的物理存储结构来保存和管理用户数据，这些物理存储结构称为文件。

## 2.4　DM 数据库逻辑存储结构

DM 数据库指的是存放到磁盘的文件。

### 2.4.1 数据库

DM 数据库为数据库中的所有对象分配逻辑空间，并存放在数据文件中。在 DM 数据库内部，所有的数据文件组合在一起被划分到一个或者多个表空间中，所有的数据库内部对象都存放在这些表空间中。同时，表空间被进一步划分为段、簇和页(也称块)。从图 2-1 所示的 DM 数据库逻辑存储结构可以看出，DM 数据库的存储层次结构如下：

(1) 数据库由一个或多个表空间组成。

(2) 每个表空间由一个或多个数据文件组成。

(3) 每个数据文件由一个或多个簇组成。

(4) 段是簇的上级逻辑单元，一个段可以跨多个数据文件。

(5) 簇由磁盘上连续的页组成，一个簇总是在一个数据文件中。

(6) 页是 DM 数据库中最小的分配单元，也是 DM 数据库中使用的最小的 I/O 单元。

通过这种细分，使得 DM 数据库能够更加高效地控制磁盘空间的利用率。

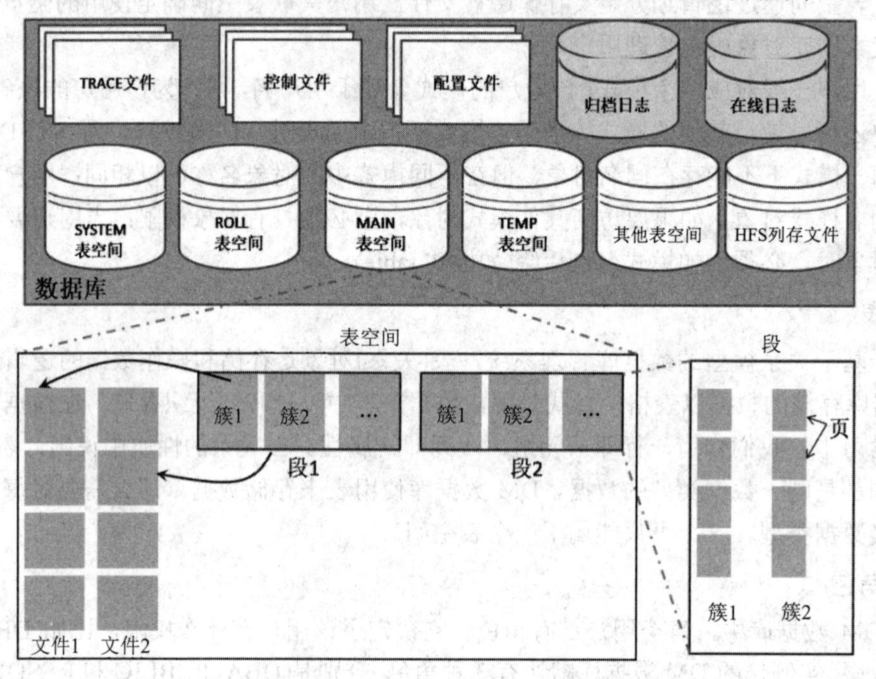


图 2-1 DM 数据库逻辑存储结构

### 2.4.2 文件

DM 数据库使用了磁盘上大量的物理存储结构来保存和管理用户数据。这些物理存储结构称为文件。DM 数据库文件分类如下：

(1) 配置文件。配置文件是 DM 数据库用来设置功能选项的一些文本文件的集合，配置文件以 .ini 为扩展名，如 dm.ini、dmarch.ini。

(2) 控制文件。每个 DM 数据库都有一个名为 dm.ctl 的控制文件。控制文件是一个二进制文件，它记录了数据库必要的初始信息。

(3) 数据文件。数据文件以 .dbf 为扩展名，它是 DM 数据库中最重要的文件，一个 DM 数据文件对应磁盘上的一个物理文件，DM 数据文件是存储数据的地方，每个 DM 数据库至少有一个数据文件。在实际应用中，通常有多个数据文件。

(4) 重做日志文件。重做日志文件又叫 redo 日志，主要用于数据库的备份和恢复。

(5) 归档文件。利用归档日志，系统可被恢复至故障发生的前一刻，也可以还原到指定的时间点，如果没有归档日志文件，则只能利用备份进行恢复。

(6) 逻辑日志文件。如果在 DM 数据库上配置了复制功能，复制源就会产生逻辑日志文件。

(7) 备份文件。备份文件以 .bak 为扩展名。

(8) 日志文件。用户在 dm.ini 中配置 SVR_LOG 和 SVR_LOG_SWITCH_COUNT 参数后就会打开跟踪日志。DM 数据库系统在运行过程中，会在 log 子目录下产生一个以“dm_实例名_日期”命名的事件日志文件。事件日志文件记录 DM 数据库运行时的关键事件，如系统启动、关闭、内存申请失败、I/O 错误等一些致命错误。

### 2.4.3　表空间

在 DM 数据库中，表空间由一个或者多个数据文件组成。DM 数据库中的所有对象在逻辑上都存放在表空间中，而物理上都存储在所属表空间的数据文件中。在创建 DM 数据库时，会自动创建 5 个表空间：SYSTEM 表空间、ROLL 表空间、MAIN 表空间、TEMP 表空间和 HMAIN 表空间，DM 数据库表空间如图 2-2 所示。

图 2-2　DM 数据库表空间

(1) SYSTEM 表空间存放了有关 DM 数据库的字典信息，用户不能在 SYSTEM 表空间创建表和索引。

(2) ROLL 表空间完全由 DM 数据库自动维护，用户无需干预。该表空间用来存放事务运行过程中执行 DML 操作之前的值，从而为访问该表的其他用户提供表数据的读一致性视图。

(3) MAIN 表空间在初始化库的时候会自动创建一个大小为 128 MB 的数据文件 MAIN.DBF。在创建用户时，如果没有指定默认表空间，则系统自动指定 MAIN 表空间为用户默认的表空间。

(4) TEMP 表空间完全由 DM 数据库自动维护。当用户的 SQL 语句需要磁盘空间来完成某个操作时，DM 数据库会从 TEMP 表空间分配临时段。如创建索引、无法在内存中完成的排序操作、SQL 语句中间结果集以及用户创建的临时表等都会使用到 TEMP 表空间。

(5) HMAIN 表空间属于 HTS 表空间，完全由 DM 数据库自动维护，用户无须干涉。当用户创建 HUGE 表时，在未指定 HTS 表空间的情况下，HMAIN 可以充当默认 HTS 表空间。

每一个用户都有一个默认的表空间。对于 SYS、SYSSSO、SYSAUDITOR 系统用户，默认的用户表空间是 SYSTEM，SYSDBA 的默认表空间为 MAIN，新创建的用户如果没有指定默认表空间，则系统自动指定 MAIN 表空间为用户默认的表空间。

如果用户在创建表的时候指定了存储表空间 A，并且和当前用户的默认表空间 B 不一致，则表存储在用户指定的表空间 A 中，并且默认情况下，在这张表上面建立的索引也将存储在 A 中，但是用户的默认表空间是不变的，仍为 B。一般情况下，建议用户自己创建一个表空间来存放业务数据，或者将数据存放在默认的用户表空间 MAIN 中。

一个表空间由一个或多个数据文件组成。每个数据文件由一个或多个簇组成。页是数据库中最小的分配单位，也是数据库中使用的最小的 I/O 单元。

(1) 页。数据页(也称数据块)是 DM 数据库中最小的数据存储单元。页的大小对应物理存储空间上特定数量的存储字节，在 DM 数据库中，页大小可以为 4 KB、8 KB、16 KB 或者 32 KB，用户在创建数据库时可以指定，默认大小为 8 KB。一旦创建好了数据库，则在该库的整个生命周期内，页大小都不能改变。

(2) 簇。每个数据文件由一个或多个簇组成。簇是数据页的上级逻辑单元，由同一个数据文件中 16 个或 32 个连续的数据页组成。在 DM 数据库中，簇的数据页数由用户在创建数据库时指定，默认为 16 页。假定某个数据文件大小为 32 MB，页大小为 8 KB，则共有 32 MB/8 KB/16 = 256 个簇，每个簇的大小为 8 KB × 16 = 128 KB。和数据页的大小一样，一旦创建好数据库，此后该数据库中簇的大小就不能再改变。

(3) 段。段是簇的上级逻辑分区单元，它由一组簇组成。在同一个表空间中，段可以包含来自不同文件的簇，即一个段可以跨越不同的文件。而一个簇以及该簇所包含的数据页则只能来自一个文件，是连续的 16 或者 32 个数据页。由于簇的数量是按需分配的，数据段中的不同簇在磁盘上不一定连续。

## 2.5 DM 数据库物理存储结构

DM 数据库使用了磁盘上大量的物理存储结构来保存和管理用户数据。典型的物理存储结构包括：用于进行功能设置的配置文件；用于记录文件分布的控制文件；用于保存用户实际数据的数据文件、重做日志文件、归档日志文件、备份文件；用来进行问题跟踪的跟踪日志文件等。DM 数据库物理存储结构如图 2-3 所示。

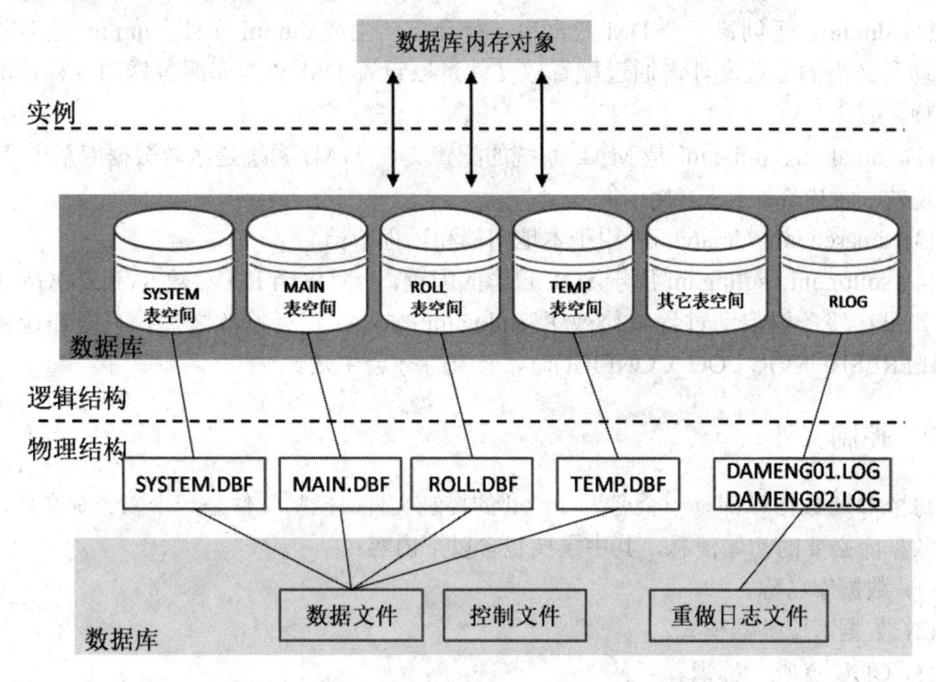


图 2-3　DM 数据库物理存储结构

在 DM 数据库安装目录 D:\dmdbms\data\DAMENG 下可以看到 DM 数据库用于保存和管理用户数据的各种文件，如图 2-4 所示。

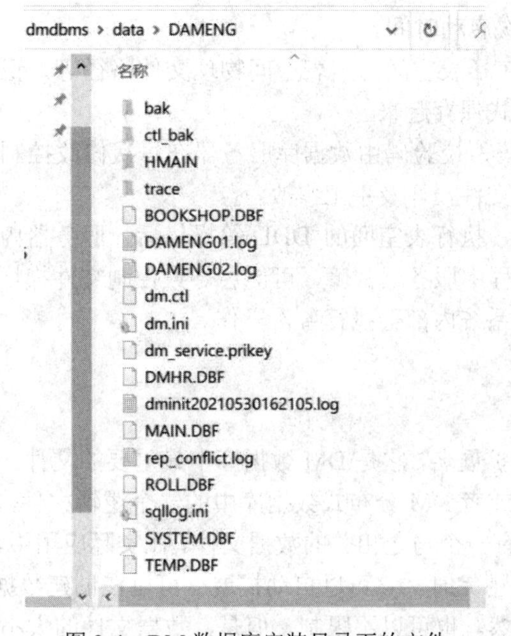


图 2-4　DM 数据库安装目录下的文件

### 2.5.1　服务配置文件

服务配置文件包括 dm、dmal、dmarch、sqllog，其扩展名均为.ini。详细介绍如下：

(1) dm.ini。每创建一个 DM 数据库，就会自动生成 dm.ini 文件。dm.ini 是 DM 数据库启动所必需的配置文件，通过配置该文件可以设置 DM 数据库服务器的各种功能和性能选项。

(2) dmal.ini。dmal.ini 是 MAL 系统的配置文件(MAL 系统是达梦数据库基于 TCP 协议实现的一种内部通信机制)。

(3) dmarch.ini。dmarch.ini 用于本地归档和远程归档。

(4) sqllog.ini。sqllog.ini 用于 SQL 日志的配置，当且仅当 INI 参数 SVR_LOG = 1 时使用。如果在服务器启动过程中修改了 sqllog.ini 文件，那么修改之后，只有在调用过程 SP_REFRESH_ SVR_LOG_CONFIG()时，该文件才会生效。

### 2.5.2　控制文件

每个 DM 数据库都有一个名为 dm.ctl 的控制文件。控制文件是一个二进制文件，它记录了数据库必要的初始信息，其中主要包含以下内容：

(1) 数据库名称。

(2) 数据库服务器模式。

(3) OGUID 唯一标识。

(4) 数据库服务器版本。

(5) 数据文件版本。

(6) 数据库的启动次数。

(7) 数据库最近一次启动时间。

(8) 表空间信息，包括表空间名、表空间物理文件路径等，记录了所有数据库中使用的表空间，以数组的方式保存起来。

(9) 控制文件校验码，校验码由数据库服务器在每次修改控制文件后计算生成，保证控制文件合法性，防止文件损坏及手工修改。

在服务器运行期间，执行表空间的 DDL 等操作后，服务器内部需要同步修改控制文件内容。如果在修改过程中服务器故障，可能会导致控制文件损坏，为了避免出现这种情况，在修改控制文件时系统内部会执行备份操作。

### 2.5.3　数据文件

数据文件以 .dbf 为扩展名，它是 DM 数据库中最重要的文件。一个 DM 数据文件对应磁盘上的一个物理文件或者 DM 分布式数据库中的一个逻辑文件，数据文件是数据存储的地方，每个数据库至少有一个与之相关的数据文件。在实际应用中，通常有多个数据文件。当 DM 的数据文件空间用完时，它可以自动扩展。可以在创建数据文件时通过 MAXSIZE 参数限制其扩展量，当然，也可以不限制。但是，数据文件的大小最终会受物理磁盘大小的限制。在实际使用中，一般不建议使用单个巨大的数据文件，为一个表空间创建多个较小的数据文件是更好的选择。

### 2.5.4 重做日志文件

重做日志又称 REDO 日志，在 DM 数据库中添加、删除、修改对象或者改变数据时，DM 数据库都会按照特定的格式，将这些操作执行的结果写入到当前的重做日志文件中。重做日志文件以 .log 为扩展名。每个 DM 数据库实例必须至少有 2 个重做日志文件，默认两个日志文件为 DAMENG01.log、DAMENG02.log，这两个文件循环使用。重做日志文件因为是数据库正在使用的日志文件，因此被称为联机日志文件。重做日志文件主要用于数据库的备份与恢复。理想情况下，数据库系统不会用到重做日志文件中的信息。然而现实世界总是充满了各种意外，比如电源故障、系统故障、介质故障，或者数据库实例进程被强制终止等，数据库缓冲区中的数据页会来不及写入数据文件。这样，在重启 DM 数据库实例时，通过重做日志文件中的信息，就可以将数据库的状态恢复到发生意外时的状态。

重做日志文件对于数据库是至关重要的。它们用于存储数据库的事务日志，以便系统在出现系统故障和介质故障时能够进行故障恢复。在 DM 数据库运行过程中，任何修改数据库的操作都会产生重做日志。例如，当一条元组插入到一个表中的时候，插入的结果写入了重做日志，当删除一条元组时，删除该元组的事件也被写了进去。这样，当系统出现故障时，通过分析日志可以知道在故障发生前系统做了哪些动作，并可以重做这些动作使系统恢复到故障之前的状态。

### 2.5.5 事件日志文件

DM 数据库系统在运行过程中，会在 log 子目录下产生一个名为“dm_实例名_日期.log”的事件日志文件，如图 2-5 所示。事件日志文件记录 DM 数据库运行时的关键事件如系统启动、关闭，以及内存申请失败、I/O 错误等一些致命错误。事件日志文件主要用于系统出现严重错误时进行查看并定位问题。事件日志文件随着 DM 数据库服务的运行一直存在。

图 2-5 事件日志文件

### 2.5.6 备份文件

备份文件以 .bak 为扩展名。当系统正常运行时，备份文件不会起任何作用，它也不是数据库必须有的联机文件类型之一。然而，从来没有哪个数据库系统能够保证永远正确无误地运行，当数据库出现故障时，备份文件就显得尤为重要了。当客户利用管理工具或直接发出备份的 SQL 命令时，DM Server 会自动进行备份，并产生一个或多个备份文件，备份文件自身包含了备份的名称、对应的数据库、备份类型和备份时间等信息。同时，系统还会自动记录备份信息及该备份文件所处的位置，但这种记录是松散的，用户可根据需要将其拷贝至任何地方，并不会影响系统的运行。

## 本章小结

DM 数据库是国产通用大型安全关系型数据库管理系统，具有完全的自主知识产权。它具有高通用性、高安全性、高性能、高可靠性、高扩展性、高可用性等显著特点，提供海量数据支持，是国内优秀的数据库产品和自主创新品牌。一款安全、稳定、优秀的国产数据库意义重大。本章介绍了 DM 数据库的相关概念，理清了 DM 数据库逻辑存储结构。接下来将对实际安装和使用 DM 数据库进行讲解。

# 第 3 章　DM 数据库的安装、卸载和常用工具介绍

DM 数据库管理系统是基于客户/服务器(C/S)方式的数据库管理系统，可以安装在多种计算机操作系统平台上，典型的操作系统有 Windows(Windows 2000/2003/XP/Vista/7/8/10/Server 等)、Linux、HP-Unix、Solaris、FreeBSD 和 AIX 等。对于不同的系统平台，DM 数据库的安装步骤也不同。

## 3.1　获取 DM 数据库

达梦云适配中心(https://eco.dameng.com/)提供 X86 平台、信创平台和 Docker 镜像开发版下载。在达梦云适配中心下载试用 DM8 安装包，如图 3-1 所示。

图 3-1　达梦云适配中心安装包下载界面

## 3.2　Windows 下 DM 数据库的安装与卸载

### 3.2.1　安装前的准备

#### 1. 检查系统信息

用户在安装 DM 数据库前，需要检查当前操作系统的相关信息，确保 DM 数据库安装程序与当前操作系统匹配，否则可能无法正确安装和运行 DM 数据库。用户可以在终端通过 Win + R 打开运行窗口，输入 cmd 打开命令行工具，输入 systeminfo 命令进行查询，如

图 3-2 所示。

```
C:\WINDOWS\system32\cmd.exe
Microsoft Windows [版本 10.0.18363.1500]
(c) 2019 Microsoft Corporation。保留所有权利。

C:\Users\111>systeminfo

主机名:           DESKTOP-OLFJVPP
OS 名称:          Microsoft Windows 10 专业版
OS 版本:          10.0.18363 暂缺 Build 18363
OS 制造商:        Microsoft Corporation
OS 配置:          独立工作站
OS 构建类型:      Multiprocessor Free
注册的所有人:     111
注册的组织:       暂缺
产品 ID:          00331-20020-00000-AA146
初始安装日期:     2020/9/4, 9:37:47
系统启动时间:     2021/5/30, 15:11:25
系统制造商:       LENOVO
系统型号:         20KH0009CD
系统类型:         x64-based PC
处理器:           安装了 1 个处理器。
                  [01]: Intel64 Family 6 Model 142 Stepping 10 GenuineIntel ~1200 Mhz
BIOS 版本:        LENOVO N23ET71W (1.46 ), 2020/2/20
Windows 目录:     C:\WINDOWS
系统目录:         C:\WINDOWS\system32
启动设备:         \Device\HarddiskVolume2
系统区域设置:     zh-cn;中文(中国)
输入法区域设置:   zh-cn;中文(中国)
时区:             (UTC+08:00) 北京，重庆，香港特别行政区，乌鲁木齐
物理内存总量:     8,047 MB
可用的物理内存:   4,442 MB
虚拟内存: 最大值: 9,327 MB
虚拟内存: 可用:   5,512 MB
虚拟内存: 使用中: 3,815 MB
页面文件位置:     C:\pagefile.sys
域:               WORKGROUP
登录服务器:       \\DESKTOP-OLFJVPP
修补程序:         安装了 26 个修补程序。
                  [01]: KB4601556
                  [02]: KB4513661
```

图 3-2 检查系统信息

### 2. 检查系统内存

为了保证 DM 数据库的正确安装和运行，操作系统要有至少 1 GB 以上的可用内存(RAM)。如果可用内存过少，那么可能导致 DM 数据库安装或启动失败。用户可以通过【任务管理器】查看可用内存，如图 3-3 所示。

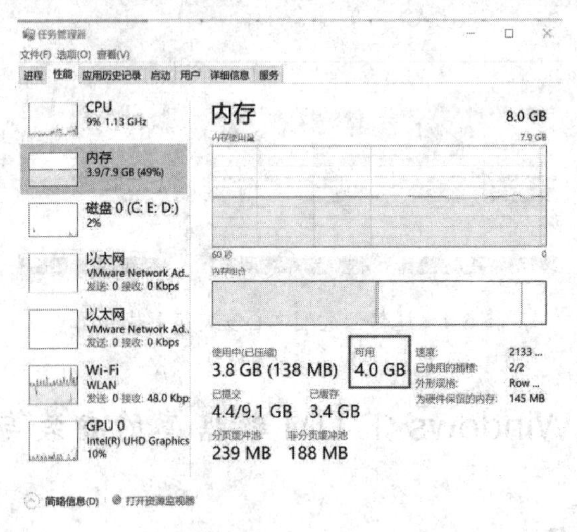


图 3-3 检查系统内存

### 3. 检查存储空间

DM 数据库完全安装需要至少 1 GB 以上的存储空间，用户需要提前规划好安装目录，预留足够的存储空间。用户在 DM 数据库安装前也应该为数据库实例预留足够的存储空间，规划好数据路径和备份路径。

### 3.2.2　安装 DM 数据库

DM 数据库的安装步骤如下：

(1) 双击运行 setup.exe 安装程序，根据系统配置选择相应语言与时区，如图 3-4 所示。

图 3-4　选择语言与时区

(2) 单击【确定】按钮继续安装，进入如图 3-5 所示的界面。

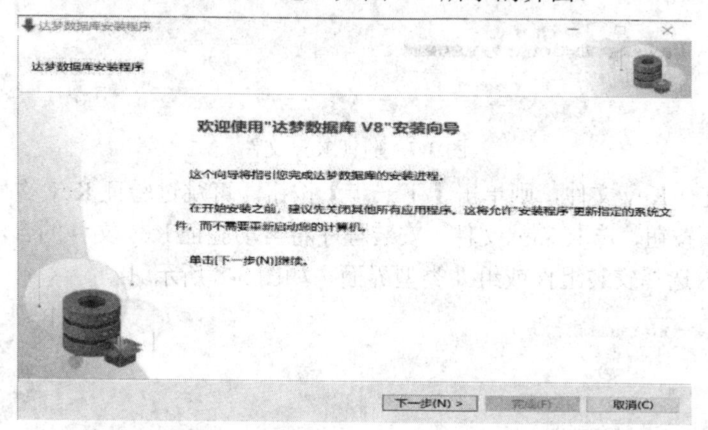


图 3-5　安装向导

(3) 单击【下一步】按钮进入许可协议界面，如图 3-6 所示。在安装和使用 DM 数据库之前，需要用户阅读并接受许可证协议。

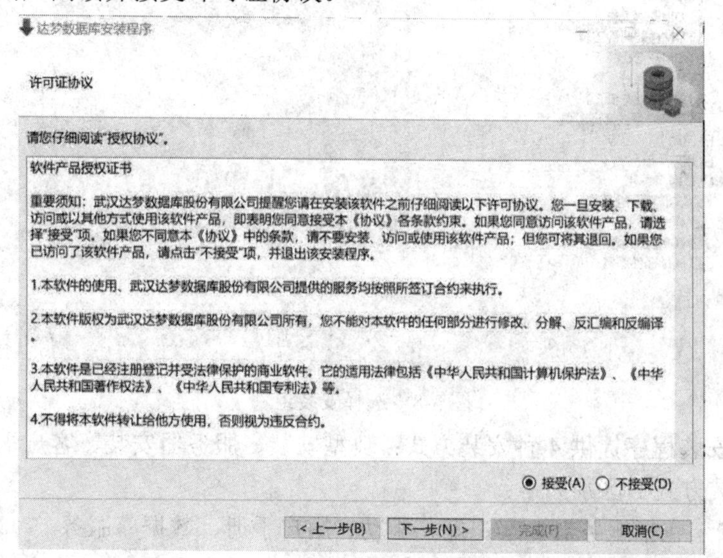


图 3-6　许可协议

(4) 选择“接受”并单击【下一步】按钮，进入验证 Key 文件环节，如图 3-7 所示。

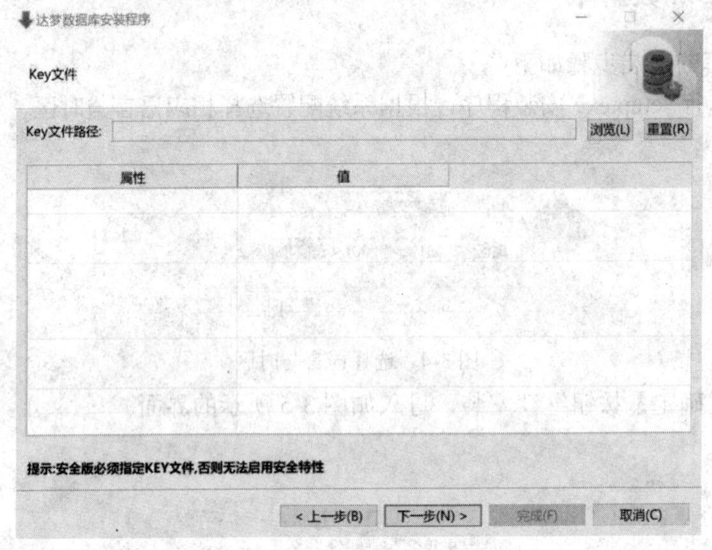


图 3-7 验证 Key 文件

(5) 如果没有 Key 文件，则单击【下一步】按钮即可跳过验证 Key 文件环节。如果有则单击【浏览】按钮，选取 Key 文件，安装程序将自动验证 Key 文件的合法性，单击【下一步】按钮进入选择安装组件或组件类型界面，如图 3-8 所示。

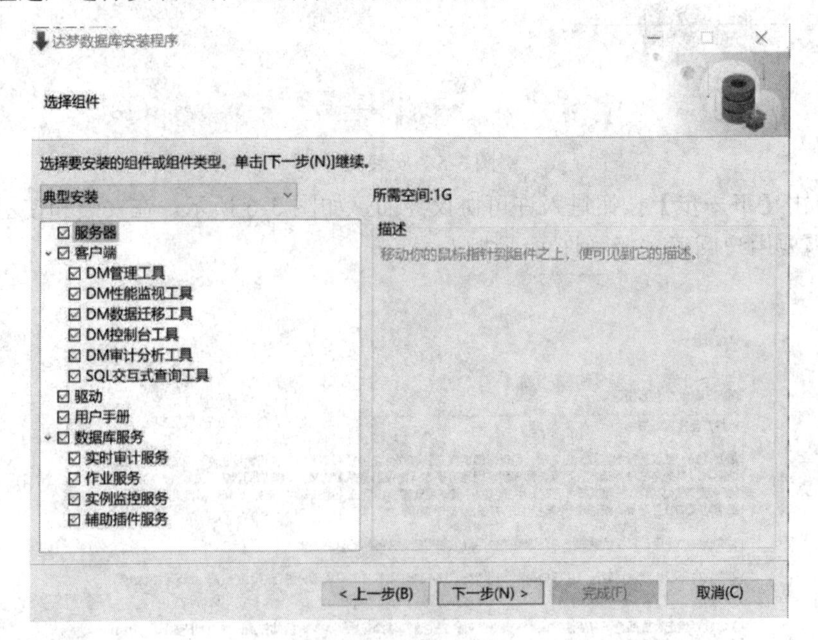


图 3-8 选择安装组件

(6) DM 安装程序提供 4 种安装方式：典型安装、服务器安装、客户端安装和自定义安装。4 种安装方式的区别如下：

① 典型安装包括服务器、客户端、驱动、用户手册、数据库服务。

② 服务器安装包括服务器、驱动、用户手册、数据库服务。

③ 客户端安装包括客户端、驱动、用户手册。

④ 自定义安装包括用户根据需求勾选组件，可以是服务器、客户端、驱动、用户手册、数据库服务中的任意组合。

建议选择“典型安装”方式，并单击【下一步】按钮进入数据库安装目录选择界面，如图 3-9 所示。

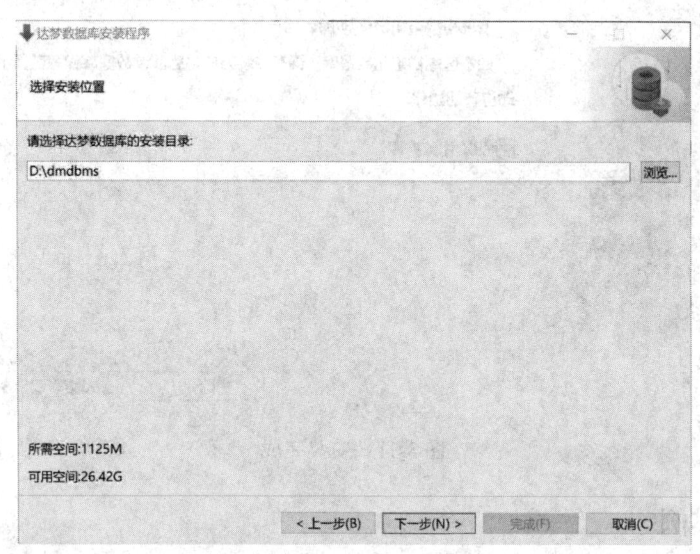


图 3-9　选择安装位置

(7) DM 默认安装在 C:\dmdbms 目录下，不建议使用默认目录，改为其他任意盘符即可。这里以安装在 D:\dmdbms 下为例(安装路径里的目录名由英文字母、数字和下画线等组成，不建议使用包含空格和中文字符的路径等)，单击【下一步】按钮进入安装前小结界面，如图 3-10 所示。该界面显示数据库安装信息，如产品名称、安装类型、安装目录、可用空间、可用内存等，用户检查无误后单击【安装】按钮进行 DM 数据库的安装。

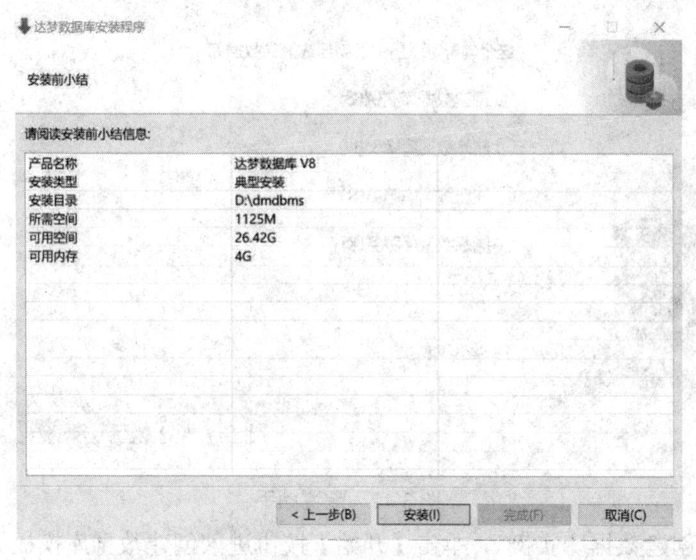


图 3-10　安装前小结

(8) 安装过程需耐心等待 1～2 分钟。数据库安装完成界面如图 3-11 所示。

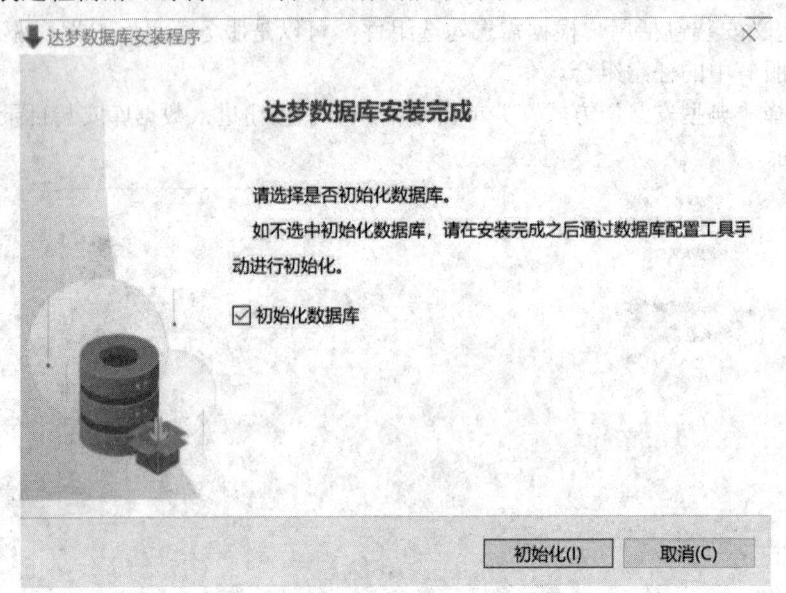


图 3-11　安装完成

### 3.2.3　配置实例

(1) 单击图 3-11 中的【初始化】按钮，利用数据库配置助手对数据库进行初始化，如图 3-12 所示。

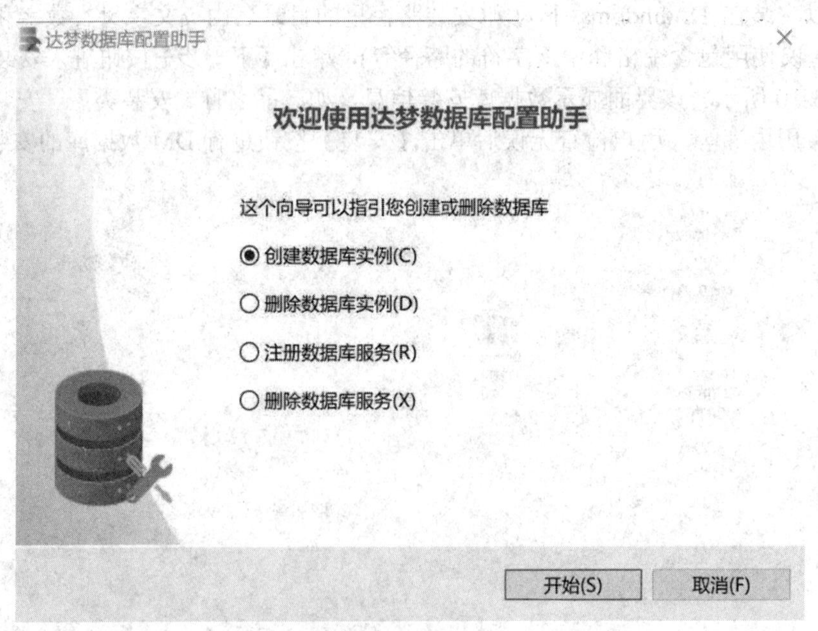


图 3-12　配置助手

(2) 选择"创建数据库实例"，单击【开始】按钮进入创建数据库模板界面，如图 3-13 所示。

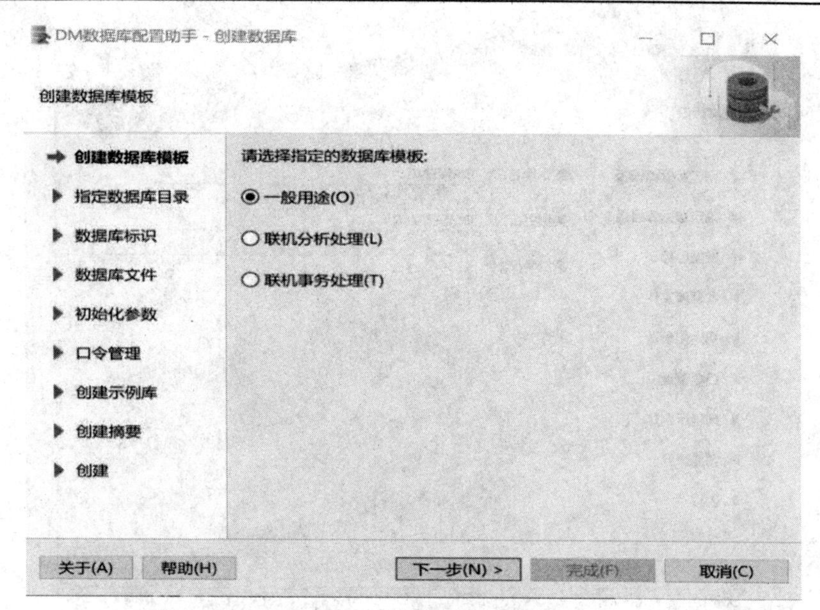


图 3-13　创建数据库模板

(3) 选择“一般用途”即可，单击【下一步】按钮进入指定数据库实例安装目录界面，如图 3-14 所示。

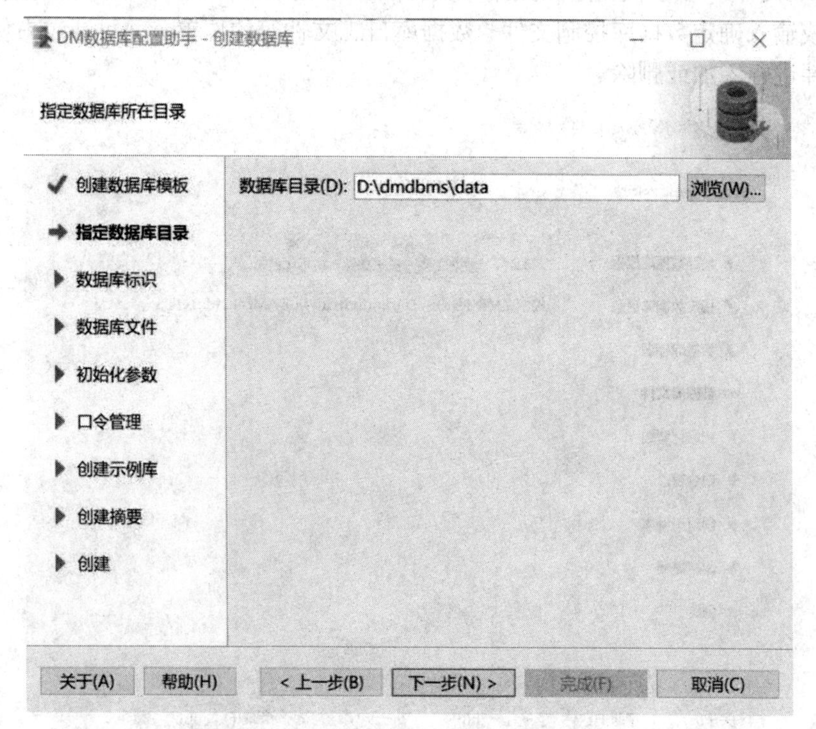


图 3-14　指定数据库实例安装目录

(4) 本例中数据库安装路径为 D:\dmdbms，所以数据库实例安装目录默认为 D:\dmdbms\data，单击【下一步】按钮进入数据库标识界面，如图 3-15 所示。在该界面中输入数据库名、实例名、端口号等参数。

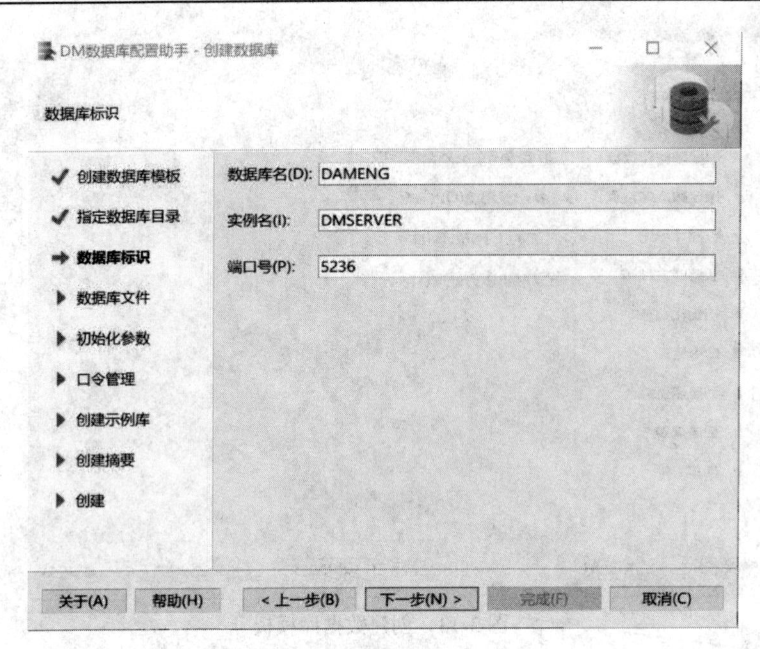


图 3-15 配置数据库标识

(5) 单击【下一步】按钮进入数据库文件所在位置选择界面，如图 3-16 所示。用户可通过选择或输入确定数据库控制文件、数据库日志文件等的位置，并可通过右侧的功能按钮，对文件进行添加或删除。

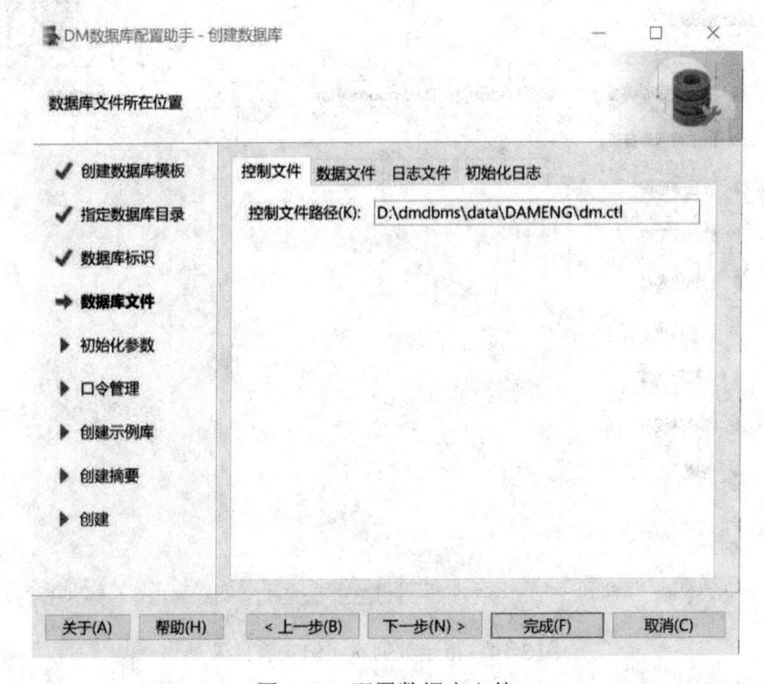


图 3-16 配置数据库文件

(6) 选择默认配置即可，单击【下一步】按钮进入数据库初始化参数设置界面，如图 3-17 所示。

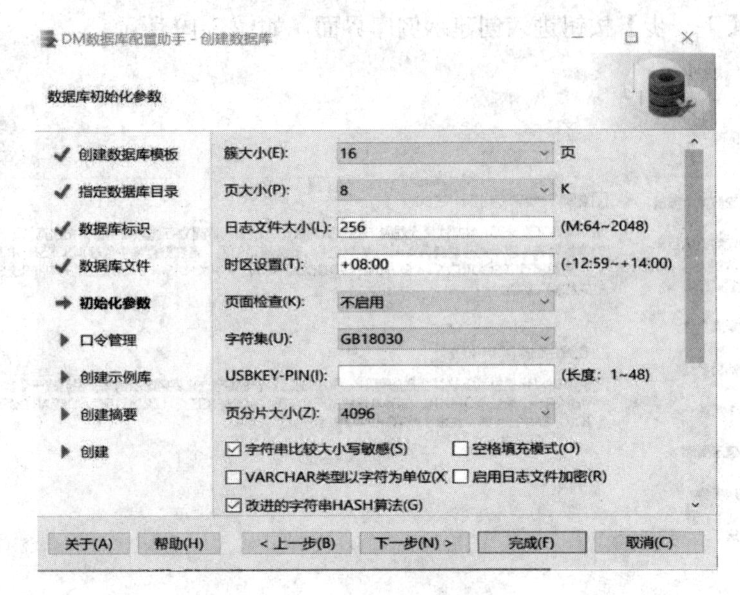


图 3-17　数据库初始化参数

用户可输入数据库相关参数，如簇大小、页大小、日志文件大小，可选择字符集，设置是否大小写敏感等。常见参数说明如下：

- 簇大小：数据文件使用的簇大小(16)，可选值有 16、32、64，单位为页。
- 页大小：数据页大小(8)，可选值有 4、8、16、32，单位为 KB。
- 日志文件大小：日志文件大小(256)，单位为 MB 或 GB，范围为 64 MB～2 GB。
- 字符集：可选值有 0[GB18030]、1[UTF-8]、2[EUC-KR]。

(7) 单击【下一步】按钮进入口令管理界面，如图 3-18 所示。用户可输入 SYSDBA 和 SYSAUDITOR 的密码，对默认口令进行更改。如果安装版本为安全版，则会增加 SYSSSO 用户的密码修改。

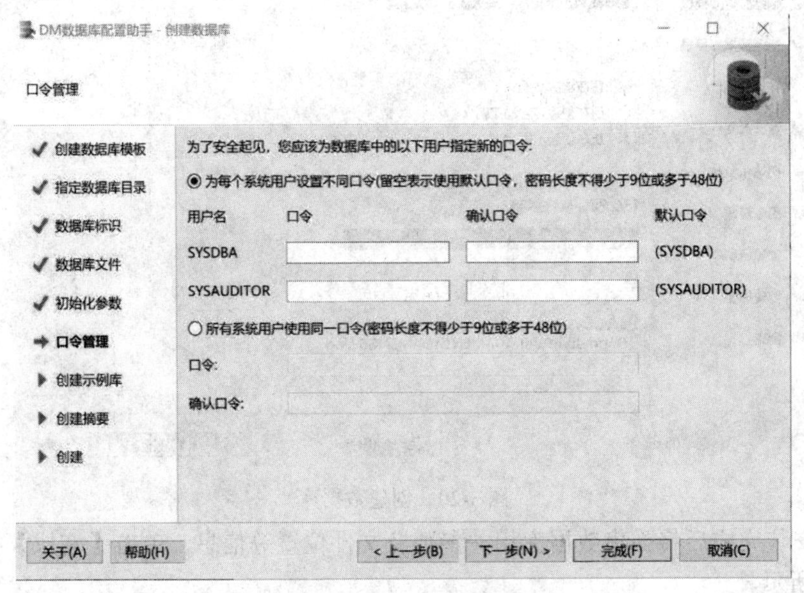


图 3-18　口令管理

(8) 单击【下一步】按钮进入创建示例库界面，如图 3-19 所示。

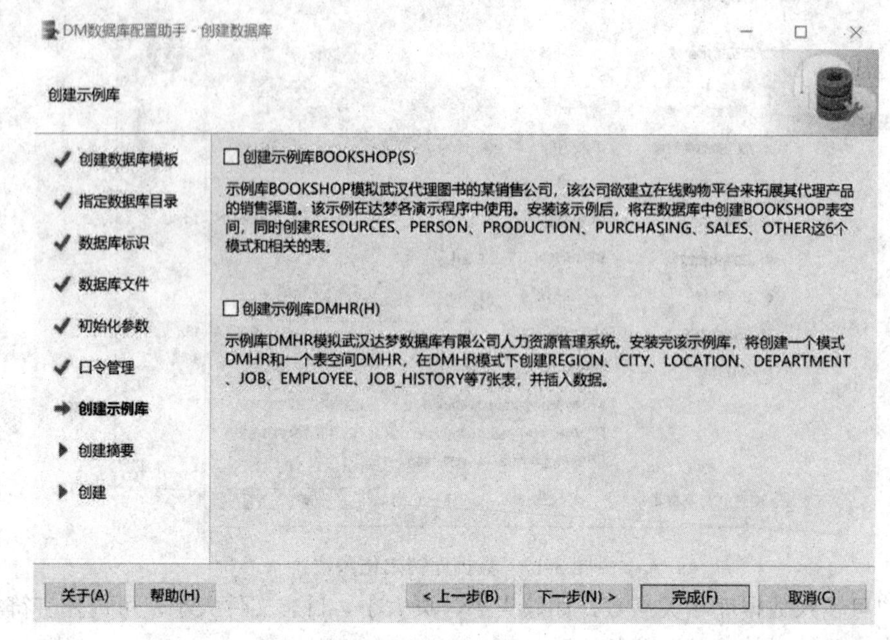


图 3-19　创建示例库

(9) 建议勾选创建示例库 BOOKSHOP 或 DMHR，作为测试环境，单击【下一步】按钮将显示用户通过数据库配置工具设置的相关参数。单击【完成】按钮进行数据库示例的初始化工作，如图 3-20 所示。

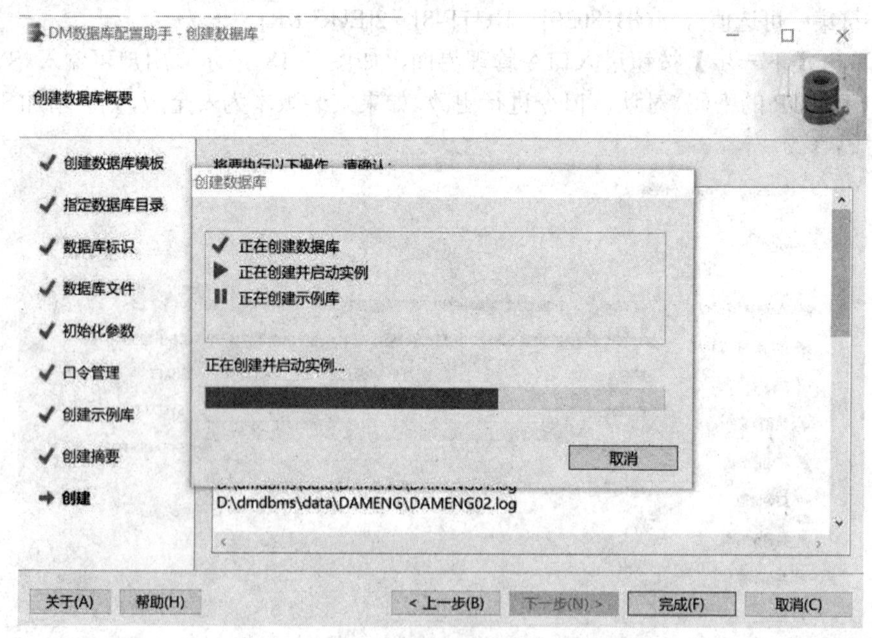


图 3-20　创建数据库

(10) 安装完成后将弹出数据库相关参数及文件位置等信息，单击【完成】按钮即可，如图 3-21 所示。

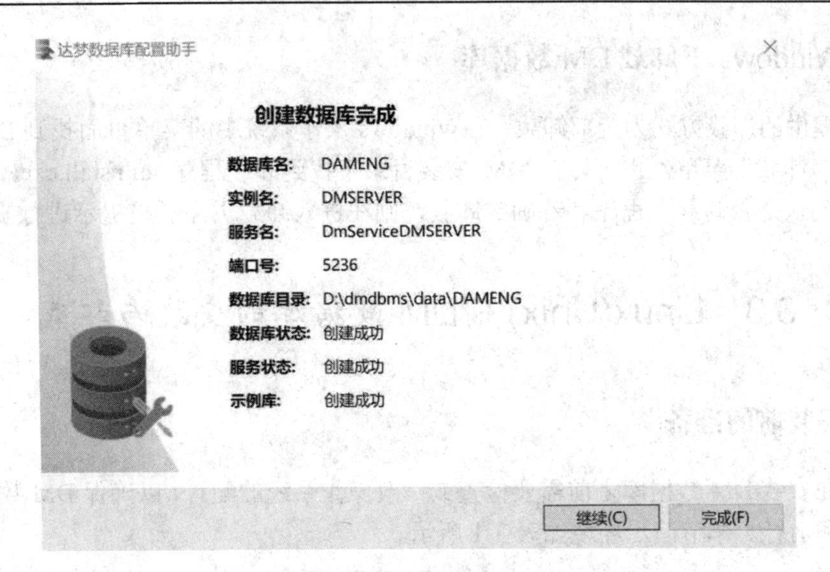

图 3-21　完成数据库创建

### 3.2.4　启动、停止数据库

在数据库安装路径下的 tool 目录(本例是 D:\dmdbms\tool 目录)中，双击运行 dmservice.exe 程序可以查看对应的服务，选择“启动”或“停止”服务，如图 3-22 所示。

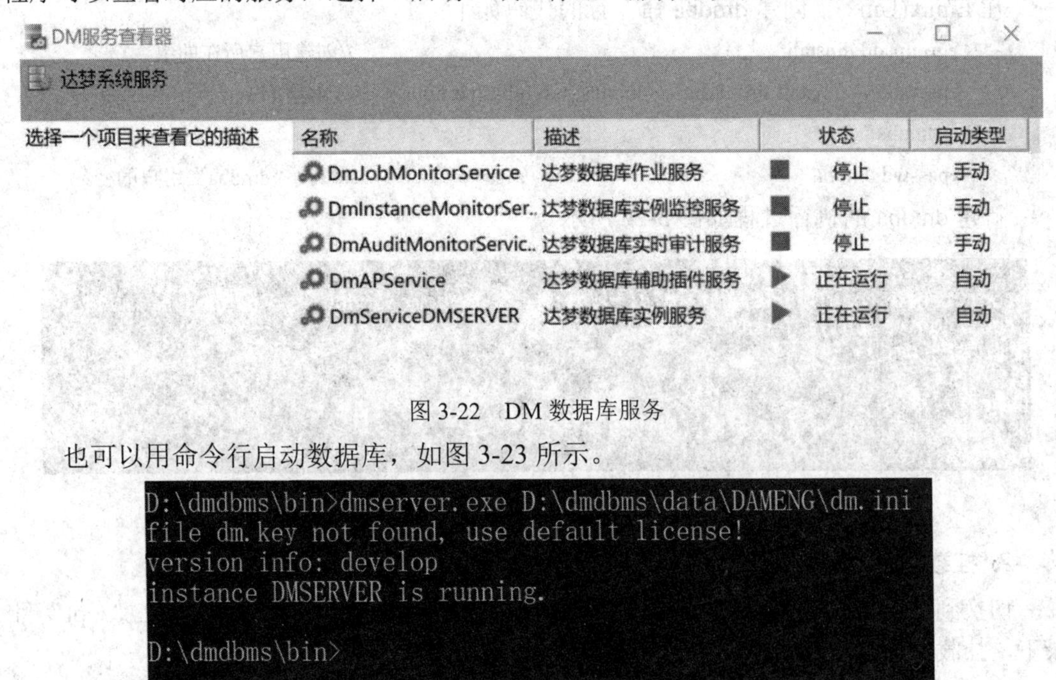

图 3-22　DM 数据库服务

也可以用命令行启动数据库，如图 3-23 所示。

```
D:\dmdbms\bin>dmserver.exe D:\dmdbms\data\DAMENG\dm.ini
file dm.key not found, use default license!
version info: develop
instance DMSERVER is running.

D:\dmdbms\bin>
```

图 3-23　命令行启动数据库

启动命令如下：

```
>cd　D:\dmdbms\bin
>dmserver.exe D:\dmdbms\data\DAMENG\dm.ini
```

### 3.2.5　Windows 下卸载 DM 数据库

DM 提供的卸载方式为全部卸载。在 Windows 操作系统中的菜单里面找到 DM 数据库后，选择“卸载”菜单。也可以在 DM 安装目录下找到卸载程序 uninstall.exe，在弹出的提示框中确认是否卸载该程序。若确定卸载，则在进入卸载页面后按提示进行操作即可。

## 3.3　Linux(Unix)下 DM 数据库的安装与卸载

### 3.3.1　安装前的准备

用户在安装 DM 数据库之前需要检查或修改操作系统的配置，以确保 DM 数据库能够正确安装和运行。本节演示环境如表 3-1 所示。

表 3-1　演示环境

| 操作系统 | CPU | 数 据 库 |
| --- | --- | --- |
| CentOS8 | x86_64 架构 | dm8_rh6_64_ent_8.1.1.190 |

#### 1. 新建 dmdba 用户

在 Linux(Unix)下创建 dmdba 命令行的代码如下：

```
>groupadd dinstall                                   //创建用户所在的组
>useradd -g dinstall -m -d /home/dmdba -s /bin/bash dmdba    //创建用户
“dmdba”
>passwd dmdba                                        //修改“dmdba”用户的密码
```

新建 dmdba 的执行过程如图 3-24 所示。

```
[root@centos ban]# groupadd dinstall
[root@centos ban]# useradd -g dinstall -m -d /home/dmdba -s /bin/bash dmdba
[root@centos ban]# passwd dmdba
更改用户 dmdba 的密码 。
新的 密码:
重新输入新的 密码:
passwd: 所有的身份验证令牌已经成功更新。
[root@centos ban]#
```

图 3-24　新建 dmdba 的执行过程

#### 2. 挂载镜像

切换到 root 用户，将 DM 数据库的 iso 安装包保存在任意位置。例如，在“/opt”目录下，挂载镜像的执行命令如下：

```
>mount -o loop /opt/dm8_20210315_x86_rh6_64_ent_8.1.1.190.iso /mnt
```

#### 3. 新建安装目录

新建“/dm8”目录(DM 数据库的安装文件将安装在该目录下)的执行命令如下：

```
>mkdir /dm8
```

#### 4. 修改安装目录权限

修改“/dm8”目录所在的用户组及目录权限的执行命令如下：

>chown dmdba:dinstall -R /dm8/　　　//将新建的安装路径目录权限的用户修改为 dmdba

　　　　　　　　　　　　　　　　　　//用户组修改为 dinstall

>chmod -R 755 /dm8　　　　　　　　　//给安装路径下的文件设置 755 权限

### 3.3.2　安装 DM 数据库

DM 数据库在 Linux 环境下支持命令行安装和图形化安装。

#### 1. 命令行安装

切换至 dmdba 用户下，在“/mnt”目录下使用命令行安装数据库程序，依次执行以下命令安装 DM 数据库：

>su - dmdba

>cd /mnt

>./DMInstall.bin –i　　　　　　　　　//命令行模式安装

命令行安装界面如图 3-25 所示。

```
[ban@centos ~]$ su root
密码:
[root@centos ban]# mount -o loop /opt/dm8_20210315_x86_rh6_64_ent_8.1.1.190.iso /mnt
mount: /mnt: WARNING: device write-protected, mounted read-only.
[root@centos ban]# mkdir /dm8
[root@centos ban]# chown dmdba:dinstall -R /dm8
[root@centos ban]# chmod -R 775 /dm8
[root@centos ban]# su dmdba
[dmdba@centos ban]$ cd /mnt
[dmdba@centos mnt]$ ./DMInstall.bin -i
请选择安装语言(C/c:中文 E/e:英文) [C/c]:
解压安装程序.........

欢迎使用达梦数据库安装程序
```

图 3-25　命令行安装

按需求选择安装语言，默认为中文。本地安装选择“不输入 Key 文件”，选择“默认时区 21”，选择“1 典型安装”，按已规划的安装目录/dm8 完成数据库软件安装，如图 3-26、图 3-27 所示。

```
请选择安装语言(C/c:中文 E/e:英文) [C/c]:
解压安装程序.........
欢迎使用达梦数据库安装程序

是否输入Key文件路径? (Y/y:是 N/n:否) [Y/y]:n

是否设置时区? (Y/y:是 N/n:否) [Y/y]:y
设置时区:
```

图 3-26　语言选择、Key 选择和时区选择

```
安装类型:
1 典型安装
2 服务器
3 客户端
4 自定义
请选择安装类型的数字序号 [1 典型安装]:1
所需空间: 1067M

请选择安装目录 [/home/dmdba/dmdbms]/dm8
可用空间: 10G
是否确认安装路径(/dm8)? (Y/y:是 N/n:否)  [Y/y]:y
```

图 3-27　安装类型和安装目录选择

数据库安装过程大概需要 1～2 分钟，数据库安装完成后，需要切换至 root 用户执行命令，命令如下：

> /dm8/script/root/root_installer.sh

创建 DmAPService，否则会影响数据库备份。

**2. 图形化安装**

切换至 dmdba 用户，在“/mnt”目录下使用命令行安装 DM 数据库程序，执行命令如下：

```
>su - dmdba
>cd /mnt/
>./DMInstall.bin            //图形化模式安装
```

图形化界面启动成功后，将弹出选择语言与时区页面，默认为简体中文和中国标准时间，如图 3-28 所示。之后的安装步骤和配置与在 Windows 下的安装过程相同，详细参看 3.2.2 节的介绍。

图 3-28　选择语言和时区

### 3.3.3　配置环境变量

切换到 root 用户后进入 dmdba 用户的根目录下，配置对应的环境变量。DM_HOME 变量和动态链接库文件的加载路径在程序安装成功后会自动导入。命令如下：

```
>export PATH = $PATH:$DM_HOME/bin:$DM_HOME/tool
```

编辑.bash_profile，使其最终效果如图 3-29 所示。命令如下：

```
>cd /home/dmdba/
>vim .bash_profile        //编辑.bash_profile
```

```
export LD_LIBRARY_PATH="$LD_LIBRARY_PATH:/home/dmdba/dmdbms/bin"
export DM_HOME="/home/dmdba/dmdbms"
export PATH=$PATH:$DM_HOME/bin:$DM_HOME/tool
```

图 3-29　.bash-profile 文件

切换至 dmdba 用户，执行相关命令，使环境变量生效。命令如下：

```
>su   dmdba
>source .bash_profile
```

### 3.3.4　配置实例

DM 数据库在 Linux 环境支持命令行配置实例以及图形化配置实例。

### 1. 命令行配置实例

使用 dmdba 用户配置实例，进入 DM 数据库安装目录下的 bin 目录，使用 dminit 命令初始化实例。dminit 命令可设置多种参数，可执行“./dminit help”命令查看可配置参数。主要参数有：

```
>cd /dm8/bin                      //进入 DM 数据库安装目录下的 bin 目录
>./dminit help                    //查看可配置参数
>./dminit PATH = /dm8/data        //初始化实例存放路径
>./dminit  PATH = /dm8/data  PAGE_SIZE = 32  EXTENT_SIZE = 32  CASE_SENSITIVE = Y
CHARSET = 1 DB_NAME = DMDB INSTANCE_NAME = DBSERVER PORT_NUM = 5237
```

命令说明：

PAGE_SIZE：数据文件使用的页大小，可以为 4 KB、8 KB、16 KB 或 32 KB。选择的页大小越大，DM 支持的元组长度也越大，但空间利用率可能下降，缺省值为 8 KB。

EXTENT_SIZE：数据文件使用的簇大小，即每次分配新的段空间时连续的页数。只能是 16 页、32 页或 64 页，缺省值为 16 页。

CASE_SENSITIVE：标识符大小写敏感，默认值为 Y。

CHARSET：字符集选项。取值 0、1 或 2，0 代表 GB18030，1 代表 UTF-8，2 代表韩文字符集 EUC-KR，默认值为 0。

DB_NAME：数据库名。

INSTANCE_NAME：实例名。

PORT_NUM：端口号。

以上命令设置页大小为 32 KB，簇大小为 32 KB，大小写敏感，字符集为 UTF-8，数据库名为 DMDB，实例名为 DBSERVER，端口为 5237，如图 3-30 所示。

```
[root@centos bin]# ./dminit     PATH=/dm8/data PAGE_SIZE=32 EXTENT_SIZE=32 CHARSET=1 DB
_NAME=DMDB INSTANCE_NAME=DBSERVER PORT_NUM=5237
initdb V8
db version: 0x7000c
file dm.key not found, use default license!
License will expire on 2022-03-12
Normal of FAST
Normal of DEFAULT
Normal of RECYCLE
Normal of KEEP
Normal of ROLL

 log file path: /dm8/data/DMDB/DMDB01.log


 log file path: /dm8/data/DMDB/DMDB02.log

write to dir [/dm8/data/DMDB].
create dm database success. 2021-07-02 12:53:29
[root@centos bin]#
```

图 3-30　dminit 命令初始化实例

### 2. 图形化配置实例

使用图形化界面完成数据库安装后，会弹出选择是否初始化数据库页面，选择“初始化”后，界面如图 3-31 所示。

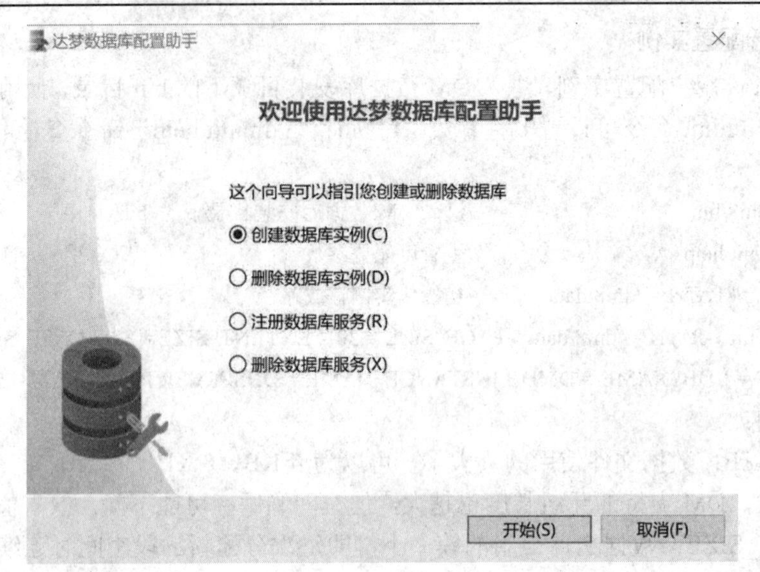


图 3-31　配置助手

接下来的配置实例步骤与在 Windows 下的配置实例过程相同，详细参考 3.2.3 小节的介绍。

### 3.3.5　注册数据库服务

打开 dbca 工具，输入命令进行注册数据库服务，命令如下：

```
>cd /dm8/tool
>./dbca.sh
```

注册数据库服务如图 3-32 所示。

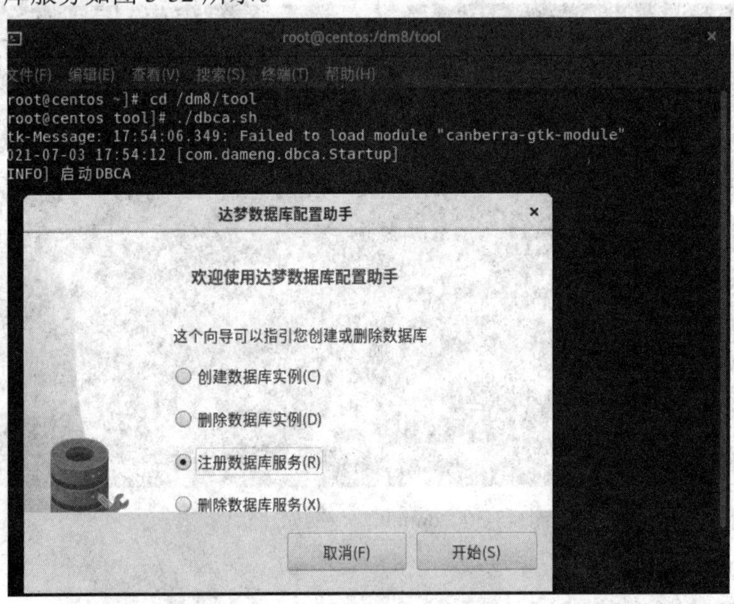


图 3-32　注册数据库服务

其余步骤参看 3.4.5 小节中“注册数据库服务”部分的讲解。

### 3.3.6 启动、停止数据库

#### 1. 命令行启/停数据库

服务注册成功后，启动数据库，命令如下：

```
systemctl start DmServiceDMSERVER.service
```

停止数据库，命令如下：

```
systemctl stop DmServiceDMSERVER.service
```

重启数据库，命令如下：

```
systemctl restart DmServiceDMSERVER.service
```

查看数据库服务状态，命令如下：

```
systemctl status DmServiceDMSERVER.service
```

#### 2. 图形化启/停数据库

进入 DM 安装目录下的 tool 目录，使用 ./dservice.sh 命令打开 DM 服务查看器，可以查看到对应服务，选择“启动”或“停止”服务即可。参看 3.2.4 小节。

## 3.4 DM 数据库常用工具介绍

DM 数据库提供了丰富的数据库管理工具。

在 Windows 环境启动 DM 数据库常用工具的方法：在 Windows 系统界面，依次选择“开始”→“达梦数据库”即可查看 DM 数据库常用工具，如图 3-33 所示。

图 3-33　Windows 环境下 DM 数据库常用工具

在 Linux 环境启动 DM 数据库常用工具的方法：进入 DM 安装目录下的 tool 目录，执行相关脚本即可，如图 3-34 所示。

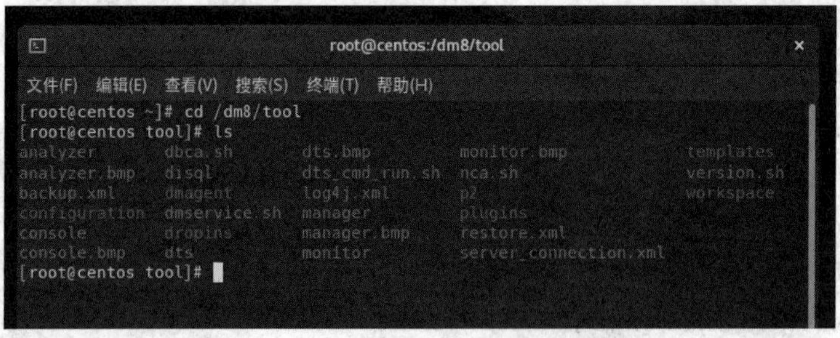

```
root@centos:/dm8/tool
文件(F) 编辑(E) 查看(V) 搜索(S) 终端(T) 帮助(H)
[root@centos ~]# cd /dm8/tool
[root@centos tool]# ls
analyzer       dbca.sh       dts.bmp          monitor.bmp              templates
analyzer.bmp   disql         dts_cmd_run.sh   nca.sh                   version.sh
backup.xml     dmagent       log4j.xml        p2                       workspace
configuration  dmservice.sh  manager          plugins
console        dropins       manager.bmp      restore.xml
console.bmp    dts           monitor          server_connection.xml
[root@centos tool]#
```

图 3-34　Linux 环境下 DM 数据库管理工具

说明：

(1) smservice.sh：DM 服务查看器。

(2) monitor：DM 管理工具。

(3) disql：SQL 交互式查询工具。

(4) dbca.sh：DM 数据库配置助手。

(5) nca.sh：网络配置助手。

(6) console：DM 控制台工具(包含服务器配置、备份还原)。

(7) analyzer：DM 审计分析工具。

(8) dts：DM 数据迁移工具。

### 3.4.1　DM 服务查看器

DM 服务查看器是对数据库服务进行查看管理的工具。通过服务查看器对数据库服务进行管理，可关闭、开启、重启来查看数据库各个服务的状态，方便快捷地对数据库实例服务进行管理。

数据库实例服务运行在操作系统上，系统运行时数据库服务要保持运行状态。数据库出现异常时可以通过服务查看器来查看数据的状态，手动进行服务的重启和关闭等。进行更换硬件、系统升级等操作时，需要提前停止数据库服务，防止出现故障。

在 Windows 环境下启动 DM 服务查看器的方法：依次选择“开始”→“达梦数据库”→“DM 服务查看器”，即可启动 DM 服务查看器。

在 Linux 环境下启动 DM 服务查看器的方法：进入数据库安装路径 /tool 目录，运行 ./ smservice.sh 即可启动 DM 服务查看器，如图 3-35 所示。

DM服务查看器

达梦系统服务

选择一个项目来查看它的描述

| 名称 | 描述 | 状态 | 启动类型 |
| --- | --- | --- | --- |
| DmJobMonitorService | 达梦数据库作业服务 | 停止 | 手动 |
| DmInstanceMonitorSer... | 达梦数据库实例监控服务 | 停止 | 手动 |
| DmAuditMonitorServic... | 达梦数据库实时审计服务 | 停止 | 手动 |
| DmAPService | 达梦数据库辅助插件服务 | 正在运行 | 自动 |
| DmServiceDMSERVER | 达梦数据库实例服务 | 正在运行 | 自动 |

图 3-35　DM 服务查看器

选中服务，单击鼠标右键即可对该服务进行启动、停止、修改、注册等操作，如图 3-36 所示。

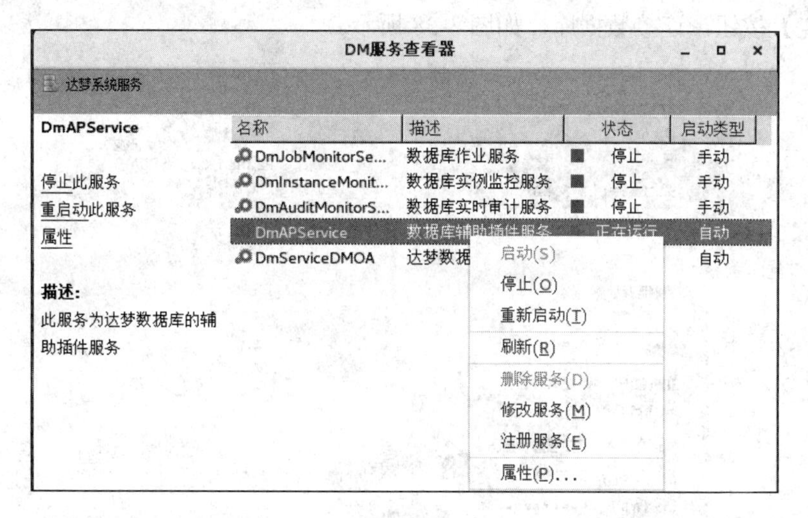


图 3-36　DM 数据库的启/停服务

### 3.4.2　DM 管理工具

DM 管理工具是数据库自带的图形化工具，可以方便快捷地对数据进行管理。在网络允许的条件下，可通过单个管理工具，对多个数据实例进行管理，简化 DBA 对数据库的日常运维操作要求。

在 Windows 环境下启动 DM 管理工具的方法：依次选择“开始”→“达梦数据库”→“DM 管理工具”，即可启动 DM 管理工具。

在 Linux 环境下启动 DM 管理工具的方法：进入数据库安装路径 /tool 目录，运行 ./monitor 即可启动 DM 管理工具。

#### 1. 数据库实例连接

数据库实例连接有新建连接和注册连接两种方式，如图 3-37 所示。

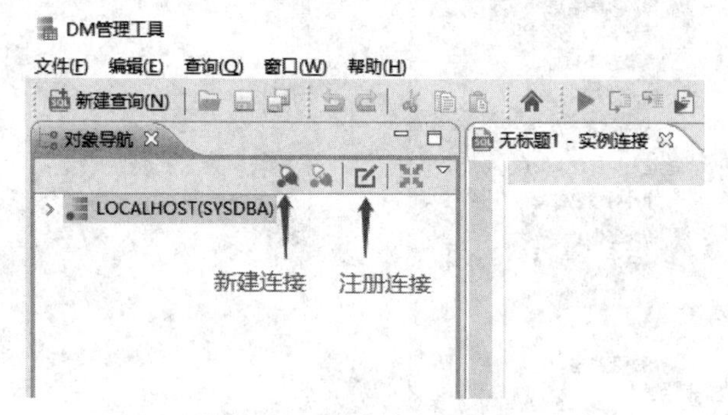


图 3-37　数据库实例连接

(1) 新建连接：创建连接数据库的对象导航，不进行保存，再次开启后需重新连接。

(2) 注册连接：创建连接数据库的对象导航，进行保存，再次开启后对象导航存在，可直接进行连接。

以注册连接为例，单击“注册连接”图标后，输入主机名(IP 地址)、端口(默认 5236)、用户名(默认 SYSDBA)、密码(默认 SYSDBA)，单击【测试】按钮，测试数据库是否连通，单击【确定】按钮，连接数据库，如图 3-38 所示。

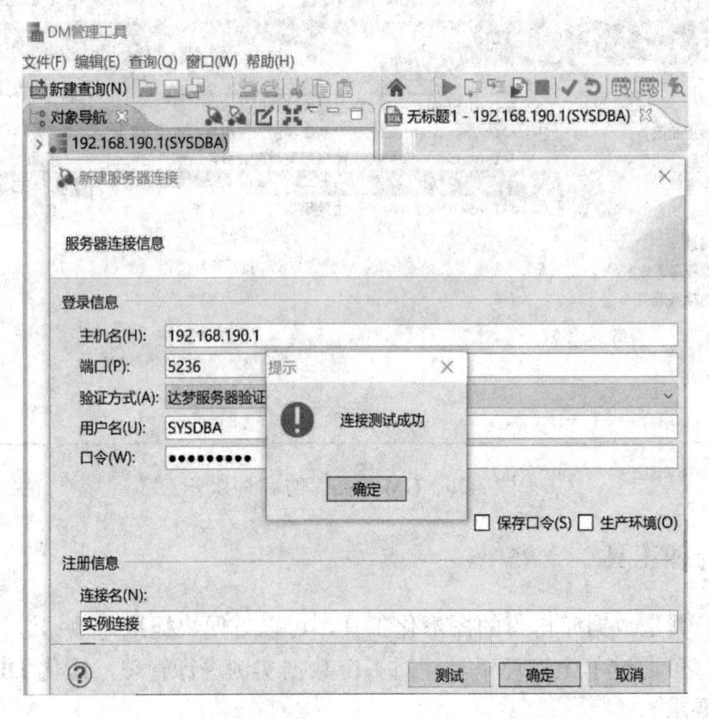


图 3-38　连接数据库

对象导航栏自动生成对应的数据库连接信息，单击鼠标右键，可进行连接、断开、克隆连接等选择，如图 3-39 所示。

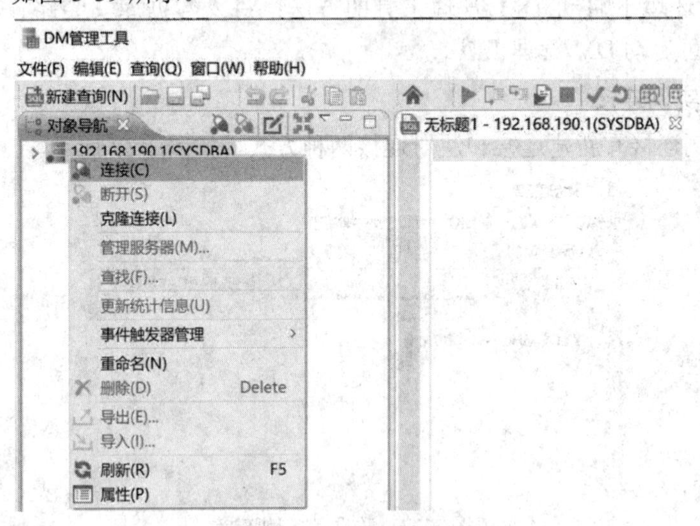


图 3-39　对象导航栏

## 2. 信息说明和常用配置

连接数据库后，左侧显示对象导航，右侧为新建查询窗口，通过窗口可编写 SQL 语句并执行，顶部为工具栏，底部为消息和结果集，如图 3-40 所示。

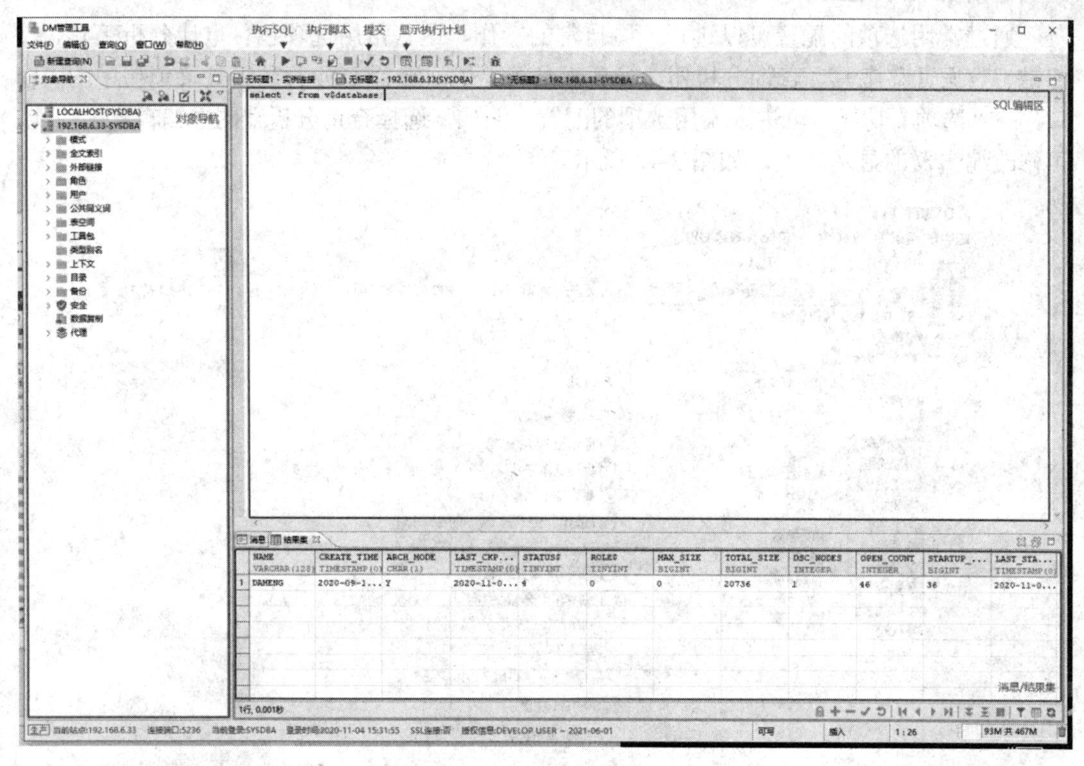


图 3-40　DM 管理工具

### 3. 查看数据库实例信息

通过 DM 管理工具可查看数据库实例的信息，包含系统概览、表使用空间、系统管理、日志文件、归档配置等几个方面。具体操作为：选中对应实例，单击鼠标右键，选择“管理服务器”，即可查看数据库实例的相关信息，如图 3-41 所示。

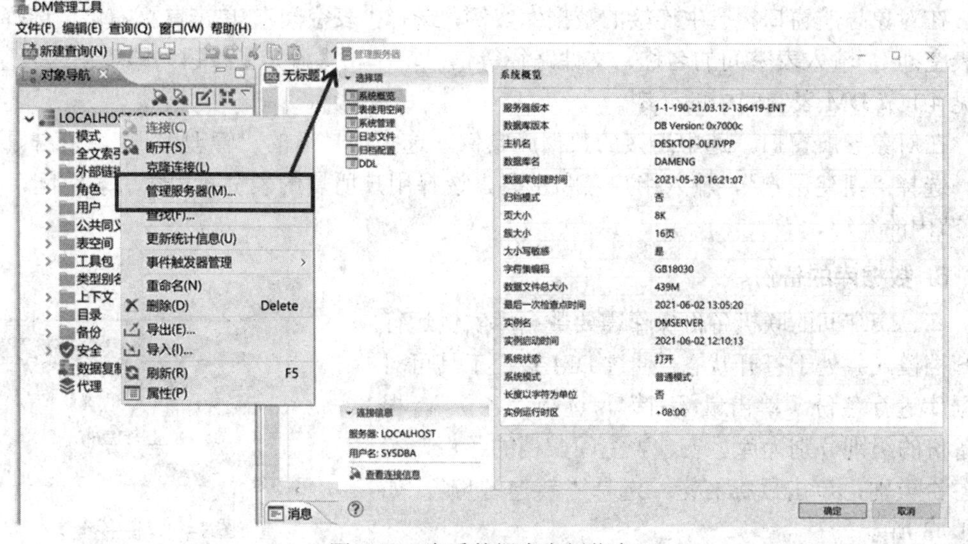


图 3-41　查看数据库实例信息

### 4. 常用选项配置

通过常用选项的配置可以进行一些日常的操作，这些常用选项包含审计分析工具、快捷键、数据迁移工具、查询分析器、管理工具等。依次选择 DM 管理工具菜单栏中的“窗口”→“选项”功能，可进入常用选项的配置。例如，选择查询分析器的“编辑器”功能，可修改编辑器的显示功能，如图 3-42 所示。

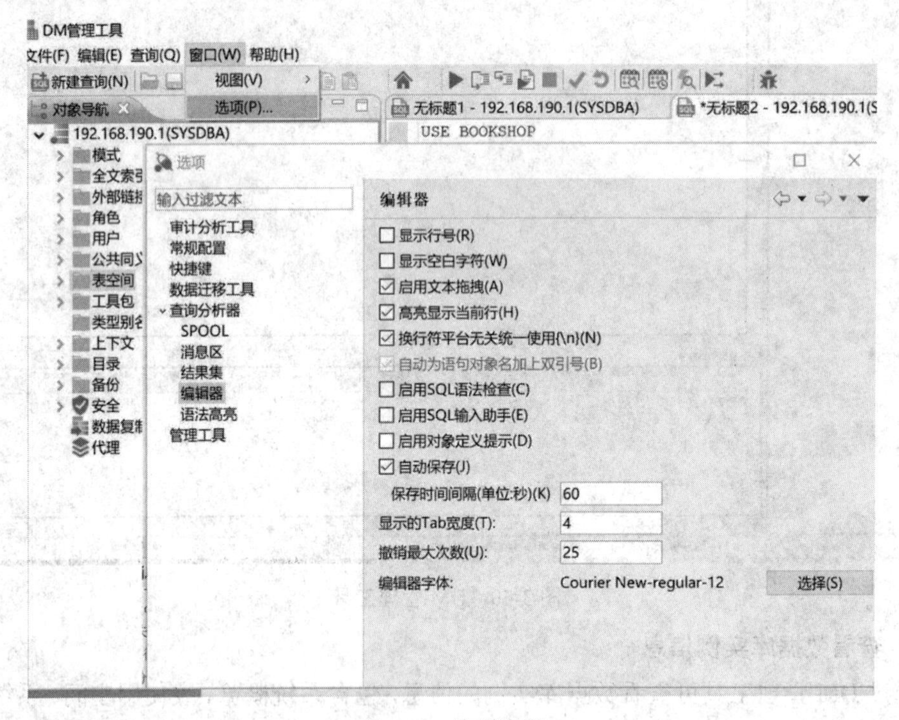


图 3-42　选项配置

### 5. 表空间和用户

在对象导航窗口，选中连接的数据库实例，选择“表空间”，单击鼠标右键，选择“新建表空间”，输入表空间的名称、文件路径等信息，单击【确定】按钮，即可创建表空间，详见 4.1 节 DM 表空间中的介绍。

在对象导航窗口，选中连接的数据库实例，选择用户下的“管理用户”，单击鼠标右键，选择“新建用户”，输入用户名和密码，选择用户所属的表空间和索引表空间，详见 4.3 节中的介绍。

### 6. 数据库的备份

库、表空间的联机备份操作需要数据库实例运行在归档模式并处于打开状态。通过 DM 管理工具可对数据库进行备份。单击鼠标右键，选择“备份”，根据备份的级别分别为库、表、表空间归档的备份，选中备份类别，单击鼠标右键，选择“新建备份”，如图 3-43 所示。

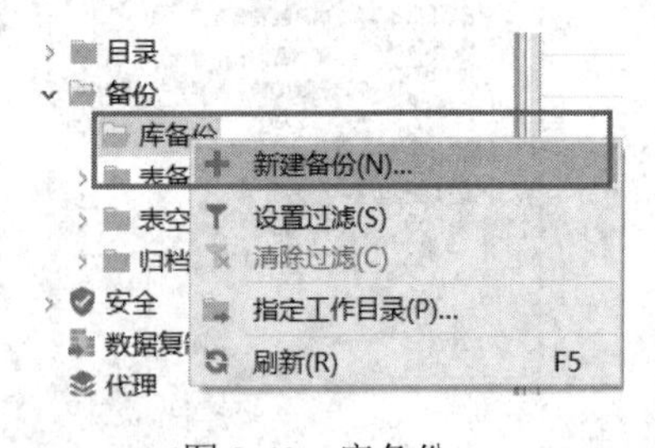


图 3-43　库备份

进入备份界面，输入备份名和备份集目录，选择备份类型和备份路径，如图 3-44 所示。

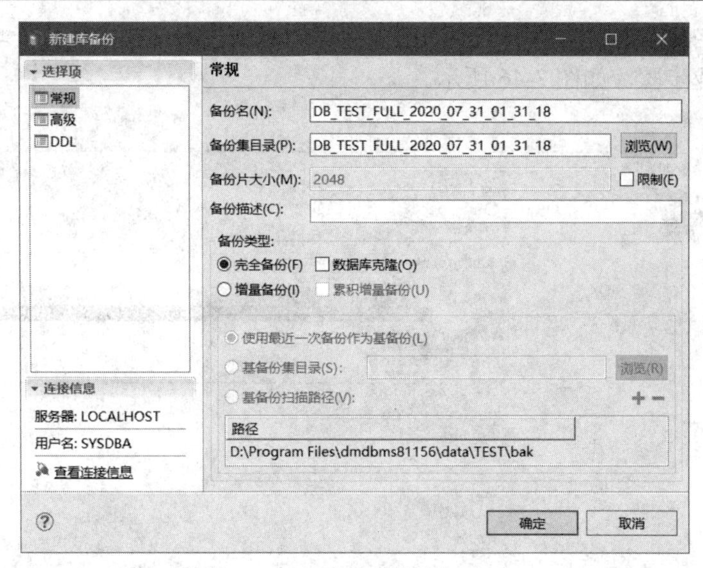


图 3-44　新建库备份常规设置

高级选项可针对备份进行操作，如备份是否进行压缩、是否生成备份日志、是否进行加密等，如图 3-45 所示。

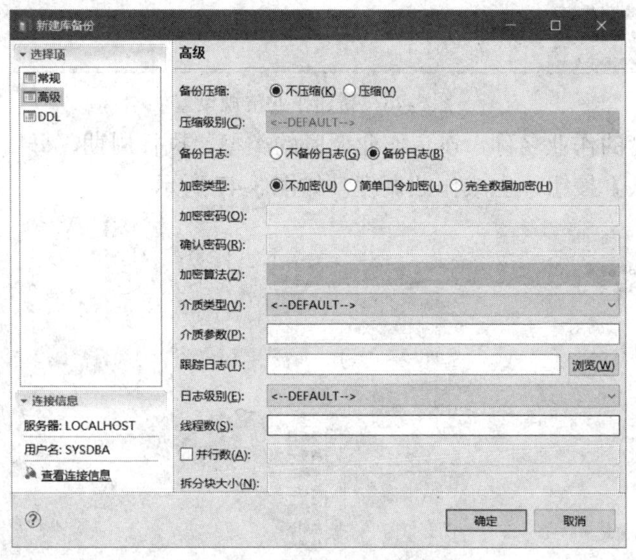


图 3-45　新建备份高级设备

### 7. 代理作业

通过 DM 管理工具，可创建代理环境。代理环境的主要作用在于设置数据库的定时备份，通过代理进行设置，免去了通过系统进行 crontab 定时计划执行 shell 脚本的麻烦。

1) 创建代理环境

在对象导航界面单击鼠标右键，选择“代理”→“创建代理环境”，数据库状态正常，管理工具正常连接，提示“创建代理环境显示成功”。

2) 创建定时备份作业

在对象导航界面单击鼠标右键，选择“作业”→“新建作业”，填写设定的作业名称和作业的步骤名称，选择步骤类型。待“新建作业步骤”对话框关闭后，单击【确定】按钮，生成该作业步骤，如图 3-46 所示。

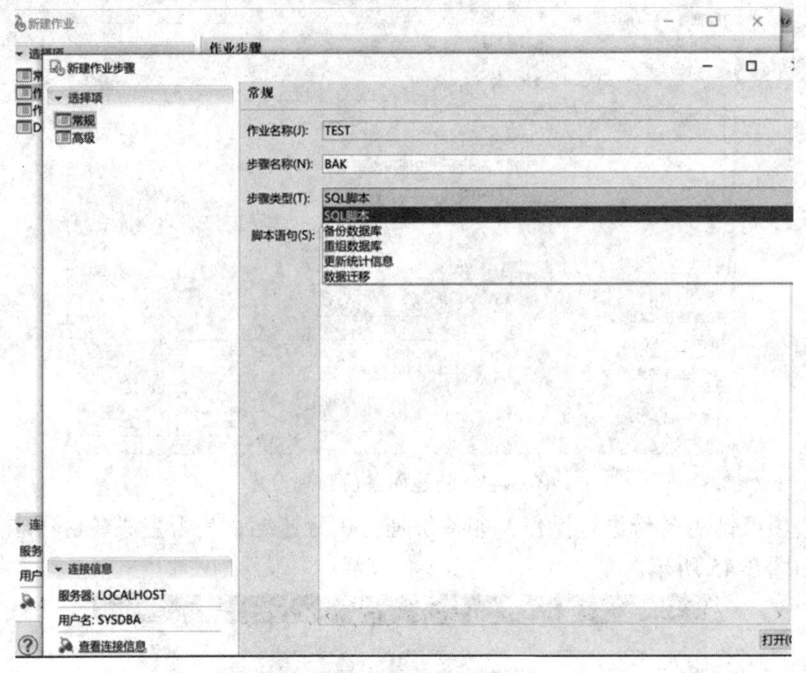


图 3-46　新建作业常规设置

填写作业调度的作业名称，设定作业调度的类型、执行周期、每日频率和持续时间等策略，单击【确认】按钮，生成作业调度，如图 3-47 所示。

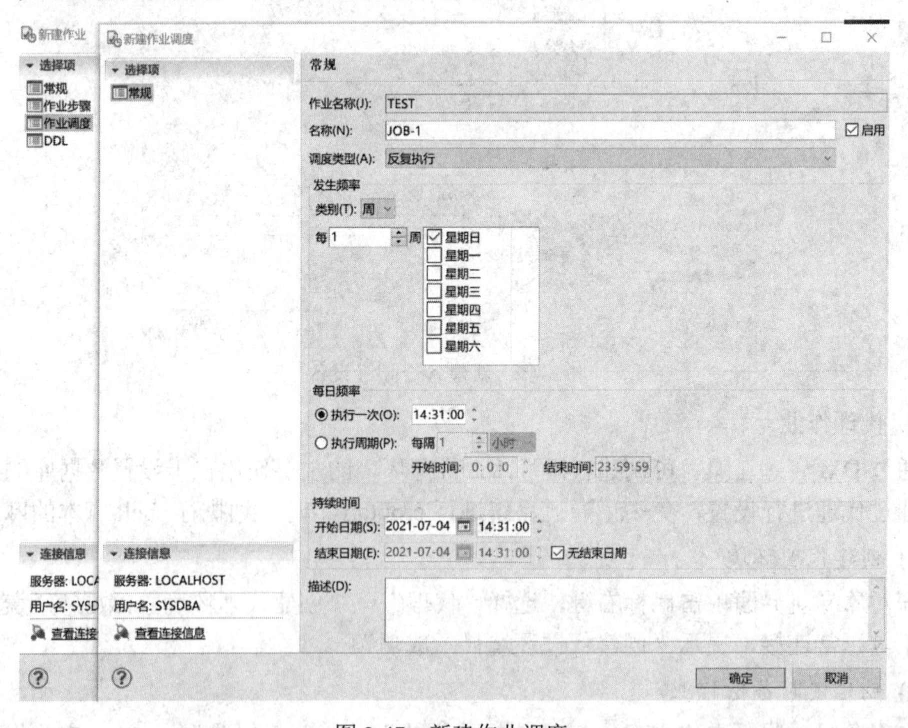


图 3-47　新建作业调度

展示此次代理作业的整体 DDL 语句，如图 3-48 所示。

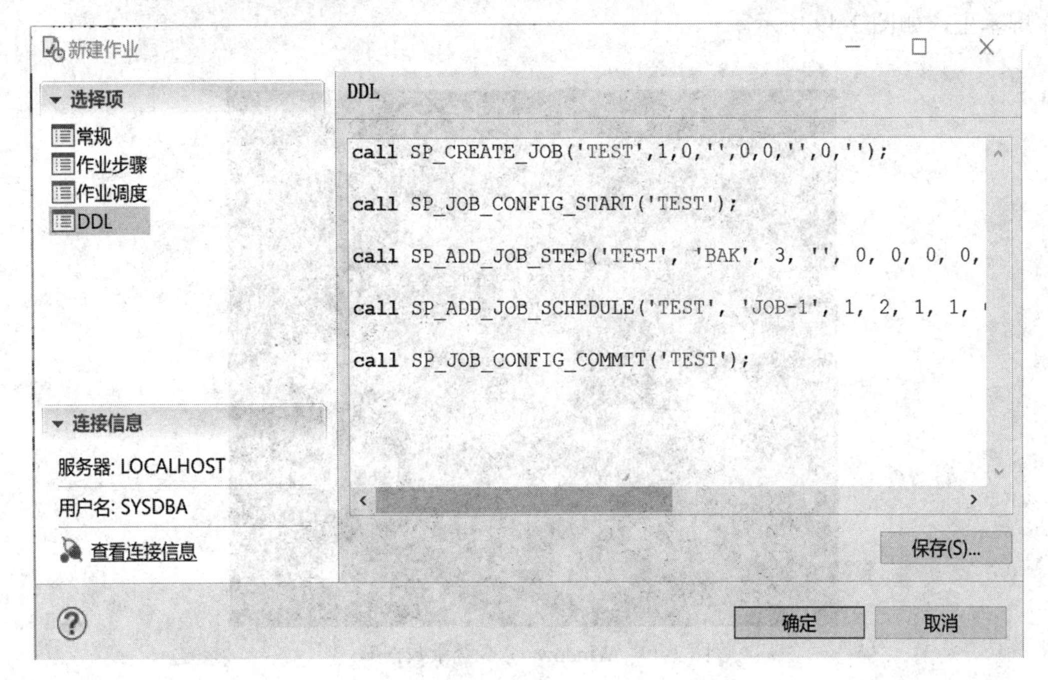


图 3-48　新建作业 DDL

### 3.4.3　DM 数据迁移工具

DM 数据迁移工具提供了主流大型数据库迁移到 DM 数据库、DM 数据库迁移到另一个 DM 数据库、文件迁移到 DM 数据库以及 DM 数据库迁移到文件等功能。DM 数据库对目前主流大型关系型数据库系统有着业界领先的兼容性，在存储层面、语法层面、接口层面和主流大型关系型数据库保持高度兼容，借助于 DM 图形界面且采用向导方式引导各个迁移步骤的 DTS 工具，移植工作可以变得非常简单。

在 Windows 环境下启动 DM 数据迁移工具的方法：依次选择“开始”→“达梦数据库”→“DM 数据迁移工具”，即可启动 DM 数据迁移工具。

在 Linux 环境下启动 DM 数据迁移工具的方法：进入数据库安装路径/tool 目录，运行./dts 即可启动 DM 数据迁移工具。

### 3.4.4　SQL 交互式查询工具

disql 是一款命令行客户端工具，用于进行 SQL 交互式查询。disql 工具一般用于没有图形界面时的操作，或者用于命令行形式的连接工具，如 Xshell、SCRT 等工具。

1. disql 的启动

在 Windows 环境下启动 disql 的方法：依次选择“开始”→“达梦数据库”→“SQL 交互式查询工具”，进入 cmd 命令行方式。

【例 3-1】在 Windows 环境下使用 login 命令登录到 IP 地址为 192.168.3.39 的数据库，

用户名和密码为 USER1/userpassword，端口号为 5236，其他采用缺省输入，密码不会显示在屏幕上，如图 3-49 所示。

```
192.168.3.39 : 5236 / USER1
disql V8
SQL> login
服务名:192.168.3.39
用户名:USER1
密码:
端口号:5236
SSL路径:
SSL密码:
UKEY名称:
UKEY PIN码:
MPP类型:
是否读写分离(y/n):
协议类型:

服务器[192.168.3.39:5236]:处于普通打开状态
登录使用时间 : 27.616(ms)
SQL>
```

图 3-49 Windows 命令登录数据库

在 Linux 环境下启动 disql 的方法：进入数据库软件安装目录的 bin 目录，登录方式为./disql username/password@IP:PORT。

**【例 3-2】** 在 Linux 环境下登录到 IP 地址为 192.168.3.39 的数据库，用户名和密码为 USER1/userpassword，端口号为 5236，如图 3-50 所示。

```
[root@centos /]# cd /dm8/bin
[root@centos bin]# ./disql USER1/userpassword@192.168.3.39:5236

服务器[192.168.3.39:5236]:处于普通打开状态
登录使用时间 : 8.766(ms)
disql V8
SQL>
```

图 3-50 Linux 登录数据库

## 2. disql 的使用

(1) 脚本使用：可在登录数据库时直接执行脚本，也可以在登录成功后执行脚本，通过符号“`”和“start”命令加上脚本位置执行脚本。图 3-51 为执行“/dm8/”目录下的 test.sql 脚本文件。

```
[root@centos /]# cd /dm8/bin
[root@centos bin]# ./disql USER1/userpassword@192.168.3.39:5236

服务器[192.168.3.39:5236]:处于普通打开状态
登录使用时间 : 8.766(ms)
disql V8
SQL> start /dm8/test.sql
```

图 3-51 disql 执行脚本

(2) 参数设置：可通过设置 disql 的参数来调整交互界面的显示效果，从而使输出的显示结果更加直观。通过 SET 命令进行设置，OFF 表示该参数关闭，ON 表示该参数开启。可以同时设置多个环境变量。

disql 常用参数如下：

- SET ECHO OFF：显示脚本中正在执行的 SQL 语句。
- SET FEEDBACK OFF：显示当前 SQL 语句查询或修改的行数。
- SET HEADING ON：显示列标题。
- SET LINESHOW OFF：显示行号。
- SET PAGESIZE 1000：设置一页的行数。
- SET TIMING OFF：显示每个 SQL 语句的执行时间。
- SET TIME OFF：显示系统的当前时间。
- SET LINESIZE 1000：设置屏幕中一行的显示宽度。
- SET SERVEROUTPUT ON：块中有打印信息时，设置是否打印以及打印的格式。
- SET CHAR_CODE DEFAULT：设置 SQL 语句的编码方式。
- SET COLSEP '|'：设置 DPI 语句句柄中游标的类型。
- SET KEEPDATA ON：设置是否为数据对齐进行优化，或者保持数据的原始格式。
- SET TRIMSPOOL ON：设置 SPOOL 文件中每行的结尾空格。
- SPOOL /home/dmdba/dbchk20200609.txt：输出到文件。
- SPOOL OFF：结束输出文件。

(3) 常用命令：通过 SQL 交互式查询工具，写入 SQL 命令来进行数据库的管理，各种 SQL 命令详细见后续章节。

**【例 3-3】** 登录到 IP 地址为 192.168.3.39 的 DM 数据库，用户名和密码为 USER1/userpassword，端口号为 5236，查询 SC_STU 模式中学生表的数据，结果如图 3-52 所示。

```
[root@centos tool]# cd /dm8/bin
[root@centos bin]# ./disql USER1/userpassword@192.168.3.39:5236

服务器[192.168.3.39:5236]:处于普通打开状态
登录使用时间 : 8.269(ms)
disql V8
SQL> select * from sc_stu.学生表;

行号       学号    姓名      性别 生日        专业                     年级
---------- -------- --------- ------ ---------- -------------------- --------
1          511005   程阳      男    2002-06-23 网络安全与执法 2018级
2          511205   任田田 女    2002-04-13 计算机应用        2018级
3          512003   张农      男    2001-09-21 网络安全与执法 2019级
4          512106   徐成凯 男    2001-02-17 安防工程            2019级
5          513002   马飞      男    2002-07-10 网络安全与执法 2020级
6          513101   胡杨林 男    2002-04-05 安防工程            2020级
7          513107   王琴      女    2002-09-01 安防工程            2020级
8          514002   李倩      女    2003-01-15 网络安全与执法 2021级
9          514102   周小佳 女    2002-07-03 安防工程            2021级

9 rows got

已用时间: 24.699(毫秒). 执行号:700.
SQL>
```

图 3-52　disql 查询数据

### 3.4.5　DM 数据库配置助手

可以通过数据库配置助手进行创建数据库实例、删除数据库实例、注册数据库服务和删除数据库服务四种操作。

1. 创建数据库实例

创建数据库实例详细步骤参见 3.2.3 小节。

2. 删除数据库实例

删除数据库实例的操作步骤如下：

(1) 在 DM 数据库配置助手中选择“删除数据库实例”，如图 3-53 所示。

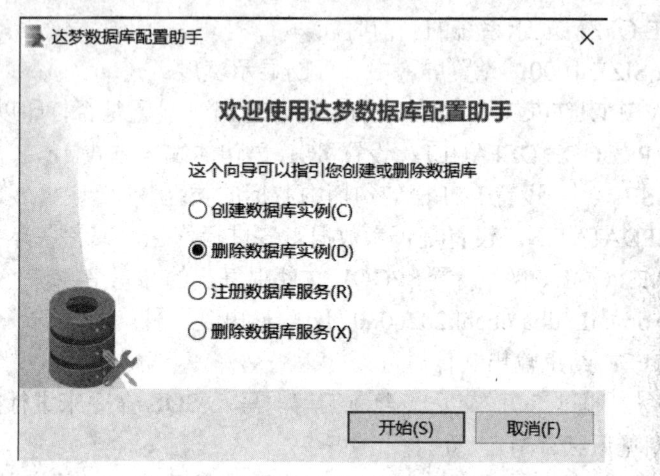


图 3-53　选择“删除数据库实例”

(2) 选择要删除的数据库，如图 3-54 所示。

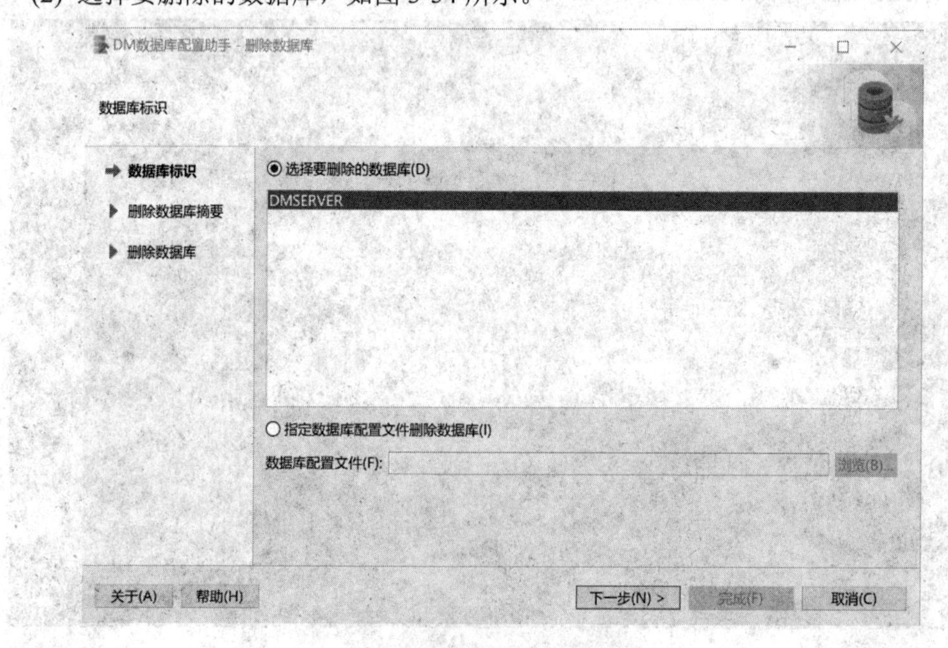


图 3-54　选择要删除的数据库

(3) 选中要删除的数据库后，单击【下一步】按钮显示要删除的数据库摘要信息，单击【完成】按钮，删除数据库成功。

### 3. 注册数据库服务

注册数据库服务的操作步骤如下：

(1) 在 DM 数据库配置助手中选择“注册数据库服务”，如图 3-55 所示。

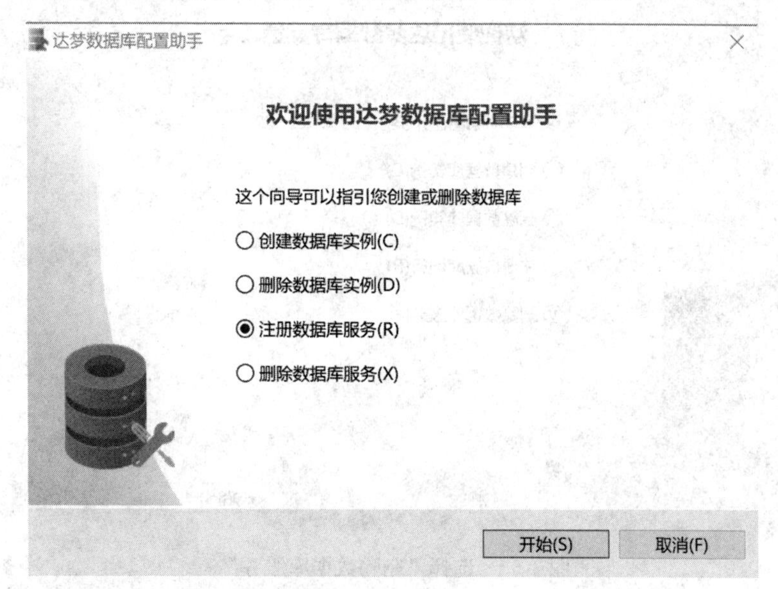


图 3-55　选择“注册数据库服务”

(2) 单击【开始】按钮，在弹出的对话框中填写数据库服务的信息，如图 3-56 所示。填写完成后单击【完成】按钮，注册数据库服务完成。

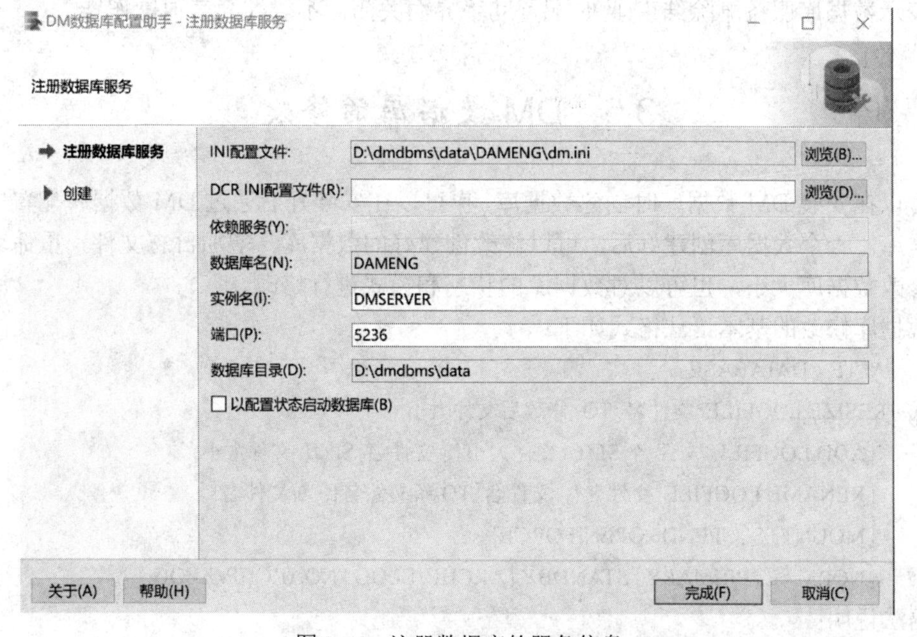


图 3-56　注册数据库的服务信息

#### 4. 删除数据库服务

删除数据库服务的操作步骤如下：

(1) 在 DM 数据库配置助手中选择“删除数据库服务”，如图 3-57 所示。

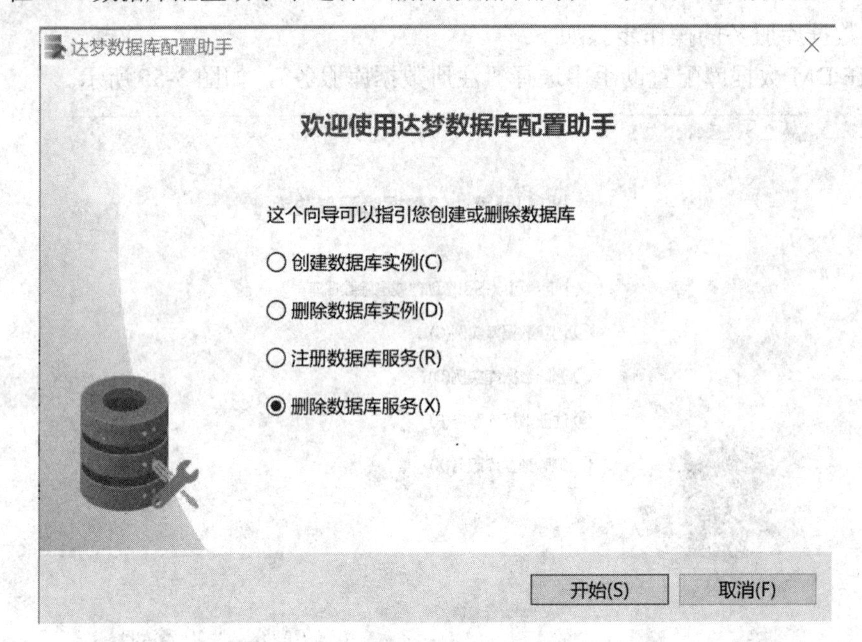


图 3-57 选择“删除数据库服务”

(2) 单击【开始】按钮，在弹出的对话框中选择要删除的数据库服务，单击【下一步】按钮，显示要删除的数据库服务信息，单击【完成】按钮，删除数据库服务成功(此时配置助手界面仍然存在，可以重复以上操作删除另一个新的数据库服务)。再次单击【完成】按钮，表示数据库服务删除结束(此时配置助手界面关闭，不能继续其他操作)。

## 3.5 DM 数据库的修改

可以在安装 DM 数据库时创建数据库，也可以在安装好后通过 DM 数据库配置助手添加数据库。一个数据库创建好后，可以修改创建好的数据库，增加日志文件，重命名数据库，修改数据库大小，也可以对数据库的状态和模式进行修改。

数据库修改的基本语法格式如下：

```
ALTER DATABASE
RESIZE LOGFILE 文件名 TO 修改后文件大小
 | ADD LOGFILE 文件名 SIZE 文件大小{, 文件名 SIZE 文件大小}
 | RENAME LOGFILE 文件名{, 文件名}TO 新文件名{, 新文件名}
 | MOUNT | SUSPEND | OPEN[FORCE]
 | NORMAL | PRIMARY | STANDBY | ARCHIVELOG | NOARCHIVELOG
```

语法说明：

| 是分隔语法项，表示“或”，即只能选择其中一项语法；[]里的内容为可选项；

{}里的内容为可以重复定义项。

ALTER DATABASE：修改数据库的关键字。

RESIZE LOGFILE 文件名 TO 修改后文件大小：RESIZE LOGFILE 是增加日志文件大小的关键字，将指定日志文件(DM 数据库日志文件扩展名为 .log)的大小修改为“TO”后的参数值，单位为 MB。例如，命令“alter database resize logfile 'D:\DATA\lg1.log' to 200”的执行结果是将“D:\DATA\”目录下的数据库日志文件“lg1.log”的文件大小修改为200 MB。(注：修改后的日志文件大小必须大于修改前日志文件大小)。

ADD LOGFILE 文件名 SIZE 文件大小{, 文件名 SIZE 文件大小}：ADD LOGFILE 是增加日志文件的关键字，后跟增加的日志文件名；SIZE 是增加日志文件定义项，定义增加的日志文件初始化大小，单位为 MB。DM 数据库允许一次增加多个日志文件，当一次增加多个日志文件时，各日志文件定义项用“,”分隔。

RENAME LOGFILE 文件名{, 文件名}TO 新文件名{, 新文件名}：RENAME LOGFILE 是重命名日志文件的关键字，DM 数据库允许一次更改多个日志文件名，当要修改多个文件名时，各文件名间用“,”分隔。

MOUNT | SUSPEND | OPEN：DM 数据库状态关键字，MOUNT 是配置模式状态，OPEN 是打开状态，SUSPEND 是挂起状态。当 DM 数据库处于配置模式(MOUNT)状态时，不允许访问数据库对象，只能进行控制文件维护、归档配置、数据库模式修改等操作；当 DM 数据库处于打开(OPEN)状态时，不能进行控制文件维护、归档配置等操作，但是可以访问数据库对象，并对外提供正常的数据库服务；当 DM 数据库处于挂起(SUSPEND)状态时，与 OPEN 状态的唯一区别就是限制磁盘写入功能，一旦修改了数据页，会触发 REDO 日志、数据页刷盘，当前用户将被挂起。

NORMAL | PRIMARY | STANDBY | ARCHIVELOG | NOARCHIVELOG：DM 数据库模式关键字。DM 数据库包含以下几种模式：

· 普通模式(NORMAL)：用户可以正常访问数据库，操作没有限制。

· 主库模式(PRIMARY)：用户可以正常访问数据库，所有对数据库对象的修改强制生成 REDO 日志，在归档有效时，发送 REDO 日志到备库。

· 备库模式(STANDBY)：接收主库发送过来的 REDO 日志并重做，数据对用户只读。

· 归档模式/非归档模式(ARCHIVELOG | NOARCHIVELOG)：数据库有联机重做日志，这个日志是记录对数据库所作的修改，比如插入、删除、更新数据等，这些操作都会记录在联机重做日志里。如果数据库处于非归档模式，联机日志在切换时就会丢弃，而在归档模式下发生日志切换时，被切换的日志会进行归档。

注意事项：

(1) 只有数据库处于 MOUNT 状态时，才能启用或关闭“归档，添加、修改、删除归档，重命名日志文件”等操作。

(2) 对数据库日志文件进行修改时，语法中涉及的文件名包含文件所在的目录绝对路径且需用一对单引号包括。

(3) 进行数据库修改的用户必须具有 DBA 权限。

**【例 3-4】** 给数据库增加两个日志文件，文件保存于“D:\DATA”下，文件名分别为 lg1.log 和 lg2.log，大小均为 100 MB。

示例代码如下：

```
ALTER DATABASE
ADD LOGFILE 'D:\DATA\lg1.log' SIZE 100, 'D:\DATA\lg2.log' SIZE 100
```

【例 3-5】 修改数据库日志文件 lg1.log，将其大小改为 200 MB。

示例代码如下：

```
ALTER DATABASE RESIZE LOGFILE 'D:\DATA\lg1.log' TO 200
```

【例 3-6】 设置数据库状态为 MOUNT。

示例代码如下：

```
ALTER DATABASE MOUNT
```

【例 3-7】 设置数据库状态为 OPEN。

示例代码如下：

```
ALTER DATABASE OPEN
```

【例 3-8】 设置数据库状态为 SUSPEND。

示例代码如下：

```
ALTER DATABASE SUSPEND
```

【例 3-9】 重命名两个日志文件名分别为 log_1.log、log_2.log，其目录不变。

示例代码如下：

```
ALTER DATABASE MOUNT;
ALTER DATABASE RENAME LOGFILE 'D:\DATA\lg1.log', 'D:\DATA\lg2.log' TO 'D:\DATA\log_1.log', 'D:\DATA\log_2.log';
ALTER DATABASE OPEN;
```

## 本章小结

在应用型课程的学习中，学习环境的搭建是学习效果好与坏的关键。通过本章的学习，学会分别在 Windows 和 Linux 两种环境下安装配置 DM 数据库，后续章节将基于安装好的数据库进行实际操练。

# 第 4 章　DM 数据库表空间、用户和模式

本章将介绍 DM 数据库用于逻辑划分定义数据文件的表空间，管理操作数据库相关对象(用户、表、视图等)的容器——模式。主要内容包括相关的基本概念、基本语法及示例。通过本章的学习，使读者掌握表空间、用户和模式的基本概念，熟练使用管理工具或语法创建表空间、用户和模式。

## 4.1　DM 表空间

在学习 DM 数据库之前，我们或许接触过其他基于关系模型的 DBMS(数据库管理系统)，如微软的 SQL Server，在这一类基于关系模型的 DBMS 中，创建数据库时，往往需定义存储数据及数据库对象的数据文件、存储数据库操作日志的事务日志文件，定义文件的目的即是在硬件系统中开辟磁盘空间，用于存储数据、数据库对象和数据库的操纵日志。那么，对于 DM 数据库而言，是否也需要相关数据库文件呢？如何定义存储数据、数据库对象的文件呢？答案是肯定的，学习表空间，即是通过理解表空间，学习对表空间的操作，掌握 DM 数据库在磁盘创建一个或多个数据文件以及管理数据文件的方法。

### 4.1.1　DM 表空间概述

DM 表空间是对 DM 数据库的逻辑划分，它是 DM 数据库数据和数据库对象在硬件系统(磁盘)中的存储单元。使用 DM 数据库存储某一应用领域的相关数据，需要创建对应的表空间，即通过表空间在磁盘上开辟存储空间(创建一个或多个数据文件)，用其存储该应用领域的数据和数据库对象。通过表空间，亦可以对相关应用领域用于存储数据和数据库对象的文件进行管理。表空间是开发某一领域数据库的基础，数据库对象表、视图、存储过程等逻辑上存储于表空间中，物理上存储于表空间所创建和管理的数据文件中。

在 DM 数据库中，为方便管理，将表空间细分为基本表空间、大表空间(Huge Table Space，HTS)等，这是根据表空间的用途划分的，如大表空间用于存储 HFS(Huge File System)表。下面介绍创建表空间、维护表空间的方法。

### 4.1.2　表空间的创建

表空间的创建即是在磁盘上创建一个或多个数据文件的过程。

1. 使用 DM 管理工具可视化方法创建表空间

【例 4-1】 使用 DM 管理工具创建一个名为 TP_STU 的表空间，包括 stu_f1.dbf 和 stu_f2.dbf 两个文件，两个文件的定义要求如表 4-1 所示。

表 4-1　表空间文件

| 文件名 | 文件路径 | 初始化大小/MB | 文件增长 | 每次增加大小/MB | 最大大小/MB |
| --- | --- | --- | --- | --- | --- |
| stu_f1.dbf | D:data\… | 100 | 开 | 10 | 500 |
| stu_f2.dbf | D:data\… | 100 | 关 | 无 | 无 |

步骤如下：

(1) 通过开始菜单打开 DM 管理工具并登录，如图 4-1 所示。

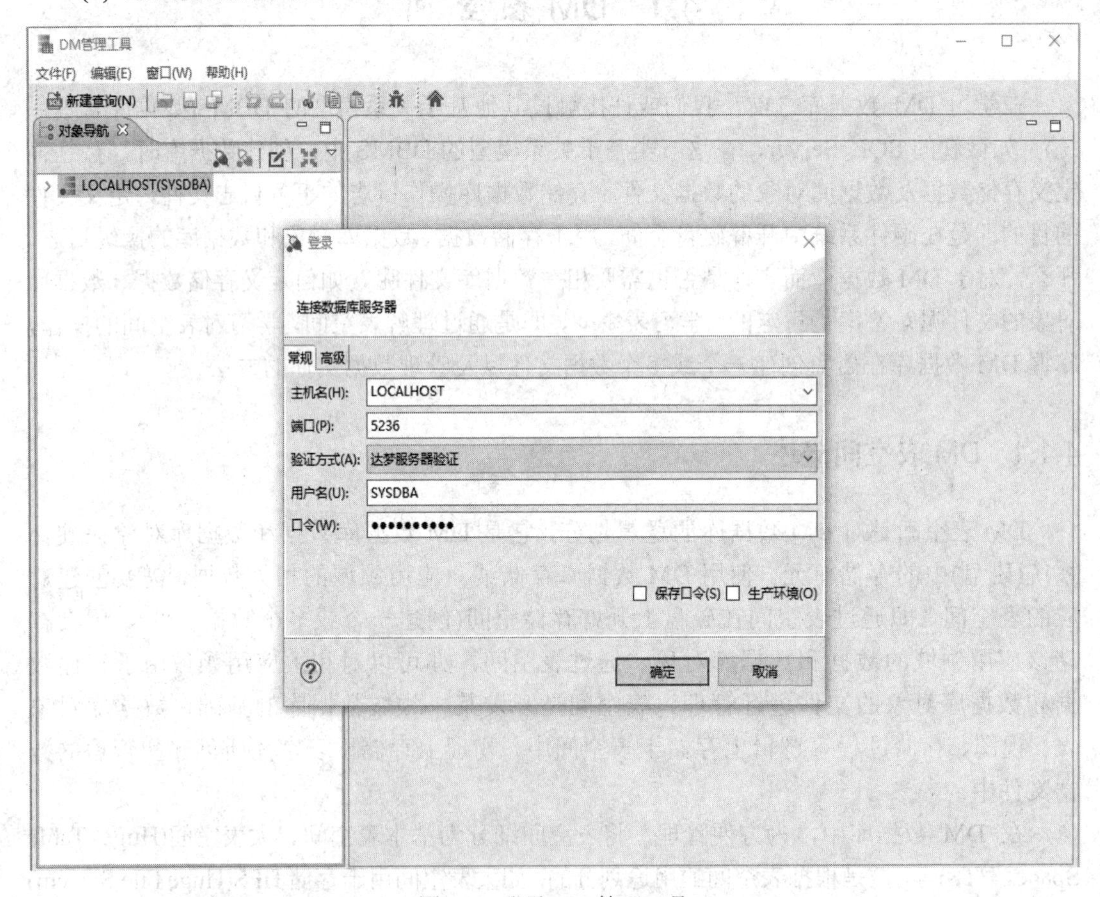


图 4-1　登录 DM 管理工具

(2) 在 DM 管理工具左侧的对象导航下找到“表空间”，并在“表空间”上右键单击，在弹出的快捷菜单中选择“新建表空间”命令，如图 4-2 所示。

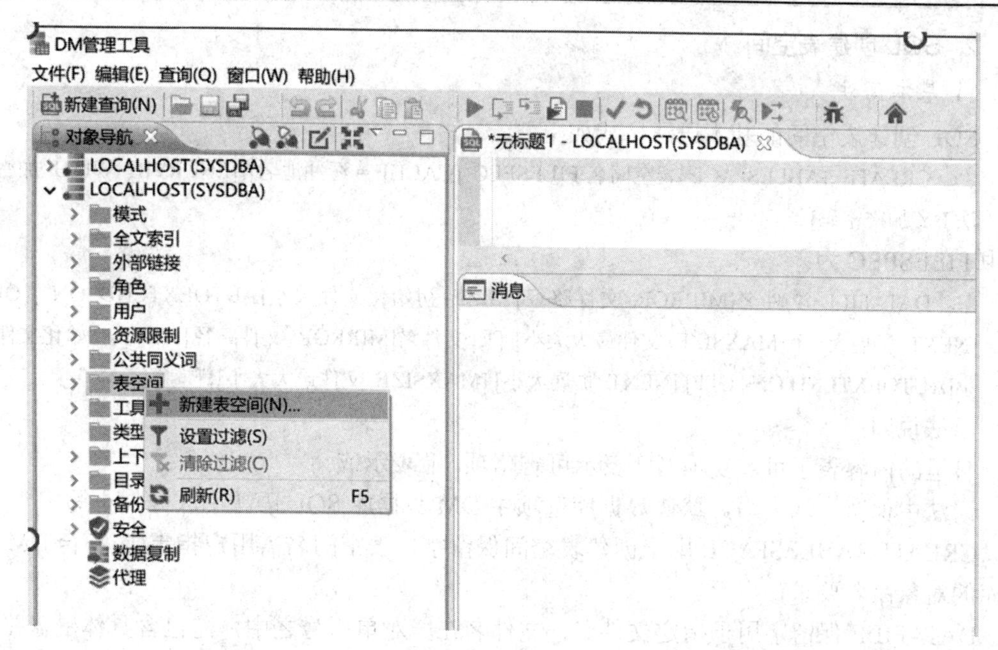


图 4-2　新建表空间

(3) 在弹出的“新建表空间”对话框中完成表 4-1 要求的表空间的创建，如图 4-3 所示。

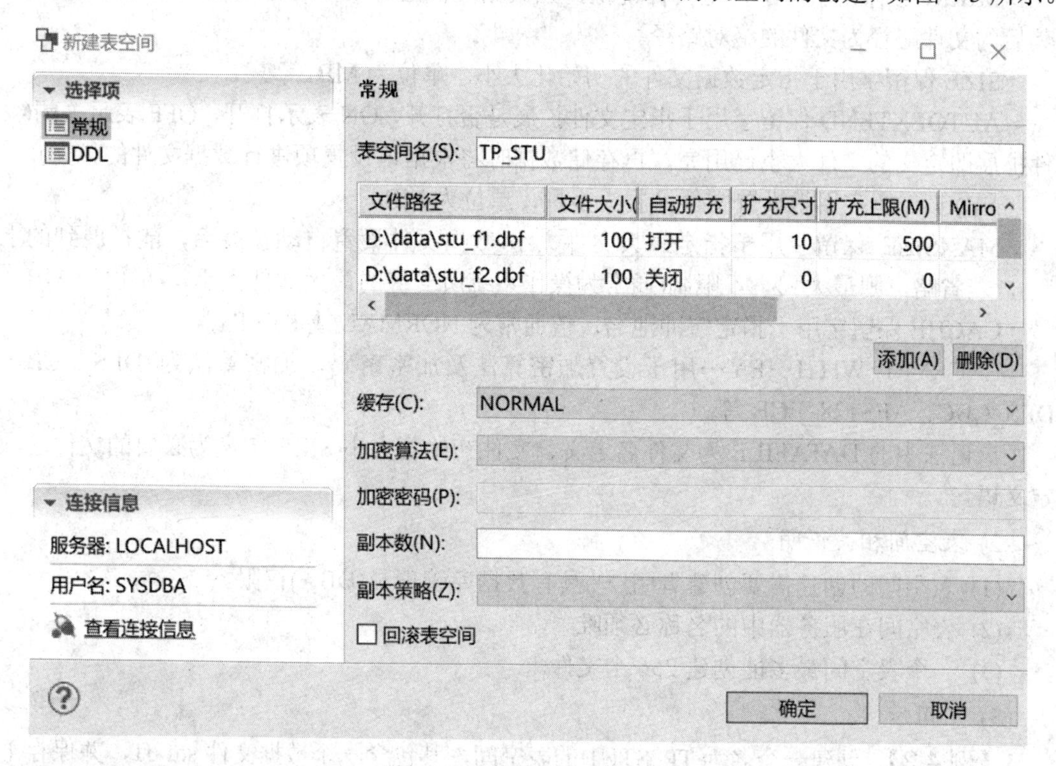


图 4-3　新建表空间文件设置

**注**：“新建表空间”对话框中，选择“常规”表示采用可见即可得的方式创建表空间，选择“DDL”表示可以查看创建表空间所生成的对应 SQL 语句。

### 2. SQL 创建表空间

1) 基本语法

SQL 创建表空间的基本语法格式如下：

CREATE TABLESPACE 表空间名 FILESPEC [CACHE = 缓冲池名] [ENCRYPT WITH 加密算法 BY 加密密码]

其中 FILESPEC 为：

DATAFILE 文件名[MIRROR 文件路径] SIZE 初始化文件大小[AUTOEXTEND ON | OFF] [NEXT 扩展大小] [MAXSIZE 文件最大大小] [{, 文件名[MIRROR 文件路径] SIZE 初始化文件大小[AUTOEXTEND ON | OFF] [NEXT 扩展大小] [MAXSIZE 文件最大大小]}]

语法说明：

{}里的内容表示可重复项，[] 表示可省略项，| 表示或。

语法中保留字均大写，默认数据库选项中 DM 数据库 SQL 语法不区分大小写。

CREATE TABLESPACE 用于创建表空间保留字，表空间名需用户指定(应符合 DM 数据库的对象命名要求)。

DATAFILE 保留字用于指定文件名，文件名在一对单引号之中，需包含具体磁盘路径目录、数据文件名(包括扩展名 DBF)，且磁盘需存在文件名所包含的目录。

MIRROR 保留字用于指定文件镜像，当数据文件出现损坏时替代数据文件进行服务，其后的文件路径为文件的绝对路径。

SIZE 保留字用于指定数据文件的初始化大小，单位为 MB。

AUTOEXTEND 保留字用于指定文件扩展是否打开，ON 表示打开，OFF 表示关闭(文件扩展即定义的文件大小已用完，再存储数据时将根据该设置项进行数据文件的扩充)。

NEXT 保留字用于设置文件扩展大小量，单位为 MB。

MAXSIZE 保留字用于指定最大文件大小(数据文件设置自动扩展后，能扩展到的上限)，若省略，则最大大小不限制(通常为操作系统所支持的最大文件大小)，单位为 MB。

CACHE 保留字用于指定缓冲池名，值通常为 NORMAL 或 KEEP。

ENCRYPT WITH…BY…用于设置加密算法及加密密码，加密算法为 DES_ECB、DES_CBC、AES128_ECB 等。

该语法中的 DATAFILE 为文件名定义、文件初始化大小 SIZE 定义为必要的文件选项定义语句。

2) 表空间相关说明

(1) 表空间的创建需要创建者(用户)具有数据库管理员(DBA)权限。

(2) 表空间在服务器中的名称必须唯一。

(3) 一个表空间最多能创建 256 个文件。

3) 应用示例

**【例 4-2】** 创建一个名为 TP_STU1 的表空间，其包含一个数据文件 stu_f1，并保存于 D 盘 Data 目录之下，初始化大小为 100 MB，其他文件项均默认。

示例代码如下：

```
CREATE TABLESPACE TP_STU1 DATAFILE 'd:\data\stu_f1.DBF' SIZE 100
```

运行结果如图 4-4 所示。

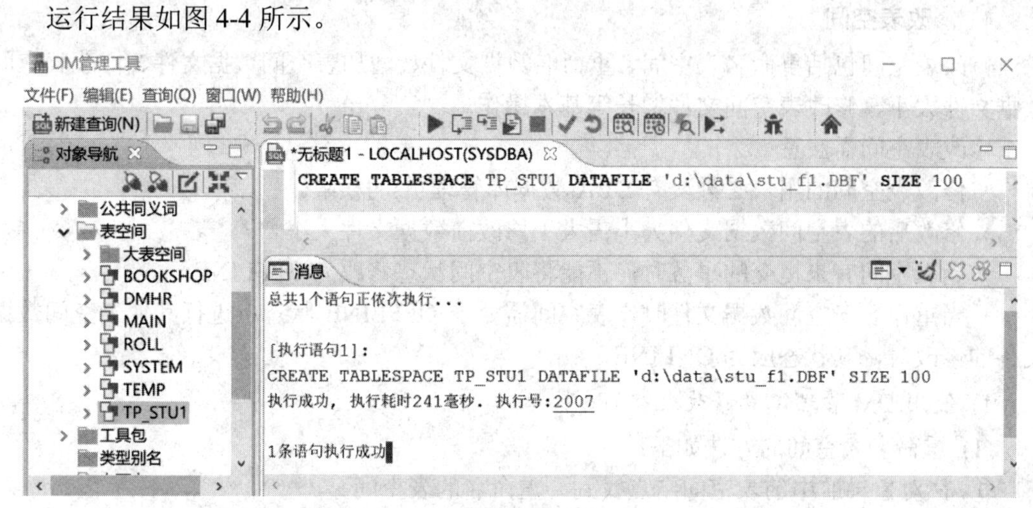


图 4-4　例 4-2 运行结果

【例 4-3】 创建例 4-1 中“表 1”要求的表空间。

示例代码如下：

```
CREATE TABLESPACE TP_STU DATAFILE 'D:\data\stu_f1.DBF' SIZE 100 AUTOEXTEND ON
NEXT 10 MAXSIZE 500, 'D:\data\stu_f2.DBF' SIZE 100 AUTOEXTEND OFF
```

执行结果如图 4-5 所示。

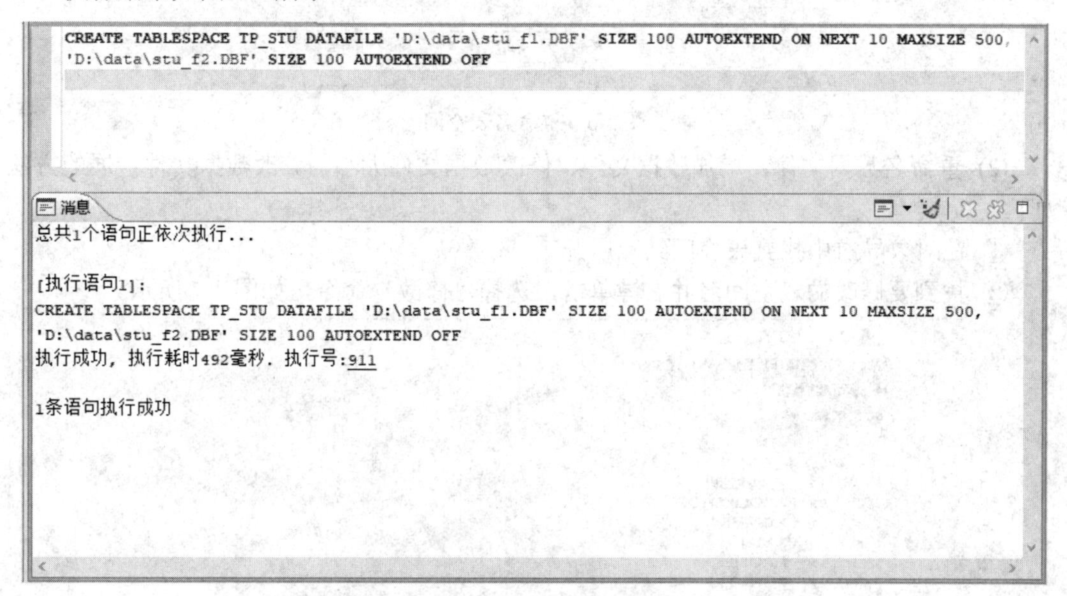


图 4-5　例 4-3 执行结果

### 4.1.3　表空间的维护

随着数据库的使用，原来创建的表空间可能无法满足数据存储的要求，抑或是原来创建的表空间不再使用，那么需要对表空间进行修改、删除等操作。表空间的修改、维护可以通过 DM 管理工具进行，也可以通过 SQL 命令完成。下面介绍表空间的相关维护工作。

### 1. 修改表空间

修改表空间包括重命名表空间、重命名数据文件、增加表空间数据文件、修改表空间数据文件大小、修改表空间文件增长等基本操作。

修改表空间需注意：

• 修改表空间的用户必须具有DBA(数据库管理员)的权限。

• 修改后的表空间数据文件大小需大于修改前数据文件大小。

• 当表空间有未提交的事务时，不能将表空间状态修改为OFFLINE。

• 当重命名表空间数据文件时，表空间需处于OFFLINE状态；进行其他表空间数据文件的修改时，其状态应为ONLINE。

1) 使用DM管理工具修改表空间

(1) 重命名表空间的方法如下：

① 在对象导航中的表空间结点找到要重命名的表空间。

② 右键单击选择“重命名”命令。

③ 在弹出的对话框中输入新表空间名即可，如图4-6所示。

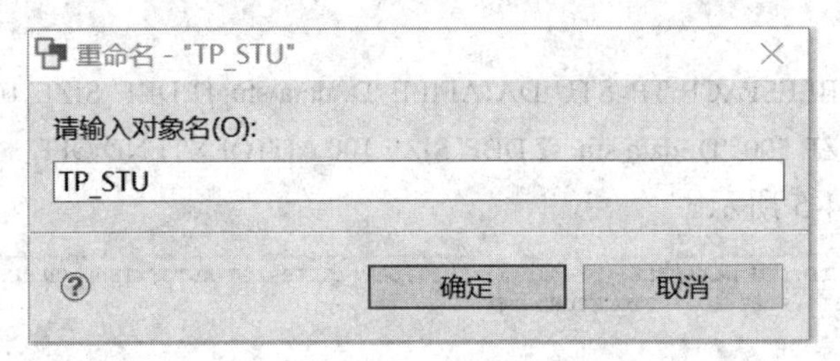


图4-6　重命名表空间

(2) 重命名数据文件、增加数据文件、修改数据文件大小、修改数据文件扩展的方法如下：

① 在对象导航中找到表空间结点展开。

② 找到要修改的表空间名并右键单击，选择“修改”命令，如图4-7所示。

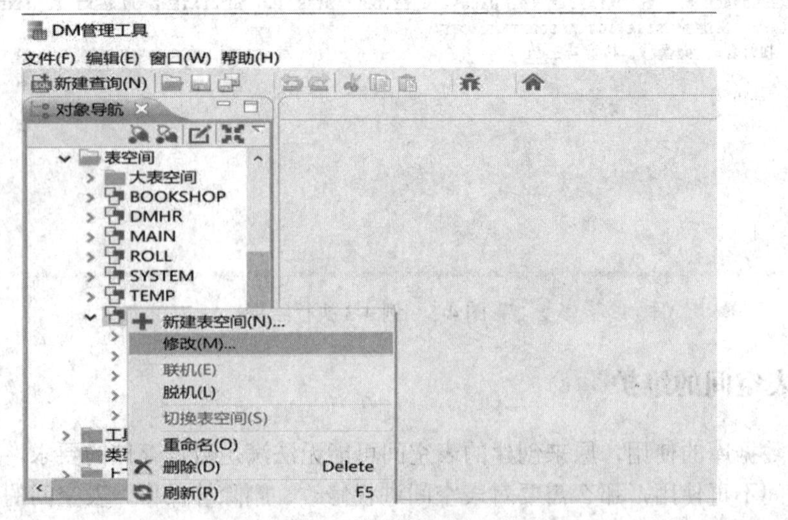


图4-7　修改表空间

③ 在弹出的表空间修改对话框中对数据文件进行重命名(双击文件名)、增加新数据文件、修改已存在数据文件的大小、扩展(双击需修改的项)，如图 4-8 所示。

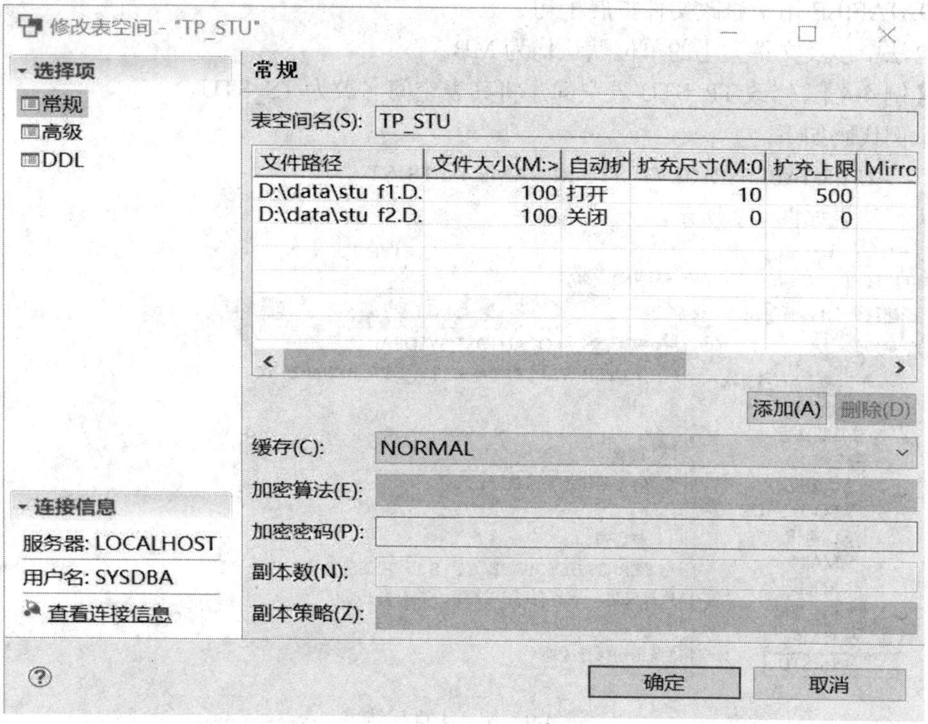

图 4-8　修改表空间文件

2) 使用 SQL 命令修改表空间

语法格式如下：

```
ALTER TABLESPACE 要修改的表空间名 [ONLINE | OFFLINE]
RENAME TO 新表空间名
RENAME DATAFILE 文件名{, 文件名} TO 文件名{, 文件名}
ADD DATAFILE 文件名 SIZE 文件大小
RESIZE DATAFILE 文件名 TO 文件大小
DATAFILE 文件名{, 文件名} AUTOEXTEND ON | OFF NEXT 增长量 [MAXSIZE 最大大小]
CACHE = 缓冲池类别
```

语法说明：

ALTER TABLESPACE 保留字用于指定要修改的表空间。

ONLINE | OFFLINE 用于修改表空间在线或离线状态。

RENAME TO 用于重命名表空间。

RENAME DATAFILE 用于重命名数据文件，该文件名应包含数据文件所在目录的绝对路径且数据文件扩展名为 .DBF，该修改语句可一次修改多个数据文件，重命名文件名时需将表空间设置为离线状态。

ADD DATAFILE 用于增加新的数据文件，文件名应包含文件目录的绝对路径和新增加的数据文件大小。

RESIZE DATAFILE 用于修改文件大小，文件名应包含文件目录的绝对路径。

DATAFILE 用于修改文件扩展子句。

语法中涉及文件大小的单位默认均为 MB。

【例 4-4】 修改 TP_STU 表空间，将其表空间名改为 TS_STU。

示例代码如下：

```
ALTER TABLESPACE TP_STU RENAME TO TS_STU
```

执行结果如图 4-9 所示。

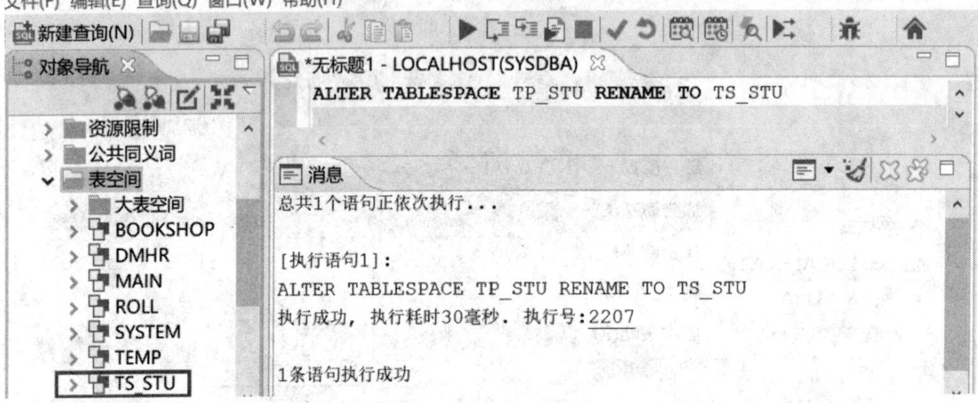


图 4-9　例 4-4 执行结果

命令执行成功后，刷新数据库连接后可以看到表空间名由 TP_STU 修改为 TS_STU。

【例 4-5】 修改 TS_STU 表空间，增加数据文件 stu_f3，文件大小 100 MB。

示例代码如下：

```
ALTER TABLESPACE TS_STU ADD DATAFILE 'D:\data\stu_f3.dbf' SIZE 100
```

执行结果如图 4-10 所示。

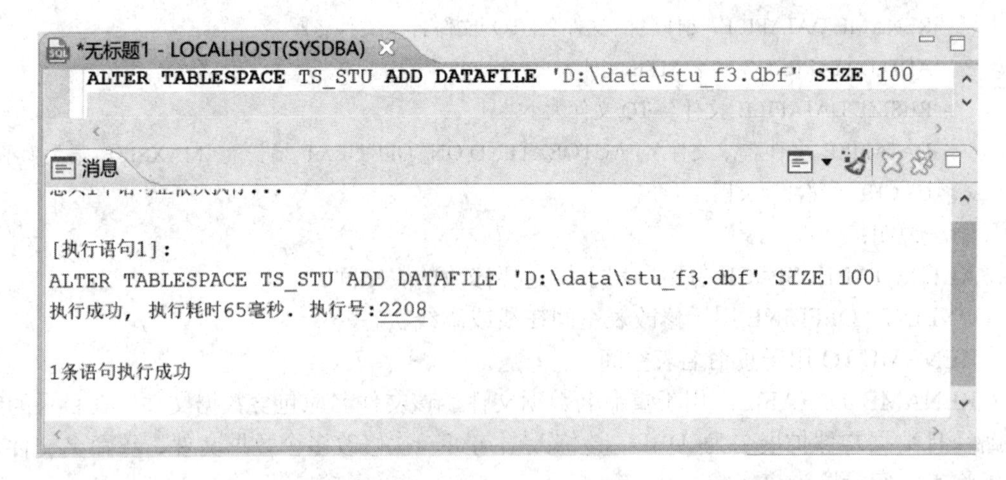


图 4-10　例 4-5 执行结果

【例 4-6】 修改 TS_STU 表空间，将表空间设置为离线状态。

示例代码如下：

```
ALTER TABLESPACE TS_STU OFFLIE
```

【例 4-7】修改 TS_STU 表空间，将表空间的数据文件 stu_f2、stu_f3 重命名为 stu_file2、stu_file3。

示例代码如下：

```
ALTER TABLESPACE TS_STU RENAME DATAFILE 'D:\data\stu_f2.dbf', 'D:\data\stu_f3.dbf' TO
'D:\data\stu_file2.dbf', 'D:\data\stu_file3.dbf'
```

执行结果如图 4-11 所示。

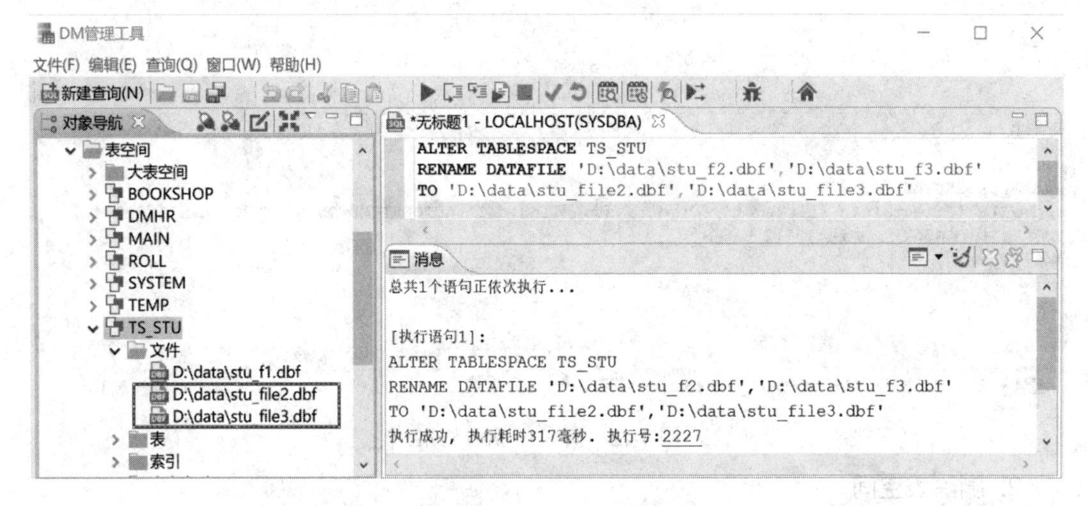


图 4-11　例 4-7 执行结果

在修改表空间中的数据文件时，不仅表空间需处于离线状态，而且文件名(含路径)需与对象导航中的表空间的文件名一致，所谓的一致包括盘符、文件扩展名的大小写必须一致，否则 DM 管理工具会提示无效路径(后面对数据库文件的修改均需注意该项)，可观察图 4-11 中左边对象导航中表空间的文件与右边 SQL 命令的一致性。

【例 4-8】修改 TS_STU 表空间，将表空间的数据文件 stu_file3 文件大小改为 200 MB。

示例代码如下：

```
ALTER TABLESPACE TS_STU RESIZE DATAFILE 'd:\data\stu_file2.dbf' TO 200
```

在修改数据文件大小及进行文件扩展中，需将表空间状态设置为在线。

【例 4-9】 修改 TS_STU 表空间，将表空间的数据文件 stu_file2 的文件扩展改为开，增长量改为 10 MB，最大大小不限制。

示例代码如下：

```
ALTER TABLESPACE TS_STU DATAFILE 'd:\data\stu_file2.dbf' AUTOEXTEND ON NEXT 10
```

【例 4-10】 修改 TS_STU 表空间，将表空间的数据文件 stu_file2 和 stu_file3 的文件扩展改为开，增长量均改为 20 MB，最大大小为 1024 MB。

示例代码如下：

```
ALTER TABLESPACE TS_STU DATAFILE 'd:\data\stu_file2.dbf', 'd:\data\stu_file3.dbf' AUTOEXTEND
ON NEXT 20 MAXSIZE 1024
```

对文件扩展进行修改时可一次性修改多个文件，但扩展方式只能有一种，即多个文件的文件扩展将被改为一致。

执行结果如图 4-12 所示。

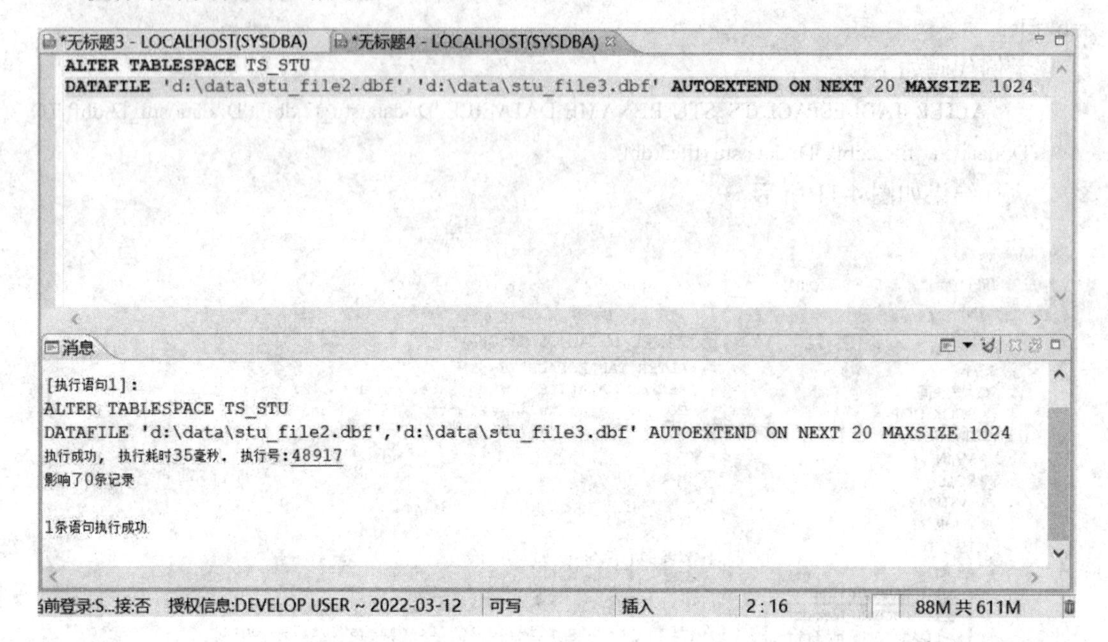


图 4-12　例 4-10 执行结果

### 2. 删除表空间

当一个表空间不再使用时，就可以将其删除。因为表空间定义有数据文件，数据库中的数据和相关的数据库对象均存储于表空间的数据文件中，若将一个表空间删除，则其数据文件存储的内容也将不复存在，所以对表空间的删除需慎重。

1) 使用 DM 管理工具删除表空间

使用 DM 管理工具删除表空间的步骤如下：

(1) 展开对象导航中的表空间结点。

(2) 找到要删除的表空间。

(3) 右键单击该表空间，在弹出的快捷菜单中选择“删除”命令。

(4) 在弹出表空间删除对话框中单击【确定】按钮即可删除表空间。

2) 使用 SQL 命令删除表空间

语法格式如下：

```
DROP TABLESPACE 表空间名
```

【例 4-11】 删除表空间 TS_STU。

示例代码如下：

```
DROP TABLESPACE TS_STU
```

【例 4-12】 删除系统表空间 TEMP 并注意其执行结果。

示例代码如下：

```
DROP TABLESPACE TEMP
```

执行结果如图 4-13 所示。

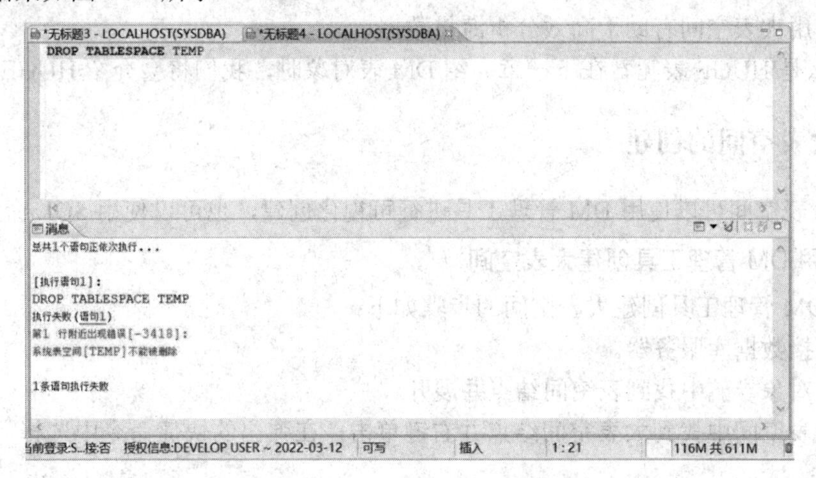


图 4-13　例 4-12 执行结果(系统表空间删除不被允许)

# 4.2 大 表 空 间

## 4.2.1 大表空间概述

大表空间 HTS 是专门用来存放 HFS 表的，如果不创建大表空间，那么 HUGE 表则只能使用系统大表空间 HMAIN。通常来说，尽量少用 HMAIN 表空间，在存储 HUGE 表时，建议另创建大表空间。

DM 数据库中的表对象数据存储方式既支持行存储，也支持列存储。对于行存储是以行为单位进行数据存储，数据页面存储着若干条完整的记录；对于列存储是以列为单位进行数据储存，一个指定的页面中存储的都是某一连续的数据，如图 4-14 所示。HFS 是 DM 数据库针对海量数据采用一种高效、简单的列存储机制，HUGE 表就是建立在 HFS 存储机制之上的，HUGE 表存储于 HTS 大表空间之中。HTS 大表空间与普通表空间不同，它通过 HFS 存储机制来管理，相当于一个文件系统。

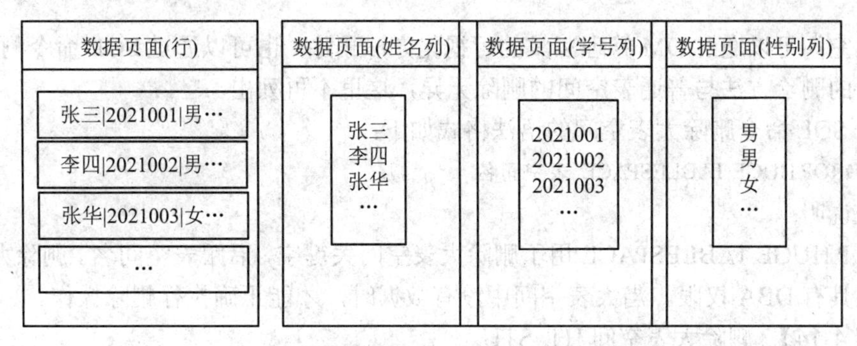


图 4-14　行存储与列存储

这里需要理解的是：

(1) 大表空间与普通表空间在数据存储机制上是有区别的(行存储与列存储)。

(2) 大表空间创建的目的是给 HUGE 表使用的。

(3) 使用大表空间有助于高效分析海量数据。

那什么是 HUGE 表呢？在下一章介绍 DM 表对象时，我们将会介绍 HUGE 表。

### 4.2.2 大表空间的创建

DM 大表空间可以使用 DM 管理工具进行可视化创建，也可以使用 SQL 命令创建。

**1. 使用 DM 管理工具创建大表空间**

使用 DM 管理工具创建大表空间的步骤如下：

(1) 连接数据库服务器。

(2) 在对象导航中找到表空间结点并展开。

(3) 在表空间中找到大表空间结点并右键单击，在弹出的快捷命令中选择“新建大表空间”命令。

(4) 在弹出的“新建大表空间”对话框中，如创建表空间一样进行大表空间的创建。

**2. 使用 SQL 命令创建大表空间**

使用 SQL 命令创建大表空间比创建普通表空间的语法要简单。其语法格式如下：

```
CREATE HUGE TABLESPACE  表空间名 PATH 表空间路径
```

语法说明：

CREATE HUGE TABLESPACE 用于创建大表空间保留字，后跟要创建的大表空间名称。

PATH 关键字用于指定大表空间存储路径，若磁盘中无该表空间路径，则 DM 数据库会根据语法自动创建。

与普通表空间不一样，普通表空间创建时，相应的目录中有对应的数据文件，而大表空间没有。

**【例 4-13】** 创建大表空间 HT_STU，路径为 d:\data\hugeTS 目录。

示例代码如下：

```
CREATE HUGE TABLESPACE HT_STU PATH 'd:\data\hugeTS'
```

### 4.2.3 大表空间的删除

大表空间可以通过 DM 管理工具的可视化方法删除，也可以通过 SQL 命令删除。DM 管理工具的删除方法与普通表空间的删除无异，这里不再列出。

使用 SQL 命令删除大表空间的语法格式如下：

```
DROP HUGE TABLESPACE  表空间名
```

语法说明：

DROP HUGE TABLESPACE 用于删除大表空间关键字，后跟表空间名。删除大表空间的用户应具有 DBA 权限。当大表空间中没有数据时，才能正确执行删除操作。

**【例 4-14】** 删除大表空间 HT_STU。

示例代码如下：

```
DROP HUGE TABLESPACE HT_STU
```

# 4.3　DM 用户管理

如果接触过其他 DBMS，那么应该知道用户之于数据的重要性，用户管理是数据库安全管理的有效机制。对于 DM 数据库来说，用户管理既是确保数据库被安全管理和使用的有效机制，也是组织管理数据库对象的必要手段。

## 4.3.1　用户的创建

创建 DM 数据库用户需要指定相关的要素，包括登录数据库时的身份验证方式、口令、用户对象使用的默认表空间、数据库资源使用限制等内容。DM 数据库用户可以通过 DM 管理工具创建，也可以通过 SQL 命令创建，下面分别介绍。

### 1. 使用 DM 管理工具创建用户

使用 DM 管理工具创建用户的步骤如下：

(1) 在对象导航中展开用户结点。

(2) 在用户结点下右键单击管理用户。

(3) 在弹出的快捷菜单中选择“新建用户”命令，弹出“新建用户”对话框，如图 4-15 所示。

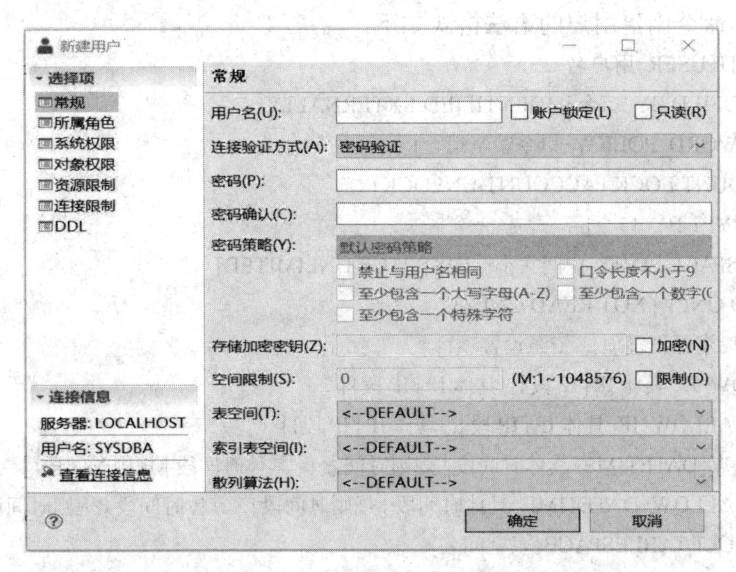


图 4-15　新建用户常规设置

(4) 在新建用户对话框中完成对新用户的创建，常用设置项含义如表 4-2 所示。

创建用户的注意事项如下：

- 用户名在服务器中必须唯一。
- 用户口令以密文的形式存储。

DM 管理工具创建用户是所见即所得的，这里不再举例说明，知道步骤和各设置项含义便可进行创建。

表 4-2 常用设置项含义

| 选择项 | 常用设置项 |
| --- | --- |
| 常规 | 用户名：用以指定创建的用户账号<br>只读：若勾选，则登录用户只能对数据库进行读操作，默认可读写<br>账户锁定：若勾选，则创建的用户被锁定<br>连接验证方式：密码验证。包括设置密码、密码确认和选择密码策略<br>存储加密密钥：若使用则首先勾选“加密”，它是与半透明加密配合使用的，系统默认会自动生成一个密钥<br>表空间：选择创建的用户所使用的表空间<br>其他选项设置可查阅相关资料 |
| 所属角色 | 配置创建用户所属的角色组，通常有 DBA、PUBLIC、RESOURCE、SOI、VTI 供选择 |
| 系统权限 | 设置创建用户对数据库的操作权限 |
| 对象权限 | 设置用户对数据库对象进行的操作，如勾选对表进行查询、修改、增加数据等操作 |
| 资源限制 | 设置创建的用户使用资源的情况，有会话数量、登录失败次数、会话使用 CPU 时间等 |
| 连接限制 | 允许 IP 和禁止 IP 用于控制用户是否可以从某个 IP 登录数据库，可以利用 * 来设置禁止某个网段访问数据库，如 192.168.58.* 表示 58 网段的 IP 均被限制登录 |
| DDL | 根据上面各选择项设置自动生成的 SQL 命令 |

### 2. 使用 SQL 命令创建用户

使用 SQL 命令创建用户的语法格式如下：

```
CREATE USER 用户名
IDENTIFIED BY 口令 | IDENTIFIED EXTERNALLY
[PASSWORD_POLICY 口令策略组合]
[ACCOUNT LOCK | ACCOUNT UNLOCK]
[ENCRYPT BY 口令]
[DISKSPACE LIMIT 空间大小 | DIKSPACE UNLIMITED]
[READ ONLY | NOT READ ONLY]
[LIMIT 资源设置项{, 资源设置项}]
[ALLOW_IP 具体 IP | IP 段{, 具体 IP | IP 段}]
[NOT_ALLOW_IP 具体 IP | IP 段{, 具体 IP | IP 段}]
[ALLOW_DATETIME 具体时间段 | 规则时间段{, 具体时间段 | 规则时间段}]
[NOT_ALLOW_DATETIME 具体时间段 | 规则时间段{, 具体时间段 | 规则时间段}]
[DEFAULT TABLESPACE 表空间名]
```

语法说明：

[] 项为可省略项，{} 项为可重复项，| 表示或。

CREATE USER 用于创建用户关键字，后跟要创建的用户名。

IDENTIFIED BY 口令 | IDENTIFIED EXTERNALLY 用于身份验证，验证方式为二选一。IDENTIFIED BY 用于设置数据库身份验证，后跟验证密码；EXTERNALLY 用于设置外部身份验证。当使用数据库身份验证后，需要在 IDENTIFIED BY 后跟验证口令，对于验证口令，DM 不管设置的是大写或小写，验证口令保存均为大写(小写自动转为大写)，

若希望设置的数据库验证方式口令为大小写混合，则在口令处需要用一对双引号(" ")将口令括起来，这样 DM 不会将小写转换为大写保存。

PASSWORD_POLICY 用于设置口令策略，口令策略用数字表示，0 表示无策略，1 表示禁止与用户名相同，2 表示长度不小于 6，4 表示至少包含一个大写字母，8 表示至少包含一个数字，16 表示至少包含一个标点符号。若设置的口令含其他几项，那么口令策略数字为各项的和。例如，PASSWORD_POLICY 14 表示同时满足长度不小于 6、至少包含一个大写字母、至少包含一个数字，因为 14 = 2 + 4 + 8。

ACCOUNT LOCK | ACCOUNT UNLOCK 用于用户锁定子句，可二选一，ACCOUNT LOCK 为用户锁定，ACCOUNT UNLOCK 为非锁定。

ENCRYPT BY 用于存储加密密钥。

DISKSPACE LIMIT 空间大小 | DIKSPACE UNLIMITED 用于限制空间大小，可二选一，前者表示限制空间指定大小，后者表示不限制。

READ ONLY | NOT READ ONLY 用于设置用户对数据库的读写操作。

LIMIT 资源设置项{, 资源设置项}用于设置资源配置，设置格式为：设置项参数值 | UNLIMITED，如 CONNECT_IDLE_TIME 100。资源设置项如表 4-3 所示。

**表 4-3　资源设置项**

| 资源项 | 解释 | 最大(最小)值 | 默认值 |
|---|---|---|---|
| SESSION_PER_USER | 账户可拥有的会话数量 | 32768(1) | 系统提供的最大值 |
| CONNECT_TIME | 会话连接、访问、操作数据库服务器的时间上限，单位为分钟 | 144(1) | 无限制 |
| CONNECT_IDLE_TIME | 会话最大空闲时间，单位为分钟 | 144(1) | 无限制 |
| FAILED_LOGIN_ATTEMPS | 账户被锁定的连接注册失败次数 | 100(1) | 3 |
| CPU_PER_SESSION | 会话允许使用 CPU 的时间上限，单位为秒 | 31536000(1) | 无限制 |
| CPU_PER_CALL | 用户一个请求能够使用 CPU 的时间上限，单位为秒 | 86400(1) | 无限制 |
| READ_PER_SESSION | 会话读取数据页上限 | 2147483646(1) | 无限制 |
| READ_PER_CALL | 每个请求读取的数据页数 | 2147483646(1) | 无限制 |
| MEM_SPACE | 会话占有内存空间上限，单位为 MB | 2147483647(1) | 无限制 |
| PASSWORD_LIFE_TIME | 口令终止前可以使用的天数 | 365(1) | 无限制 |
| PASSWORD_REUSE_TIME | 口令重新使用必须间隔的天数 | 365(1) | 无限制 |
| PASSWORD_REUSE_MAX | 口令重新使用必须改变的次数 | 32768(1) | 无限制 |
| PASSWORD_LOCK_TIME | 超过 FAILED_LOGIN_ATTEMP 的设置值时，账户被锁定的时间，单位为分钟 | 1440(1) | 1 |
| PASSWORD_GRACE_TIME | 以天为单位的口令过期宽限时间 | 30(1) | 10 |

ALLOW_IP 具体 IP | 段{, 具体 IP | IP 段}用于配置用户可以登录的 IP 地址，可以通过*设置网段，如 192.168.0.*。

NOT_ALLOW_IP 具体 IP | IP 段{, 具体 IP | IP 段}用于配置用户禁止登录的 IP 地址，可以通过*设置网段，如 192.168.0.*。

ALLOW_DATETIME 具体时间段 | 规则时间段{, 具体时间段 | 规则时间段}用于设置创建的账户访问时段。具体时间段格式为：日期时间 TO 日期时间，日期和时间需要用 " " 括起来，例如，"2021-3-12" "00:00:00" TO "2022-12-31" "23:59:59"。规则时间段格式为：周几时间 TO 周几时间，周几和时间需要用 " " 括起来，例如，"MON" "00:00:00" TO "MON" "23:59:59"。周一至周日分别表示为 MON、TUE、WED、THURS、FRI、SAT、SUN。

NOT_ALLOW_DATETIME 具体时间段 | 规则时间段{, 具体时间段 | 规则时间段}用于设置创建的账户禁止访问的时间，时段设置格式与 ALLOW_DATETIME 一致。

DEFAULT TABLESPACE 表空间名用于指定创建用户默认使用的表空间。

【例 4-15】 创建用户 user1，数据库验证方式，口令为 userpassword，默认表空间为 TS_STU。

示例代码如下：

```
CREATE USER user1 IDENTIFIED BY userpassword DEFAULT TABLESPACE TS_STU
```

【例 4-16】 创建用户 user2，数据库验证方式，口令为 userPASSWORD，默认表空间为 TS_STU。

示例代码如下：

```
CREATE USER user2 IDENTIFIED BY "userPASSWORD" PASSWORD_POLICY 4 DEFAULT
TABLESPACE TS_STU
```

该例中，口令含大小写字母，为使口令不自动转换为大写保存，口令使用一对" " 将其包括，且密码策略为 4。

【例 4-17】 创建用户 user3，数据库验证方式，口令为 userpassword，口令策略数值为 14，默认表空间为 TS_STU，观察执行结果。

示例代码如下：

```
CREATE USER user3 IDENTIFIED BY userpassword PASSWORD_POLICY 14 DEFAULT
TABLESPACE TS_STU
```

该例将执行错误，原因是口令策略值为 14，为 2 + 4 + 8 的结果，即创建用户要求口令满足长度不小于 6、至少包含一个大写字母、至少包括一个数字，执行结果如图 4-16 所示。

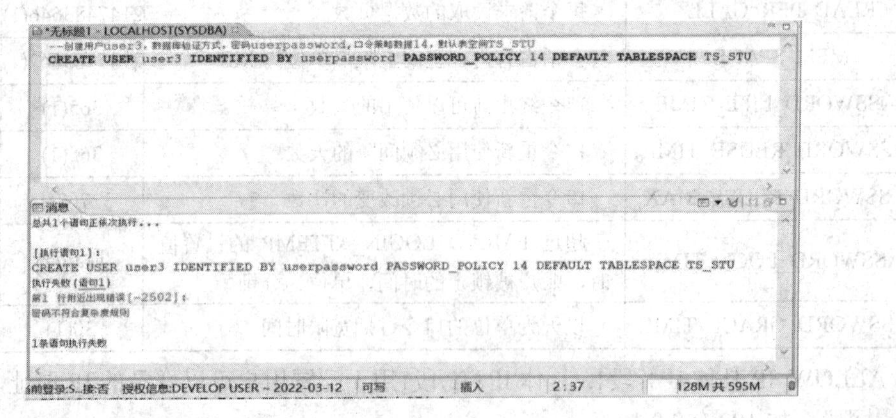


图 4-16　例 4-17 执行结果

例子中的口令既无大写字母亦无数字。若要让 SQL 命令正确执行，一是将口令用双引号包括且删除口令策略限制；二是更改口令，使其满足策略限制。保留口令策略限制 14，将口令设置为 UserPassword001 这类有大小写字母和数字且长度不小于 6 位的密码。

修改后的示例代码如下：

```
CREATE USER user3 IDENTIFIED BY "UserPassword001" PASSWORD_POLICY 14 DEFAULT
TABLESPACE TS_STU
```

**【例 4-18】** 创建用户 user4，数据库验证方式，口令为 UserPassword001，口令策略数值为 14，允许访问时间为规则时间段每周一零点零分零秒至每周三二十三点五十九分五十九秒，默认表空间为 TS_STU。

示例代码如下：

```
CREATE USER user4 IDENTIFIED BY "UserPassword001" PASSWORD_POLICY 14
ALLOW_DATETIME "MON" "00:00:00" TO "WED" "23:59:59" DEFAULT TABLESPACE TS_STU
```

执行结果如图 4-17 所示。

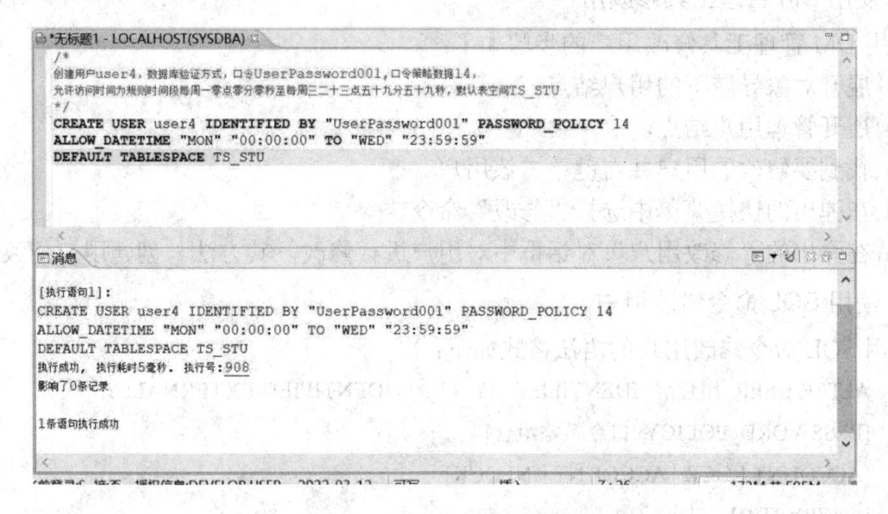


图 4-17　例 4-18 执行结果

当 user4 创建好后，试着用创建好的账号 user4 登录(现服务器系统时间为周四)，观察结果，用户 user4 不被允许访问数据库，如图 4-18 所示。

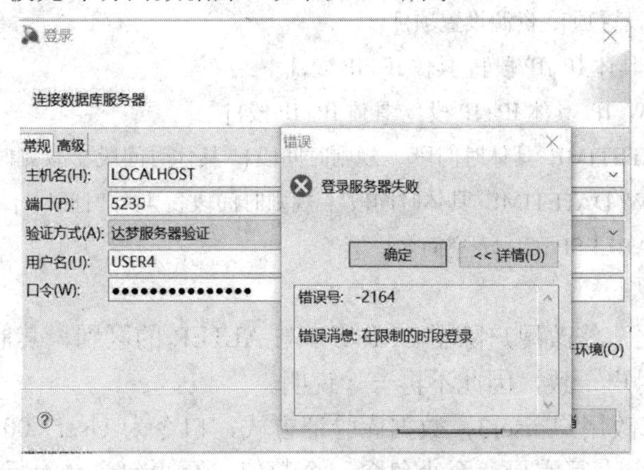


图 4-18　创建用户登录数据库

### 4.3.2　用户的修改

在数据库的使用过程中，用户创建时相关项的设置可能不适用于数据库的管理，此时就可能涉及修改用户，如修改口令、允许或禁止访问 IP、允许或禁止使用时间、默认表空间等。对于 DM 用户的修改可以通过 DM 管理工具、SQL 命令进行。修改用户需注意以下几点：

(1) 每个用户均可修改自己的口令，SYSDBA 用户可强制修改非系统预设用户的口令(数据库验证方式下)。

(2) 只有具备 ALTER USER 权限的用户才能修改其身份验证方式、系统角色和资源限制项。

(3) DM.ini 配置文件的 DDL_AUTO_COMMIT 设置为自动提交还是非自动提交，修改用户操作均会自动提交。

(4) 系统预设用户不能修改其系统角色和资源限制项。

#### 1. 使用 DM 管理工具修改用户

使用 DM 管理工具修改用户的步骤如下：

(1) 展开对象导航下的用户结点。

(2) 展开管理用户结点。

(3) 找到要修改的用户并右键单击该用户。

(4) 在弹出的快捷菜单中选择“修改”命令。

(5) 在弹出的“修改用户”对话框中对用户进行修改，其方法与创建用户一致。

#### 2. 使用 SQL 命令修改用户

使用 SQL 命令修改用户的语法格式如下：

```
ALTER USER 用户名 IDENTIFIED BY 口令 | IDENTIFIED EXTERNALLY
[PASSWORD_POLICY 口令策略组合]
[ACCOUNT LOCK | ACCOUNT UNLOCK]
[ENCRYPT BY 口令]
[DISKSPACE LIMIT 空间大小 | DIKSPACE UNLIMITED]
[READ ONLY | NOT READ ONLY]
[LIMIT 资源设置项{, 资源设置项}]
[ALLOW_IP 具体 IP | IP 段{, 具体 IP | IP 段}]
[NOT_ALLOW_IP 具体 IP | IP 段{, 具体 IP | IP 段}]
[ALLOW_DATETIME 具体时间段 | 规则时间段{, 具体时间段 | 规则时间段}]
[NOT_ALLOW_DATETIME 具体时间段 | 规则时间段{, 具体时间段 | 规则时间段}]
[DEFAULT TABLESPACE 表空间名]
```

语法说明：

与创建用户相比，修改用户除了 CREATE 与 ALTER 的区别，其他地方无异，其各设置项含义也和创建用户一致，因此不再一一说明。

【例 4-19】 修改用户 user3，数据库验证方式，口令为 User%001，口令策略数值为 28(口令至少包含一个大写字母、至少包含一个数值、至少包含一个标点符号)，允许访问时间为规则时间段每周一零点零分零秒至每周三二十三点五十九分五十九秒、每周六零点零分零秒至每周日二十三点五十九分五十九秒，默认表空间为 TS_STU。

示例代码如下：

```
ALTER USER user3 IDENTIFIED BY "User%001" PASSWORD_POLICY 28 ALLOW_DATETIME "MON" "00:00:00" TO "WED" "23:59:59", "SAT" "00:00:00" TO "SUN" "23:59:59" DEFAULT TABLESPACE TS_STU
```

执行结果如图 4-19 所示。

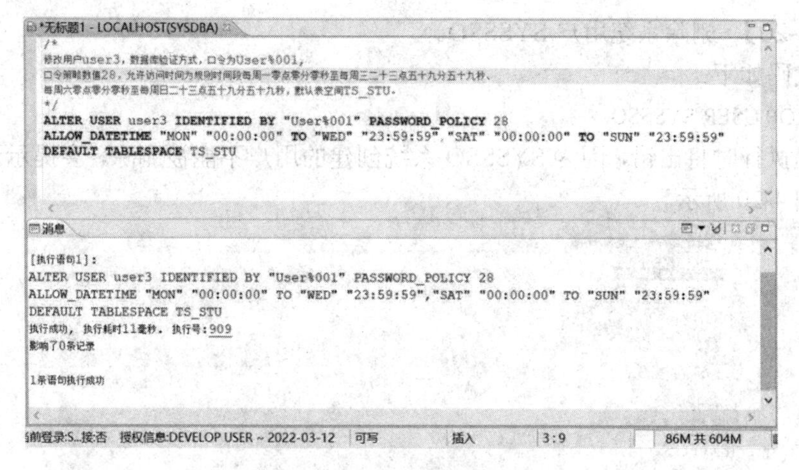


图 4-19　例 4-19 执行结果

### 4.3.3　用户的删除

当创建的用户不再使用时，可以将其删除。删除用户应注意以下事项：

(1) 系统用户 SYSDBA、SYSAUDITOR、SYSSSO 不能被删除。

(2) 具有 DROP USER 权限的用户方可删除用户。

(3) 删除用户时，该用户创建的所有对象也将一并被删除。

(4) 如果未使用 CASCADE 项，删除的用户创建了数据库对象(表、视图、存储过程、函数等)、其他用户引用了要删除用户创建的对象或要删除用户的表上存在其他用户建立的视图，删除时 DM 数据库将报错，删除用户将失败。

(5) 如果使用了 CASCADE 项，不仅删除用户，用户创建的对象及其他引用该用户表上的参照完整性约束也将被删除(级联操作)，正在使用的用户也可以被删除。

#### 1. 使用 DM 管理工具删除用户

使用 DM 管理工具删除用户的步骤如下：

(1) 在对象导航中展开用户结点。

(2) 在用户结点下展开管理用户。

(3) 在管理用户结点下找到要删除的用户。

(4) 右键单击要删除的用户名。

(5) 在弹出的快捷菜单中选中“删除”命令。

(6) 在弹出的“删除对象”对话框中，单击【确定】按钮即可删除用户。

### 2. 使用 SQL 命令删除用户

使用 SQL 命令删除用户的语法格式如下：

```
DROP USER 用户名[RESTRICT | CASCADE]
```

语法说明：

DROP USER 表示删除用户，后跟要删除的用户名(DROP 命令在 DM 数据库中经常看到，包括前面学习的表空间、大表空间的删除，事实上，DM 数据库对象的删除均使用 DROP)。

**【例 4-20】** 删除系统用户 SYSSSO。

示例代码如下：

```
DROP USER SYSSSO
```

该代码执行时将出错，因为 SYSSSO 系统创建的用户不能被删除，会提示无删除用户权限，如图 4-20 所示。

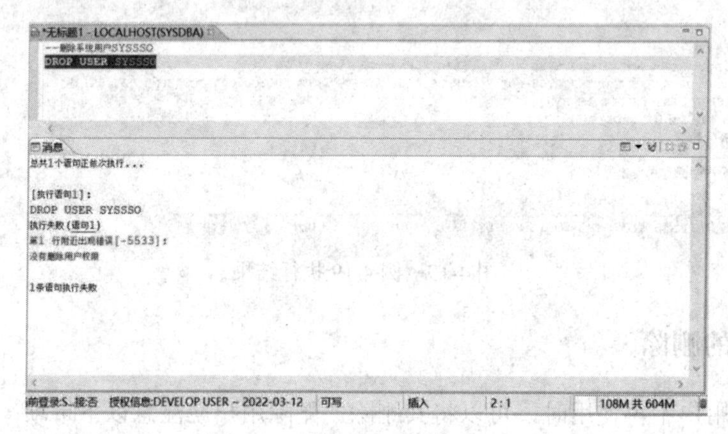


图 4-20　例 4-20 执行结果

**【例 4-21】** 删除用户 user4。

示例代码如下：

```
DROP USER user4
```

## 4.4　DM 模 式

前面介绍了表空间、大表空间和用户，表空间是 DM 数据库的逻辑划分，定义了 DM 数据库对象和数据在磁盘中的存储位置，用户确保了 DM 数据库的安全管理，也是组织管理数据库对象的必要手段，那么是模式呢？

在 DM 数据库中，数据库对象(表、视图、存储过程等)创建于模式之下，模式可理解为 DM 数据库对象的容器。一个模式只归属于一个用户，一个用户可以创建多个模式，模式中的对象归该模式使用，也可授权其他用户使用。

如何理解表空间、用户和模式的关联呢？模式是属于某个用户的，用户管理模式中的数据库对象，模式中的对象和对象数据存储于表空间定义的磁盘文件。用户通过模式组织和管理数据库对象(也可授权其他用户使用)，数据库对象存储于用户表空间定义的磁盘文件。

### 4.4.1　模式的创建

创建模式需要指定其归属的用户，创建用户后，DM 数据库管理系统会自动创建一个与用户名同名的模式。可以通过 DM 管理工具创建模式，也可以通过 SQL 命令完成创建，创建模式的同时，可以创建模式中的对象(表对象、索引、视图、存储过程、触发器等)。

#### 1. 使用 DM 管理工具创建模式

使用 DM 管理工具创建模式的步骤如下：

(1) 在对象导航中单击主机名，将其展开。

(2) 找到模式结点并右键单击。

(3) 在弹出的快捷菜单中选择“新建模式”命令。

(4) 在弹出的“新建模式”对话框中进行模式的创建，如图 4-21 所示。

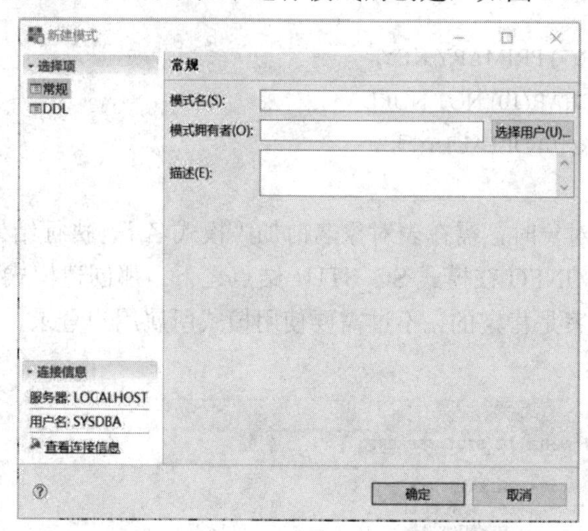


图 4-21　用管理工具创建模式

创建模式相关项说明：

(1) 模式名：新创建的模式名称，不能与该模式所在数据库的其他模式同名。

(2) 模式拥有者：指定创建的模式所归属的用户(已创建用户)。

(3) DDL：常规选项卡定义后 DM 生成的数据定义语句。

#### 2. 使用 SQL 命令创建模式

使用 SQL 命令创建模式的语法格式如下：

CREATE SCHEMA[模式名] AUTHORIZATION 用户名{[数据库对象定义语句]}

语法说明：

CREATE SCHEMA：创建模式关键字，后跟模式名，模式名可省略，若省略则表示在用户名同名模式下创建“数据库对象定义语句”中定义的数据库对象。

AUTHORIZATION：定义模式所属用户，后跟用户名。

数据库对象定义语句：不是必需的语句，用于定义数据库对象，是可重复的语句，可同时在该模式下定义多个数据库对象。

创建模式的用户需具有 DBA 权限或 CREATE SCHEMA。

定义了模式，在模式定义的数据库对象属于模式所属的用户。

模式定义语句不允许与其他 SQL 语句一起执行。

【例 4-22】 为用户 user1 创建增加一个名为 SC_STU1 的模式。

示例代码如下：

```
CREATE SCHEMA SC_STU1 AUTHORIZATION user1
```

该例中，用 SYSDBA(系统数据库管理员)登录给 user1 创建名为 SC_STU1 的模式。

【例 4-23】 在例 4-22 创建的模式下创建一个名为 STU_INFO(学号，姓名，性别)的表对象。

示例代码如下：

```
CREATE TABLE SC_STU1.STU_INFO
(
   学号 CHAR(7) PRIMARY KEY,
   姓名 VARCHAR(10) NOT NULL,
   性别 CHAR(10) DEFAULT('男')
)
```

该例中，创建表对象时，需在表对象名前加“模式名.”，执行结果如图 4-22 所示，可见创建的表对象 STU_INFO 在模式 SC_STU1 结点之下。那创建模式下的对象能否不用冠以“模式名.”呢？答案是肯定的，不过需要使用模式所属用户登录，并切换模式为当前模式，再创建对象。

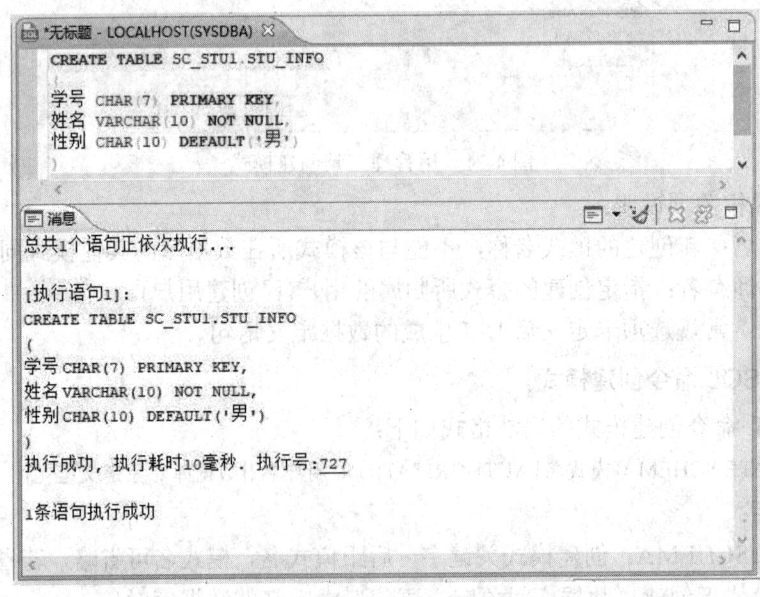


图 4-22　例 4-23 执行结果

【例 4-24】 使用用户 user1 登录(user1 已授权 DBA 权限，授权将在后面相关章节学习)，在 SC_STU1 模式下创建 STU_INFO(学号，姓名，性别)的表对象。

示例代码如下：

```
--切换 SC_STU1 为当前模式
SET SCHEMA SC_STU1
--创建 STU_INFO 表
CREATE TABLE STU_INFO
(
    学号 CHAR(7) PRIMARY KEY,
    姓名 VARCHAR(10) NOT NULL,
    性别 CHAR(10) DEFAULT('男')
)
```

该例中“--”开始的语句为 DM 数据库的单行注释语句，在切换 SC_STU1 为当前模式后，创建 STU_INFO 表对象就不需要冠以“模式名.”前缀，但如果使用的是 SYSDBA 登录数据库，并切换 SC_STU1 为当前模式，DM 数据库管理系统会提示“模式[SC_STU1]不属于当前用户”。执行结果如图 4-23 所示。

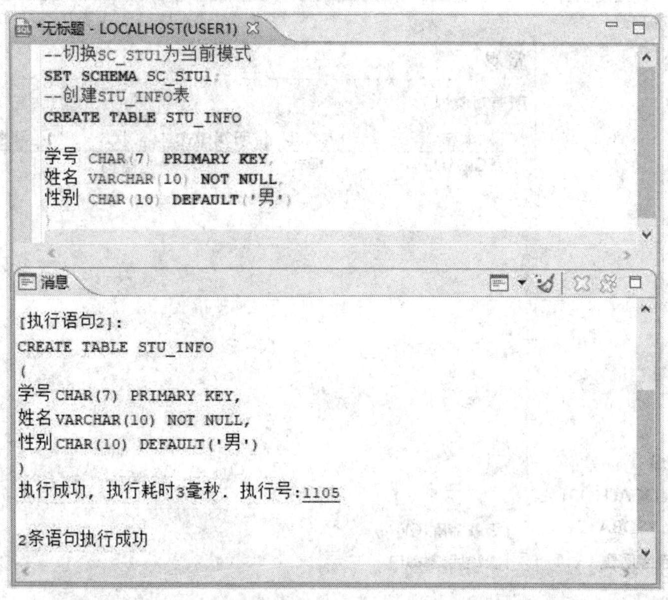


图 4-23　例 4-24 执行结果

**【例 4-25】** 为用户 user1 创建模式 SC_STU2，创建模式的同时创建 STU_INFO(学号，姓名，性别)表。

示例代码如下：

```
CREATE SCHEMA SC_STU2 AUTHORIZATION user1
CREATE TABLE STU_IFNO
(
    学号 CHAR(7) PRIMARY KEY,
    姓名 VARCHAR(10) NOT NULL,
    性别 CHAR(10) DEFAULT('男')
)
```

### 4.4.2 模式的删除

当某个模式及其下的数据库对象不再被需要时，可以将该模式删除，删除有对象的模式时须采取级联删除。可以通过 DM 管理工具删除模式，也可以通过 SQL 命令删除。

使用 SQL 命令删除模式需注意：模式必须是当前数据库中存在的，删除模式必须具有 DBA 权限或删除模式的用户为模式的拥有者。

#### 1. 使用 DM 管理工具删除模式

使用 DM 管理工具删除模式的步骤如下：

(1) 在对象导航中相应的主机名下找到模式结点并展开。

(2) 找到要删除的模式名并单击右键。

(3) 在弹出的快捷菜单中选择“删除命令”。

(4) 在弹出的“删除对象”对话框中(若模式下有对象须勾选“级联删除”)单击【确定】按钮即可删除模式，如图 4-24 所示。

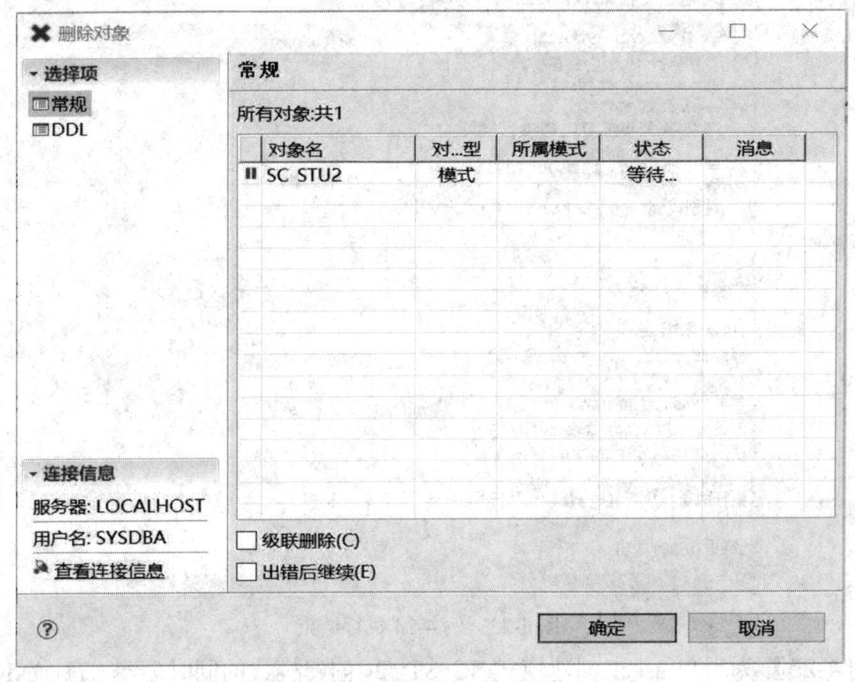


图 4-24 用管理工具删除模式

#### 2. 使用 SQL 命令删除模式

使用 SQL 命令删除模式的语法格式如下：

DROP SCHEMA 模式名[RESTRICT | CASCADE]

语法说明：

DROP SCHEMA：用于删除模式关键字，后跟要删除的模式名。

RESTRICT：表示只有当模式中无数据库对象时，删除模式才能成功，为删除模式的默认选项。

CASCADE：用于级联删除模式，模式中的相关对象也将被删除。

**【例 4-26】** 删除模式 SC_STU2。

示例代码如下：

```
DROP SCHEMA SC_STU2
```

该代码执行时将出错，原因是该模式下存在表对象 STU_INFO，要正确删除需使用 CASCADE 项，修改后的示例代码如下：

```
DROP SCHEMA SC_STU2 CASCADE
```

## 本 章 小 结

表空间、用户和模式是 DM 数据库的重要对象，本章从每一个对象的基本概念讲起，多示例演示每一对象的基本操作，包括 DM 管理工具操作方式和 SQL 命令操作方式。表空间、用户和模式的概念是学习后面章节的基础，理解这三个 DM 数据库对象并熟练地使用它们是学习好 DM 数据库、管理好 DM 数据库对象的前提。

# 第 5 章　DM 数据库表对象

上一章介绍了 DM 表空间、用户和模式这几个 DM 数据库对象，了解了 DM 数据库对 DM 表空间、用户和模式的管理与维护。使用 DM 数据库，需要存储某一应用领域的相关数据，那么相关数据存储于哪里呢？对数据库存储数据的更新操作(增加数据、修改数据、删除数据)又如何进行呢？本章将介绍 DM 数据库中用来存储与操作数据的逻辑结构——DM 数据库表对象(也可简称 DM 表对象或 DM 表)。

## 5.1　DM 数据库表对象的基础知识

对于基于关系模型的数据库管理系统，表(关系)对象是存储和操作数据的逻辑结构，DM 数据库中存储的数据以表格的形式呈现，数据在表中以行和列形式组织存储，一行即一元组，一列即一属性，表(关系)的每一列都是同一数据类型的数据。DM 数据库使用表来存储数据，就需要对每一列(即属性)定义其数据类型。例如，在学校的相关管理系统中，存储学生姓名的属性(字段)应该用字符型数据，存储生日应该用日期时间型数据。因此，介绍 DM 数据库表对象，应先从数据类型说起。

DM 数据库管理系统创建表对象可以使用 SQL-92 的绝大部分数据类型，也可以使用部分 SQL-99 数据类型。本节主要介绍数值型数据、字符型数据、日期时间型数据、日期时间间隔型数据、二进制型数据和多媒体型数据。

### 1. 数值型数据

在学习数值型数据前，先介绍两个用于定义数值型数据的概念。

精度：数值型数据整数位和小数位的位数和，如 999.99，精度为 5。

标度：数值型数据小数位的位数，如 999.99，标度为 2。

#### 1) 整型数据

整型数据类型用于存储精确的整型数据，包括负整数、零和正整数，整型数据类型有四种，如表 5-1 所示。

表 5-1　整 型 数 据

| 类型名 | 说　明 |
| --- | --- |
| BYTE | 类似于 SQL Server 的 TINYINT，精度为 3、标度为 0 的无符号整数 |
| SMALLINT | 有符号的精度为 5、标度为 0 的整数 |
| INT \| INTEGER \| PLS_INTEGER | 有符号的精度为 10、标度为 0 的整数，存储范围为−2 147 483 648～2 147 483 648 的数据，占 4 B |
| BIGINT | 占 8 B，精度为 19、标度为 0 的有符号整数，存储范围为 $-2^{63}$～$2^{63}-1$ |

2) BIT 型数据

BIT 型数据相当于其他高级程序语言中的逻辑型数据，它只存储 0、1 或 NULL，占 1B。当该数据为 0 时表示为假，其他数值自动转换为真。它与 SQL Server 的 BIT 类型相似。

3) 浮点数值型数据

浮点数值型数据的说明如表 5-2 所示。

**表 5-2　浮点数值型数据**

| 类型名 | 说　明 |
|---|---|
| REAL | 带二进制浮点型数据，用户不能指定精度，系统指定二进制数据精度为 24，十进制精度为 7，存储范围为 -3.4E+38～3.4E+38 |
| FLOAT[(精度)] | 带二进制浮点型数据，二进制精度最大不超过 53。若未指明精度，则二进制数据精度为 53，十进制数据精度默认为 15，存储范围为 -1.7E+308～1.7E+308，如 FLOAT(24) |
| DOUBLE[(精度)] | 与 FLOAT 相似 |
| DOUBLE PRECISION | 带二进制双精度浮点型数据，二进制精度为 53，十进度精度为 15，存储范围为 -1.7E+308～1.7E+308 |

4) 精确数值型数据

精确数值型数据由整数部分和小数部分构成，其所有的数字都是有效位。DM 数据库中精确数值型数据包括 DECIMAL、NUMERIC 和 DEC 三种，这三种数据的声明为 DECIMAL[(p[, s])]、NUMERIC[(p[, s])]和 DEC[(p[, s])]，其中 p 为精度，即数据的位数，s 为标度，即小数点后的位数，且 0≤s≤p≤38。声明时，s 与前面的“,”可省略，此时 s 的值默认为 0，也可以省略“(p, s)”，此时 p 默认为 16，“s”默认为 0，不能单独省略 p。如 NUMERIC(5, 1)定义了小数位与整数位和为 5，小数位为 1，存储范围为-9999.9～9999.9。

## 2. 字符型数据

字符型数据是由字母、符号、数字和汉字等组成的字符串。DM 数据库的表对象存储字符串数据时，其属性通常定义为字符型数据。字符型数据在 DM 数据库中共有四种，如表 5-3 所示。

**表 5-3　字符型数据**

| 类型名 | 名 称 | 使 用 说 明 |
|---|---|---|
| CHAR[(n)] | 定长字符型 | 用来存放固定长度的字符数据，存储长度 n 的值取决于数据库页面的大小，(n)可以省略，这时长度默认为 1(即 n 默认值为 1)<br>对于定长字符型，不论用户存放的数据长度有多长(不超过 n)，其都占用 n 个字符或 n 个字节空间，通常用于定义如身份证号、手机号等长度固定的字符串，相较于变长字符类型 VARCHAR(n)，其数据检索效率更高 |
| VARCHAR[(n)]<br>CHARACTER[(n)]<br>VARCHAR2 | 变长字符型 | 用来存放可变长度的 n 个字符型数据，n 的取值最大为 8188，若省略 n，则 n 的值默认为 8188。变长字符型根据用户存储的字符长度(不超过 n)确定其占用的空间，即存储占用空间为实际的字符或字节数，而不一定是 n，通常用于定义如姓名、籍贯、图书名称等长度不固定的属性 |

使用说明：

(1) 字符型数据在定义表对象时，其 n 的取值由数据库页的大小确定，具体如表 5-4 所示。数据库页的大小可通过对象导航服务器里的数据库管理服务器查看，在创建数据库、实例的时候对其进行定义。

(2) DM 数据库支持的常用字符集有 GB18030、UTF8。如果数据库使用的是 GB18030 字符集，则一个汉字或中文标点占 2 个字符；如果数据库使用的是 UTF8 字符集，则一个汉字或中文标点占 3 个字符。例如，数据库使用 CHAR 类型存储性别为汉字的男或女，GB18030 字符集下使用 CHAR(2)定义性别列的类型，UTF8 字符集下则使用 CHAR(3)定义性别列的类型。

(3) n 的单位可以是字节，也可是字符数，其根据影响参数 LENGTH_IN_CHAR 确定，参数值 0 以字节为单位，参数值 1 以字符为单位。

(4) n 的长度在定义表(对象)时限制了存储字符的大小，在表达式运算时，该长度不受数据库页面大小的限制。

**表 5-4　字符型数据 n 的最大值与数据库页大小的关系**

| 数据库页大小/KB | 字符型数据的最大值 |
| --- | --- |
| 4 | 1900 |
| 8 | 3900 |
| 16 | 8000 |
| 32 | 8188 |

### 3. 日期时间型数据

当需要在表中存储与日期时间相关的数据时，应使用日期时间型数据。DM 数据库日期时间型数据共有 6 种，如表 5-5 所示。

**表 5-5　DM 数据库日期时间型数据**

| 类 型 名 | 使 用 说 明 |
| --- | --- |
| DATE | 日期型数据，定义为“年-月-日”，存储“0001-1-1”～“9999-12-31”之间的任意日期。在 DM 数据库中，日期的格式为“年-月-日”“年/月/日”或“年.月.日” |
| TIME | 时间型数据，定义为“时：分：秒”，存储“00:00:00.000000”～“23:59:59.999999”之间的有效时间，秒后面小数点可以精确到 6 位小数，若省略，则默认为 0 |
| TIMESTAMP | 时间戳类型，定义“年-月-日 时：分：秒”，存储“0001-1-1 00:00:00.000000”～“9999-12-31 23:59:59.999999”之间的有效日期时间 |
| TIME[(秒的小数位数)] WITH TIME ZONE | 带时区的 TIME 类型数据，它是在 TIME 定义后加上时区信息 |
| TIMESTAMP[(秒的小数位数)] WITH TIME ZONE | 带时区的时间戳类型数据，它是在 TIMESTAMP 定义后加上时区信息，该类型可写成 DATETIME |
| TIMESTAMP[(秒的小数位数)] WITH LOCAL TIME ZONE | 带本地时区的时间戳类型数据，它能将标准的时区 TIMESTAMP WITH TIME ZONE 转化为本地时区 |

### 4. 日期时间间隔型数据

日期时间间隔型数据表示日期或时间的间隔，通常用在日期或时间表达式运算中。例如，给定某个日期，再给定日期间隔型数据值，两个值相加，即可得到计算后的日期。

DM 数据库支持 13 种日期时间间隔类型，其中年-月间隔型有 3 种，日-时间隔型有 10 种。定义这些类型数据时，可定义引导精度，引导精度指的是可以间隔的日期和时间范围，如 YEAR(4)表示该类型的年间隔范围为 −9999 年～+9999 年，又如 YEAR(4) TO MONTH 表示该类型的年月间隔范围为 −9999 年 12 月～+9999 年 12 月，再如 DAY(3)表示该类型的日间隔范围为 −999 天～+999 天。13 种日期时间间隔型数据详情如表 5-6 所示。

表 5-6　日期时间间隔型数据

| 数据类型 | 语　法 | 使 用 说 明 | 示　例 |
| --- | --- | --- | --- |
| 年-月间隔型 | INTERVAL YEAR [(引导精度)] TO MONTH | 间隔为若干年若干月，引导精度取值范围为 0～9，默认值为 2。引导精度表示年的间隔精度 | DATE '2016-10-12' +INTERVAL '5-3' YEAR TO MONTH，返回 2016 年 10 月 12 日后间隔 5 年 3 个月的日期 |
|  | INTERVAL YEAR [(引导精度)] | 间隔为若干年，引导精度取值范围为 1～9，默认值为 2 | DATE '2016-10-12' +INTERVAL '4' YEAR，返回 2016 年 10 月 12 日后间隔 4 年的日期 |
|  | INTERVAL MONTH [(引导精度)] | 间隔为若干月，引导精度取值范围为 0～9，默认值为 2 | DATE '2016-10-12' +INTERVAL '14' MONTH，返回 2016 年 10 月 12 日后间隔 14 个月的日期 |
| 日-时间隔型 | INTERVAR DAY[(引导精度)] | 间隔为若干天，引导精度取值范围为 0～9，默认值为 2 | DATE '2016-10-12' +INTERVAL' 14' DAY，返回 2016 年 10 月 12 日后间隔 14 天的日期 |
|  | INTERVAL DAY[(引导精度)] TO HOUR | 间隔为若干天若干小时，引导精度取值范围为 0～9，默认值为 2，HOUR 的取值范围为 0～23 | TIMESTAMP '2016-10-12 12:00:00' +INTERVAL '14 12' DAY TO HOUR，返回 2016 年 10 月 12 日后 12 时后间隔 14 天 12 个小时的日期时间 |
|  | INTERVAL DAY[(引导精度)] TO MINUTE | 间隔为若干天若干小时若干分钟，引导精度取值范围为 0～9，默认值为 2，HOUR 的取值范围为 0～23，MINUTE 取值范围为 0～59 | TIMESTAMP '2016-10-12 12:00:00' +INTERVAL '14 12:34' DAY TO MINUTE，返回 2016 年 10 月 12 日 12 时后间隔 14 天 12 个小时 34 分钟的日期时间 |

续表

| 数据类型 | 语　法 | 使用说明 | 示　例 |
|---|---|---|---|
| 日-时间间隔型 | INTERVAL DAY[(引导精度)] TO SECOND [(秒的小数位位数)] | 间隔为若干天若干小时若干分钟若干秒，引导精度取值范围为0～9，默认值为2，HOUR的取值范围为0～23，MINUTE取值范围为0～59 | TIMESTAMP '2016-10-12 12:00:00' +INTERVAL '14 12:34:30' DAY TO MINUTE，返回2016年10月12日12时后间隔14天12个小时34分钟30秒的日期时间 |
| | INTERVAL HOUR [(引导精度)] | 间隔为若干小时，引导精度为0～9，默认值为2 | TIME '12:00:00' +INTERVAL '5' HOUR，返回12时后间隔5小时的时间 |
| | INTERVAL HOUR [(引导精度)] TO MINUTE | 间隔为若干小时若干分钟，引导精度取值范围为0～9，默认值为2，分钟取值范围为0～59 | TIME '12:00:00' +INTERVAL '5:30' HOUR TO MINUTE，返回12时后间隔5小时30分钟的时间 |
| | INTERVAL HOUR [(引导精度)] TO SECOND[(秒的小数位位数)] | 间隔为若干小时若干分钟若干秒，引导精度取值范围为0～9，默认值为2，分钟取值范围为0～59 | TIME '12:00:00' +INTERVAL '5:30:30' HOUR TO SECOND，返回12时后间隔5小时30分钟30秒的时间 |
| | INTERVAL MINUTE [(引导精度)] | 间隔为若干分钟，引导精度取值范围为 0～9，默认取值范围为2，分钟取值为0～59 | TIME '12:00:00' +INTERVAL '30' MINUTE，返回12时后间隔30分钟的时间 |
| | INTERVAL MINUTE [(引导精度)] TO SECOND [(秒的小数位位数)] | 间隔为若干分钟若干秒，引导精度取值范围为0～9，默认值为2，分钟取值范围为0～59 | TIME '12:00:00' +INTERVAL '30:30' MINUTE TO SECOND，返回12时后间隔30分钟30秒的时间 |
| | INTERVAL SECOND [(引导精度)[, 秒的小数位位数]] | 间隔为若干秒，引导精度取值范围为 0～9，默认值为2 | TIME '12:00:00' +INTERVAL '30' SECOND，返回12时后间隔30秒的时间 |

表中的示例旨在让读者理解日期时间间隔型数据的含义，示例中不含这些类型数据的声明，若要包含声明则采用表中“语法”列的声明方式。例如，某表有列“m1”，用于存储间隔年与月的数据，年间隔精度为3，可将其定义为INTERVAL YEAR(3) TO MONTH类型，该列还可用于存储年月间隔，如存储INTERVAL '33-5' YEAR TO MONTH表示间隔33年5个月，INTERVAL '9999-5' YEAR TO MONTH表示年精度越界，其他日期时间间隔类型定义类似。

#### 5. 二进制型数据

二进制型数据包括 BINARY[(n)]、VARBINARY[(n)]，用于定义存储二进制数据的属性。

· BINARY[(n)]：定长二进制类型，用于存储长度为 n 个字节的二进制数据，n 默认为 1 B，n 的最大长度由数据库页的大小决定。

· VARBINARY[(n)]：变长二进制类型，用于存储可变长度的二进制数据，n 默认为 8188 B，n 的最大长度由数据库页的大小决定。

#### 6. 多媒体型数据

· TEXT、LONGVARCHAR：大长度变长字符串类型，用于存储长度较大的字符串，字符串的字符数可达 65 535。

· IMAGE、LONGVARBINARY：存储多媒体图像类型，最大可存储 65 535 的图像像素点阵。

· BLOG：变长二进制大对象，长度最大为 65 535。

· CLOG：变长字母数字字符串，长度最大为 65 535。

在应用系统的开发中，可以使用二进制或多媒体类型将声音、图片等文件直接存储在数据库中，也可以将声音、图片等多媒体数据存储在磁盘中，然后在数据库中存储磁盘路径，当需要读取多媒体数据时，可根据数据库存储的路径动态读取。

## 5.2 DM 表对象的创建

### 5.2.1 表结构的设计

#### 1. 表结构设计概述

创建表事实上是指表结构的设计，涉及表定义和列定义。设计表之前要按数据库理论知识确定表的名字、表的属性列、列的数据类型和长度、是否为空、默认值、规则及其他约束条件，表名和表中的属性列定义构成了表的结构。

创建表最有效的方法是按应用设计步骤，先详细做好各类分析，再定义好字典，最后一次性完成表的创建，否则，定义好表结构后用于存储数据时再修改表定义往往会造成一些错误。

创建表及其对象前，应预先进行记录设计，此时要注意：

(1) 表中数据的存储类型。

(2) 表所具有的属性列、其数据类型及长度。

(3) 属性列上是否允许空、默认值、规则及其他约束条件。

(4) 需要索引的列，主键列、外键列。

#### 2. 示例

在学生管理系统中，有学生与课程两个实体(当然学生管理系统不止这两个实体)，且学生实体与课程实体为多对多联系。根据概念模式至关系模型的转换，转换后有三个关系，即学生、课程、选课关系，根据需要分析，其表与涉及的属性列、数据类型、长度、是否允许为空、默认值及其他约束性规则的设计记录如表 5-7、表 5-8 和表 5-9 所示。

表 5-7 学 生 表

| 列名 | 数据类型 | 是否允许空置 | 默认值 | 其他约束 |
| --- | --- | --- | --- | --- |
| 学号 | CHAR(8) | 否 | | 主键 |
| 姓名 | VARCHAR(15) | 否 | | |
| 性别 | CHAR(3) | 否 | 男 | 取男或女 |
| 生日 | DATE | 是 | | |
| 籍贯 | VARCHAR(100) | 是 | | |

表 5-8 课 程 表

| 列名 | 数据类型 | 是否允许空置 | 默认值 | 其他约束 |
| --- | --- | --- | --- | --- |
| 课程号 | CHAR(5) | 否 | | 主键 |
| 课程名 | VARCHAR(60) | 否 | | |
| 学分 | BYTE | | 4 | 1～8 |

表 5-9 选 课 表

| 列名 | 数据类型 | 是否允许空置 | 默认值 | 其他约束 |
| --- | --- | --- | --- | --- |
| 学号 | CHAR(8) | 否 | | 主键、外键(参照学生表) |
| 课程号 | CHAR(5) | 否 | | 主键、外键(参照课程表) |
| 选课日期 | DATE | 否 | 当前系统日期 | |
| 成绩 | DEC(5, 2) | 是 | 默认为 0 | |

## 5.2.2 表的创建

相比其他数据库管理系统，DM 数据库有更丰富的表对象，可根据应用环境选用合适的表对象，即一般表对象、高性能表对象和 HUGE 表对象。对于表对象的创建，可以使用 DM 管理工具进行可视化的表对象创建，也可以通过 SQL 命令完成表对象的创建。

1. 创建数据库表

1) 使用 DM 管理工具创建数据库表

(1) 在对象导航中展开模式节点，找到要创建的表对象的模式并展开。

(2) 找到表节点，并单击右键。

(3) 在弹出的快捷菜单中选择“新建表”命令。

(4) 在弹出的“新建表”对话框中进行表对象的创建，如图 5-1 所示。

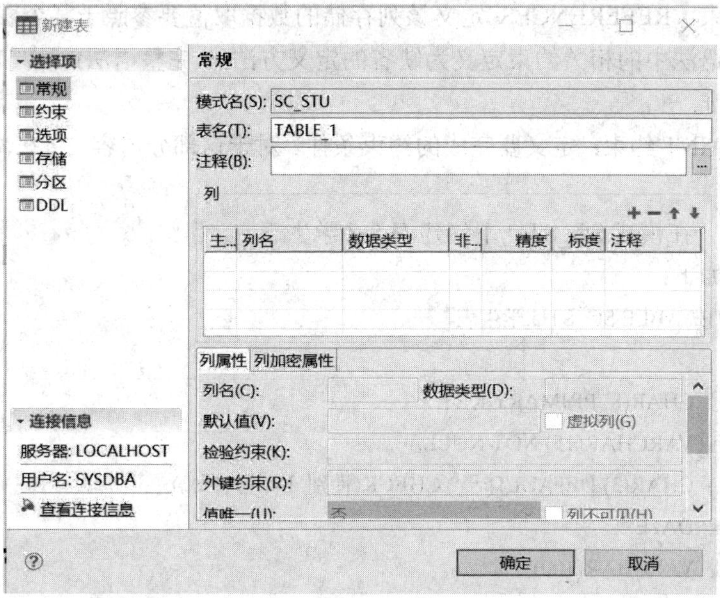

图 5-1　新建表

对于“新建表”对话框中各选项的含义，这里不再详细说明，它是所见即所得的一种设计方法，各选项直观且易于理解。在创建高性能数据库表、HUGE 表等后续内容中也不再对 DM 管理工具的使用作单独介绍，相关对象的创建学习将主要通过介绍 SQL 命令进行。

2) 使用 SQL 命令创建数据库表

使用 SQL 命令创建数据库表的基本语法格式如下：

CREATE [GLOBAL | TEMPORARY] TABLE [模式名.]表名

(

属性列数据类型[DEFAULT] [NULL | NOT NULL] [PRIMARY KEY] [CHECK] [UNIQUE] [REFERENCES]

{, 属性列数据类型[DEFAULT] [NULL | NOT NULL] [PRIMARY KEY] [CHECK] [UNIQUE] [REFERENCES]}

{, CONSTRAINT 约束名 PRIMARY KEY | CHECK | UNIQUE | FOREIGN KEY}

)

语法说明：

CREATE TABLE：创建表对象保留字。

[模式名.]表名：要创建的表对象名称；若使用模式的拥有者(具有 CREATE TABLE 权限)登录，并将表对象的模式切换为当前模式，则模式名和后面的点可省略。

属性列：定义表对象的属性列名，后跟该属性列用来存储数据的数据类型及相应的约束以强制实现数据完整性(即存储在数据库中数据的一致性与准确性)。NULL 表示可以为空，NOT NULL 表示不可以为空；DEFAULT 为默认值定义，指表对象存储数据时，该列未给予数据值时的默认取值；PRIMARY KEY 表示将该列定义为主键列；CHECK 定义检查约束，即要求该列存储的数据要满足某些约束条件；UNIQUE 指定该列存储数据必须唯一，即唯一约束；REFERENCES 定义该列存储的数据取值要参照于某个表的主键值，即外键约束。该语法中的相关约束定义为缺省的定义方法(非完整语法)，本节示例的演示主要以该方法为准。

CONSTRAINT 约束：定义要完成的约束条件。对于这部分内容，将在本章的 5.8 小节中详细介绍。

**【例 5-1】** 在模式 SC_STU 下创建表 5-7 学生表。

示例代码如下：

```
CREATE TABLE SC_STU.学生表
(
    学号 CHAR(8) PRIMARY KEY,
    姓名 VARCHAR(15) NOT NULL,
    性别 CHAR(3) DEFAULT('男') CHECK(性别 IN('男', '女')),
    生日 DATE,
    籍贯 VARCHAR(100)
)
```

该例中对于学号列的定义，直接在后面写入关键字 PRIMARY KEY 表示将学号列定义为主键；性别列的定义给予默认值“男”，且使用了检查约束(CHECK)定义性别列，其取值在列表('男', '女')中，并使用了列表运算符 IN。本例执行结果如图 5-2 所示。

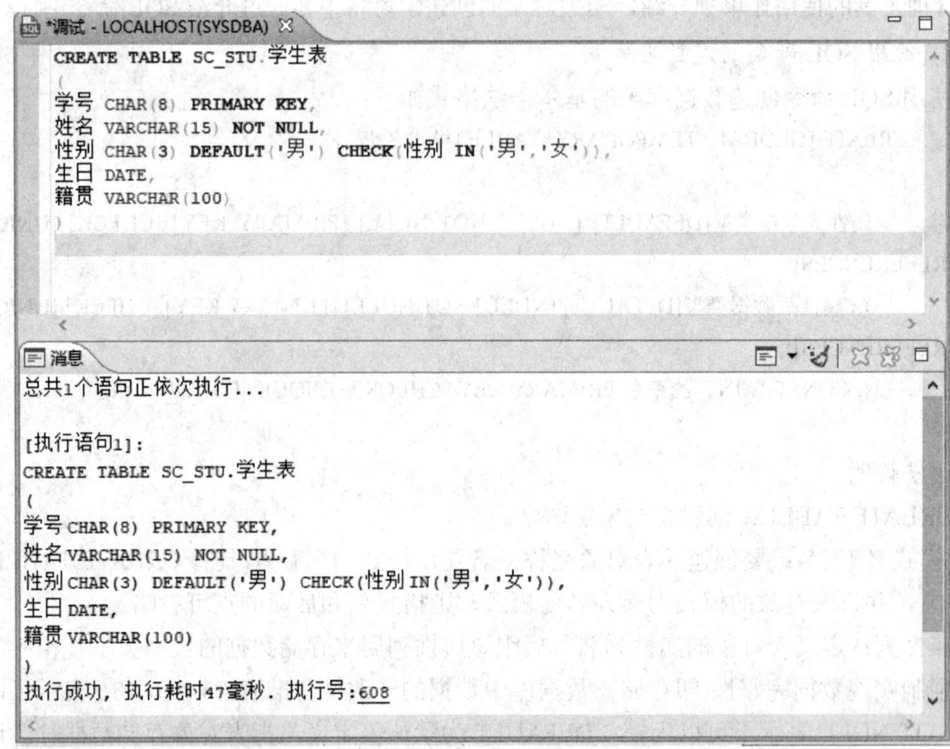


图 5-2　例 5-1 执行结果

【例 5-2】 在模式 SC_STU 下创建表 5-8 课程表。

示例代码如下：

```
CREATE TABLE SC_STU.课程表
(
    课程号 CHAR(5) PRIMARY KEY,
    课程名 VARCHAR(60) NOT NULL,
    学分 BYTE DEFAULT(4) CHECK(学分 BETWEEN 1 AND 8)
)
```

该例中属性列“学分”的定义中使用了默认值。观察和例 5-1 的区别，对于默认值，例 5-1 括号中有单引号，而此处括号中的默认值无单引号。使用了检查约束(CHECK)定义学分的范围为 1～8，含 1 与 8，使用了 BETWEEN…AND…运算符。本例执行结果如图 5-3 所示。

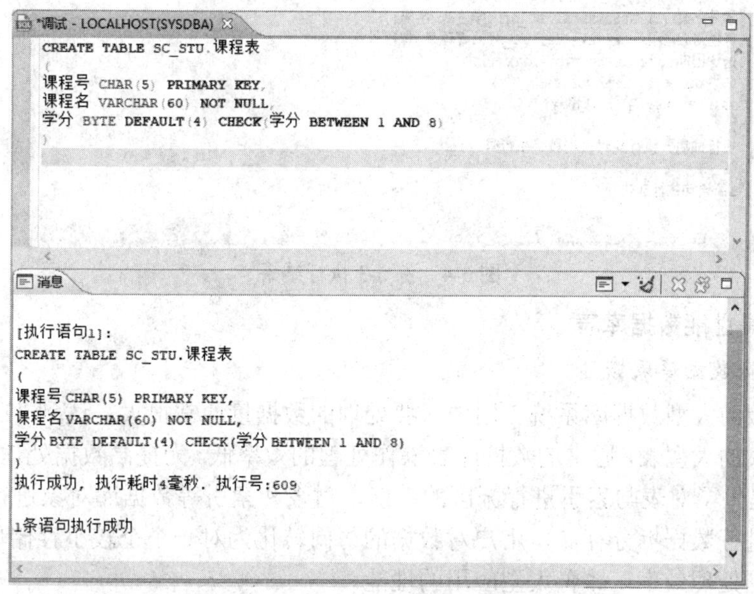


图 5-3　例 5-2 执行结果

【例 5-3】 在模式 SC_STU 下创建表 5-9 选课表。

示例代码如下：

```
CREATE TABLE SC_STU.选课表
(
    学号 CHAR(8) REFERENCES SC_STU.学生表(学号),
    课程号 CHAR(5) REFERENCES SC_STU.课程表(课程号),
    选课日期 DATE DEFAULT(CURDATE()),
    成绩 DEC(5, 2) DEFAULT(0),
    PRIMARY KEY(学号, 课程号)
)
```

该例中，属性列“学号”使用 REFERENCES 定义该列的值，参照学生表中的学号(外键约束)；属性列“课程号”使用 REFERENCES 定义该列的值，参照课程表中的课程号(外键约束)；属性列“选课日期”使用了默认值，且默认值为调用系统函数 CURDATE 返回当前系统日期。该表主键列的定义区别于前两例中的定义，因为该表的主键为组合列，对于主键为组合列的定义不能在每列的定义后直接使用 PRIMARY KEY。本例执行结果如图 5-4 所示。

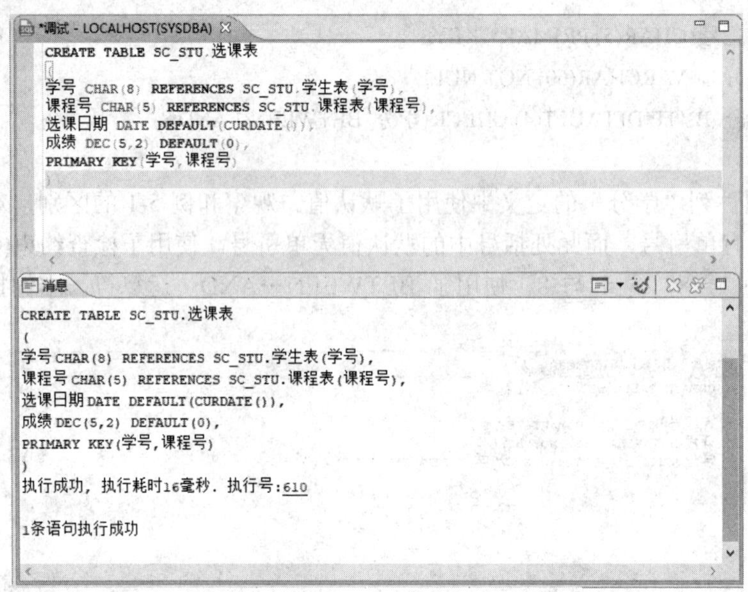

图 5-4　例 5-3 执行结果

## 2. 创建高性能数据库表

### 1) 高性能数据库表概述

在企业级的大型数据库系统应用中，要处理的数据量通常很大，达到 TB 级，对于这一类数据量大的大型表，通常的数据库表操作处理的效率低。为提高数据处理能力与效率，DM 数据库提供了对表与索引进行分区的功能，对表和索引等数据库对象进行分区存储，即按列或行进行数据拆分存储，用户对数据的访问转化为对一个个较小存储单元的访问，从而提高数据处理效率，改善大型应用的性能。

如某公司将营业额按销售时间存储于一张表中，这个表在一年中将产生大量的数据，假如是 40 GB，应用需要对销售情况按季度进行销售统计，为提高统计效率，可对该存储营收数据的表按季度进行水平分区，每个分区大小为原来的 1/4 左右。如果按季度统计，则统计只在所对应的数据分区中进行，可大大提高数据处理效率。

DM 数据库采用子表的方式创建分区，创建子表的原表作为主表，每一个分区以子表存在，每一个分区是一个完整的表。为了区分子表与主表，子表一般采用“主表名_子表名”的方式命名，创建子表(分区)的主表不存储数据，主表只包含表对象的结构定义，数据均存储于子表中。分区可分为垂直分区和水平分区。

(1) 垂直分区：按列对主表进行多个分区，每个分区包含较少的列，子表上的列是主表上的子集。

(2) 水平分区：按行对主表进行多个分区，子表与主表有相同的表结构，包括一致的约束定义。水平分区又分为范围分区、哈希分区、列表分区和组合分区。

- 范围分区：对表中某些列的值范围进行分区存储。
- 哈希分区：指定分区编号，均匀分布数据。
- 列表分区：通过指定表中某些列的离散值集进行分区。
- 组合分区：组合利用范围分区、哈希分区、列表分区方法将主表进行分区。

2) 使用 SQL 命令创建高性能分区

(1) 使用 SQL 命令创建范围分区的语法格式如下：

```
CREATE TABLE 创建表对象语句
PARTITION BY RANGE(列名{, 列名})
(
    PARTITION 分区名 VALUES [EQU OR] LESS THAN(表达式 | 最大值{, 表达式 | MAXVALUE}
    {, PARTITION 分区名 VALUES [EQU OR] LESS THAN(表达式 | 最大值{, 表达式 | MAXVALUE})}
)[STORAGE 子句] [子分区描述项]
```

语法说明：

CREATE TABLE 创建表对象语句：为创建表对象的语句(详见 5.2.2 小节)。

PARTITION BY RANGE(列名{, 列名})：分区按某列或某组合列的值范围进行分区。

PARTITION 分区名 VALUES [EQU OR] LESS THAN 表达式 | 最大值{, 表达式 | 最大值}：分区定义语句，含每个分区的分区名，分区列上的值小于或小于等于某一个值或表达式值。当范围分区按多个列分区时，表达式 | 最大值与前面分区列一一对应。

(2) 使用 SQL 命令创建哈希分区的语法格式如下：

```
CREATE TABLE 创建表对象语句
PARTITION BY HASH(列名{, 列名})
(
    PARTITION 分区名
    {, PARTITION 分区名}
)[STORAGE 子句] [子分区描述项]
```

(3) 使用 SQL 命令创建列表分区的语法格式如下：

```
CREATE TABLE 创建表对象语句
PARTITION BY LIST(列名{, 列名})
(
    PARTITION 分区名 VALUES (DEFAULT | 表达式{, 表达式})
    {, PARTITION 分区名 VALUES (DEFAULT | 表达式{, 表达式})}
)[STORAGE 子句] [子分区描述项]
```

**【例 5-4】** 在模式 SC_STU 下创建表 5-9 选课表(命名为选课表 1)，并根据选课成绩进行分区，60 以下为分区 1，60～80 为分区 2，80～100 为分区 3。

示例代码如下：

```
CREATE TABLE SC_STU.选课表 1
```

```
(
    学号 CHAR(8) REFERENCES SC_STU.学生表(学号),
    课程号 CHAR(5) REFERENCES SC_STU.课程表(课程号),
    选课日期 DATE DEFAULT(CURDATE()),
    成绩 DEC(5, 2) DEFAULT(0),
    PRIMARY KEY(学号, 课程号)
)
PARTITION BY RANGE(成绩)
(
    PARTITION P1 VALUES LESS THAN(60),
    PARTITION P2 VALUES LESS THAN(80),
    PARTITION P3 VALUES LESS THAN(100),
    PARTITION P4 VALUES LESS THAN(MAXVALUE)
)
```

当使用该示例中的表 5-9 存储数据时，根据存储的值选择数据存储分区。该语句中多了一条“PARTITION P4 VALUES LESS THAN(MAXVALUE)”，若省略该语句，在执行创建 SQL 命令时，则会提示“范围分区未定义 MAXVALUE”，定义该分区的目的是当给出的成绩值大于 100 时，放入 P4 分区。本例执行结果如图 5-5 所示。

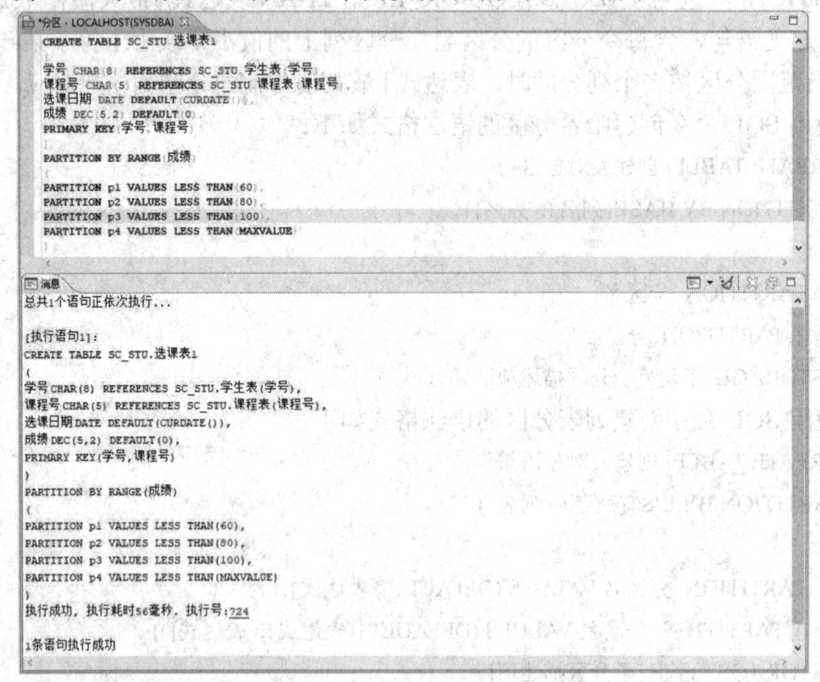


图 5-5　例 5-4 执行结果

**【例 5-5】** 在模式 SC_STU 下创建表 5-7 学生表(命名为学生表 1)，并根据性别的男或女进行分区存储。

示例代码如下：

```
CREATE TABLE SC_STU.学生表 1
```

```
(
    学号 CHAR(8) PRIMARY KEY,
    姓名 VARCHAR(15) NOT NULL,
    性别 CHAR(3) DEFAULT('男'),
    生日 DATE,
    籍贯 VARCHAR(100)
)
PARTITION BY LIST(性别)
(
    PARTITION P1 VALUES('男'),
    PARTITION P2 VALUES('女')
)
```

在使用分区(子表)存储数据时，插入的数据会根据其所在列将数据存储到指定的子表之中，若插入值的列未在分区范围或分区列表中，则会报错。在进行数据查询时，可指定从主表的某个分区中检索数据，从而提高数据的检索速度，如例 5-6。

**【例 5-6】** 在学生表 1 中按年龄统计每个年龄的男生人数。

示例代码如下：

```
SELECT YEAR(CURDATE())-YEAR(生日) AS 年龄, COUNT(*) AS 人数 FROM SC_STU.学生表 1 PARTITION(P1) GROUP BY YEAR(CURDATE())-YEAR(生日)
```

### 3. 创建 HUGE 表

#### 1) HUGE 表概述

HUGE 表(又称为列存储表，HTS 表)创建在 HTS(超大文件系统，Huge File System)表空间上，其存储机制是针对海量数据的一种高效机制。创建一个 HUGE 表后，数据库会在 HTS 表空间的目录下创建一系列的目录及文件。HTS 表(一种文件系统)结构如图 5-6 所示。

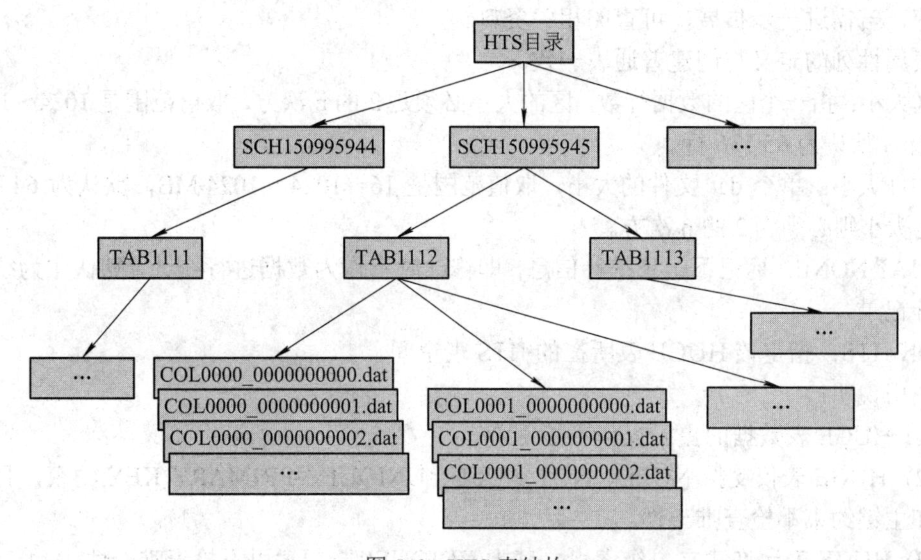


图 5-6　HTS 表结构

在 HTS 表空间下成功创建 HFS 表，需要以下几步：

(1) 在 HTS 目录下创建 HFS 表对应的模式目录。模式目录名为“SCH+长度为 9 的 ID 号”，如 SCH150995944。创建时如果这个目录已经存在，则无须重新创建。

(2) 在模式目录下创建对应的表目录。表目录也是同样的道理，表目录名为“TAB + 长度为 4 的 ID 号”，如 TAB1112。表目录中存放的是这个表中所有的文件。

在新创建表后插入数据时，每一个列对应一个以 dat 为后缀的文件，文件大小可以在建表时指定，默认为 64 MB，文件名为“COL + 长度为 4 的列号 + _ + 长度为 10 的文件号 +.dat”。图 5-6 中，0000 表示第 1 列，0001 表示第 2 列……；0000000000 表示第 1 个文件，0000000001 表示第 2 个文件……最初一个列只有一个文件，随着数据量不断增长，系统会自动创建新的文件来存储不断增长的数据。对于一个文件，其内部存储是按照区来管理的，区是文件内部数据管理的最小单位，也是唯一的单位。一个区中，可以存储单列数据的行数是在创建表时指定的，一经指定，在这个表的生命过程就不能再修改。所以，对于定长数据，一个区的大小是固定的；而对于变长数据，一般情况下，区大小是不相同的。

2) 使用 SQL 命令创建 HUGE 表

使用 SQL 命令创建 HUGE 表的基本语法格式如下：

```
CREATE HUGE TABLE 表名
(
    表属性列定义
    {, 表属性列定义}
    )
[PARTITION 定义]
[STORAGE([SECTION(区大小)][, FILESIZE(文件大小)][, STAT NONE], ON HTS 表空间名)]
```

语法说明：

该语法是创建 HUGE 表的基本语法，并不含 HUGE 表定义的所有选项，如压缩选项定义等，若需进一步扩展，可查阅相关资料。

表属性列的定义与创建普通表一致。

区大小：指一个区的数据行数。区的大小必须是 2 的 n 次方，取值范围是 1024～1024 × 1024 行，默认为 65 536 行。

文件大小：单个 dat 文件的大小，取值范围是 16～1024 × 1024 MB，默认为 64 MB，若指定大小则必须为 2 的 n 次方。

STAT NONE：标记不记录统计信息，即修改时不作为数据进行统计，默认作为统计信息进行记录。

ON HTS：指定该 HUGE 表所在的 HTS 表空间。

使用说明：

(1) HUGE 表数据的更新操作不能回溯。

(2) HUGE 表仅支持 NULL、NOT NULL、UNIQUE、PRIMARY KEY 约束，且唯一约束和主键约束不检查唯一性。

(3) HUGE 表允许建立二级索引，其中 UNIQUE(唯一)索引不检查唯一性。

(4) HUGE 表不支持事务。

(5) HUGE 表不支持空间限制。

(6) HUGE 表不支持 IDENTITY(标识列)定义。

(7) HUGE 表不支持大字段。

**【例 5-7】** 在 HT_STU(大表空间，且使用 SYSDBA 登录)创建表 5-9 选课表，表的区大小默认为 65 536 行，文件大小为 64 MB。

示例代码如下：

```
CREATE HUGE TABLE 选课表
(
    学号 CHAR(8),
    课程号 CHAR(5),
    选课日期 DATE,
    成绩 DEC(5, 2) DEFAULT(0),
    PRIMARY KEY(学号, 课程号)
)
STORAGE(SECTION(65536), FILESIZE(64), ON HT_STU)
```

执行结果如图 5-7 所示。

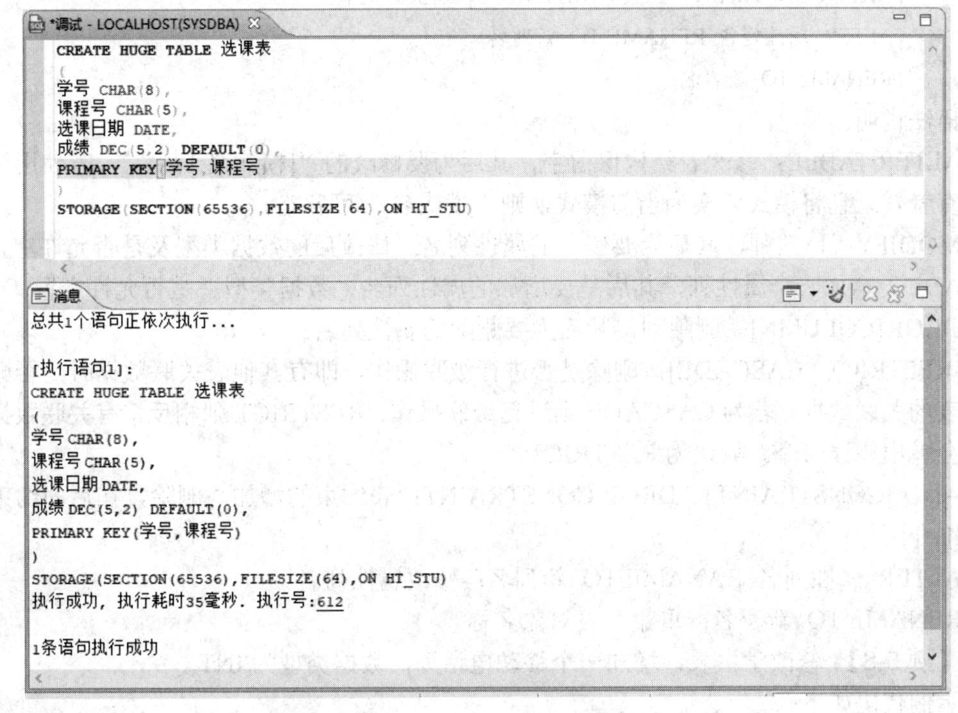


图 5-7　例 5-7 执行结果

DM 数据库为提高数据处理性能，区别于其他 DBMS，支持多种表对象，如前面所学的普通表的创建、高性能表的创建、HUGE 表的创建，DM 数据库还支持创建 LIST 表，即一种以“扁平 B 树”形式存储的表结构。读者可根据自己的开发应用领域来确定使用哪种存储结构的表以提高数据处理能力。

## 5.3 DM表的维护

创建好表后，可以用表存储相关应用领域数据库数据。在使用表的过程中，有时会发现设计的表并不完整，那么就需要修改表结构。如果创建了表，但在数据库系统中并没有用到，那么可以删除表。

### 5.3.1 修改表结构

#### 1. 使用SQL的ALTER TABLE命令修改表结构

使用ALTER TABLE命令修改表结构的语法格式如下：

```
ALTER TABLE [模式名.]表名
MODIFY 属性列名 修改后的数据类型
 | ADD [COLUMN] 列名 数据类型 [NULL | NOT NULL]
 | DROP [COLUMN] 属性列名 [RESTRICT | CASCADE]
 | ADD [CONSTRAINT] 约束名 PRIMARY KEY | FOREIGN KEY | UNIQUE | CHECK
 | DROP CONSTRAINT 约束名[RESTRICT | CASCANE]
 | ALTER 属性列名 RENAME TO 新列名
 | RENAME TO 新表名
```

语法说明：

ALTER TABLE：修改表结构保留字，其后为要修改的“[模式名.]表名”，若使用模式的拥有者登录且将模式切换为当前模式，则“模式名.”可省略。

MODIFY：修改列，其后为要修改的属性列名、修改后的数据类型及是否允许空置。

ADD：增加一个属性列，其后是要增加的属性列名、数据类型、是否允许空置。

DROP [COLUMN]：删除列，其后为要删除的属性列名。

[RESTRICT | CASCADE]：删除是否进行级联操作，即有其他表关联数据时是否删除其他表的关联数据，若为CASCADE则进行级联操作；RESTRICT则相反，有关联数据删除时会弹出错误命令。默认为RESTRICT。

ADD [CONSTRAINT]、DROP CONSTRAINT：表约束的增加与删除，在后面约束章节详细介绍。

ALTER 属性列名 RANAME TO 新列名：修改属性列名。

RENAME TO 新表名：重命名表对象名称。

【例5-8】 修改学生表，增加一个移动电话列，数据类型为INT。

示例代码如下：

```
ALTER TABLE SC_STU.学生表
ADD 移动电话 INT
```

【例5-9】 修改学生表，将移动电话列数据类型改为CHAR(11)。

示例代码如下：

```
ALTER TABLE SC_STU.学生表
MODIFY 移动电话 CHAR(11)
```

【例 5-10】 修改学生表，将移动电话列名改为 TEL。

示例代码如下：

```
ALTER TABLE SC_STU.学生表
ALTER 移动电话 RENAME TO TEL
```

【例 5-11】 将学生表名改为 T_学生表。

示例代码如下：

```
ALTER TABLE SC_STU.学生表
RENAME TO T_学生表
```

【例 5-12】 修改学生表，删除 TEL 列。

示例代码如下：

```
ALTER TABLE SC_STU.学生表
DROP TEL
```

### 2. 使用 SQL 的 ALTER TABLE 命令管理高性能分区表

使用 ALTER TABLE 命令管理高性能分区表的语法格式如下：

```
ALTER TABLE [模式名.]表名
ADD PARTITION 分区名 VALUES(表达式) | ADD PARTITION 分区名 [EQU OR] LESS THAN(表达式 | MAXVALUE)
  | DROP PARTITION 分区名
  | MERGE PARTITIONS 分区 1, 分区 2 INTO PARTITION 合并后分区名
  | SPLIT PARTITION 需拆分的分区名 AT (表达式) INTO (PARTITION 拆分后分区 1, PARTITION 拆分后分区 2)
```

语法说明：

ADD PARTITION：增加分区，后面对应的分别为列表分区、范围分区，增加分区命令只能应用于列表分区和范围分区。

DROP PARTITION：删除分区，其后为要删除的分区名。

MERGE PARTITIONS：将分区 1 与分区 2 合并。

SPLIT PARTITION：拆分分区。

【例 5-13】 修改学生表 1，增加一个分区 P3，分区列表值为 MEN。

示例代码如下：

```
ALTER TABLE SC_STU.学生表 1
ADD PARTITION P3 VALUES('MEN')
```

当不清楚某一个表对象的分区情况时，通过系统表 DBA_TAB_PARTITIONS 查看分区情况，例 5-13 中增加了一个列表分区 P3，增加该分区后若查看其分区情况可见例 5-14。

【例 5-14】 查看学生表 1 的分区情况。

示例代码如下：

```
SELECT TABLE_NAME, PARTITION_NAME, HIGH_VALUE FROM DBA_TAB_PARTITIONS
WHERE TABLE_NAME = '学生表 1'
```

执行结果如图 5-8 所示。

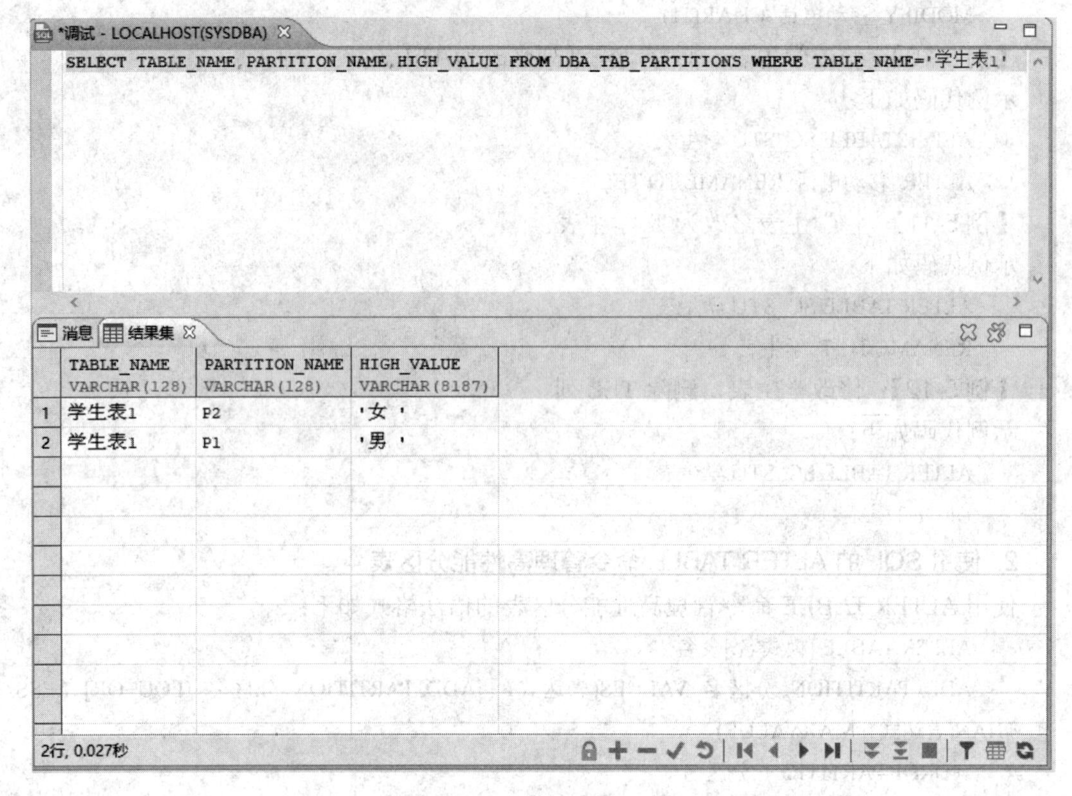


图 5-8　例 5-14 执行结果

【例 5-15】 修改选课表 1，增加一个分区 P1_1，分区列值在 150 以下。

示例代码如下：

```
ALTER TABLE SC_STU.选课表 1
ADD PARTITION P1_1 VALUES LESS THAN(150)
```

【例 5-16】 修改选课表 1，删除分区 P4。

示例代码如下：

```
ALTER TABLE SC_STU.选课表 1
DROP PARTITION P4
```

【例 5-17】 修改选课表 1，拆分分区 P1，满 30 为拆分条件，拆分后的分区名分别为 P1_1、P1_2。

示例代码如下：

```
ALTER TABLE SC_STU.选课表 1
SPLIT PARTITION P1 AT(30) INTO (PARTITION P1_1, PARTITION P1_2)
```

【例 5-18】 修改选课表 1，合并分区 P1_1、P1_2，合并后分区名为 P1。

示例代码如下：

```
ALTER TABLE SC_STU.选课表 1
MERGE PARTITIONS P1_1, P1_2 INTO PARTITION P1
```

### 5.3.2 删除表

如果在应用中没有使用到某个表，那么可以将该表删除。删除表，表中的数据会一起被删除，其语法格式如下：

```
DROP TABLE [模式名.]表名 [RESTRICT | CASCADE]
```

【例 5-19】 删除选课表 1。

示例代码如下：

```
DROP TABLE SC_STU.选课表 1
```

## 5.4 同 义 词

同义词是为模式下的对象提供别名的一种方法，通过同义词可以掩盖一个对象的真实名和拥有者，为远程分布式的数据库对象提供一定的安全性。使用同义词可以替换模式下的表、视图、序列、函数、存储过程等对象名。

表对象是数据库最常用的对象，本节引入同义词，通过给表对象创建同义词来学习同义词的使用，读者应通过对表对象创建同义词的示例，举一反三，掌握为其他数据库对象创建同义词的方法。

### 5.4.1 创建同义词

创建同义词的语法格式如下：

```
CREATE [OR REPLACE] [PUBLIC] SYNONYM [模式名.]同义词名
FOR [模式名.]对象名
```

语法说明：

CREATE [OR REPLACE]：创建或修改同义词。

[PUBLIC]：加该关键字表示创建全局同义词。创建全局同义词时，语法中同义词名处不能加模式名，全局同义词会被创建在 SYSDBA 模式下，且其他用户访问全局同义词时不需要冠以模式名。反之，若无该关键字，则表示创建私有同义词，其他用户若要访问该同义词，需要通过模式名引用。

SYNONYM：创建同义词对象关键字，表示创建的是同义词对象。

FOR：其后为要创建同义词的对象，相当于为某个模式下的某一对象指定别名。

【例 5-20】 对 SC_STU 模式下学生表创建一个全局同义词 S_INFO。

示例代码如下：

```
CREATE PUBLIC SYNONYM S_INFO FOR SC_STU.学生表
```

该例中，若通过同义词来查询学生表的数据，则不需要加入模式名，因为创建的同义词为全局同义词，其查询代码如下：

```
SELECT * FROM S_INFO
```

【例 5-21】 SC_STU 模式下对学生表创建一个私有同义词 S_INFO1。

示例代码如下：

```
CREATE SYNONYM SC_STU.S_INFO1 FOR SC_STU.学生表
```

该例中，创建的为私有同义词，通过该同义词访问学生表数据，需冠以模式名，其访问代码如下：

```
SELECT * FROM SC_STU.S_INFO1
```

### 5.4.2 删除同义词

删除同义词的语法格式如下：

```
DROP [PUBLIC] SYNONYM 同义词名
```

语法说明：若删除的是全局同义词，则需使用 PUBLIC 关键字，且同义词名前不需要加模式名；若删除的是私有同义词，且未处于同义词所在模式，则同义词名前需加入模式名。

**【例 5-22】** 删除全局同义词 S_INFO。

示例代码如下：

```
DROP PUBLIC SYNONYM S_INFO
```

**【例 5-23】** 删除私有同义词 S_INFO1。

示例代码如下：

```
DROP SYNONYM SC_STU.S_INFO1
```

## 5.5 DM 表数据的更新

创建好的 DM 表对象中是不包含任何数据的，创建 DM 表的目的是存储某一应用领域所涉及的数据，存储数据即需要向表中添加数据，要管理好数据，就需要经常修改或删除表中的数据。

在一般的应用领域开发中，通常对表数据的添加、修改和更新操作通过友好的用户应用实现操作，在这些应用的开发中，对数据的添加、修改和更新操作通过应用开发嵌入 SQL 命令得以实现。所以，对数据的添加、修改和更新操作将以 SQL 讲解为主。

### 5.5.1 表数据的添加

添加表数据的语法格式如下：

```
INSERT [INTO] 表名(属性列表) VALUES(值列表)
```

或

```
INSERT [INTO] 表名(属性列表)SELECT 值列表
```

语法说明：

[]中的内容为可省略项。

表名：表示要添加数据的表。

属性列表：表示对该表的某些属性插入数据，属性列表中的各属性用“,”分隔，如果对表中的所有属性插入数据，则属性列表可省略。

值列表：表示对属性插入的对应数据，这里的值要与属性列表一一对应，包括顺序对应和类型对应。当属性在表中定义为非数值型数据时，对应的值应该用 ' ' 将其包括且各值间用“,”分隔。

以下示例均采用表 5-7 的表结构。

**【例 5-24】** 简单的 INSERT 语句：向学生表中添加一条所有字段均有对应值的记录。

示例代码如下：

```
INSERT INTO SC_STU.学生表  VALUES('20210001', '张三', '男', '2000-6-30', '贵州省贵阳市')
```

或

```
INSERT INTO SC_STU.学生表  SELECT '20210001', '张三', '男', '2000-6-30', '贵州省贵阳市'
```

**【例 5-25】** 带字段列表的 INSERT 语句：向表中增加一行记录，只包括某些字段。

示例代码如下：

```
INSERT INTO SC_STU.学生表(学号, 姓名, 生日) VALUES('20210004', '张小萌', '2002-6-30')
```

或

```
INSERT INTO SC_STU.学生表(学号, 姓名, 生日) SELECT '20210004', '张小萌', '2002-6-30'
```

**【例 5-26】** 将学生表查询结果集插入学生表 1(学生表 1 为前面章节示例中的列表分区表对象)。

示例代码如下：

```
INSERT INTO SC_STU.学生表 1 SELECT * FROM SC_STU.学生表
```

该方法插入数据时，前面的表字段列可根据需要设置，但要与后面的 SELECT 查询保持一致；后面的 SELECT 语句可根据插入数据的具体要求对检索的数据设置数据筛选条件，在后面章节的数据查询中将会讲到具体的检索方法。向分区表插入数据时，DM 数据库会根据插入的数据所对应的分区列上的值将数据插入相应的分区。本例中，性别为男的数据将被插入学生表 1 的 P1 分区，性别为女的将被插入学生表 1 的 P2 分区。若插入数据的分区列上的值无对应的分区，则 SQL 会执行错误，提示未找到合适的分区。对分区表插入数据，也可指定对表中的某一个分区插入，但插入分区的数据需满足分区条件。

**【例 5-27】** 将学生表查询性别为男的结果集插入学生表 1 的 P1 分区(学生表 1 为前面章节示例中的列表分区表对象)。

示例代码如下：

```
INSERT INTO SC_STU.学生表 1   PARTITION(P1) SELECT * FROM SC_STU.学生表  WHERE
性别 = '男'
```

**【例 5-28】** 一次性向学生表中插入多条记录。

示例代码如下：

```
INSERT INTO SC_STU.学生表(学号, 姓名, 性别)
SELECT '20210005', '张兴', '男' UNION ALL
SELECT '20210006', '王攸攸', '女' UNION ALL
SELECT '20210007', '宋昱', '男' UNION ALL
SELECT '20210008', '龚玉琪', '女'
```

或

```
INSERT INTO SC_STU.学生表(学号, 姓名, 性别)
VALUES( '20210005', '王日旭', '男'),
```

('20210006', '冯玉玉', '女'),
('20210007', '陈建', '男'),
('20210008', '苏情', '女' )

## 5.5.2 表数据的修改

修改表数据的语法格式如下：

```
UPDATE 表名 SET 修改数据的属性名 = 修改后的值{[, …n]} WHERE 数据检索条件
```

语法说明：

表名：表示要修改数据的表。

修改数据的属性名：表示要修改的表数据所对应的某一个属性列。

修改后的值：表示将字段的值修改为某个值。

{[, …n]}：表示一次可修改多个属性列值，各修改字段间用“,”分隔。

WHERE 子句：设置要修改表中的某一些元组，即数据的检索条件。

1. 不带条件修改

【例 5-29】 简单修改：将学生表中所有学生的性别改为男。

示例代码如下：

```
UPDATE 学生表 SET 性别 = '男'
```

【例 5-30】 一次修改多列：将学生表中所有学生的性别改为男，籍贯改为北京。

示例代码如下：

```
UPDATE 学生表 SET 性别 = '男', 籍贯 = '北京'
```

2. 带检索条件的修改

【例 5-31】 将学号为 20210001 的学生的籍贯改为贵州省安顺市。

示例代码如下：

```
UPDATE SC_STU.学生表 SET 籍贯 = '贵州省安顺市' WHERE 学号 = '20210001'
```

【例 5-32】 将性别为女且 2001 年出生的学生的籍贯改为北京海淀。

示例代码如下：

```
UPDATE SC_STU.学生表 SET 籍贯 = '北京海淀' WHERE 性别 = '女' AND YEAR(生日) = 2001
```

【例 5-33】 将 2000 年出生或者姓张的学生的籍贯改为贵州省黔南州。

示例代码如下：

```
UPDATE SC_STU.学生表 SET 籍贯 = '贵州省黔南州' WHERE YEAR(生日) = 2000 OR 姓名
LIKE '张%'
```

在带检索条件的数据修改中，实例并非都具有现实意义，其旨在讲解数据修改，在带检索条件的数据修改中，也并未包括所有修改情况，数据修改的条件应根据实际应用环境具体书写，且修改数据的条件与数据检索中的条件无异，在下一章数据检索中将会详细介绍，读者应该在掌握的基础上灵活使用。

## 5.5.3 表数据的删除

删除表数据的语法格式如下：

```
DELETE [FROM] 表名 WHERE 数据检索条件
```

语法说明：

表名：表示要删除数据的表。

数据检索条件：与数据修改一样，即筛选出要删除的数据。

【例 5-34】 清空学生表中的所有数据。

示例代码如下：

```
DELETE 学生表
```

【例 5-35】 删除学生表中学号为 20210002 的学生信息。

示例代码如下：

```
DELETE FROM SC_STU.学生表 WHERE 学号 = '20210002'
```

【例 5-36】 删除所有 2001 年出生的张姓学生的基本信息。

示例代码如下：

```
DELETE SC_STU.学生表 WHERE YEAR(生日) = 2001 AND 姓名 LIKE '张%'
```

## 5.6 管理外部表

### 5.6.1 外部表概述

在某些数据库设计中，数据库只保存表结构的定义，不进行数据存储，数据存储于外部文件中。在 DM 数据库中，通过外部表实现这一类数据的存储。

DM 数据库对外部表的操作，主要是对外部表数据的读取，DM 数据库不能向外部表写数据，也不能删除外部表的数据，亦不能修改外部表结构。

### 5.6.2 外部表的管理

SQL 创建外部表的语法格式如下：

```
CREATE EXTERNAL TABLE [模式名.]表名
(
   属性列定义
)
FROM 控制文件路径
```

语法说明：

CREATE EXTERNAL TABLE：创建外部表的保留字，其后为要创建的外部表名称。

属性列定义：与普通的表创建的属性列定义一样，但属性列类型不支持多媒体类型。

FROM 控制文件路径：通过控制文件访问外部表，DM 数据库要访问外部文件数据，需要控制文件的支持。

控制文件的格式如下：

```
LOAD [DATA]
INFILE [LIST] 文件名 | 文件名列表
```

```
INTO TABLE 表名
FIELDS 数据文件中的列分隔符
```

控件文件格式说明：

(1) 文件名包含文件所在的绝对路径及扩展名，当用文件名列表代替文件名时可使用多个文件。

(2) FIELDS 用于指定数据文件中各列的分隔符。

(3) 在数据文件中，使用回车符结束行。

**【例 5-37】** 现有操作系统上的外部文件“D:\DATA\1.txt”，内容如图 5-9 所示。编辑控件文件“D:\DATA\C.txt”，如图 5-10 所示。在模式 SC_STU 下创建外部表(即 E_学生表)采用表 5-7 所示的表结构。

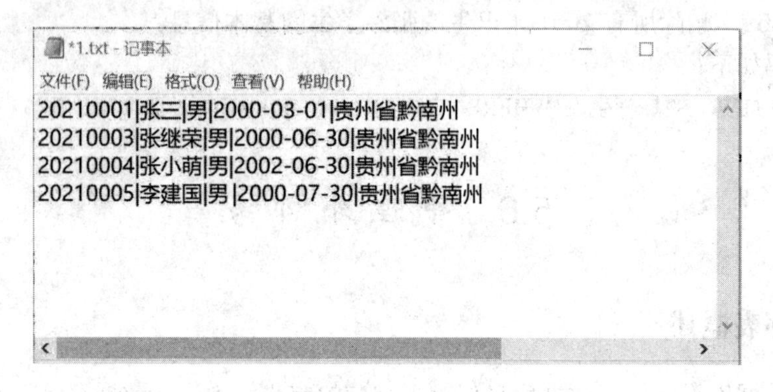


图 5-9　外部文件

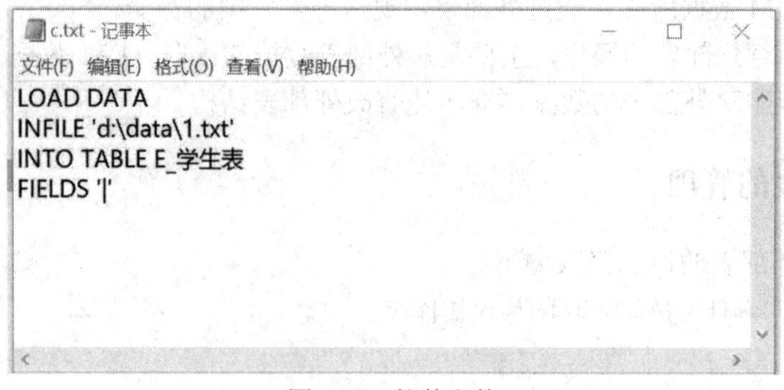


图 5-10　控件文件

示例代码如下：

```
CREATE EXTERNAL TABLE SC_STU.E_学生表
(
    学号 CHAR(8),
    姓名 VARCHAR(15),
    性别 CHAR(3),
    生日 DATE,
    籍贯 VARCHAR(100)
)
FROM  'D:\DATA\C.txt'
```

### 5.6.3　外部表的删除

对外部表的删除与对普通表的删除一样，其语法格式如下：

```
DROP TABLE [模式名.]表名
```

**【例 5-38】** 删除外部表 E_学生表。

示例代码如下：

```
DROP TABLE SC_STU.E_学生表
```

## 5.7　序　　列

在前面表创建的学习中，为确保表中数据不存在完全相同的行，往往需定义一个主键(实体完整性)，在插入数据时，该主键列不允许空也不允许重复，但手动插入数据时难免会插入重复值，为了避免这一情况发生，在定义主键列时，可以让其值自动产生，使用 IDENTITY 定义列。还有另外一种方法是使用序列，本节将主要介绍序列的使用。

### 5.7.1　序列概述

序列是DM数据库的数据库对象，多个用户可以产生和使用一组不重复的有序整数值，序列可以用来自动地产生关键字的值。序列可定义为升序序列，也可以定义为降序序列。

(1) 升序序列：序列的初始值为序列的最小值，默认最小值为 1，最小值、最大值可指定为 $2^{31}-1$(4B LONGINT)以下的一个整数，默认最大值为 $2^{31}-1$。

(2) 降序序列：序列的初始值为序列的最大值，默认最大值为 -1，最小值、最大值可指定为 $-2^{31}$ 以上的一个整数，默认最小值为 $-2^{31}$。

序列增量为任何正整数或负整数，不能为 0。若增量为负，则序列是下降的；若增量为正，则序列为上升的。默认情况下，增量为 1。

序列生成后，用户可以使用如下语句来存取序列的值：

· CURRVAL：返回当前的序列值。

· NEXTVAL：升序序列，序列值增加并返回增加后的值，序列值减小并返回减小后的值。

需要注意的是，在使用序列来给表的 INSERT 语句提供值时，若 INSERT 事务未被提交，列值未被插入表中，则以后的 INSERT 语句将继续使用该序列随后的值。

### 5.7.2　序列的使用

#### 1. 创建序列

创建序列的语法格式如下：

```
CREATE SEQUENCE [模式名.]序列名
[INCREMENT BY  增量]
[START WITH  初始值]
```

```
[MAXVALUE 最大值]
[MINVALUE 最小值]
[CYCLE/NOCYCLE]
[CACHE/NOCACHE]
[ORDER/NOORDER]
```

语法说明：

INCREMENT BY 增量：定义序列增量，为任意的非 0 正整数或负整数，正则序列上升，负则序列下降，省略则默认为 1。

START WITH 初始值：定义序列初始值，若省略，则对升序序列，初始值默认为序列最小值，对降序序列，初始值默认为序列的最大值。

MAXVALUE 最大值：定义序列最大值，若省略，则升序序列缺省的最大值为 9 223 372 036 854 775 807，对降序序列缺省的最大值为 -1。

MINVALUE 最小值：定义序列最小值，若省略，则升序序列缺省的最小值为 1，降序序列缺省的最小值为 -9 223 372 036 854 775 808。

CYCLE/NOCYCLE：循环或非循环序列。

CACHE/NOCACHE：定义序列的值是否预先分配并保持于内存中。

ORDER/NOORDER：是否保证请求以顺利生成序列号。

**【例 5-39】** 在 SC_STU 模式下创建一个序列，最小值为 1001，最大值为 2000，每次增加 1 的序列。

示例代码如下：

```
CREATE SEQUENCE SC_STU.SE1 INCREMENT BY 1 MAXVALUE 2000 MINVALUE 1001
ORDER
```

**【例 5-40】** 在 SC_STU 模式下创建一个班级表(班号，班名，人数)，其中班号为 INT 类型，然后向班级表插入数据，班号值使用上一例中的序列，并查询插入数据后的表数据。

示例代码如下：

```
CREATE TABLE SC_STU.班级表
(
    班号 INT PRIMARY KEY,
    班名 VARCHAR(60) NOT NULL,
    人数 BYTE DEFAULT(0)
);
INSERT INTO SC_STU.班级表
VALUES(SC_STU.SE1.NEXTVAL, '2020 级网络安全与执法 1 班', 50),
        (SC_STU.SE1.NEXTVAL, '2020 法学 1 班', 50),
        (SC_STU.SE1.NEXTVAL, '2020 级侦查学 1 班', 50),
        (SC_STU.SE1.NEXTVAL, '2020 级交通管理 1 班', 50)
;
SELECT * FROM SC_STU.班级表;
```

执行结果如图 5-11 所示。

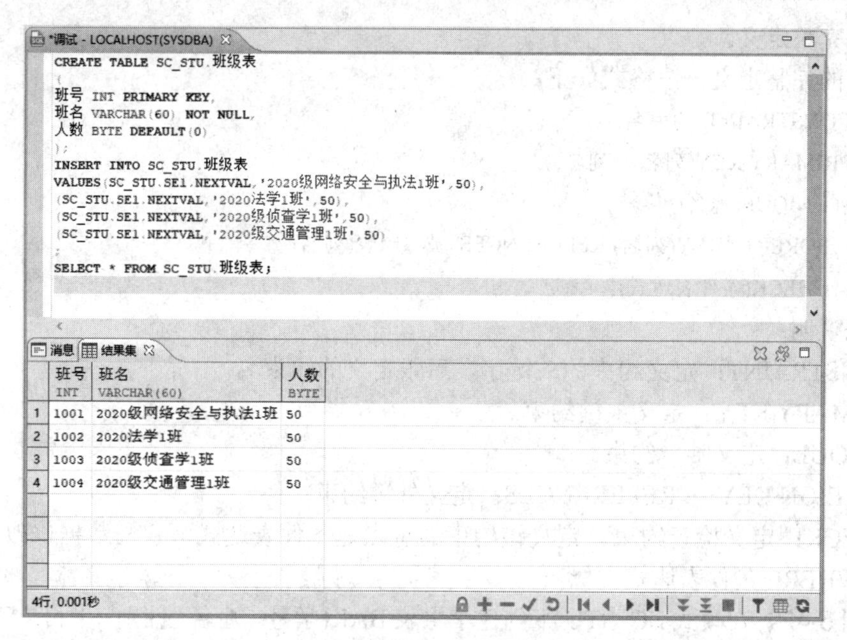


图 5-11　例 5-40 执行结果

### 2. 删除序列

删除序列的语法格式如下：

```
DROP SEQUENCE [模式名.]序列名
```

**【例 5-41】** 删除序列 SE1。

示例代码如下：

```
DROP SEQUENCE SC_STU.SE1
```

## 5.8　约　　束

在第 1 章关系数据库的理论学习中，我们知道了数据完整性的相关概念，那么如何实现数据的完整性呢？

约束是确保数据完整性的有效方法，即通过定义约束来确保存储于数据库中数据的准确性与一致性，可以在定义表时定义约束，也可以在修改表时定义约束。DM 数据库常用的约束有主键约束、唯一约束、外键约束和 CHECK 约束，合理地利用这些约束，可以实现实体完整性、参照完整性或用户定义完整性。

### 5.8.1　定义约束

在表对象的创建中，我们接触了缺省语法定义主键约束、外键约束和 CHECK 约束，即只需要在要定义约束的列后跟上约束类型即可，这种定义方法的语法格式如下：

```
列名数据类型 PRIMARY KEY | UNIQUE | REFERENCES 被参照表(列名) | CHECK(条件表达式)
```

本节中，对缺省的语法不再作具体说明及示例讲解，下面将主要介绍创建表、修改表时约束的完整定义。

约束的完整定义语法格式如下：

```
CONSTRAINT 约束名
PRIMARY KEY(列名{, 列名})
 | UNIQUE(列名)
 | FOREIGN KEY(列名) REFERENCES 被参照表(列名)
 | CHECK(条件表达式)
```

语法说明：

CONSTRAINT：定义约束的关键字，后跟定义的约束名。

PRIMARY KEY：定义主键约束。

UNIQUE：定义唯一约束。

FOREIGN KEY… REFERENCES：定义外键约束。

CHECK：定义检查约束。定义该约束的重点是条件表达式，它与数据修改、删除和查询的 WHERE 条件表达式类似。

**【例 5-42】** 在模式 SC_STU 下创建学生表 BAK(学号, 姓名, 性别, 生日, 籍贯, 身份证号，移动电话)，学号为主键，身份证号为唯一约束，性别只能取男或女。

示例代码如下：

```
CREATE TABLE SC_STU.学生表 BAK
(
    学号 CHAR(8),
    姓名 VARCHAR(15) NOT NULL,
    性别 CHAR(3),
    生日 DATE,
    籍贯 VARCHAR(90),
    身份证号 CHAR(18),
    移动电话 CHAR(11),
    --定义主键约束
    CONSTRAINT PK1 PRIMARY KEY(学号),
    --定义唯一约束
    CONSTRAINT U1 UNIQUE(身份证号),
    --定义 CHECK 约束
    CONSTRAINT CK1 CHECK(性别 IN('男', '女'))
);
```

**【例 5-43】** 修改模式 SC_STU 下的学生表 BAK，增加一个检查约束，使生日列的值满足年龄大于 15 小于 30。

示例代码如下：

```
ALTER TABLE SC_STU.学生表 BAK
ADD
CONSTRAINT CK2 CHECK(YEAR(CURDATE())-YEAR(生日) BETWEEN 15 AND 30)
```

**【例 5-44】** 修改模式 SC_STU 下的学生表 BAK，增加一个检查约束，使得移动电话列第 1 个字符为 1，第 2 个字符为 3～9，第 3～11 个字符为 0～9。

示例代码如下：

```
ALTER TABLE SC_STU.学生表 BAK
ADD
CONSTRAINT CK3 CHECK(REGEXP_LIKE(移动电话, '^1[3-9]{1}[0-9]{9}$'))
```

该例中使用了 REGEXP_LIKE 函数，其类似于匹配运算符 LIKE，但能实现 LIKE 不能实现的内容。本例要求移动电话满足正则表达式 '^1[3-9]{1}[0-9]{9}$'，第 1 位为 1，后是 3～9 中的一个数据重复一次，再是 0～9 中的一个数据重复 9 次。正则表达式的字符和书写分别如表 5-10、表 5-11 所示。

**表 5-10 常用的正则表达式字符**

<table>
<tr><th>符号</th><th>正则表达式中的含义</th></tr>
<tr><td>^</td><td>匹配字符串的开始位置</td></tr>
<tr><td>$</td><td>匹配字符串的结尾位置</td></tr>
<tr><td>.</td><td>匹配除换行以外的单个字符</td></tr>
<tr><td>?</td><td>匹配前面子表达式零次或一次</td></tr>
<tr><td>+</td><td>匹配前面子表达式一次或多次</td></tr>
<tr><td>*</td><td>匹配前面子表达式零次或多次</td></tr>
<tr><td>|</td><td>两个表达式之间的一个</td></tr>
<tr><td>()</td><td>一个子表达式的开始与结尾</td></tr>
<tr><td>[]</td><td>中括号表达式，如[0-9]表示 0～9 中的一个数据，[a-z]表示 a～z 之间的一个字符</td></tr>
<tr><td>{m, n}</td><td>精确的出现次数范围，出现次数范围大于 m 小于 n，{m}表示出现 m 次，{m, }则表示至少出现 m 次</td></tr>
<tr><td>\num</td><td>匹配数据 num，num 是一个正整数</td></tr>
</table>

**表 5-11 常用的正则表达式**

<table>
<tr><th>正则表达式</th><th>含 义</th></tr>
<tr><td>^([a-z0-9_\.-]+)@([\da-z\.-]+)\.([a-z\.]{2, 6})$</td><td>电子邮箱</td></tr>
<tr><td>^(https?:\/\/)?([\da-z\.-]+)\.([a-z\.]{2, 6})([\/\w \.-]*)*\/?$</td><td>URL</td></tr>
<tr><td>^(?:(?:25[0-5] | 2[0-4][0-9] | [01]?[0-9][0-9]?)\.){3}<br>(?:25[0-5] | 2[0-4][0-9] | [01]?[0-9][0-9]?)$</td><td>IP 地址</td></tr>
<tr><td>\d{18}</td><td>身份证号</td></tr>
<tr><td>\d{3}-\d{8} | \d{4}-\d{8}</td><td>国内电话</td></tr>
</table>

**【例 5-45】** 修改学生表 BAK，使得学号的取值参照学生表的学号。

示例代码如下：

```
ALTER TABLE SC_STU.学生表 BAK
ADD
CONSTRAINT FK1 FOREIGN KEY(学号) REFERENCES SC_STU.学生表(学号)
```

### 5.8.2 删除约束

删除约束的语法格式如下：

```
ALTER TABLE [模式名.]表名
DROP CONSTRAINT 约束名
```

【例 5-46】 修改学生表 BAK，删除外键约束 FK1。

示例代码如下：

```
ALTER TABLE SC_STU.学生表 BAK
DROP
CONSTRAINT FK1
```

## 本章小结

DM 表是 DM 数据库存储数据的对象。本章从数据类型开始，介绍表对象的重要内容，包括普通表、高性能表、HUGE 表等。创建表对象是学好后面章节(如数据查询、视图与索引)的前提，对于表对象的介绍也有部分未涉及，如 LIST 表对象，读者在学习后，要根据所学知识勤练、多思考，掌握 DM 数据库这一数据存储对象。

# 第6章　数据查询

上一章介绍了 DM 数据库中的基本数据库表、高性能数据库表、HUGE 表的创建、维护和数据更新操作，即如何向表中添加数据、修改表中的数据和删除表中的数据。那么当我们需要找某一数据或几个表中相关联的数据、需要对数据中的某些数据进行统计时该怎么做呢？例如，有学生表(学号，姓名，性别，生日，专业，年级)、课程表(课程号，课程名，学分)，选课表(学号，课程号，成绩)，该如何统计某一门选修课的平均分？又如何按专业、年级统计学生人数？本章将介绍数据查询，以及使用数据查询功能来实现应用环境可能涉及各种情况的方法。

## 6.1　示例说明

数据查询是数据库的核心操作，几乎所有的数据库操作均涉及查询，因此熟练掌握查询语句的使用是数据库从业人员必须掌握的技能。DM SQL 语言提供了功能丰富的查询方式，本章将介绍使用 DM SQL 语言进行查询的方法。在本章的示例中，将引入数据库用户 USER1 的 SC_STU 模式下的三个表，即“学生表”“课程表”“选课表”，所用基表如表 6-1、表 6-2、表 6-3 所示。

表6-1　学　生　表

| 列　名 | 数据类型 | 是否允许空 | 默认值 | 其他约束 |
|---|---|---|---|---|
| 学号 | CHAR(8) | 否 | | 主键 |
| 姓名 | VARCHAR(15) | 否 | | |
| 性别 | CHAR(3) | 否 | 男 | 取男或女 |
| 生日 | DATE | 是 | | |
| 专业 | VARCHAR(30) | 是 | | |
| 年级 | CHAR(8) | 是 | | |

表6-2　课　程　表

| 列名 | 数据类型 | 是否允许空 | 默认值 | 其他约束 |
|---|---|---|---|---|
| 课程号 | CHAR(5) | 否 | | 主键 |
| 课程名 | VARCHAR(60) | 否 | | |
| 学分 | BYTE | | 4 | 1～8 |

表 6-3 选 课 表

| 列名 | 数据类型 | 是否允许空 | 默认值 | 其他约束 |
| --- | --- | --- | --- | --- |
| 学号 | CHAR(8) | 否 | | 主键、外键(参照学生表) |
| 课程号 | CHAR(5) | 否 | | 主键、外键(参照课程表) |
| 成绩 | DEC(5, 2) | 是 | 默认为 0 | |

**【例 6-1】** 使用 SQL 语句建立“学生表”并插入数据，结果如图 6-1 所示。

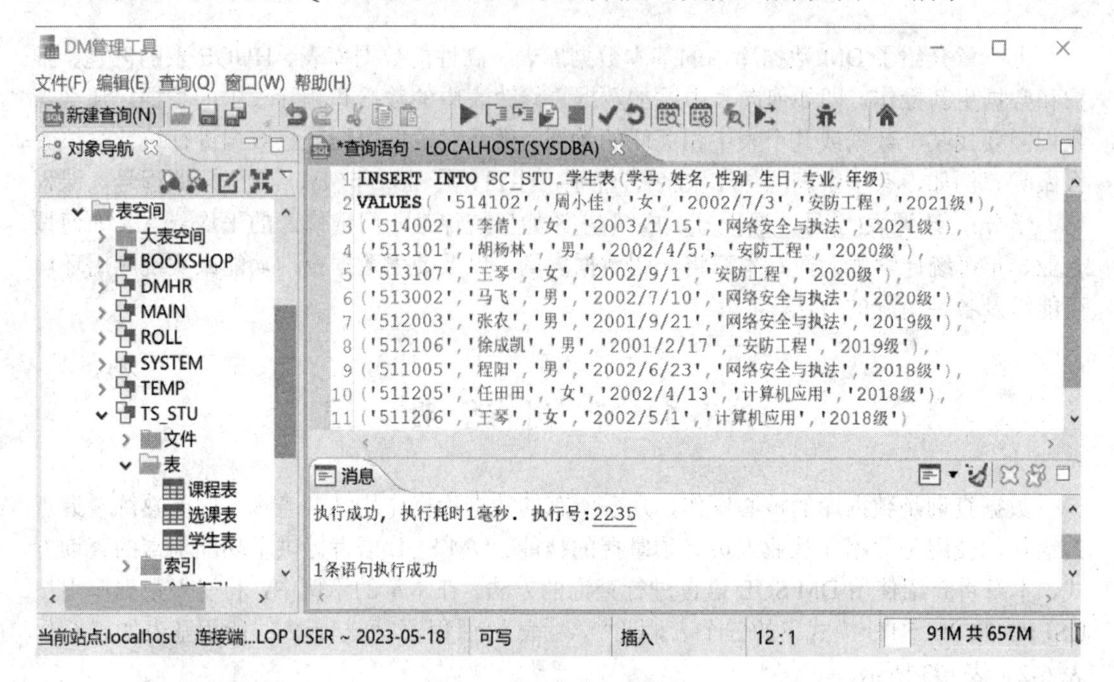


图 6-1 学生表中插入数据

示例代码如下：

```
CREATE TABLE    SC_STU.学生表
(
    学号  CHAR(8) NOT NULL,
    姓名  VARCHAR(15) NOT NULL,
    性别  CHAR(3) DEFAULT '男',
    生日  DATE,
    专业  VARCHAR(30),
    年级  CHAR(8),
    CLUSTER PRIMARY KEY(学号),
    CHECK(性别  IN ('男', '女'))
)
STORAGE(ON TS_STU, CLUSTERBTR) ;
INSERT INTO SC_STU.学生表(学号, 姓名, 性别, 生日, 专业, 年级)
VALUES( '514102', '周小佳', '女', '2002/7/3', '安防工程', '2021 级'),
```

```
('514002', '李倩', '女', '2003/1/15', '网络安全与执法', '2021 级'),
('513101', '胡杨林', '男', '2002/4/5', '安防工程', '2020 级'),
('513107', '王琴', '女', '2002/9/1', '安防工程', '2020 级'),
('513002', '马飞', '男', '2002/7/10', '网络安全与执法', '2020 级'),
('512003', '张农', '男', '2001/9/21', '网络安全与执法', '2019 级'),
('512106', '徐成凯', '男', '2001/2/17', '安防工程', '2019 级'),
('511005', '程阳', '男', '2002/6/23', '网络安全与执法', '2018 级'),
('511205', '任田田', '女', '2002/4/13', '计算机应用', '2018 级'),
('511206', '王琴', '女', '2002/5/1', '计算机应用', '2018 级')
```

**【例 6-2】** 使用 SQL 语句建立“课程表”并插入数据，结果如图 6-2 所示。

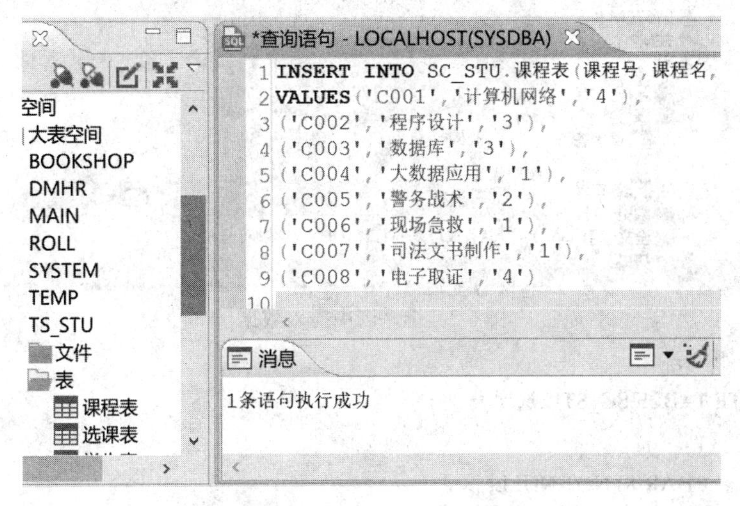


图 6-2　课程表中插入数据

示例代码如下：

```
CREATE TABLE SC_STU.课程表
(
   课程号  CHAR(5) NOT NULL,
   课程名  VARCHAR(60) NOT NULL,
   学分  BYTE DEFAULT 4,
   CLUSTER PRIMARY KEY(课程号),
   CHECK(学分  BETWEEN 1 AND 8)
)
STORAGE(ON TS_STU, CLUSTERBTR) ;
INSERT INTO SC_STU.课程表(课程号，课程名，学分)
VALUES('C001', '计算机网络', '4'),
         ('C002', '程序设计', '3'),
         ('C003', '数据库', '3'),
         ('C004', '大数据应用', '1'),
         ('C005', '警务战术', '2'),
```

```
        ('C006', '现场急救', '1'),
        ('C007', '司法文书制作', '1'),
        ('C008', '电子取证', '4')
```

【例 6-3】 使用 SQL 语句建立“选课表”并插入数据，结果如图 6-3 所示。

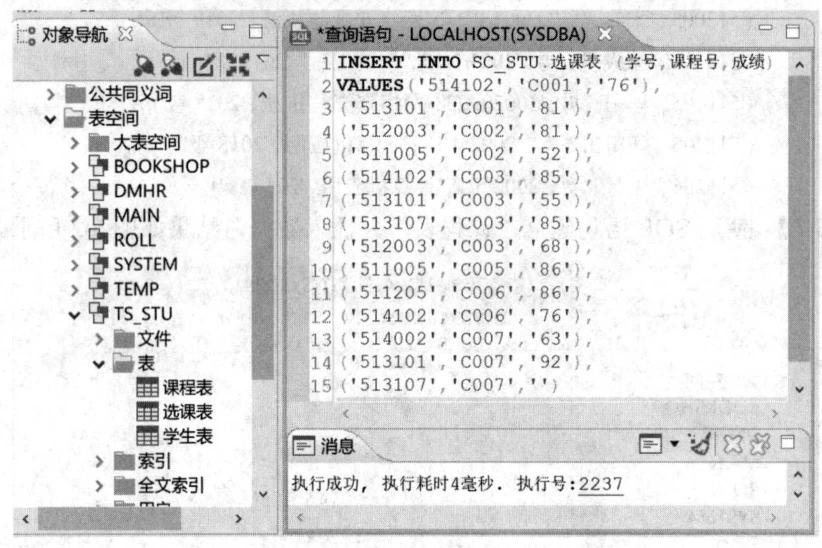


图 6-3　选课表中插入数据

示例代码如下：

```
CREATE TABLE SC_STU.选课表
(
    学号  CHAR(8) NOT NULL,
    课程号  CHAR(5) NOT NULL,
    成绩  DEC(5, 2) DEFAULT 0,
    CLUSTER PRIMARY KEY(学号, 课程号),
    FOREIGN KEY(学号) REFERENCES SC_STU.学生表(学号),
    FOREIGN KEY(课程号) REFERENCES SC_STU.课程表(课程号)
) STORAGE(ON TS_STU, CLUSTERBTR) ;
INSERT INTO SC_STU.选课表 (学号, 课程号, 成绩)
VALUES('514102', 'C001', '76'),
        ('513101', 'C001', '81'),
        ('512003', 'C002', '81'),
        ('511005', 'C002', '52'),
        ('514102', 'C003', '85'),
        ('513101', 'C003', '55'),
        ('513107', 'C003', '85'),
        ('512003', 'C003', '68'),
        ('511005', 'C005', '86'),
        ('511205', 'C006', '86'),
```

```
('514102', 'C006', '76'),
('514002', 'C007', '63'),
('513101', 'C007', '92'),
('513107', 'C007' , '')
```

在创建查询时，需要输入相应的查询语句，下面通过实例对常用的各种查询分别进行讲解。

## 6.2 单 表 查 询

在 DM 数据库中，可以通过 SELECT 语句实现查询，即从数据库表中检索需要的数据。查询时可以指定要返回的列、要选择的行、放置行的顺序及如何将信息分组的规范。单表查询语句的语法格式如下：

```
SELECT {select_list [INTO new_table_name ]}
FROM { table_list}
[ WHERE {search_conditions} ]
[ GROUP BY {group_by_list }]
[ HAVING {search_conditions} ]
[ ORDER BY {order_list [ ASC | DESC ]} ]
```

语法说明：

在 T-SQL 语言的命令格式中，用[]括起来的内容表示是可选的，[, ...n]表示重复前面的内容；用< >括起来的内容表示在实际语句编写时，用相应的内容替代；用{}括起来的内容表示是必选的；类似 A | B 的格式，表示 A 和 B 只能选择一个，不能同时都选。其中各参数的含义如下：

SELECT select_list：指定查询结果集中要包含的列名，多个列名间用逗号分隔。

INTO new_table_name：指定使用结果集来创建表名为 new_table_name 的新表。

FROM table_list：指定查询数据来自的表名或视图名。

WHERE search_conditions：WHERE 是条件查询子句，在 table_list 中查询检索满足 search_conditions 条件的数据行。

GROUP BY group_by_list：将查询结果的行集按 group_by_list 的值分组。

HAVING search_conditions：向使用 GROUP BY 子名的查询中添加数据过滤准则，HAVING 子句是对 GROUP BY 结果集的附加筛选。

ORDER BY order_list [ ASC | DESC ]：ORDER BY 子句定义了结果集中行的排序顺序。ASC 表示升序，为默认排序方式；DESC 表示降序。

### 6.2.1 简单查询

通过 SELECT 语句的<select_list>项组成结果表的列。其语法格式如下：

```
SELECT [ ALL | DISTINCT ] [ TOP n [ PERCENT ] ]
{ * | { {colume_name | expression | }
```

```
[ [ AS ] column_alias ] | column_alias = expression } [, … n ]}
FROM { table_list} [LIMIT <记录数> ]
```

语法说明:

ALL：指定显示所有记录，包括重复行，ALL 是默认设置。

DISTINCT：指定显示所有记录，但不包含重复行。

TOP n [PERCENT]：指定从查询结果中返回前 n 行或前百分之 n 行。

*：表示所有列。

colume_name：指定要返回的列名。

expression：列名、常量、函数以及由运算符连接的列名、常量和函数的任意组合，或子查询。

column_alias：列别名。

**【例 6-4】** 查询学生表中所有学生的学号、姓名、专业。

示例代码如下：

```
SELECT 学号, 姓名, 专业 FROM SC_STU.学生表
```

查询结果如图 6-4 所示。

*查询语句 - LOCALHOST(SYSDBA)

1 SELECT 学号,姓名,专业 FROM SC_STU.学生表

消息 结果集

| | 学号 CHAR(8) | 姓名 VARCHAR(15) | 专业 VARCHAR(30) |
|---|---|---|---|
| 1 | 511005 | 程阳 | 网络安全与执法 |
| 2 | 511205 | 任田田 | 计算机应用 |
| 3 | 511206 | 王琴 | 计算机应用 |
| 4 | 512003 | 张农 | 网络安全与执法 |
| 5 | 512106 | 徐成凯 | 安防工程 |
| 6 | 513002 | 马飞 | 网络安全与执法 |
| 7 | 513101 | 胡杨林 | 安防工程 |
| 8 | 513107 | 王琴 | 安防工程 |
| 9 | 514002 | 李倩 | 网络安全与执法 |
| 10 | 514102 | 周小佳 | 安防工程 |

10行, 0.004秒

图 6-4 例 6-4 查询结果

当需要查出所有列的数据，且各列的显示顺序与基表中列的顺序也完全相同时，为了方便用户提高工作效率，SQL 语言允许用户将 <select_list>省略为*。

**【例 6-5】** 查询学生表中的所有信息。

示例代码如下：

```
SELECT * FROM SC_STU.学生表
```

等价于

```
SELECT 学号, 姓名, 性别, 生日, 专业, 年级 FROM SC_STU.学生表
```

查询结果如图 6-5 所示。

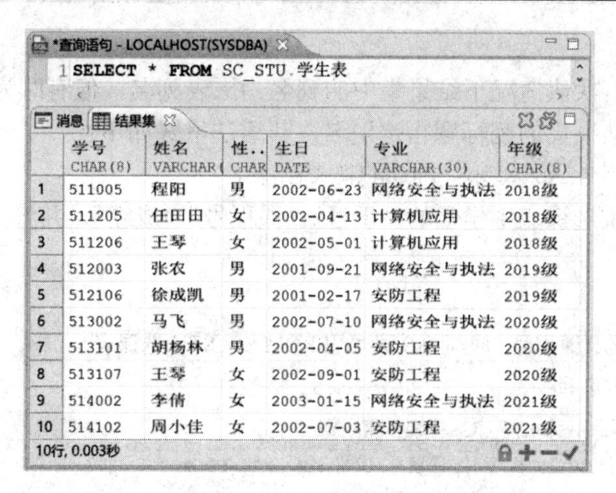

*查询语句 - LOCALHOST(SYSDBA)

```
1 SELECT * FROM SC_STU.学生表
```

| | 学号 CHAR(8) | 姓名 VARCHAR( | 性.. CHAR | 生日 DATE | 专业 VARCHAR(30) | 年级 CHAR(8) |
|---|---|---|---|---|---|---|
| 1 | 511005 | 程阳 | 男 | 2002-06-23 | 网络安全与执法 | 2018级 |
| 2 | 511205 | 任田田 | 女 | 2002-04-13 | 计算机应用 | 2018级 |
| 3 | 511206 | 王琴 | 女 | 2002-05-01 | 计算机应用 | 2018级 |
| 4 | 512003 | 张农 | 男 | 2001-09-21 | 网络安全与执法 | 2019级 |
| 5 | 512106 | 徐成凯 | 男 | 2001-02-17 | 安防工程 | 2019级 |
| 6 | 513002 | 马飞 | 男 | 2002-07-10 | 网络安全与执法 | 2020级 |
| 7 | 513101 | 胡杨林 | 男 | 2002-04-05 | 安防工程 | 2020级 |
| 8 | 513107 | 王琴 | 女 | 2002-09-01 | 安防工程 | 2020级 |
| 9 | 514002 | 李倩 | 女 | 2003-01-15 | 网络安全与执法 | 2021级 |
| 10 | 514102 | 周小佳 | 女 | 2002-07-03 | 安防工程 | 2021级 |

10行, 0.003秒

图 6-5 例 6-5 查询结果

### 1. 使用 TOP 和 DISTINCT

TOP：该子句用于返回查询结果集中的前 N 条记录。

DISTINCT：该子句用于去除结果集中的重复记录。

**【例 6-6】** 查询学生表中的前 3 个学生的信息。

示例代码如下：

```
SELECT TOP 3 * FROM SC_STU.学生表
```

查询结果如图 6-6 所示。

```
1 SELECT TOP 3 * FROM SC_STU.学生表
```

| | 学号 CHAR(8) | 姓名 VARCHAR(1 | 性别 CHAR(3) | 生日 DATE | 专业 VARCHAR(30) | 年级 CHAR(8 |
|---|---|---|---|---|---|---|
| 1 | 511005 | 程阳 | 男 | 2002-06-23 | 网络安全与执法 | 2018级 |
| 2 | 511205 | 任田田 | 女 | 2002-04-13 | 计算机应用 | 2018级 |
| 3 | 511206 | 王琴 | 女 | 2002-05-01 | 计算机应用 | 2018级 |

图 6-6 例 6-6 查询结果

**【例 6-7】** 查询学生表的专业，过滤重复行。

示例代码如下：

```
SELECT DISTINCT 专业 FROM SC_STU.学生表
```

查询结果如图 6-7 所示。

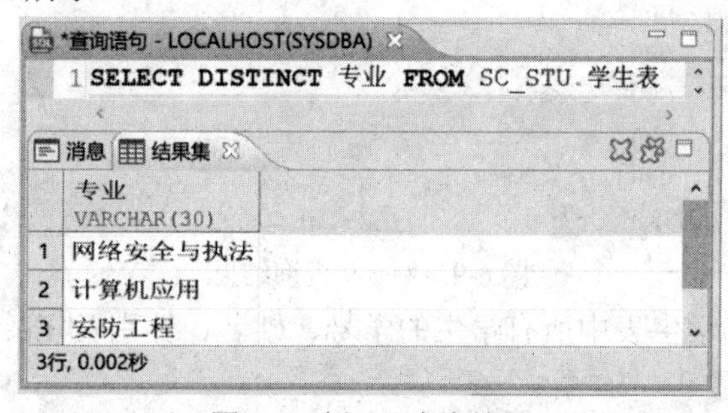

*查询语句 - LOCALHOST(SYSDBA)

```
1 SELECT DISTINCT 专业 FROM SC_STU.学生表
```

| | 专业 VARCHAR(30) |
|---|---|
| 1 | 网络安全与执法 |
| 2 | 计算机应用 |
| 3 | 安防工程 |

3行, 0.002秒

图 6-7 例 6-7 查询结果

### 2. 使用列别名

在数据查询中，默认情况下结果集中的列名为原表列名，但有时为了便于理解，增加列的可读性，可为结果集的列标题指定别名，其语法格式如下：

```
SELECT 原列名 AS 列别名 FROM [模式名.]表名
```

**【例 6-8】** 查询选课表中学生的“学号”“课程号”“成绩”，并将“成绩”列另外定义为“分数”。

示例代码如下：

```
SELECT 学号, 课程号, 成绩 AS 分数 FROM SC_STU.选课表
```

查询结果如图 6-8 所示。

*查询语句 - LOCALHOST(SYSDBA)

```
1 SELECT 学号, 课程号, 成绩 AS 分数 FROM SC_STU.选课表
```

消息　结果集

| | 学号 CHAR(8) | 课程号 CHAR(5) | 分数 DEC(5, 2) |
|---|---|---|---|
| 1 | 511005 | C002 | 52.00 |
| 2 | 511005 | C005 | 86.00 |
| 3 | 511205 | C006 | 86.00 |
| 4 | 512003 | C002 | 81.00 |
| 5 | 512003 | C003 | 68.00 |

14行, 0.004秒

图 6-8　例 6-8 查询结果

### 3. 使用计算列

在使用 SELECT 检索数据时，可以对列进行计算后输出结果集，即使用计算列。

**【例 6-9】** 查询选课表中的所有记录，成绩输出为原成绩乘 0.7 后的结果。

示例代码如下：

```
SELECT 学号, 课程号, 成绩*0.7 AS 折算分数 FROM SC_STU.选课表
```

查询结果如图 6-9 所示。

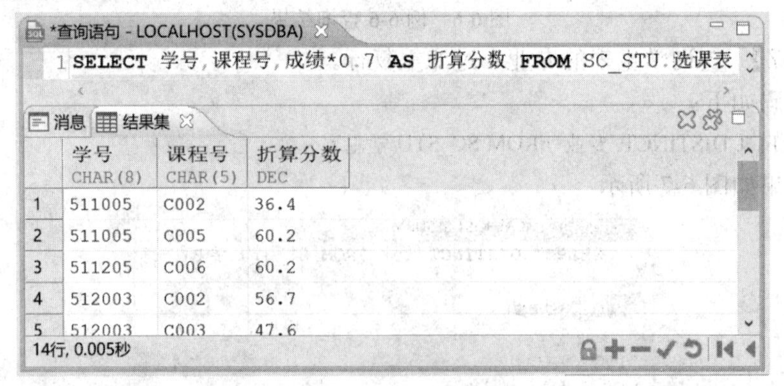


图 6-9　例 6-9 查询结果

**【例 6-10】** 查询学生表中所有学生的学号、姓名、性别及年龄。

示例代码如下：

```
SELECT 学号, 姓名, 性别, YEAR(GETDATE())-YEAR(生日) AS 年龄 FROM SC_STU.学生表
```

查询结果如图 6-10 所示。

*查询语句 - LOCALHOST(SYSDBA)

```
1 SELECT 学号,姓名,性别,YEAR(GETDATE())-YEAR(生日) AS 年龄
2 FROM SC_STU.学生表
```

消息　结果集

| | 学号 CHAR(8) | 姓名 VARCHAR(15) | 性别 CHAR(3) | 年龄 INTEGER |
|---|---|---|---|---|
| 1 | 511005 | 程阳 | 男 | 20 |
| 2 | 511205 | 任田田 | 女 | 20 |
| 3 | 511206 | 王琴 | 女 | 20 |
| 4 | 512003 | 张农 | 男 | 21 |

10行, 0.011秒

图 6-10　例 6-10 查询结果

### 4. 使用 LIMIT 限定条件

LIMIT 子句按顺序选取结果集中从某条记录开始的 N 条记录。在 DM 数据集中，可以使用限定条件对结果集作出筛选，并支持 LIMIT 和 ROW_LIMIT 两种子句，子句共支持以下 4 种方式：

(1) LIMIT N：选择前 N 条记录。

(2) LIMIT M, N：选择第 M 条记录之后的 N 条记录。

(3) LIMIT M OFFSET N：选择第 N 条记录之后的 M 条记录。

(4) OFFSET N LIMIT M：选择第 N 条记录之后的 M 条记录。

注意：LIMIT 不能与 TOP 同时出现在查询语句中。

**【例 6-11】** 查询课程表前 2 条记录。

示例代码如下：

```
SELECT * FROM SC_STU.课程表 LIMIT 2
```

查询结果如图 6-11 所示。

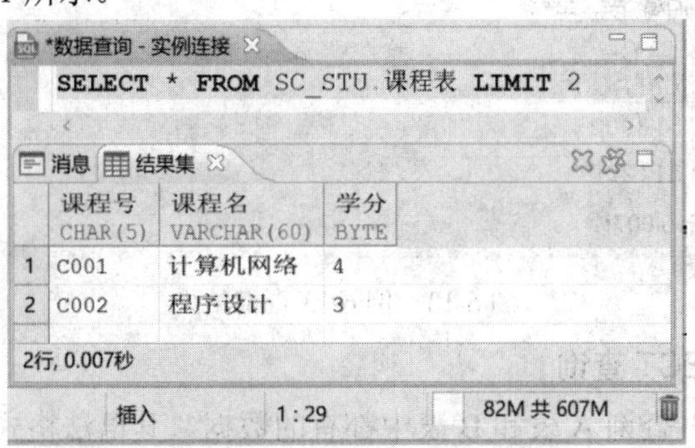
*数据查询 - 实例连接

```
SELECT * FROM SC_STU.课程表 LIMIT 2
```

消息　结果集

| | 课程号 CHAR(5) | 课程名 VARCHAR(60) | 学分 BYTE |
|---|---|---|---|
| 1 | C001 | 计算机网络 | 4 |
| 2 | C002 | 程序设计 | 3 |

2行, 0.007秒

插入　1:29　82M 共 607M

图 6-11　例 6-11 查询结果

### 5. 使用 MINUS 或 EXCEPT 查询

使用 MINUS 或 EXCEPT 查询 A 表中有，但 B 表中没有的数据。其语法格式如下：

```
SELECT 列名 FROM {A_table } MINUS SELECT 列名 FROM {B_table }
```

等价于

```
SELECT 列名 FROM {A_table } EXCEPT SELECT 列名 FROM {B_table }
```

【例 6-12】 查询没有人选的课程号(即查询课程表中有，但选课表中没有的课程号)。示例代码如下：

```
SELECT 课程号 FROM SC_STU.课程表 MINUS
SELECT 课程号 FROM SC_STU.选课表
```

查询结果如图 6-12 所示。

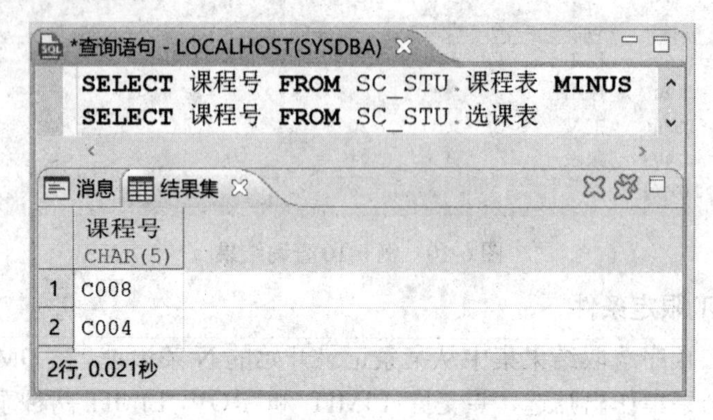


图 6-12　例 6-12 查询结果

【例 6-13】 查询没有选课的学生号(即查询学生表中有，但选课表中没有的学生号)。示例代码如下：

```
SELECT 学号 FROM SC_STU.学生表 EXCEPT
SELECT 学号 FROM SC_STU.选课表
```

查询结果如图 6-13 所示。

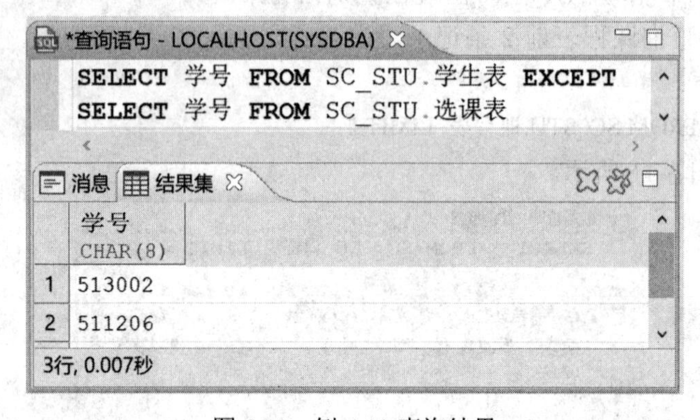


图 6-13　例 6-13 查询结果

### 6. 使用 INTERSECT 查询

使用 INTERSECT 查询 A 表和 B 表中都有的数据。其语法格式如下：

```
SELECT * FROM {A_table } INTERSECT SELECT * FROM {A_table }
```

【例 6-14】 查询已选课学生的学号(即在学生表、选课表中都有的学号)。示例代码如下：

```
SELECT 学号 FROM SC_STU.学生表 INTERSECT
SELECT 学号 FROM SC_STU.选课表
```

查询结果如图 6-14 所示。

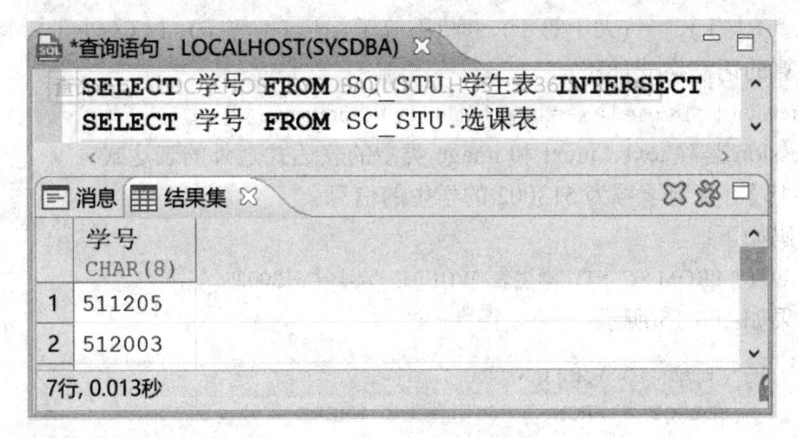


图 6-14　例 6-14 查询结果

### 6.2.2　带条件查询的 WHERE 子句

在前一小节介绍的 SELECT 基本语句中，主要是查询选择满足条件的列，实际应用中，多数对数据的查询主要是检索查询满足条件的行(元组)，这时使用 WHERE 子句进行数据筛选。条件查询的基本语法格式如下：

```
SELECT {select_list}
FROM{ table_list}
WHERE {search_conditions }
```

其中，search_conditions 为选择查询的条件。WHERE 子句根据查询条件进行数据筛选，DM SQL 支持比较、范围、列表、字符串匹配等查询条件。常用的查询条件有 6 类，如表 6-4 所示。

表 6-4　常用的查询条件

| 分类 | 运 算 符 | 用　途 | 示　例 |
|---|---|---|---|
| 比较 | >、>=、=、<、<=、<>、!=、!>、!< | 比较大小 | 学号 = 514002 |
| 范围 | BETWEEN…AND，NOT BETWEEN…AND | 判断是否在范围内 | 成绩 BETWEEN 80 AND 90 |
| 列表 | IN，NOT IN | 判断值是否在列表中 | 性别 IN('男', '女') |
| 匹配 | LIKE，NOT LIKE | 判断是否与指定模式字符串匹配 | 姓名 LIKE '王%' |
| 空值 | IS NULL，NOT IS NULL | 判断列值是否为空 | 成绩 IS NULL |
| 逻辑 | AND，OR，NOT | 用于 WHERE 子句多个逻辑条件的连接 | 性别 = '男' AND 姓名 LIKE '李_' |

#### 1. 使用比较运算符

比较运算符用于比较两个表达式的值，共有 9 个，它们分别是 = (等于)、< (小于)、<=

(小于等于)、> (大于)、>= (大于等于)、<> (不等于)、!= (不等于)、!< (不小于)、!> (不大于)。

比较运算的语法格式如下：

```
expression { = | < | <= | > | >= | <> | != | !< | !> } expression
```

其中，expression 是除 text、ntext 和 image 类型的表达式之外的表达式。

**【例 6-15】** 查询学号为 513002 的学生的信息。

示例代码如下：

```
SELECT * FROM SC_STU.学生表  WHERE  学号 = '513002'
```

查询结果如图 6-15 所示。

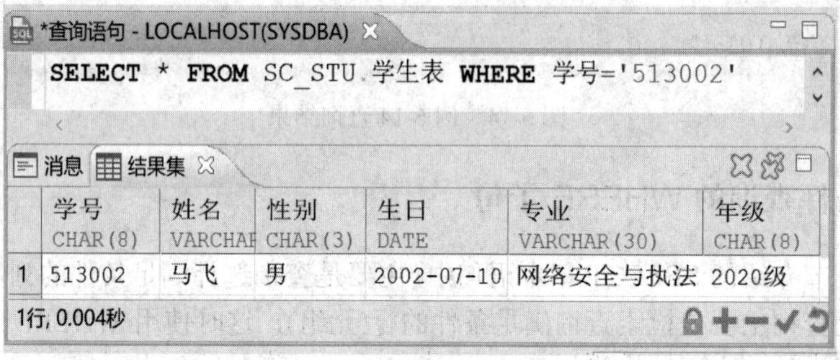

*查询语句 - LOCALHOST(SYSDBA)

```
SELECT * FROM SC_STU.学生表 WHERE 学号='513002'
```

消息　结果集

| | 学号 CHAR(8) | 姓名 VARCHAR | 性别 CHAR(3) | 生日 DATE | 专业 VARCHAR(30) | 年级 CHAR(8) |
|---|---|---|---|---|---|---|
| 1 | 513002 | 马飞 | 男 | 2002-07-10 | 网络安全与执法 | 2020级 |

1行, 0.004秒

图 6-15　例 6-15 查询结果

**【例 6-16】** 查询所有女学生的学号、姓名、专业。

示例代码如下：

```
SELECT  学号, 姓名, 专业  FROM SC_STU.学生表  WHERE  性别 = '女'
```

查询结果如图 6-16 所示。

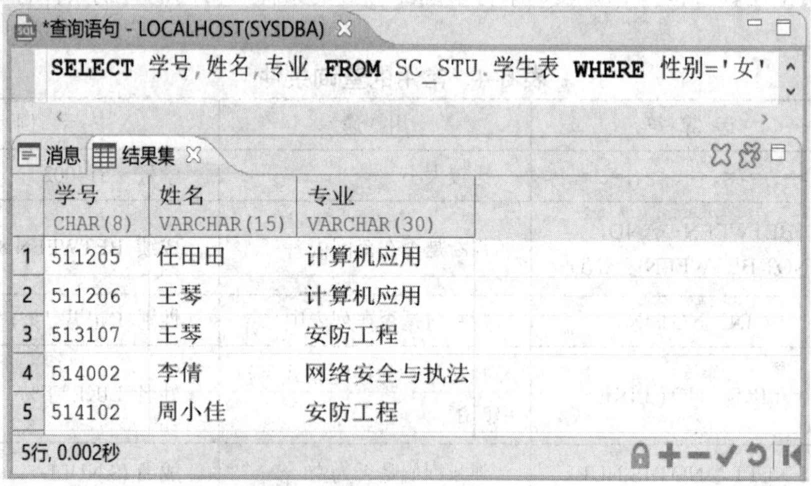

*查询语句 - LOCALHOST(SYSDBA)

```
SELECT 学号,姓名,专业 FROM SC_STU.学生表 WHERE 性别='女'
```

消息　结果集

| | 学号 CHAR(8) | 姓名 VARCHAR(15) | 专业 VARCHAR(30) |
|---|---|---|---|
| 1 | 511205 | 任田田 | 计算机应用 |
| 2 | 511206 | 王琴 | 计算机应用 |
| 3 | 513107 | 王琴 | 安防工程 |
| 4 | 514002 | 李倩 | 网络安全与执法 |
| 5 | 514102 | 周小佳 | 安防工程 |

5行, 0.002秒

图 6-16　例 6-16 查询结果

**【例 6-17】** 查询年龄 19 岁及以下的学生的基本信息。

示例代码如下：

```
SELECT * FROM SC_STU.学生表  WHERE YEAR(GETDATE())-YEAR(生日) <= 19
```

查询如图 6-17 所示。

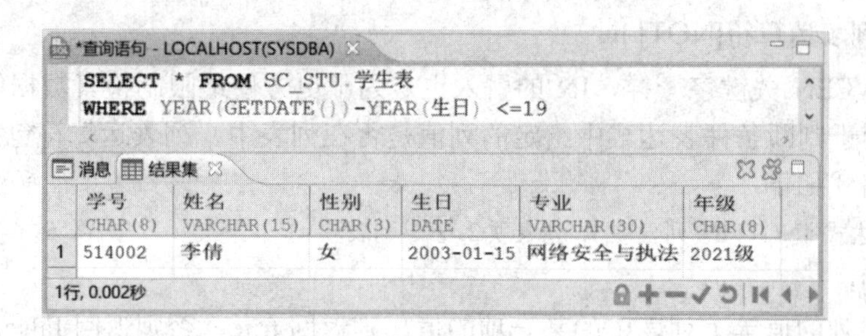


图 6-17 例 6-17 查询结果

### 2. 使用范围运算符[NOT] BETWEEN

使用[NOT] BETWEEN 关键字可以更方便地限制查询数据的范围。其语法格式如下：

```
表达式 [NOT] BETWEEN  表达式 1 AND 表达式 2
```

使用[NOT] BETWEEN 表达式进行查询的效果完全可以用含有>= 和<= 的逻辑表达式来代替，使用[NOT] BETWEEN 进行查询的效果完全可以用含有>和<的逻辑表达式来代替。

**【例 6-18】** 查询学生表中生日在 2001-1-1 至 2002-12-31 间的学生的信息。

示例代码如下：

```
SELECT * FROM SC_STU.学生表 WHERE 生日 BETWEEN '2001-1-1' AND '2002-12-31'
```

查询结果如图 6-18 所示。

```
*查询语句 - LOCALHOST(SYSDBA)
SELECT * FROM SC_STU.学生表
WHERE 生日 BETWEEN '2001-1-1' AND '2002-12-31'
```

消息 结果集

| | 学号<br>CHAR(8) | 姓名<br>VARCHAR(15) | 性别<br>CHAR(3) | 生日<br>DATE | 专业<br>VARCHAR(30) | 年级<br>CHAR(8) |
|---|---|---|---|---|---|---|
| 1 | 511005 | 程阳 | 男 | 2002-06-23 | 网络安全与执法 | 2018级 |
| 2 | 511205 | 任田田 | 女 | 2002-04-13 | 计算机应用 | 2018级 |
| 3 | 511206 | 王琴 | 女 | 2002-05-01 | 计算机应用 | 2018级 |
| 4 | 512003 | 张农 | 男 | 2001-09-21 | 网络安全与执法 | 2019级 |
| 5 | 512106 | 徐成凯 | 男 | 2001-02-17 | 安防工程 | 2019级 |

9行, 0.012秒

图 6-18 例 6-18 查询结果

**【例 6-19】** 查询年龄在 20～22 岁区间之外的学生的学号、姓名、性别、年龄。

示例代码如下：

```
SELECT 学号, 姓名, 性别, YEAR(GETDATE())-YEAR(生日) AS 年龄 FROM SC_STU.学生表
WHERE YEAR(GETDATE())-YEAR(生日) NOT BETWEEN 20 AND 22
```

查询结果如图 6-19 所示。

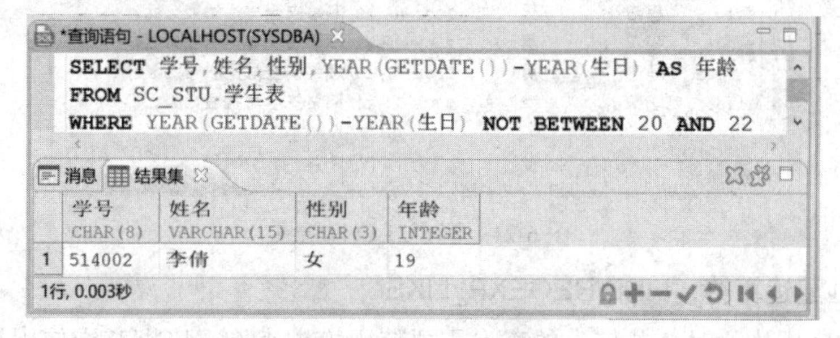


图 6-19 例 6-19 查询结果

### 3. 使用列表运算符[NOT] IN

同 BETWEEN 关键字一样，IN 的引入也是为了更方便地限制检索数据的范围。使用列表运算符用于判断条件表达式中给定的列值是否在列表中，列表运算符包括 IN 和 NOT IN，其使用格式如下：

```
列表达式 [NOT] IN(列表项 1, 列表项 2, …, 列表项 n)
```

语法说明：

IN：如果列的值等于列表中的某一项的值，则返回 true，否则返回 false。

NOT IN：如果列的值与列表中的所有值都不等，则返回 true，如果等于列表中的其中一个值，则返回 false。

**【例 6-20】** 查询选课表中选了 C001、C005 课程的学生。

示例代码如下：

```
SELECT * FROM SC_STU.选课表 WHERE 课程号 IN ('C001', 'C005')
```

查询结果如图 6-20 所示。

*查询语句 - LOCALHOST(SYSDBA)

```
SELECT * FROM SC_STU.选课表
WHERE 课程号 IN ('C001','C005')
```

消息　结果集

| | 学号 CHAR(8) | 课程号 CHAR(5) | 成绩 DEC(5, 2) |
|---|---|---|---|
| 1 | 511005 | C005 | 86.00 |
| 2 | 513101 | C001 | 81.00 |
| 3 | 514102 | C001 | 76.00 |

3行, 0.006秒

图 6-20　例 6-20 查询结果

**【例 6-21】** 查询选课表中非计算机应用专业、非安防工程专业的学生信息。

示例代码如下：

```
SELECT * FROM SC_STU.学生表 WHERE 专业 NOT IN('计算机应用', '安防工程')
```

查询结果如图 6-21 所示。

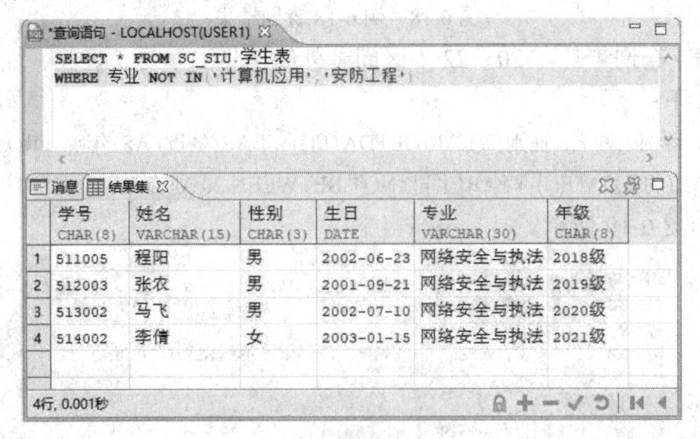

*查询语句 - LOCALHOST(USER1)

```
SELECT * FROM SC_STU.学生表
WHERE 专业 NOT IN ('计算机应用','安防工程')
```

消息　结果集

| | 学号 CHAR(8) | 姓名 VARCHAR(15) | 性别 CHAR(3) | 生日 DATE | 专业 VARCHAR(30) | 年级 CHAR(8) |
|---|---|---|---|---|---|---|
| 1 | 511005 | 程阳 | 男 | 2002-06-23 | 网络安全与执法 | 2018级 |
| 2 | 512003 | 张农 | 男 | 2001-09-21 | 网络安全与执法 | 2019级 |
| 3 | 513002 | 马飞 | 男 | 2002-07-10 | 网络安全与执法 | 2020级 |
| 4 | 514002 | 李倩 | 女 | 2003-01-15 | 网络安全与执法 | 2021级 |

4行, 0.001秒

图 6-21　例 6-21 查询结果

### 4. 使用匹配运算符：LIKE/REGEXP_LIKE

在实际的应用中，对一些信息的查询需要使用模糊查询，模糊查询使用 LIKE 和 NOT

LIKE 运算符，其语法格式如下：

列表达式 [NOT]LIKE '<匹配字符串>'

上式中，匹配字符串可以是一个完整的字符串，也可以在字符串中使用通配符，常用通配符如表 6-5 所示。

**表 6-5　常用通配符**

| 通配符 | 说　明 | 示　　例 |
| --- | --- | --- |
| % | 表示匹配 0 个以上的字符 | 姓名 LIKE '张%' (姓名第一个字为张) |
| _(下画线) | 匹配单个字符 | 姓名 LIKE '张_' (姓名第一个字为张且姓名仅有两个字) |

通配符的示例如下：

(1) LIKE 'AB%' 返回以“AB”开始的任意字符串。

(2) LIKE 'Ab%' 返回以“Ab”开始的任意字符串。

(3) LIKE '%abc' 返回以“abc”结束的任意字符串。

(4) LIKE '%abc%' 返回包含“abc”的任意字符串。

(5) LIKE '_ab' 返回以“ab”结束的三个字符的字符串。

**【例 6-22】** 查询名字最后一个字为“田”字的学生信息。

示例代码如下：

```
SELECT * FROM SC_STU.学生表 WHERE 姓名 LIKE '%田'
```

查询结果如图 6-22 所示。

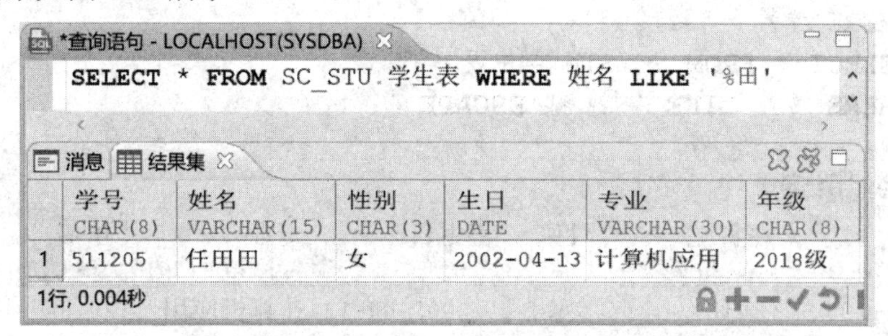


图 6-22　例 6-22 查询结果

**【例 6-23】** 查询课程表中课程号以“C”开头以“2”结尾的课程信息。

示例代码如下：

```
SELECT * FROM SC_STU.课程表 WHERE 课程号 LIKE 'C%2'
```

查询结果如图 6-23 所示。

图 6-23　例 6-23 查询结果

需要注意 LIKE 匹配的内容是区分大小写的，例 6-23 中的查询条件如果是 LIKE 'c%2'，则查询的是以“c”开头的数据项(实际的查询结果为空)。

如果“匹配字符串”中所含的%和_不是作为通配符，而只是作为一般字符使用的，那么应如何表达呢？为解决这一问题，SQL 语句对 LIKE 运算符(谓词)专门提供了对通配符%和_的转义说明，这时 LIKE 谓词使用格式如下：

```
<列名>  LIKE  '<匹配字符串>' [ESCAPE <转义字符>]
```

其中，<转义字符>指定了一个字符，当该字符出现在<匹配字符串>中时，用以指明紧跟其后的该字符(如%或_)不是通配符而仅作为一般字符使用。

【例 6-24】 查询学生表中专业名有“_”的学生信息。

示例代码如下：

```
UPDATE SC_STU.学生表  SET  专业 = '计算机应用_1'
WHERE  学号 = '511205';
SELECT * FROM SC_STU.学生表
WHERE  专业  LIKE '%?_%' ESCAPE '?';
```

此例中的？被定义为转义字符，因而？号后的下画线不再作为通配符，而是作为一般字符使用。查询结果如图 6-24 所示。

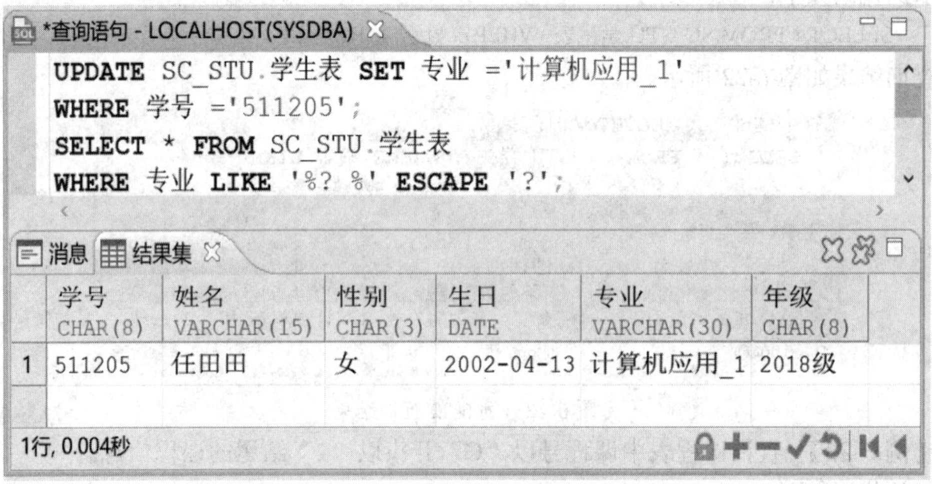

| | 学号 CHAR(8) | 姓名 VARCHAR(15) | 性别 CHAR(3) | 生日 DATE | 专业 VARCHAR(30) | 年级 CHAR(8) |
|---|---|---|---|---|---|---|
| 1 | 511205 | 任田田 | 女 | 2002-04-13 | 计算机应用_1 | 2018级 |



图 6-24　例 6-24 查询结果

LIKE 谓词一般用来进行字符串的匹配，除支持对列的计算外，还支持(通过 ROW 保留字)对表或视图的计算。该查询依次对表或视图中所有字符类型的列进行 LIKE 计算，只要有一列符合条件，则返回 true。其语法的一般格式如下：

```
<表名> ROW LIKE <匹配字符串> [ ESCAPE   <转义字符>]
```

【例 6-25】 查询选课表中出现字符串“02”的数据项。

示例代码如下：

```
SELECT * FROM SC_STU.选课表
WHERE  选课表.ROW LIKE '%02%'
```

该语句等价于

```
SELECT * FROM SC_STU.选课表
```

```
WHERE 学号 LIKE '%02%' OR 课程号 LIKE '%02%' OR 成绩 LIKE '%02%'
```

查询结果如图 6-25 所示。

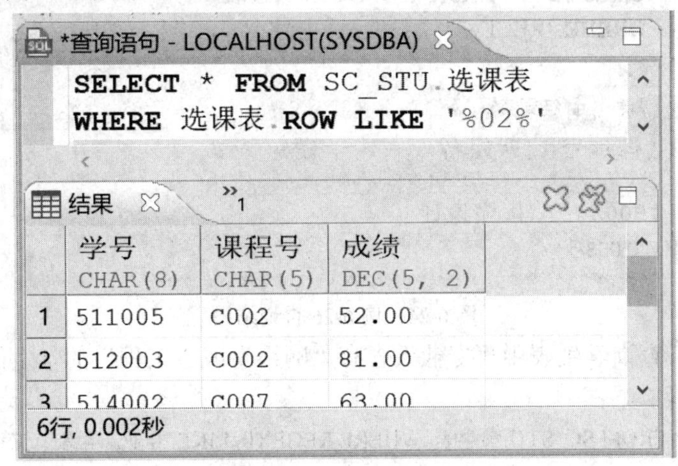


图 6-25 例 6-25 查询结果

LIKE 是标准的 SQL 语句。SQL Server、DB2、MySQL 等数据库都支持 LIKE 语句。在例 6-23 中看到数据库使用 LIKE 匹配查询时是区分大小写的。DM 数据库提供了“正则表达式函数”REGEXP_LIKE 用于正则表达式匹配查询，可以很好地解决大小写匹配的问题(当然这不是使用正则表达式函数的唯一优点，实际上它比 LIKE 操作符强大得多)。正则表达式函数 REGEXP_LIKE 的语法格式如下：

```
REGEXP_LIKE(source_char, pattern [, match_option ])
```

语法说明：

source_char：需要查询的值，数据类型可以是 CHAR、VARCHAR2、NCHAR、NVARCHAR2 或 CLOB。

pattern：正则表达式，数据类型可以是 CHAR、VARCHAR2、NCHAR、NVARCHAR2 或 CLOB。(关于正则表达式详见“5.8.1 定义约束”节)。

match_option：取值范围数据类型 VARCHAR2 或 CHAR 的字符表达式，允许更改条件的默认匹配行为。

当源字符串 source_char 匹配正则表达式 pattern 时，返回 true。可以使用 match_option 修改默认匹配选项，该参数可以被设置为：

(1) 'c' 执行区分大小写匹配。

(2) 'i' 执行不区分大小写的匹配。

(3) 'n' 允许句点字符(.)与换行符匹配。默认情况下，句点是通配符。

(4) 'm' 表达式假定有多个行，其中^是行的开始，$是行的结尾，不管表达式中这些字符的位置如何。默认情况下，表达式假定为单行。'source_char' 忽略空格字符。

**【例 6-26】** 查询课程表中课程号以“C”开头以“02”结尾的课程信息。

示例代码如下：

```
SELECT * FROM SC_STU.课程表 WHERE REGEXP_LIKE(课程号, 'C.02', 'i')
```

查询结果如图 6-26 所示。

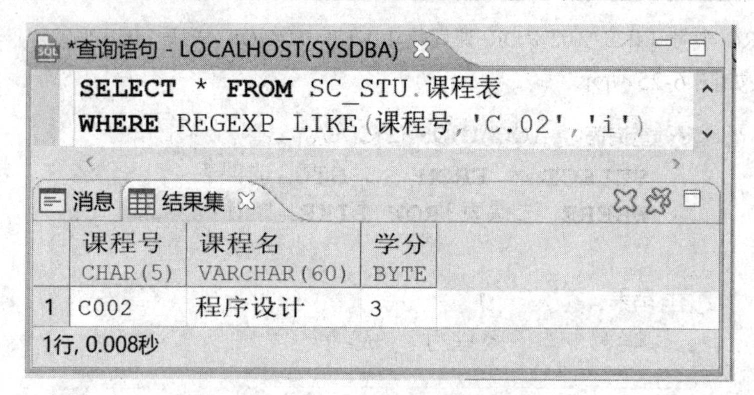


图 6-26　例 6-26 查询结果

【例 6-27】 查询学生表中“专业”含有“网络”或“工程”的学生信息。

示例代码如下：

```
SELECT * FROM SC_STU.学生表  WHERE REGEXP_LIKE(专业, '网络 | 工程', 'i')
```

查询结果如图 6-27 所示。

*查询语句 - LOCALHOST(SYSDBA)

```
SELECT * FROM SC_STU.学生表
WHERE REGEXP_LIKE(专业,'网络|工程','i')
```

消息　结果集

|  | 学号 CHAR(8) | 姓名 VARCHAR(15) | 性别 CHAR(3) | 生日 DATE | 专业 VARCHAR(30) | 年级 CHAR(8) |
|---|---|---|---|---|---|---|
| 1 | 511005 | 程阳 | 男 | 2002-06-23 | 网络安全与执法 | 2018级 |
| 2 | 512003 | 张农 | 男 | 2001-09-21 | 网络安全与执法 | 2019级 |
| 3 | 512106 | 徐成凯 | 男 | 2001-02-17 | 安防工程 | 2019级 |
| 4 | 513002 | 马飞 | 男 | 2002-07-10 | 网络安全与执法 | 2020级 |

8行, 0.003秒

图 6-27　例 6-27 查询结果

在模糊匹配查询时，如何判断是使用 LIKE 还是 REGEXP_LIKE 呢？LIKE 能查询并利用索引，因此在大量数据情况下，利用索引的 LIKE 会占据更大的优势。而 REGEXP_LIKE 可以通过字符集、是否区分大小写、空格等一系列过滤条件来进行模糊查询。因此，利用索引时优先选择 LIKE，如果条件苛刻且不好过滤判断，那么就需要使用 REGEXP_LIKE 了。

### 5. 使用空值判断：IS [NOT] NULL(是[否]为空)

数据库中的数据一般是有意义的，但有些列的值可能暂时不知道或不确定，可以不输入该列的值，那么该列的值即为空值。在 WHERE 子句中不能使用比较运算符对空值进行判断，只能使用空值表达式来判断某个表达式是否为空值。其语法格式如下：

```
列名 [NOT] IS NULL
```

【例 6-28】 查询选课表中成绩为空的学生学号。

示例代码如下：

```
SELECT 学号 FROM SC_STU.选课表 WHERE 成绩 IS NULL
```

查询结果如图 6-28 所示。

*查询语句 - LOCALHOST(SYSDBA)

SELECT 学号 FROM SC_STU.选课表 WHERE 成绩 IS NULL

消息　结果集

| | 学号 CHAR(8) |
|---|---|
| 1 | 513107 |

1行, 0.002秒

图 6-28　例 6-28 查询结果

### 6. 使用逻辑运算符：AND | OR | NOT

数据的查询检索并不是只能包括一个条件，有时需要多个条件表达式一起来完成数据的查询。在 WHERE 子句中可以使用逻辑运算符把若干个查询条件合并起来，组成复杂的复合搜索条件。这些逻辑运算符包括 AND、OR 和 NOT。

(1) AND 运算符：表示只有在所有条件都为真时，才返回真。

(2) OR 运算符：表示只要有一个条件为真，就可以返回真。

(3) NOT 运算符：取反。

当在一个 WHERE 子句中，同时包含多个逻辑运算符时，其优先级从高到低依次是 NOT、AND、OR。多个条件表达式间使用逻辑运算符连接，其语法格式如下：

```
条件表达式 1 AND | OR 条件表达式 2 [···AND | OR 条件表达式 n]
```

**【例 6-29】**　查询学生表中网络专业女生的学生信息。

示例代码如下：

```
SELECT * FROM SC_STU.学生表 WHERE 专业 LIKE '网络%' AND 性别 = '女'
```

查询结果如图 6-29 所示。

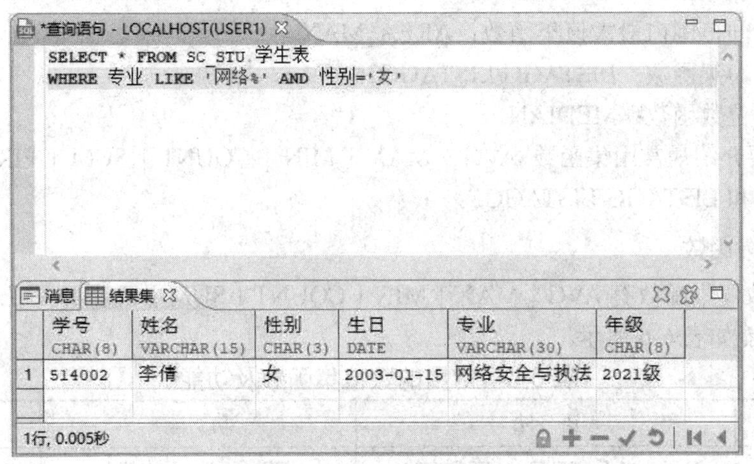


图 6-29　例 6-29 查询结果

**【例 6-30】**　查询选课表中课程号为 C001 且成绩在 80～100 之间的学生。

示例代码如下：

```
SELECT * FROM SC_STU.选课表 WHERE 课程号 ='C001' AND 成绩 BETWEEN 80 AND 100
```

查询结果如图 6-30 所示。

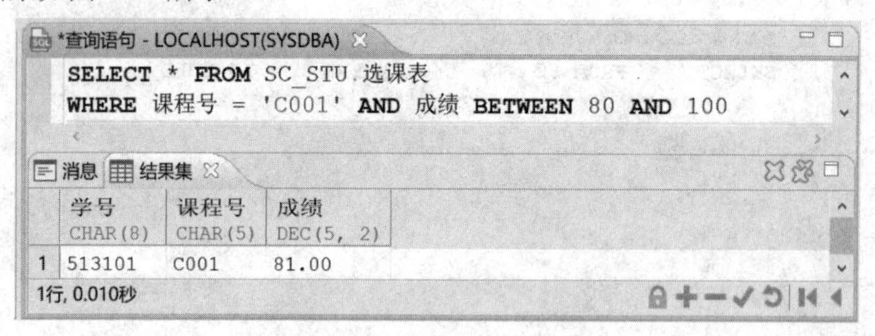


图 6-30　例 6-30 查询结果

## 6.2.3　集函数

在有些应用环境中，需要对相关的数据进行统计，例如，如何实现查询选修某门课的学生的平均分？也就是说，在日常应用领域，可能需要对查询的结果进行统计，如求和、平均值、最大值、最小值、记录数。为了方便用户的使用，增强查询能力，DM SQL 语言提供了多种内部集函数。集函数又称库函数，当根据某一限制条件从表中导出一组行集时，使用集函数可对该行集作统计操作。集函数可分为以下几类：

(1) 聚合函数：COUNT(*)。

(2) 相异集函数：AVG | MAX | MIN | SUM | COUNT(DISTINCT<列名>)。

(3) 完全集函数：AVG | MAX | MIN | COUNT | SUM([ALL]<值表达式>)。

(4) 方差集函数：VAR_POP、VAR_SAMP、VARIANCE、STDDEV_POP、STDDEV_SAMP、STDDEV。

(5) 协方差函数：COVAR_POP、COVAR_SAMP、CORR。

(6) 首行函数：FIRST_VALUE。

(7) 求区间范围内最大值集函数：AREA_MAX。

(8) 字符串集函数：LISTAGG/LISTAGG2。

(9) 求中位数函数：MEDIAN。

本章主要介绍最常用集函数 AVG | MAX | MIN | COUNT | SUM | FIRST_VALUE | AREA_MAX 和 LISTAGG/LISTAGG2。

### 1. 数值集函数

常用的数值集函数有 AVG | MAX | MIN | COUNT | SUM | FIRST_VALUE | AREA_MAX，其功能如表 6-6 所示。

表 6-6　常用的数值集函数及功能

| 函数名 | 语　法 | 功　能 | 示　例 |
|---|---|---|---|
| AVG | AVG([ALL \| DISTINCT]列名) | 计算某一列的平均值 | AVG(成绩) |
| SUM | SUM([ALL \| DISTINCT]列名) | 统计某一列的和 | SUM(成绩) |
| MAX | MAX([ALL \| DISTINCT]列名) | 统计某一列的最大值 | MAX(成绩) |
| MIN | MIN([ALL \| DISTINCT]列名) | 统计某一列的最小值 | MIN(成绩) |

续表

| 函数名 | 语　法 | 功　能 | 示　例 |
|---|---|---|---|
| COUNT | COUNT([ALL \| DISTINCT]列名) | 统计记录行数 | COUNT(*) |
| FIRST_VALUE | FIRST_VALUE (列名) | 返回查询项的首行记录 | FIRST_VALUE (成绩) |
| AREA_MAX | AREA_MAX(列表, 区间 1, 区间 2) | 求区间 1～区间 2 内的最大值 | AREA_MAX (成绩, 50, 60) |

【例 6-31】 统计学生表中的学生人数。

示例代码如下：

```
SELECT COUNT(*) AS 人数 FROM SC_STU.学生表
```

查询结果如图 6-31 所示。

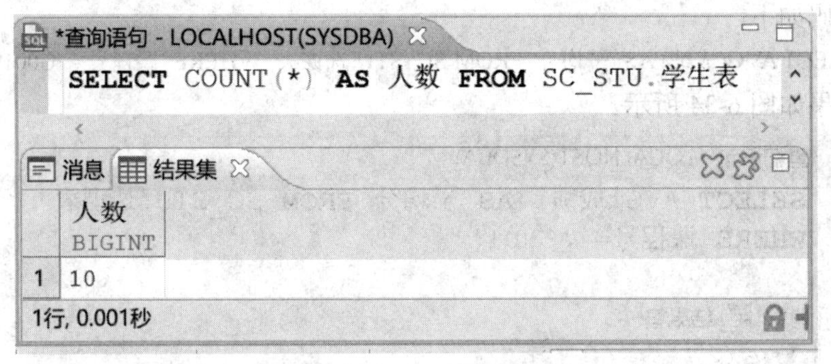

图 6-31　例 6-31 查询结果

【例 6-32】 查询学生表中的最大年龄、最小年龄。

示例代码如下：

```
SELECT MAX(YEAR(GETDATE())-YEAR(生日)) AS 最大年龄, MIN(YEAR(GETDATE())-YEAR
(生日)) AS 最小年龄 FROM SC_STU.学生表
```

查询结果如图 6-32 所示。

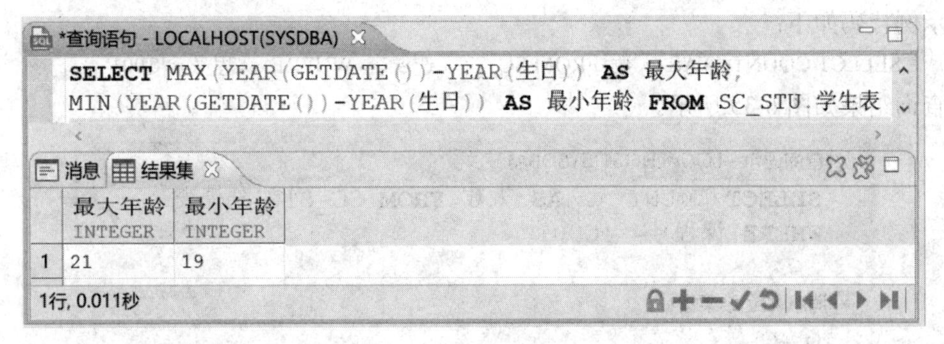

图 6-32　例 6-32 查询结果

【例 6-33】 查询学号为“513101”的学生选修课程的总分。

示例代码如下：

```
SELECT SUM(成绩) AS 总分 FROM SC_STU.选课表 WHERE 学号 = 513101
```

查询结果如图 6-33 所示。

*查询语句 - LOCALHOST(SYSDBA)
SELECT SUM(成绩) AS 总分 FROM SC_STU.选课表 WHERE 学号=513101
消息
结果集
总分
DEC
1
228
1行, 0.003秒

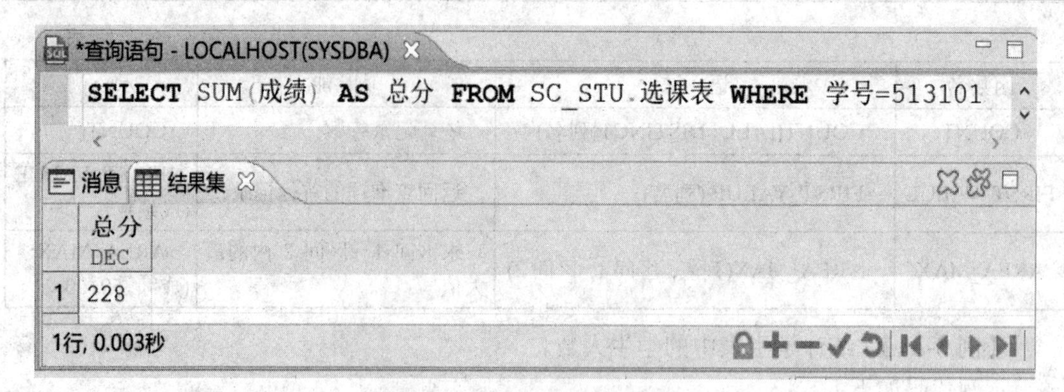

图 6-33　例 6-33 查询结果

【例 6-34】 查询选修了“C001”课程的学生的平均分。

示例代码如下：

```
SELECT AVG(成绩) AS 平均分 FROM SC_STU.选课表 WHERE 课程号 = 'C001'
```

查询结果如图 6-34 所示。

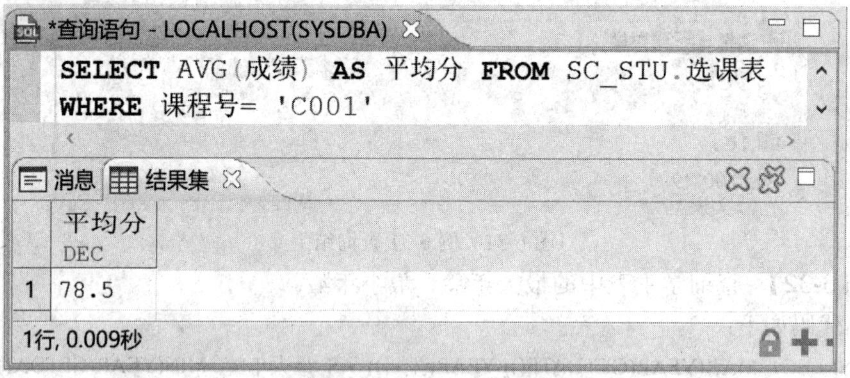

*查询语句 - LOCALHOST(SYSDBA)
SELECT AVG(成绩) AS 平均分 FROM SC_STU.选课表
WHERE 课程号= 'C001'
消息
结果集
平均分
DEC
1
78.5
1行, 0.009秒

图 6-34　例 6-34 查询结果

【例 6-35】 统计选修了“C001”课程的学生人数。

示例代码如下：

```
SELECT COUNT(*) AS 人数 FROM SC_STU.选课表 WHERE 课程号 = 'C001'
```

查询结果如图 6-35 所示。

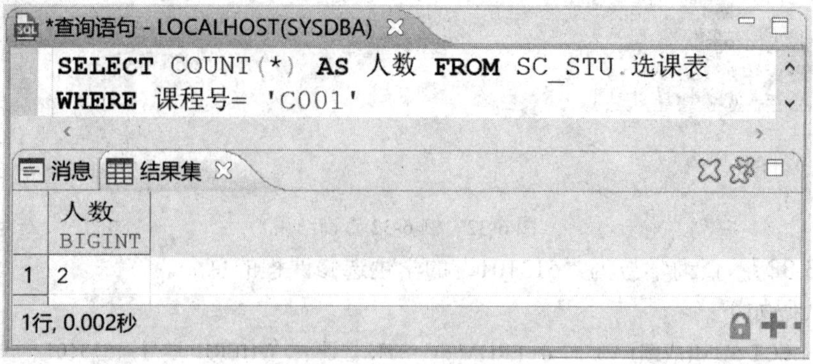

*查询语句 - LOCALHOST(SYSDBA)
SELECT COUNT(*) AS 人数 FROM SC_STU.选课表
WHERE 课程号= 'C001'
消息
结果集
人数
BIGINT
1
2
1行, 0.002秒

图 6-35　例 6-35 查询结果

【例 6-36】 查询学生表首行记录中的学生姓名。

示例代码如下：

```
SELECT FIRST_VALUE(姓名) FROM SC_STU.学生表
```

查询结果如图 6-36 所示。

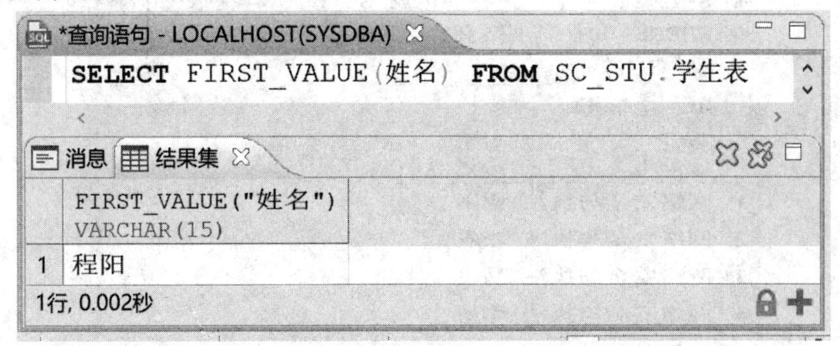


图 6-36　例 6-36 查询结果

【例 6-37】 查询选课表中学生成绩在 50～60 之间的最大值。

示例代码如下：

```
SELECT AREA_MAX(成绩, 50, 60) FROM SC_STU.选课表
```

查询结果如图 6-37 所示。

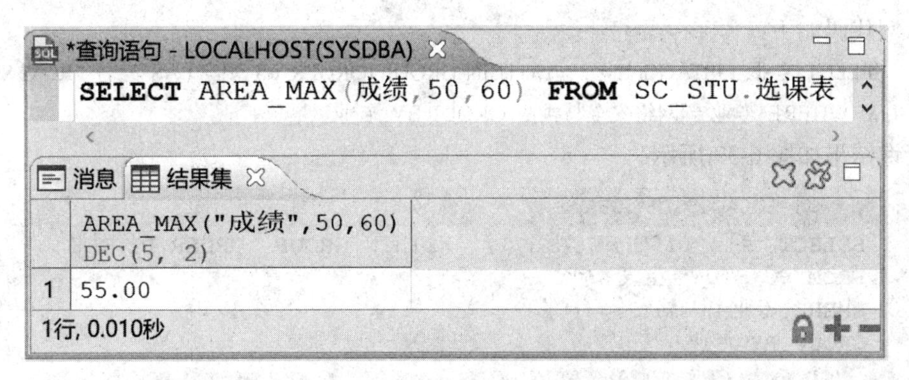


图 6-37　例 6-37 查询结果

### 2. 字符串集函数

使用 LISTAGG/LISTAGG2(表达式 1, 表达式 2)集函数时，首先根据 SQL 语句中的 GROUP BY 分组(如果没有指定分组则将所有结果视为一组)，然后在组内按照 WITHIN GROUP 中的 ORDER BY 进行排序，最后将表达式 1 用表达式 2 串接起来。LISTAGG2 跟 LISTAGG 的功能是一样的，区别就是 LISTAGG2 返回的是 CLOB 类型，LISTAGG 返回的是 VARCHAR 类型。其语法格式如下：

```
<LISTAGG>(<参数>[, <参数>]) WITHIN GROUP(<ORDER BY 项>)
<LISTAGG2>(<参数>[, <参数>]) WITHIN GROUP(<ORDER BY 项>)
```

ORDER BY 子句语法参见 6.2.5 节。

【例 6-38】 使用条件查询，查询学生表中专业为网络安全与执法的学生名单。

示例代码如下：

SELECT 专业, 姓名 FROM SC_STU.学生表 WHERE 专业 = '网络安全与执法'

查询结果如图 6-38 所示。

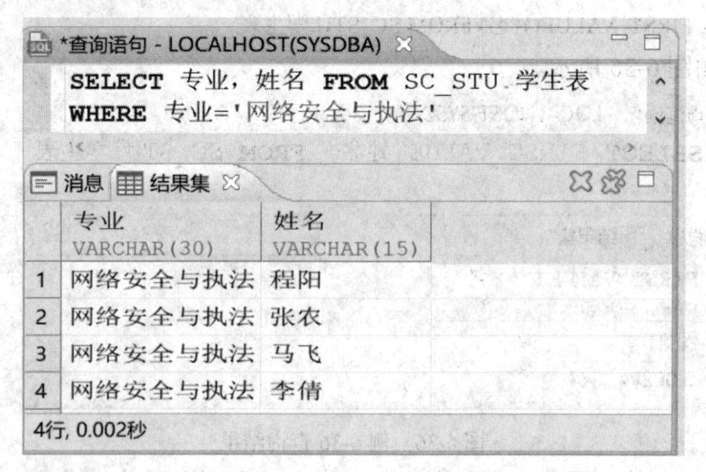

图 6-38　例 6-38 查询结果

对于上述查询，经常使用 LISTAGG() WITHIN GROUP()将多行合并成一行。

**【例 6-39】** 使用 LISTAGG()集函数，查询学生表中专业为网络安全与执法的学生名单。

示例代码如下：

SELECT 专业, LISTAGG(姓名, ', ')WITHIN GROUP (ORDER BY 姓名) AS 姓名 FROM SC_STU.学生表 WHERE 专业 = '网络安全与执法' GROUP BY 专业

查询结果如图 6-39 所示。

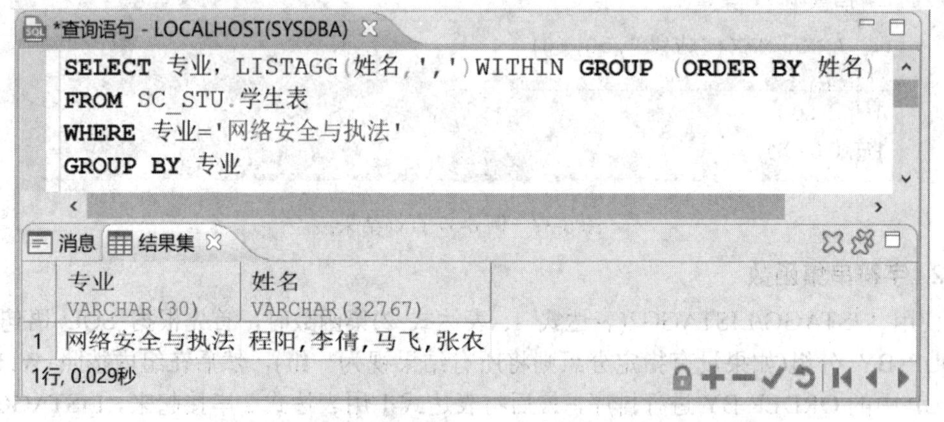

图 6-39　例 6-39 查询结果

### 6.2.4 GROUP BY 和 HAVING 子句

#### 1. GROUP BY 子句

在学生表中可能要求按专业统计学生人数、在选课表中按课程号分组对学生成绩进行分析。对于这一类有分组要求的统计，需要用到分组统计功能，即 GROUP BY 子句。GROUP BY 子句是 SELECT 语句的可选项，它定义了分组表。GROUP BY 子句逻辑上将

由 WHERE 子句返回的临时结果重新编组。结果是行的集合，一组内一个分组列的所有值都是相同的。HAVING 子句用于为组设置检索条件。分组查询子句的语法格式如下：

```
GROUP BY group_by_list
HAVING search_conditions
```

其中，group_by_list 指分组列表达式，search_conditions 指分组筛选条件。如果查询语句中无 WHERE 子句，那么该子句使用在 FROM 子句之后；如果有 WHERE 子句，则使用在 WHERE 子句之后。

**【例 6-40】** 统计学生表中的男女学生各多少人。

示例代码如下：

```
SELECT 性别, COUNT(*) AS 人数 FROM SC_STU.学生表 GROUP BY 性别
```

查询结果如图 6-40 所示。

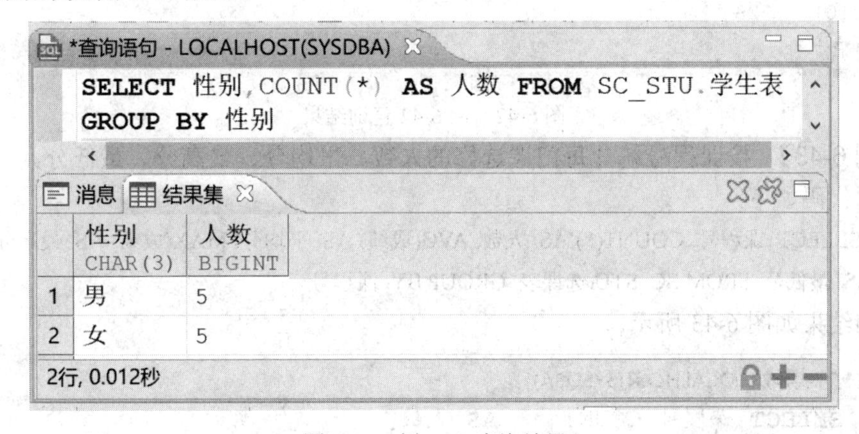


图 6-40　例 6-40 查询结果

**【例 6-41】** 按年龄统计每个年龄段的学生人数。

示例代码如下：

```
SELECT YEAR(GETDATE())-YEAR(生日) AS 年龄, COUNT(*) AS 人数 FROM SC_STU.学生表 GROUP BY YEAR(GETDATE())-YEAR(生日)
```

查询结果如图 6-41 所示。

*查询语句 - LOCALHOST(SYSDBA)

```
SELECT YEAR(GETDATE())-YEAR(生日) AS 年龄,COUNT(*) AS 人数
FROM SC_STU.学生表 GROUP BY YEAR(GETDATE())-YEAR(生日)
```

消息　结果集

|  | 年龄<br>INTEGER | 人数<br>BIGINT |
|---|---|---|
| 1 | 20 | 7 |
| 2 | 21 | 2 |

3行, 0.003秒

图 6-41　例 6-41 查询结果

**【例 6-42】** 按学号统计每个学生选修课程的总分。

示例代码如下：

SELECT 学号, 总分 = SUM(成绩) FROM SC_STU.选课表 GROUP BY 学号

查询结果如图 6-42 所示。

*查询语句 - LOCALHOST(SYSDBA)

```
SELECT 学号,SUM(成绩)AS 总分 FROM SC_STU.选课表 GROUP BY 学号
```

消息　结果集

| | 学号 CHAR(8) | 总分 DEC |
|---|---|---|
| 1 | 511005 | 138 |
| 2 | 511205 | 86 |
| 3 | 512003 | 149 |
| 4 | 513101 | 228 |

7行, 0.003秒

图 6-42　例 6-42 查询结果

【例 6-43】 按课程号统计每门课选修的人数、平均分、最高分、最低分。

示例代码如下:

SELECT 课程号, COUNT(*) AS 人数, AVG(成绩) AS 平均分, MAX(成绩) AS 最高分, MIN(成绩) AS 最低分 FROM SC_STU.选课表 GROUP BY 课程号

查询结果如图 6-43 所示。

*查询语句 - LOCALHOST(SYSDBA)

```
SELECT 课程号,COUNT(*) AS 人数,
AVG(成绩) AS 平均分,MAX(成绩) AS 最高分,
MIN(成绩) AS 最低分 FROM SC_STU.选课表 GROUP BY 课程号
```

消息　结果集

| | 课程号 CHAR(5) | 人数 BIGINT | 平均分 DEC | 最高分 DEC(5, 2) | 最低分 DEC(5, 2) |
|---|---|---|---|---|---|
| 1 | C002 | 2 | 66.5 | 81.00 | 52.00 |
| 2 | C005 | 1 | 86 | 86.00 | 86.00 |
| 3 | C006 | 2 | 81 | 86.00 | 76.00 |
| 4 | C003 | 4 | 73.25 | 85.00 | 55.00 |
| 5 | C001 | 2 | 78.5 | 81.00 | 76.00 |
| 6 | C007 | 3 | 77.5 | 92.00 | 63.00 |

6行, 0.011秒

图 6-43　例 6-43 查询结果

【例 6-44】 按学号统计查询每个学生选修课程的平均分，并只显示平均分大于 80 分的学生学号与平均分。

示例代码如下:

SELECT 学号, AVG(成绩) AS 平均分 FROM SC_STU.选课表 GROUP BY 学号 HAVING AVG(成绩) > 80

查询结果如图 6-44 所示。

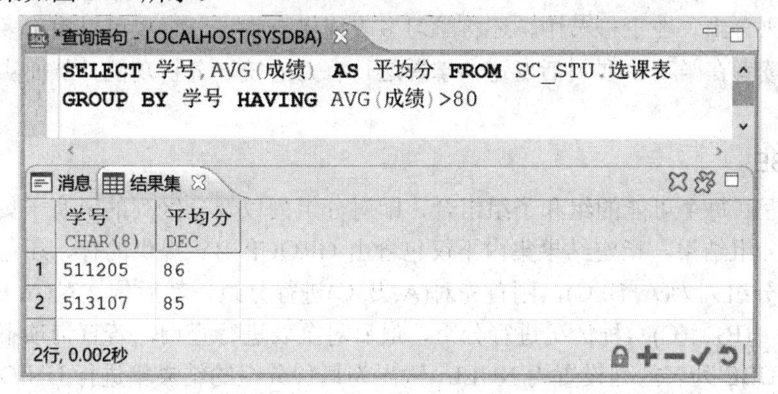


图 6-44　例 6-44 查询结果

【例 6-45】 查询选修了三门及以上课程的学生的学号和选课数。

示例代码如下：

```
SELECT 学号, COUNT(课程号) AS 选修课程数 FROM SC_STU.选课表
GROUP BY 学号 HAVING COUNT(课程号) >= 3
```

查询结果如图 6-45 所示。

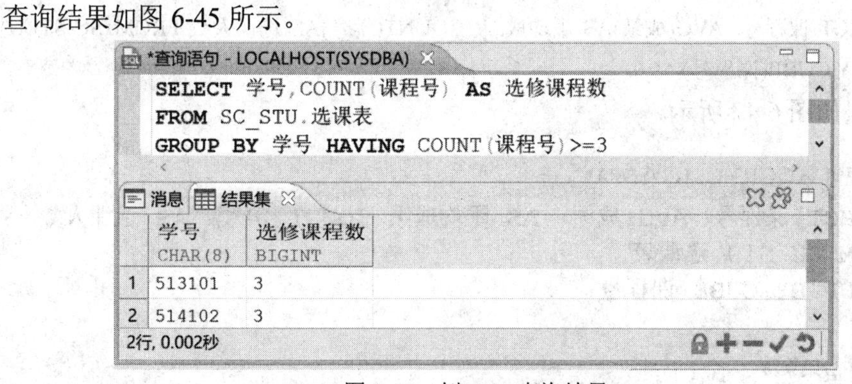


图 6-45　例 6-45 查询结果

【例 6-46】 按姓氏统计男生中每一个姓氏的人数(不考虑复姓)。

示例代码如下：

```
SELECT SUBSTRING(姓名, 1, 1) AS 姓氏, COUNT(*) AS 人数 FROM 学生表 WHERE 性别
= '男'GROUP BY SUBSTRING(姓名, 1, 1)
```

查询结果如图 6-46 所示。

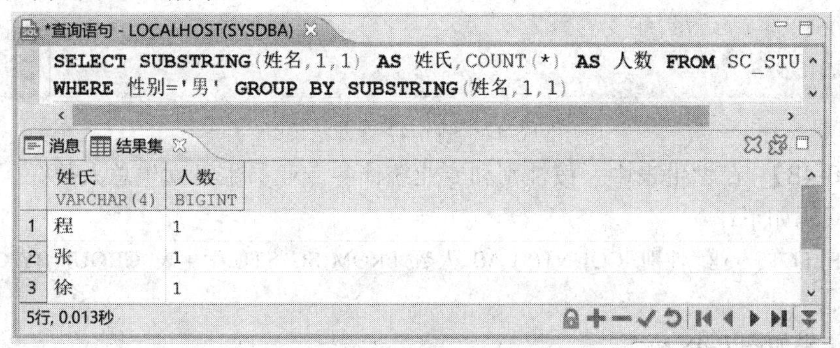


图 6-46　例 6-46 查询结果

在分组查询中，不仅可以按照列分组，亦可以按一组列属性分组，再复杂一点，还可以按计算列来分组。在下一节中，还将学习多表连接查询，分组也可以用于多表连接后的统计分析，读者在学习中要灵活变通，掌握这一有力的统计分析功能，从而实现某些应用领域的开发。

### 2. CUBE

CUBE 返回每个可能的组和子组组合，即对分组列以及分区列的所有子集进行分组，并输出所有分组结果。指定结果集内不仅包含由 GROUP BY 提供的行，还包含汇总行。假如 CUBE 分组列为(A, B, C)，则首先对(A, B, C)进行分组，然后依次对(A, B)、(A, C)、(A)、(B, C)、(B)、(C)六种情况进行分组，最后对全表进行查询，若查询项不属于，查询项存在于 CUBE 列表的列设置为 NULL，输出为每种分组的结果集进行 UNION ALL 合并后的结果。

CUBE 分组共有 $2^n$ 种组合方式。CUBE 最多支持 9 列。其语法格式如下：

GROUP BY CUBE ({, <列名> | <值表达式>})

**【例 6-47】** 在选课表中，统计出每门课程的平均分和选课人数。

示例代码如下：

```
SELECT 课程号, AVG(成绩)AS 平均成绩, COUNT(学号)AS 选课人数 FROM SC-STU.选课表
GROUP BY CUBE(课程号)
```

查询结果如图 6-47 所示。

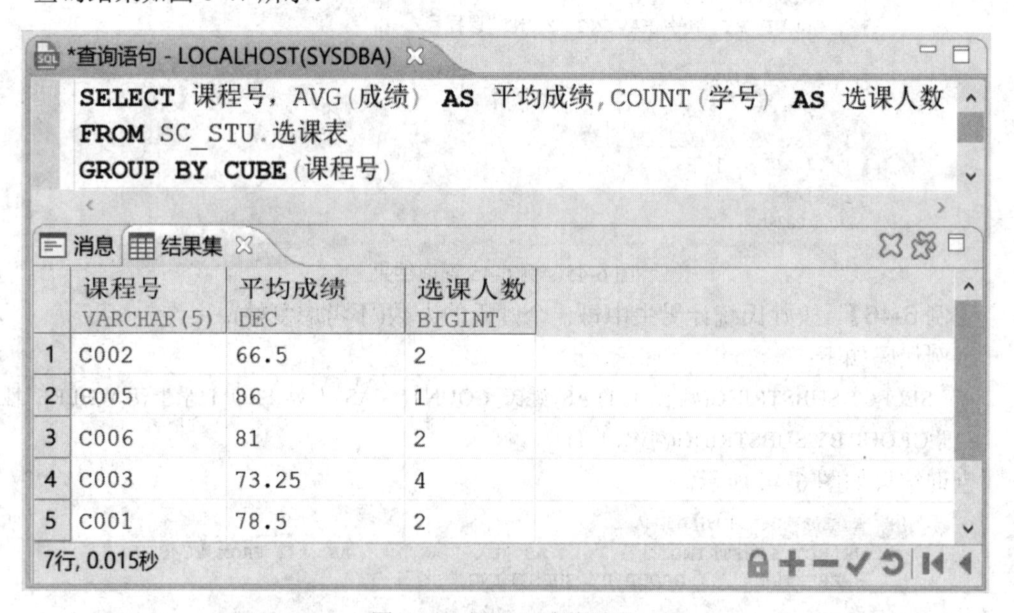


图 6-47 例 6-47 查询结果

**【例 6-48】** 在学生表中，按性别和专业统计各专业男生、女生总人数。

示例代码如下：

```
SELECT 专业, 性别, COUNT(*) AS 人数 FROM SC_STU.学生表 GROUP BY CUBE(专业,
性别)
```

查询结果如图 6-48 所示。

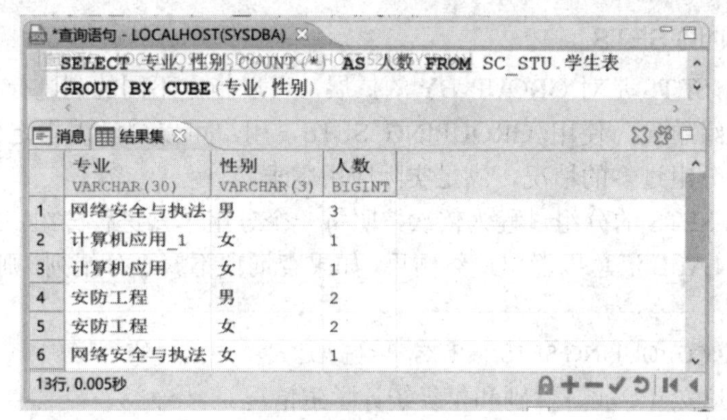


| | 专业 VARCHAR(30) | 性别 VARCHAR(3) | 人数 BIGINT |
|---|---|---|---|
| 1 | 网络安全与执法 | 男 | 3 |
| 2 | 计算机应用_1 | 女 | 1 |
| 3 | 计算机应用 | 女 | 1 |
| 4 | 安防工程 | 男 | 2 |
| 5 | 安防工程 | 女 | 2 |
| 6 | 网络安全与执法 | 女 | 1 |

图 6-48　例 6-48 查询结果

### 3. ROLLUP

ROLLUP 主要用于统计分析，对分组列以及分组列的部分子集进行分组，输出用户需要的结果。其语法格式如下：

GROUP BY ROLLUP ({, <列名> | <值表达式>})

ROLLUP 指定在结果集内不仅包含由 GROUP BY 提供的行，还包含汇总行。按层次结构顺序，从组内的最低层级到最高层级汇总。组的层级结构由分组时指定使用的顺序决定。假如 ROLLUP 分组列为(A, B, C)，首先对(A, B, C)进行分组，然后对(A, B)进行分组，接着对(A)进行分组，最后对全表进行查询，若查询项不属于，查询项中出现在 ROLLUP 中的列设为 NULL。查询结果是把每种分组的结果集进行 UNION ALL 合并输出。如果分组列为 n 列，则共有 n+1 种组合方式。

**【例 6-49】** 统计学生表中每个专业的男女人数，每个专业的总人数和所有专业学生总人数。

示例代码如下：

```
SELECT 专业, 性别, COUNT(*) AS 人数 FROM SC_STU.学生表 GROUP BY CUBE(专业, 性别)
```

查询结果如图 6-49 所示。

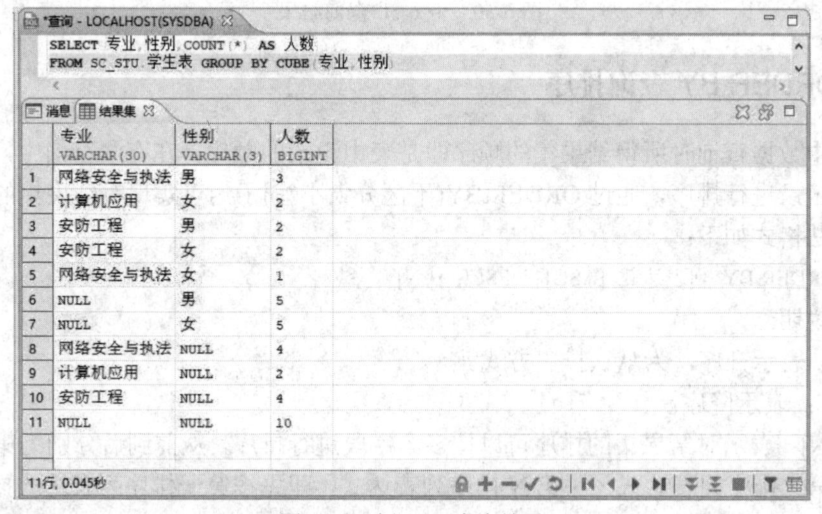


| | 专业 VARCHAR(30) | 性别 VARCHAR(3) | 人数 BIGINT |
|---|---|---|---|
| 1 | 网络安全与执法 | 男 | 3 |
| 2 | 计算机应用 | 女 | 2 |
| 3 | 安防工程 | 男 | 2 |
| 4 | 安防工程 | 女 | 2 |
| 5 | 网络安全与执法 | 女 | 1 |
| 6 | NULL | 男 | 5 |
| 7 | NULL | 女 | 5 |
| 8 | 网络安全与执法 | NULL | 4 |
| 9 | 计算机应用 | NULL | 2 |
| 10 | 安防工程 | NULL | 4 |
| 11 | NULL | NULL | 10 |

图 6-49　例 6-49 查询结果

### 4. GROUPING SETS

GROUPING SETS 是对 GROUP BY 的扩展，可以指定不同的列进行分组，每个分组列集作为一个分组单元。使用 GROUPING SETS，用户可以灵活地指定分组方式，避免 ROLLUP/CUBE 分组过多的情况，满足实际应用需求。

GROUPING SETS 的分组过程为依次按照每一个分组单元进行分组，最后对每个分组结果进行 UNION ALL 汇总以输出最终结果。如果查询项不属于分组列，则用 NULL 代替。其语法格式如下：

GROUP BY GROUPING SETS { <列名> | <值表达式>, …}

【例 6-50】 按照专业、性别和年级统计学生情况。

示例代码如下：

```
SELECT 专业, 性别, 年级, COUNT(*) AS 人数 FROM SC_STU.学生表 GROUP BY GROUPING SETS((专业, 性别), 年级)
```

查询结果如图 6-50 所示。

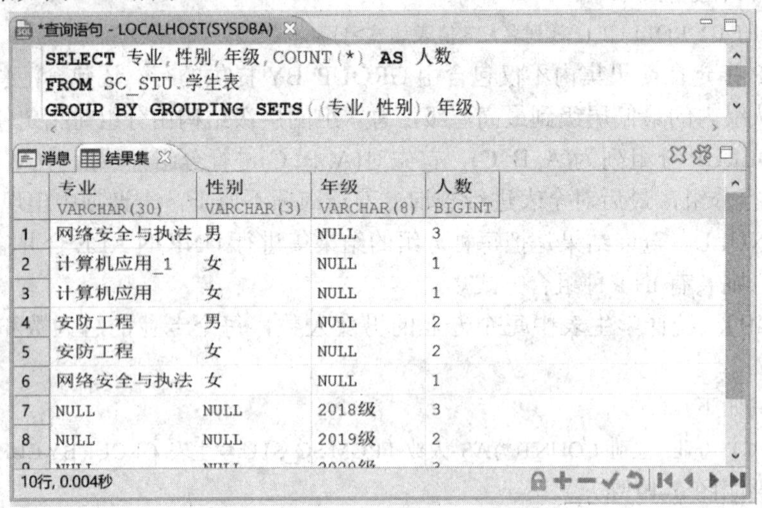


| | 专业 VARCHAR(30) | 性别 VARCHAR(3) | 年级 VARCHAR(8) | 人数 BIGINT |
|---|---|---|---|---|
| 1 | 网络安全与执法 | 男 | NULL | 3 |
| 2 | 计算机应用_1 | 女 | NULL | 1 |
| 3 | 计算机应用 | 女 | NULL | 1 |
| 4 | 安防工程 | 男 | NULL | 2 |
| 5 | 安防工程 | 女 | NULL | 2 |
| 6 | 网络安全与执法 | 女 | NULL | 1 |
| 7 | NULL | NULL | 2018级 | 3 |
| 8 | NULL | NULL | 2019级 | 2 |

图 6-50　例 6-50 查询结果

## 6.2.5 ORDER BY 查询排序

在表中数据查询时所得结果集的顺序即是表中记录的顺序，在有些查询中，需要对结果集中的记录进行排序，通过 ORDER BY(不区分大小写)子句可实现对结果集的升降序排列，其语法格式如下：

ORDER BY 列表达式 [ASC] | DESC[, …N]

语法说明:

ASC：表示升序，为默认排序方式。

DESC：表示降序。

[, …N]：表示对结果集的排序可以按多个字段进行排序，从前到后分别为第一排序列表达式，第二排序列表达式……第 N 排序列表达式，即先按第一排序列表达式排序，再按第二排序列表达式排序……

**【例 6-51】** 查询学生的信息，并按学号的升序排列。

示例代码如下：

```
SELECT * FROM SC_STU.学生表 ORDER BY 学号 ASC
```

查询结果如图 6-51 所示。

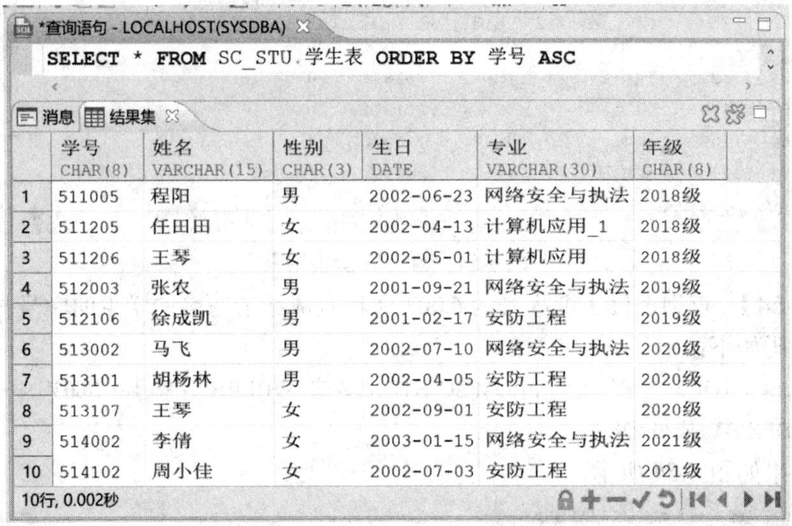

*查询语句 - LOCALHOST(SYSDBA)

```
SELECT * FROM SC_STU.学生表 ORDER BY 学号 ASC
```

消息　结果集

| | 学号 | 姓名 | 性别 | 生日 | 专业 | 年级 |
|---|---|---|---|---|---|---|
| | CHAR(8) | VARCHAR(15) | CHAR(3) | DATE | VARCHAR(30) | CHAR(8) |
| 1 | 511005 | 程阳 | 男 | 2002-06-23 | 网络安全与执法 | 2018级 |
| 2 | 511205 | 任田田 | 女 | 2002-04-13 | 计算机应用_1 | 2018级 |
| 3 | 511206 | 王琴 | 女 | 2002-05-01 | 计算机应用 | 2018级 |
| 4 | 512003 | 张农 | 男 | 2001-09-21 | 网络安全与执法 | 2019级 |
| 5 | 512106 | 徐成凯 | 男 | 2001-02-17 | 安防工程 | 2019级 |
| 6 | 513002 | 马飞 | 男 | 2002-07-10 | 网络安全与执法 | 2020级 |
| 7 | 513101 | 胡杨林 | 男 | 2002-04-05 | 安防工程 | 2020级 |
| 8 | 513107 | 王琴 | 女 | 2002-09-01 | 安防工程 | 2020级 |
| 9 | 514002 | 李倩 | 女 | 2003-01-15 | 网络安全与执法 | 2021级 |
| 10 | 514102 | 周小佳 | 女 | 2002-07-03 | 安防工程 | 2021级 |

10行, 0.002秒

图 6-51　例 6-51 查询结果

**【例 6-52】** 查询选课表，按课程号升序、成绩降序排列。

示例代码如下：

```
SELECT * FROM SC_STU.选课表 ORDER BY 课程号, 成绩 DESC
```

查询结果如图 6-52 所示。

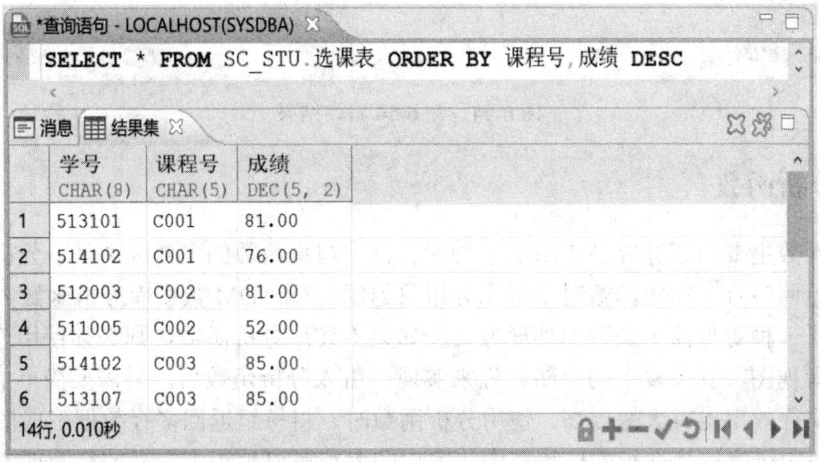

*查询语句 - LOCALHOST(SYSDBA)

```
SELECT * FROM SC_STU.选课表 ORDER BY 课程号,成绩 DESC
```

消息　结果集

| | 学号 | 课程号 | 成绩 |
|---|---|---|---|
| | CHAR(8) | CHAR(5) | DEC(5, 2) |
| 1 | 513101 | C001 | 81.00 |
| 2 | 514102 | C001 | 76.00 |
| 3 | 512003 | C002 | 81.00 |
| 4 | 511005 | C002 | 52.00 |
| 5 | 514102 | C003 | 85.00 |
| 6 | 513107 | C003 | 85.00 |

14行, 0.010秒

图 6-52　例 6-52 查询结果

**【例 6-53】** 查询学生的学号、姓名、性别、年龄，并按年龄的升序、学号的升序排列。

示例代码如下：

```
SELECT 学号, 姓名, 性别, 年级, YEAR(GETDATE())-YEAR(生日) AS 年龄
FROM SC_STU.学生表 ORDER BY 学号, YEAR(GETDATE())-YEAR(生日)
```

查询结果如图 6-53 所示。

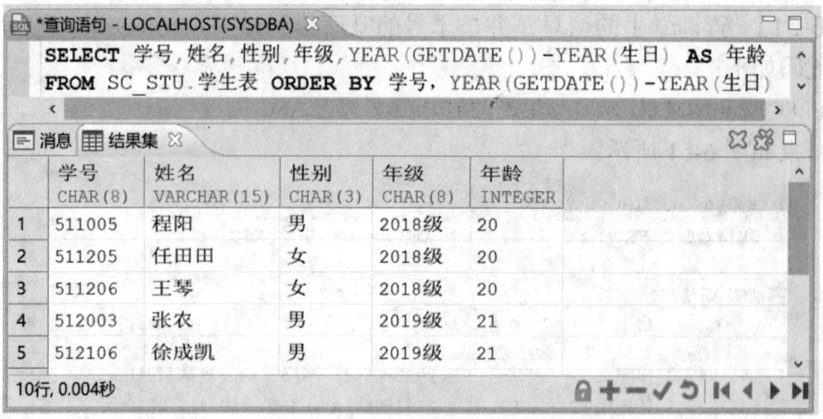

*查询语句 - LOCALHOST(SYSDBA)

```
SELECT 学号,姓名,性别,年级,YEAR(GETDATE())-YEAR(生日) AS 年龄
FROM SC_STU.学生表 ORDER BY 学号,YEAR(GETDATE())-YEAR(生日)
```

消息　结果集

| | 学号 CHAR(8) | 姓名 VARCHAR(15) | 性别 CHAR(3) | 年级 CHAR(8) | 年龄 INTEGER |
|---|---|---|---|---|---|
| 1 | 511005 | 程阳 | 男 | 2018级 | 20 |
| 2 | 511205 | 任田田 | 女 | 2018级 | 20 |
| 3 | 511206 | 王琴 | 女 | 2018级 | 20 |
| 4 | 512003 | 张农 | 男 | 2019级 | 21 |
| 5 | 512106 | 徐成凯 | 男 | 2019级 | 21 |

10行, 0.004秒

图 6-53　例 6-53 查询结果

**【例 6-54】** 查询选修了课程号为 C003 课程且成绩前三名的学生的学号与成绩。

示例代码如下：

```
SELECT TOP 3 学号, 成绩 FROM SC_STU.选课表 WHERE 课程号 = 'C003'
ORDER BY 成绩 DESC
```

查询结果如图 6-54 所示。

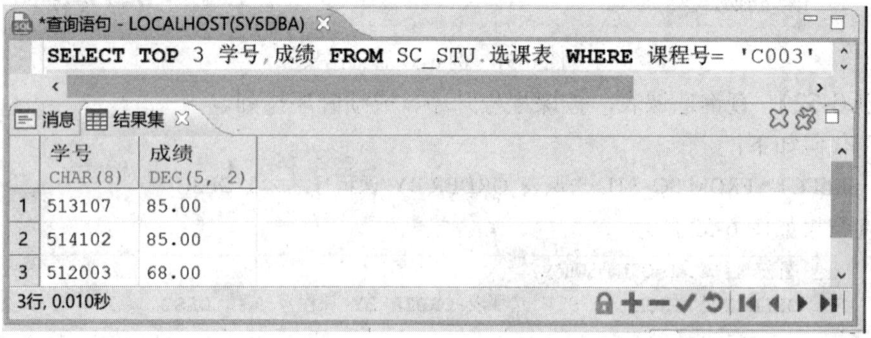

*查询语句 - LOCALHOST(SYSDBA)

```
SELECT TOP 3 学号,成绩 FROM SC_STU.选课表 WHERE 课程号= 'C003'
```

消息　结果集

| | 学号 CHAR(8) | 成绩 DEC(5, 2) |
|---|---|---|
| 1 | 513107 | 85.00 |
| 2 | 514102 | 85.00 |
| 3 | 512003 | 68.00 |

3行, 0.010秒

图 6-54　例 6-54 查询结果

### 6.2.6　分析函数

分析函数主要用于计算基于组的某种聚合值。与集函数的主要区别是，分析函数对于每个分组返回多行，而集函数对于每个分组只返回一行。DM 数据库分析函数为用户分析数据提供了一种更加简单高效的处理方式。如果不使用分析函数，则必须使用连接查询、子查询或者视图，甚至复杂的存储过程来实现。引入分析函数后，只需要简单的 SQL 语句，并且执行效率也有大幅提高。使用分析函数时，将每组返回多行数据形成的组称为窗口，窗口决定了执行当前行的计算范围，窗口的大小可以由组中定义的行数或者范围值滑动。分析函数可分为以下 11 类：

(1) 聚合函数：COUNT(*)。

(2) 完全分析函数：AVG | MAX | MIN | COUNT | SUM([ALL]<值表达式>)，这 5 个分析函数的参数和作为集函数时的参数一致。

(3) 方差函数：VAR_POP、VAR_SAMP、VARIANCE、STDDEV_POP、STDDEV_SAMP、

STDDEV。

(4) 协方差函数：COVAR_POP、COVAR_SAMP、CORR。

(5) 首尾函数：FIRST_VALUE、LAST_VALUE。

(6) 相邻函数：LAG、LEAD。

(7) 分组函数：NTILE。

(8) 排序函数：RANK、DENSE_RANK、ROW_NUMBER。

(9) 百分比函数：PERCENT_RANK、CUME_DIST、RATIO_TO_REPORT、PERCENTILE_CONT、NTH_VALUE。

(10) 字符串函数：LISTAGG。

(11) 指定行函数：NTH_VALUE。

分析函数的基本语法格式如下：

```
函数名称([参数]) OVER (PARTITION BY 子句 字段, … [ORDER BY 子句 字段, … [ASC]
[DESC] [NULLS FIRST][NULLS LAST]][WINDOWING 子句])
```

语法说明：

其中，OVER 是关键字，用于标识分析函数，它的作用是定义一个作用域(或者可以称为结果集)，OVER 前面的函数只对 OVER 定义的结果集起作用。

<PARTITION BY 项>为分区子句，根据分区表达式的条件将单个结果集分成 N 组。这里的“分区 PARTITION”和“组 GROUP”都是同义词，表示对结果集中的数据按指定列进行分区。不同的分区互不相干。当 PARTITION BY 项包含常量表达式时，表示以整个结果集作为整体分区；当省略 PARTITION BY 项时，表示将所有行视为一个分组。

<ORDER BY 项>为排序子句，对经<PARTITION BY 项>分区后的各分区中的数据进行排序。当 ORDER BY 项中包含常量表达式时，表示以该常量排序，即保持原来的结果集顺序。

<WINDOWING 子句>为分析函数指定的窗口。窗口就是分析函数在每个分区中的计算范围，<窗口子句>必须和<ORDER BY 子句>同时使用。

分析函数只能出现在选择项或者 ORDER BY 子句中。

分析函数有 DISTINCT 的时候，不允许与 ORDER BY 一起使用。

分析函数参数、PARTITION BY 项和 ORDER BY 项中不允许使用分析函数，即不允许嵌套。

**【例 6-55】** 为了更好地演示分析函数的功能，本节新建“工资表”，建表及数据导入使用 DDL 语句。

示例代码如下：

```
CREATE SCHEMA EMP AUTHORIZATION USER1
CREATE TABLE emp.工资表
(
    部门 CHAR(5) NOT NULL,
    姓名 VARCHAR(15) NOT NULL,
    工资 DEC(6) DEFAULT 0,
    职级 VARCHAR(15),
    入职时间 DATE,
```

```
    CLUSTER PRIMARY KEY("姓名"),
    CHECK("职级" IN ('高级', '中级', '初级', '助理'))
);
INSERT INTO emp.工资表
VALUES('1', '张智', '10107', '高级', '1965/03/01'), ('2', '王志刚', '5324', '助理', '1979/06/01'),
        ('1', '刘瑶', '6844', '中级', '1987/04/01'), ('2', '朱茵', '9935', '中级', '1990/06/01'),
        ('3', '肖然', '6842', '中级', '1980/05/01'), ('2', '周丽', '15488', '高级', '1978/04/01'),
        ('2', '吴俊杰', '5277', '助理', '2001/06/01'), ('3', '张毅', '4320', '初级', '2000/03/01'),
        ('2', '朱珠', '9843', '中级', '1982/03/01'), ('3', '李亮', '6737', '中级', '1990/04/01'),
        ('1', '罗伟', '5955', '初级', '1993/07/01'), ('2', '黄杨', '4500', '初级', '1988/04/01'),
        ('1', '张云龙', '5895', '初级', '2002/04/01'), ('3', '陈子洋', '4320', '初级', '1995/03/01'),
        ('1', '何丽丽', '6742', '中级', '1984/09/01'), ('2', '杨兴', '4500', '初级', '1999/08/01'),
        ('1', '潘松', '8988', '高级', '1975/01/01'), ('2', '杨胜', '9764', '中级', '1985/03/01'),
        ('1', '王杰', '3870', '助理', '2020/09/01')
```

工资表原始数据如图 6-55 所示。

*数据查询 - 实例连接

```
select * from emp.工资表
```

消息　结果集

| | 部门<br>CHAR(5) | 姓名<br>VARCHAR(15) | 工资<br>DEC(6, 0) | 职级<br>VARCHAR(15) | 入职时间<br>DATE |
|---|---|---|---|---|---|
| 1 | 3 | 陈子洋 | 4320 | 初级 | 1995-03-01 |
| 2 | 1 | 何丽丽 | 6742 | 中级 | 1984-09-01 |
| 3 | 2 | 黄杨 | 4500 | 初级 | 1988-04-01 |
| 4 | 3 | 李亮 | 6737 | 中级 | 1990-04-01 |
| 5 | 1 | 刘瑶 | 6844 | 中级 | 1987-04-01 |
| 6 | 1 | 罗伟 | 5955 | 初级 | 1993-07-01 |
| 7 | 1 | 潘松 | 8988 | 高级 | 1975-01-01 |
| 8 | 1 | 王杰 | 3870 | 助理 | 2020-09-01 |
| 9 | 2 | 王志刚 | 5324 | 助理 | 1979-06-01 |
| 10 | 2 | 吴俊杰 | 5277 | 助理 | 2001-06-01 |
| 11 | 3 | 肖然 | 6842 | 中级 | 1980-05-01 |
| 12 | 2 | 杨胜 | 9764 | 中级 | 1985-03-01 |
| 13 | 2 | 杨兴 | 4500 | 初级 | 1999-08-01 |
| 14 | 3 | 张毅 | 4320 | 初级 | 2000-03-01 |
| 15 | 1 | 张云龙 | 5895 | 初级 | 2002-04-01 |
| 16 | 1 | 张智 | 10107 | 高级 | 1965-03-01 |
| 17 | 2 | 周丽 | 15488 | 高级 | 1978-04-01 |
| 18 | 2 | 朱茵 | 9935 | 中级 | 1990-06-01 |
| 19 | 2 | 朱珠 | 9843 | 中级 | 1982-03-01 |

19行, 0.010秒

图 6-55　工资表原始数据

### 1. PARTITION BY 分区

PARTITION BY 项为分区子句，根据分区表达式的条件将单个结果集从逻辑上分成 N 个组。如果没有 PARTITION BY 子句，则将全体数据视为一个分区。

**【例 6-56】** 计算整个公司的工资总和。

示例代码如下：

```
SELECT 部门, 姓名, 工资, 职级,
SUM(工资) OVER() 所有工资总和
FROM emp.工资表
```

查询结果如图 6-56 所示。

*数据查询 - 实例连接

```
SELECT 部门,姓名,工资,职级,
SUM(工资) OVER() 所有工资总和
FROM emp.工资表
```

消息　结果集

| | 部门 CHAR(5) | 姓名 VARCHAR(15) | 工资 DEC(6, 0) | 职级 VARCHAR(15) | 所有工资总和 DEC |
|---|---|---|---|---|---|
| 1 | 3 | 陈子洋 | 4320 | 初级 | 135251 |
| 2 | 1 | 何丽丽 | 6742 | 中级 | 135251 |
| 3 | 2 | 黄杨 | 4500 | 初级 | 135251 |
| 4 | 3 | 李亮 | 6737 | 中级 | 135251 |
| 5 | 1 | 刘瑶 | 6844 | 中级 | 135251 |
| 6 | 1 | 罗伟 | 5955 | 初级 | 135251 |

19行, 0.003秒

图 6-56　例 6-56 查询结果

在例 6-56 中因为没有 PARTITION BY 子句，SUM()将所有人的“工资”视为一个分组进行运算。

【例 6-57】 计算部门工资总和。

示例代码如下：

```
SELECT 部门, 姓名, 工资, 职级,
SUM(工资) OVER(PARTITION BY 部门) 部门工资总和
FROM emp.工资表
```

查询结果如图 6-57 所示。

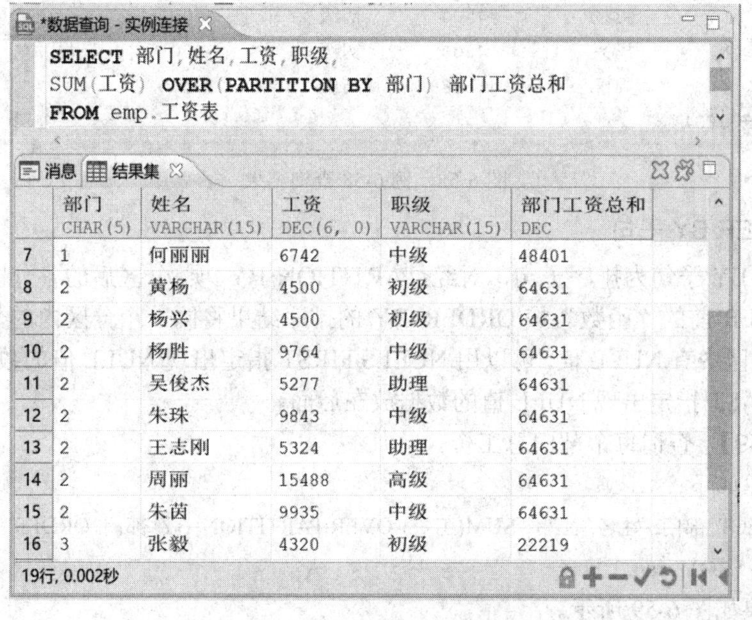

*数据查询 - 实例连接

```
SELECT 部门,姓名,工资,职级,
SUM(工资) OVER(PARTITION BY 部门) 部门工资总和
FROM emp.工资表
```

消息　结果集

| | 部门 CHAR(5) | 姓名 VARCHAR(15) | 工资 DEC(6, 0) | 职级 VARCHAR(15) | 部门工资总和 DEC |
|---|---|---|---|---|---|
| 7 | 1 | 何丽丽 | 6742 | 中级 | 48401 |
| 8 | 2 | 黄杨 | 4500 | 初级 | 64631 |
| 9 | 2 | 杨兴 | 4500 | 初级 | 64631 |
| 10 | 2 | 杨胜 | 9764 | 中级 | 64631 |
| 11 | 2 | 吴俊杰 | 5277 | 助理 | 64631 |
| 12 | 2 | 朱珠 | 9843 | 中级 | 64631 |
| 13 | 2 | 王志刚 | 5324 | 助理 | 64631 |
| 14 | 2 | 周丽 | 15488 | 高级 | 64631 |
| 15 | 2 | 朱茵 | 9935 | 中级 | 64631 |
| 16 | 3 | 张毅 | 4320 | 初级 | 22219 |

19行, 0.002秒

图 6-57　例 6-57 查询结果

在例 6-57 中有 PARTITION BY 部门子句，将数据集按部门分区(本例中按部门号有 3 个分区)，SUM()将分别对这 3 个分区中的工资进行计算，即实现了部门工资合计计算。

在接下来的例 6-58 中使用的 PARTITION BY 子句可以加多个分区。先按部门数分为 3 个分区，再分别在每个分区中按职级再进行下一次分区(每个部门分区下按职级又有 3 个分区)。SUM()对每个部门分区下的职级分级进行数据计算。

**【例 6-58】** 计算各部门中各职级人员工资总和。

示例代码如下：

```
SELECT 部门, 姓名, 工资, 职级,
SUM(工资) OVER(PARTITION BY 部门, 职级) 部门工资总和
FROM emp.工资表
```

查询结果如图 6-58 所示。

*数据查询 - 实例连接

```
SELECT 部门,姓名,工资,职级,
SUM(工资) OVER(PARTITION BY 部门,职级) 部门工资总和
FROM emp.工资表
```

消息　结果集

| | 部门<br>CHAR(5) | 姓名<br>VARCHAR(15) | 工资<br>DEC(6, 0) | 职级<br>VARCHAR(15) | 部门工资总和<br>DEC |
|---|---|---|---|---|---|
| 1 | 1 | 罗伟 | 5955 | 初级 | 11850 |
| 2 | 1 | 张云龙 | 5895 | 初级 | 11850 |
| 3 | 1 | 潘松 | 8988 | 高级 | 19095 |
| 4 | 1 | 张智 | 10107 | 高级 | 19095 |
| 5 | 1 | 何丽丽 | 6742 | 中级 | 13586 |
| 6 | 1 | 刘瑶 | 6844 | 中级 | 13586 |
| 7 | 1 | 王杰 | 3870 | 助理 | 3870 |
| 8 | 2 | 黄杨 | 4500 | 初级 | 9000 |
| 9 | 2 | 杨兴 | 4500 | 初级 | 9000 |
| 10 | 2 | 周丽 | 15488 | 高级 | 15488 |

19行, 0.004秒

图 6-58　例 6-58 查询结果

## 2. ORDER BY 子句

ORDER BY 子句为排序子句，对经<PARTITION BY 项>分区后的各分区中的数据进行排序。OVER 前的“函数”按 ORDER BY 的排序结果将同一个分区内的数据进行叠加处理。如果分区中有 NULL 值，可以用 NULLS FIRST 指定出现 NULL 值的数据放在前面，用 NULLS LAST 指定出现 NULL 值的数据放在后面。

**【例 6-59】** 查询每个部门总工资。

示例代码如下：

```
SELECT 部门, 姓名, 工资, SUM(工资) OVER(PARTITION BY 部门 ORDER BY 姓名) 部门
工资总和 FROM emp.工资表
```

查询结果如图 6-59 所示。

| | 部门 CHAR(5) | 姓名 VARCHAR(15) | 工资 DEC(6, 0) | 部门工资总和 DEC |
|---|---|---|---|---|
| 1 | 1 | 何丽丽 | 6742 | 6742 |
| 2 | 1 | 刘瑶 | 6844 | 13586 |
| 3 | 1 | 罗伟 | 5955 | 19541 |
| 4 | 1 | 潘松 | 8988 | 28529 |
| 5 | 1 | 王杰 | 3870 | 32399 |
| 6 | 1 | 张云龙 | 5895 | 38294 |
| 7 | 1 | 张智 | 10107 | 48401 |
| 8 | 2 | 黄杨 | 4500 | 4500 |
| 9 | 2 | 王志刚 | 5324 | 9824 |
| 10 | 2 | 吴俊杰 | 5277 | 15101 |
| 11 | 2 | 杨胜 | 9764 | 24865 |
| 12 | 2 | 杨兴 | 4500 | 29365 |
| 13 | 2 | 周丽 | 15488 | 44853 |
| 14 | 2 | 朱茵 | 9935 | 54788 |
| 15 | 2 | 朱珠 | 9843 | 64631 |
| 16 | 3 | 陈子洋 | 4320 | 4320 |
| 17 | 3 | 李亮 | 6737 | 11057 |

图 6-59　例 6-59 查询结果

【例 6-60】 查询每个部门中职级总工资占部门总工资 40%的部门。

示例代码如下：

```
SELECT * FROM
(SELECT  部门, 职级, SUM(工资)  职级总工资, SUM(SUM(工资)) OVER(PARTITION BY  部门)
部门总工资
FROM EMP.工资表
GROUP BY  职级,  部门
ORDER BY  部门) AS T
WHERE T.职级总工资>T.部门总工资*0.4
```

查询结果如图 6-60 所示。

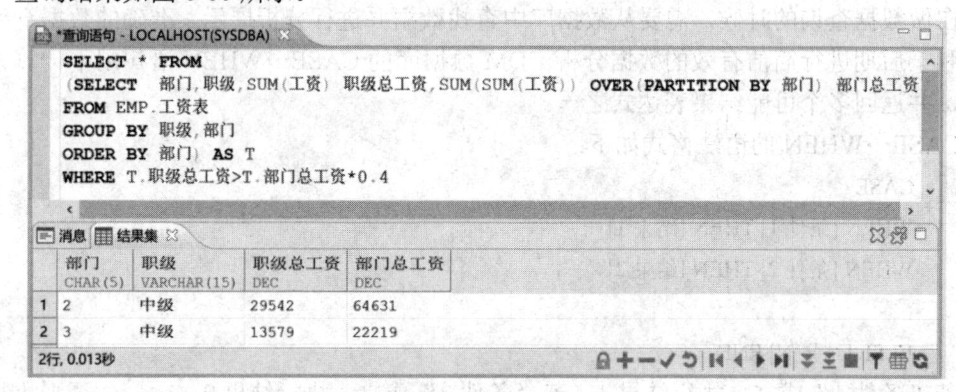



| | 部门 CHAR(5) | 职级 VARCHAR(15) | 职级总工资 DEC | 部门总工资 DEC |
|---|---|---|---|---|
| 1 | 2 | 中级 | 29542 | 64631 |
| 2 | 3 | 中级 | 13579 | 22219 |

图 6-60　例 6-60 查询结果

【例 6-61】 查询工资表，按工资由高到低排序。

示例代码如下：

```
SELECT *FROM (SELECT E.*, RANK() OVER(ORDER BY 工资 DESC NULLS LAST)
    FROM EMP.工资表 E)
```

查询结果如图 6-61 所示。

*查询语句 - LOCALHOST(SYSDBA)

```
SELECT *FROM ( SELECT E.*, RANK() OVER(ORDER BY 工资 DESC NULLS LAST)
FROM EMP.工资表 E)
```

消息　结果集

| | 部门 CHAR(5) | 姓名 VARCHAR(15) | 工资 DEC(6, 0) | 职级 VARCHAR(15) | 入职时间 DATE | RANK() OVER(ORDERBY"工资"DESCN BIGINT |
|---|---|---|---|---|---|---|
| 1 | 2 | 周丽 | 15488 | 高级 | 1978-04-01 | 1 |
| 2 | 1 | 张智 | 10107 | 高级 | 1965-03-01 | 2 |
| 3 | 2 | 朱茵 | 9935 | 中级 | 1990-06-01 | 3 |
| 4 | 2 | 朱珠 | 9843 | 中级 | 1982-03-01 | 4 |
| 5 | 2 | 杨胜 | 9764 | 中级 | 1985-03-01 | 5 |

19行, 0.005秒

图 6-61　例 6-61 查询结果

3. WINDOWING(窗口)子句

WINDOWING 子句为分析函数指定的窗口。通过指定滑动方式和<范围子句>两项来共同确定分析函数的计算窗口。<窗口子句>必须和<ORDER BY 子句>同时使用，不是所有的分析函数都可以使用窗口。每个分区的第一行开始往下滑动，滑动方式有 ROWS 和 RANGE 两种。

(1) ROWS 用来指定窗口的物理行数。ROWS 根据 <ORDER BY 子句>排序后，取指定窗口行数数据进行计算。与当前行的值无关，只与排序后的行号有关。

(2) RANGE 用来指定窗口的逻辑偏移，即指定行值的取值范围。只要行值处于 RANGE 指定的取值范围内，该行就包含在窗口中。

## 6.2.7　情况表达式

在做数据查询的时候，需要从数据库中查找数据并进行分析展示，准确的数据查询结果有利于后期进行简洁有效的数据分析。DM 数据库的 CASE…WHEN 语句用于计算条件列表，并返回多个可能结果表达式之一。

CASE…WHEN 的语法格式如下：

```
CASE
WHEN [条件 1] THEN [结果 1]
WHEN [条件 2] THEN [结果 2]
...
ELSE [结果 N] END
```

若“条件 1”成立，执行结果 1，若“条件 2”成立，执行结果 2，……，否则执行结果 N。

【例 6-62】 查询选课表中的成绩：如果成绩≥90 分，则返回优秀；如果 70≤成绩＜90，则返回良好；如果 60≤成绩＜70，则返回及格；如果成绩＜60，则返回不及格。

示例代码如下：

```
SELECT 学号,
    CASE
        WHEN 成绩 >= 90 THEN '优秀'
        WHEN 成绩 <  90 AND 成绩 >= 70 THEN '良好'
        WHEN 成绩 <  70 AND 成绩 >= 60 THEN '良好'
        ELSE '不及格'
    END AS 成绩等次
FROM SC_STU.选课表
```

查询结果如图 6-62 所示。

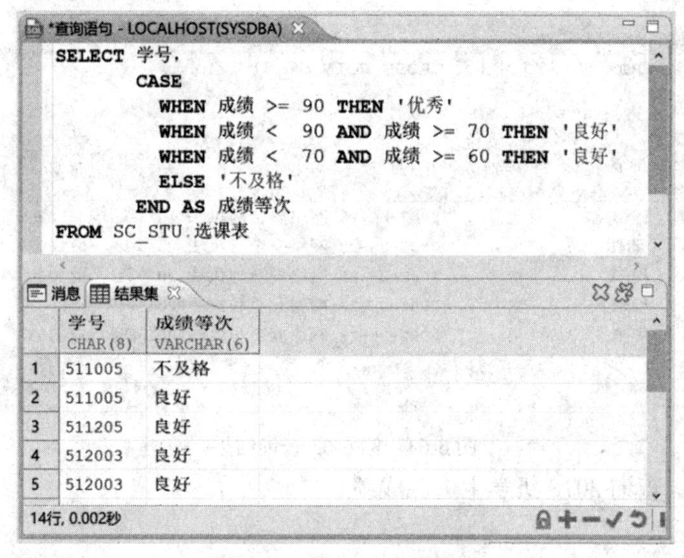


图 6-62　例 6-62 查询结果

# 6.3　多 表 查 询

前面介绍的简单查询、统计查询都是针对单个表进行的数据检索，在规范化的数据库设计中，数据往往是存储在多个表中的，如果一个查询包含多个表(≥2)，则称这种方式的查询为多表连接查询。DM 数据库的多表连接查询方式包括交叉连接(CROSS JOIN)、自然连接(NATURAL JOIN)、内连接(INNER JOIN)、外连接(OUTER JOIN)、自连接(SELF JOIN)等。

## 6.3.1　交叉连接(CROSS JOIN)

交叉连接又称为非限制连接(广义笛卡儿乘积)，是将两个表无任何限制约束地连接在一起，即将第一个表的每一条记录与第二个表的每一个记录拼接组成新的结果集，连接后的列为两个表列汇总后的总列，行数为两个表行的笛卡尔乘积，其语法格式如下：

```
SELECT   select_list
FROM   表 1 CROSS JOIN  表 2
```

或

```
SELECT   select_list
FROM   表 1, 表 2
```

连接条件格式为：

```
[<表名 1>.]<列名 1> <比较运算符> [<表名 2>.]<列名 2>
```

【例 6-63】 用交叉连接方法连接学生表与选课表。

示例代码如下：

```
SELECT * FROM SC_STU.学生表  CROSS JOIN SC_STU.选课表
```

查询结果如图 6-63 所示。

*查询语句 - LOCALHOST(SYSDBA)

```
SELECT * FROM SC_STU.学生表 CROSS JOIN SC_STU.选课表
```

消息　结果集

| | 学号<br>CHAR(8) | 姓名<br>VARCHAR(15) | 性别<br>CHAR(3) | 生日<br>DATE | 专业<br>VARCHAR(30) | 年级<br>CHAR(8) | 学号<br>CHAR(8) | 课程号<br>CHAR(5) |
|---|---|---|---|---|---|---|---|---|
| 1 | 511005 | 程阳 | 男 | 2002-06-23 | 网络安全与执法 | 2018级 | 511005 | C002 |
| 2 | 511005 | 程阳 | 男 | 2002-06-23 | 网络安全与执法 | 2018级 | 511005 | C005 |
| 3 | 511005 | 程阳 | 男 | 2002-06-23 | 网络安全与执法 | 2018级 | 511205 | C006 |
| 4 | 511005 | 程阳 | 男 | 2002-06-23 | 网络安全与执法 | 2018级 | 512003 | C002 |
| 5 | 511005 | 程阳 | 男 | 2002-06-23 | 网络安全与执法 | 2018级 | 512003 | C003 |

100行, 0.020秒

图 6-63　例 6-63 查询结果

【例 6-64】 查询 2018 级学生选课成绩。

示例代码如下：

```
SELECT * FROM SC_STU.学生表  CROSS JOIN SC_STU.选课表
WHERE  学生表.学号 = 选课表.学号  AND SC_STU.学生表.年级 = '2018 级'
```

查询结果如图 6-64 所示。

*查询语句 - LOCALHOST(SYSDBA)

```
SELECT * FROM SC_STU.学生表 CROSS JOIN SC_STU.选课表
WHERE 学生表.学号=选课表.学号 AND SC_STU.学生表.年级='2018级'
```

消息　结果集

| | 学号<br>CHAR(8) | 姓名<br>VARCHAR(15) | 性别<br>CHAR(3) | 生日<br>DATE | 专业<br>VARCHAR(30) | 年级<br>CHAR(8) | 学号<br>CHAR(8) | 课程号<br>CHAR(5) | 成绩<br>DEC(5, 2) |
|---|---|---|---|---|---|---|---|---|---|
| 1 | 511005 | 程阳 | 男 | 2002-06-23 | 网络安全与执法 | 2018级 | 511005 | C002 | 52.00 |
| 2 | 511005 | 程阳 | 男 | 2002-06-23 | 网络安全与执法 | 2018级 | 511005 | C005 | 86.00 |
| 3 | 511205 | 任田田 | 女 | 2002-04-13 | 计算机应用_1 | 2018级 | 511205 | C006 | 86.00 |

3行, 0.003秒

图 6-64　例 6-64 查询结果

## 6.3.2　自然连接(NATURAL JOIN)

自然连接是把两张连接表中的同名列作为连接条件，进行等值连接。

自然连接具有以下特点：

(1) 连接表中存在同名列。

(2) 如果两张表中有多个同名列，则会产生多个等值连接条件。

(3) 如果连接表中的同名列类型不匹配，则会报错处理。

【例 6-65】 用自然连接方法连接学生表与选课表。

示例代码如下：

```
SELECT * FROM SC_STU.学生表  NATURAL JOIN SC_STU.选课表
```

查询结果如图 6-65 所示。

*查询语句 - LOCALHOST(SYSDBA)

```
SELECT * FROM SC_STU.学生表 NATURAL JOIN SC_STU.选课表
```

消息　结果集

| | 学号 CHAR(8) | 姓名 VARCHAR(15) | 性别 CHAR(3) | 生日 DATE | 专业 VARCHAR(30) | 年级 CHAR(8) | 课程号 CHAR(5) | 成绩 DEC(5, 2) |
|---|---|---|---|---|---|---|---|---|
| 1 | 511005 | 程阳 | 男 | 2002-06-23 | 网络安全与执法 | 2018级 | C002 | 52.00 |
| 2 | 511005 | 程阳 | 男 | 2002-06-23 | 网络安全与执法 | 2018级 | C005 | 86.00 |
| 3 | 511205 | 任田田 | 女 | 2002-04-13 | 计算机应用_1 | 2018级 | C006 | 86.00 |
| 4 | 512003 | 张农 | 男 | 2001-09-21 | 网络安全与执法 | 2019级 | C002 | 81.00 |
| 5 | 512003 | 张农 | 男 | 2001-09-21 | 网络安全与执法 | 2019级 | C003 | 68.00 |
| 6 | 513101 | 胡杨林 | 男 | 2002-04-05 | 安防工程 | 2020级 | C001 | 81.00 |
| 7 | 513101 | 胡杨林 | 男 | 2002-04-05 | 安防工程 | 2020级 | C003 | 55.00 |

14行, 0.014秒

图 6-65　例 6-65 查询结果

【例 6-66】 查询 2018 级学生选课成绩。

示例代码如下：

```
SELECT * FROM SC_STU.学生表  NATURAL JOIN SC_STU.选课表
WHERE 学生表.年级 = '2018 级'
```

查询结果如图 6-66 所示。

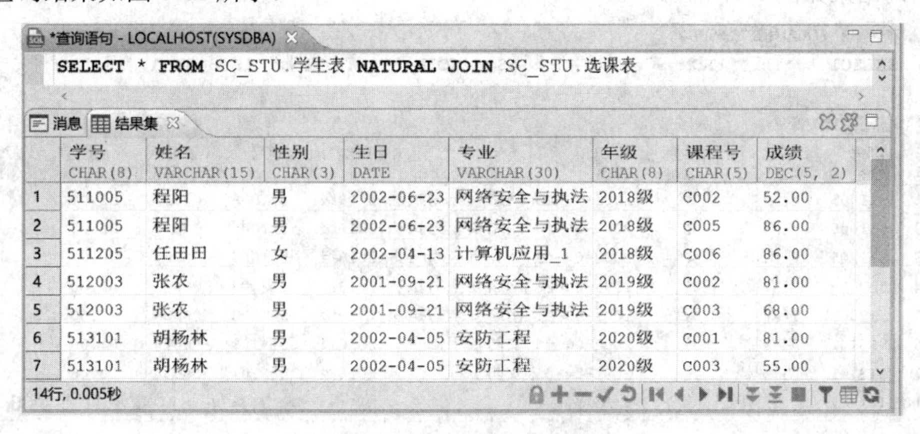

*查询语句 - LOCALHOST(SYSDBA)

```
SELECT * FROM SC_STU.学生表 NATURAL JOIN SC_STU.选课表
```

消息　结果集

| | 学号 CHAR(8) | 姓名 VARCHAR(15) | 性别 CHAR(3) | 生日 DATE | 专业 VARCHAR(30) | 年级 CHAR(8) | 课程号 CHAR(5) | 成绩 DEC(5, 2) |
|---|---|---|---|---|---|---|---|---|
| 1 | 511005 | 程阳 | 男 | 2002-06-23 | 网络安全与执法 | 2018级 | C002 | 52.00 |
| 2 | 511005 | 程阳 | 男 | 2002-06-23 | 网络安全与执法 | 2018级 | C005 | 86.00 |
| 3 | 511205 | 任田田 | 女 | 2002-04-13 | 计算机应用_1 | 2018级 | C006 | 86.00 |
| 4 | 512003 | 张农 | 男 | 2001-09-21 | 网络安全与执法 | 2019级 | C002 | 81.00 |
| 5 | 512003 | 张农 | 男 | 2001-09-21 | 网络安全与执法 | 2019级 | C003 | 68.00 |
| 6 | 513101 | 胡杨林 | 男 | 2002-04-05 | 安防工程 | 2020级 | C001 | 81.00 |
| 7 | 513101 | 胡杨林 | 男 | 2002-04-05 | 安防工程 | 2020级 | C003 | 55.00 |

14行, 0.005秒

图 6-66　例 6-66 查询结果

## 6.3.3　内连接(INNER JOIN)

根据连接条件，结果集仅包含满足全部连接条件的记录，称这样的连接为内连接。通过上面的例子不难发现，在实际的应用中，交叉连接得到的结果集并无实际意义，例 6-66 中的结果集，左部分列为学生表的信息，右部分列为选课表的信息，观察该示例的结果集，前面的学生信息对应的后面选课内容未必是该学生的选课，只有来自学生表的学号列与来自选课表的学号列相等时，后面才是对应学生的选课信息，即满足连接条件的连接记录才有实际意义(示例中两表的学号列相等)，这里即引出内连接。内连接是指将两个表满足条件的记录连接在一起，其语法格式如下：

```
SELECT 列名列表 FROM 表 1  [INNER] JOIN 表 2 ON 表 1.列名 比较运算符 表 2.列名
```

或

```
SELECT 列名列表 FROM 表 1, 表 2 WHERE 表 1.列名 比较运算符 表 2.列名
```

语法说明：

比较运算符可以是 >、>=、<、<=、<>、!=、!>、!<、=。

当比较运算符为＝时称为等值连接，若去掉等值连接结果集中重复的列则称为自然连接。使用＝以外的运算符连接称为非等值连接。实际应用中，等值连接是最为常用的连接，通常使用的连接条件为“ON 主键 = 外键”的形式。

内连接为系统默认连接，INNER 可省略。

为了查询时书写方便，可以对连接的表名使用别名，方法是“表名 AS 表别名”或“表名 表别名”。

在语法的列名列表中，若连接有来自两个表的同名列，需要使用“表名.列名”表示同名列来区别其来自的不同表。

**【例 6-67】** 用内连接连接学生表及选课表。

示例代码如下：

```
SELECT A.*, B.* FROM SC_STU.学生表 AS A JOIN SC_STU.选课表 AS B ON A.学号 = B.学号
```

或

```
SELECT A.*, B.* FROM SC_STU.学生表 AS A , SC_STU.学生表 AS B WHERE A.学号 = B.学号
```

查询结果如图 6-67 所示。

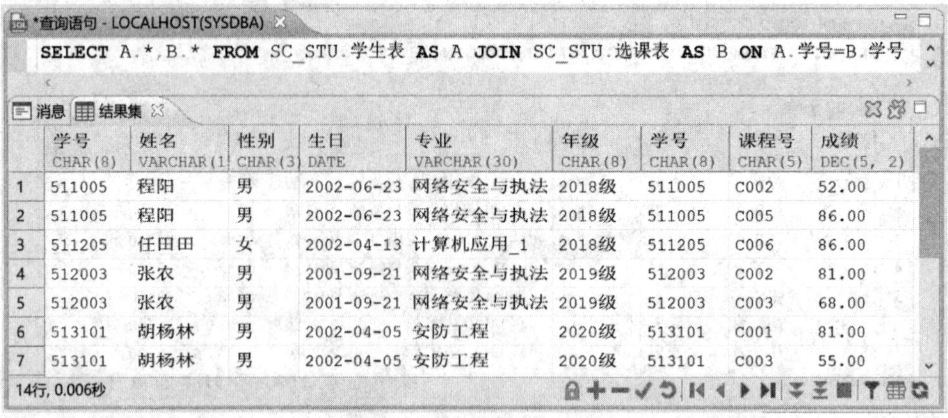

*查询语句 - LOCALHOST(SYSDBA)

```
SELECT A.*,B.* FROM SC_STU.学生表 AS A JOIN SC_STU.选课表 AS B ON A.学号=B.学号
```

消息　结果集

| | 学号 CHAR(8) | 姓名 VARCHAR(1 | 性别 CHAR(3) | 生日 DATE | 专业 VARCHAR(30) | 年级 CHAR(8) | 学号 CHAR(8) | 课程号 CHAR(5) | 成绩 DEC(5, 2) |
|---|---|---|---|---|---|---|---|---|---|
| 1 | 511005 | 程阳 | 男 | 2002-06-23 | 网络安全与执法 | 2018级 | 511005 | C002 | 52.00 |
| 2 | 511005 | 程阳 | 男 | 2002-06-23 | 网络安全与执法 | 2018级 | 511005 | C005 | 86.00 |
| 3 | 511205 | 任田田 | 女 | 2002-04-13 | 计算机应用_1 | 2018级 | 511205 | C006 | 86.00 |
| 4 | 512003 | 张农 | 男 | 2001-09-21 | 网络安全与执法 | 2019级 | 512003 | C002 | 81.00 |
| 5 | 512003 | 张农 | 男 | 2001-09-21 | 网络安全与执法 | 2019级 | 512003 | C003 | 68.00 |
| 6 | 513101 | 胡杨林 | 男 | 2002-04-05 | 安防工程 | 2020级 | 513101 | C001 | 81.00 |
| 7 | 513101 | 胡杨林 | 男 | 2002-04-05 | 安防工程 | 2020级 | 513101 | C003 | 55.00 |

14行, 0.006秒

图 6-67　例 6-67 查询结果

对比交叉连接，不难发现交叉连接无法确定每个学生的信息及其选课信息，说明交叉连接在实际的应用中无意义，而内连接为数据的多表查询提供了方法。

【例 6-68】 查询姓名为周小佳的学生所选修课程的学号、课程号及成绩。

示例代码如下：

```
SELECT A.学号, B.课程号, B.成绩  FROM SC_STU.学生表  AS A JOIN SC_STU.选课表  AS B
ON A.学号 = B.学号  WHERE A.姓名 = '周小佳'
```

查询结果如图 6-68 所示。

*查询语句 - LOCALHOST(SYSDBA)

```
SELECT A.学号,B.课程号,B.成绩 FROM SC_STU.学生表 AS A
JOIN SC_STU.选课表 AS B
ON A.学号=B.学号 WHERE A.姓名='周小佳'
```

消息 结果集

| | 学号 CHAR(8) | 课程号 CHAR(5) | 成绩 DEC(5, 2) |
|---|---|---|---|
| 1 | 514102 | C001 | 76.00 |
| 2 | 514102 | C003 | 85.00 |
| 3 | 514102 | C006 | 76.00 |

3行, 0.004秒

图 6-68 例 6-68 查询结果

【例 6-69】 查询姓名为周小佳的学生的学号、所选修课程的课程号、课程名、学分及成绩。

示例代码如下：

```
SELECT A.学号, B.课程号, B.课程名, B.学分, C.成绩
FROM SC_STU.学生表  AS A JOIN SC_STU.选课表  AS C ON A.学号 = C.学号
JOIN SC_STU.课程表  AS B ON B.课程号 = C.课程号
WHERE A.姓名 = '周小佳'
```

查询结果如图 6-69 所示。

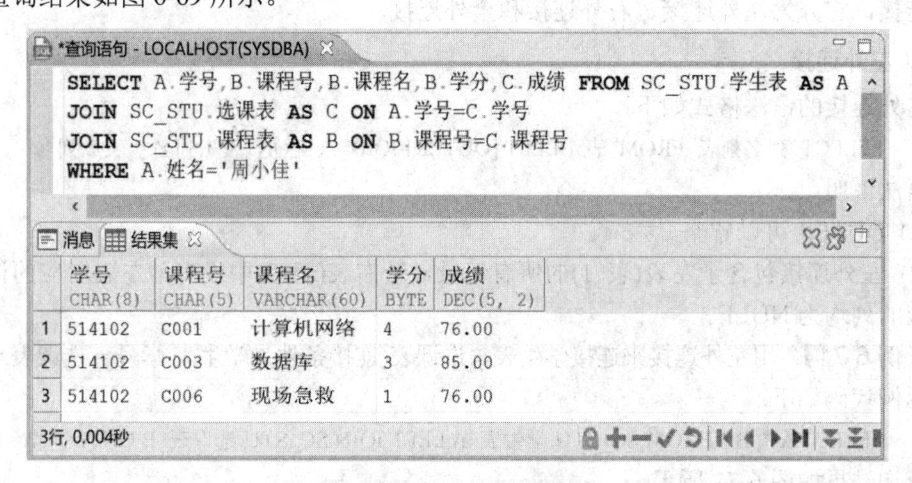


图 6-69 例 6-69 查询结果

【例 6-70】 按课程号、课程名统计查询每门课选修的人数、平均分、最高分、最低分。

示例代码如下：

```
SELECT A.课程号, A.课程名, COUNT(*) AS 选修人数, AVG(B.成绩) AS 平均分, MAX(B.成绩)
AS 最高分, MIN(B.成绩) AS 最低分
FROM SC_STU.课程表 A JOIN SC_STU.选课表 B ON A.课程号 = B.课程号
GROUP BY A.课程号, A.课程名
```

查询结果如图 6-70 所示。

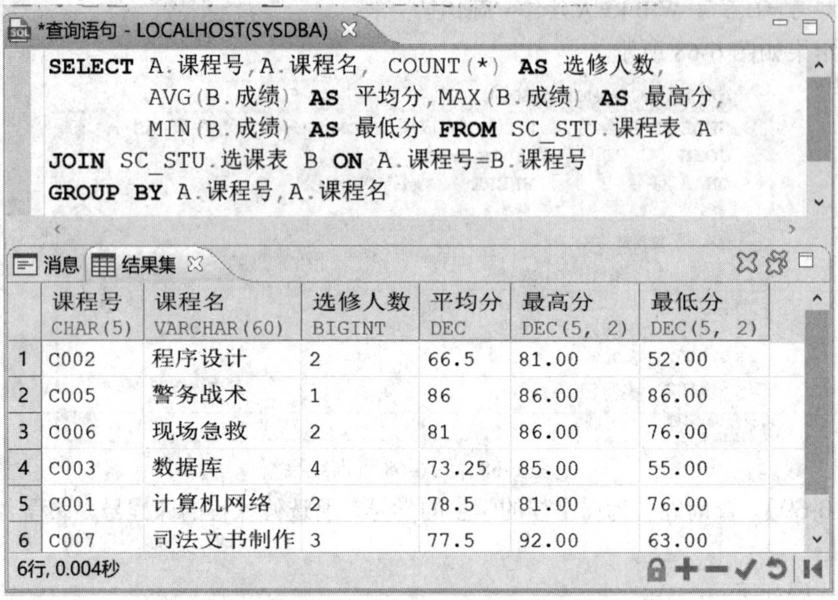

*查询语句 - LOCALHOST(SYSDBA)

```
SELECT A.课程号,A.课程名, COUNT(*) AS 选修人数,
       AVG(B.成绩) AS 平均分,MAX(B.成绩) AS 最高分,
       MIN(B.成绩) AS 最低分 FROM SC_STU.课程表 A
JOIN SC_STU.选课表 B ON A.课程号=B.课程号
GROUP BY A.课程号,A.课程名
```

消息 结果集

| | 课程号 CHAR(5) | 课程名 VARCHAR(60) | 选修人数 BIGINT | 平均分 DEC | 最高分 DEC(5, 2) | 最低分 DEC(5, 2) |
|---|---|---|---|---|---|---|
| 1 | C002 | 程序设计 | 2 | 66.5 | 81.00 | 52.00 |
| 2 | C005 | 警务战术 | 1 | 86 | 86.00 | 86.00 |
| 3 | C006 | 现场急救 | 2 | 81 | 86.00 | 76.00 |
| 4 | C003 | 数据库 | 4 | 73.25 | 85.00 | 55.00 |
| 5 | C001 | 计算机网络 | 2 | 78.5 | 81.00 | 76.00 |
| 6 | C007 | 司法文书制作 | 3 | 77.5 | 92.00 | 63.00 |

6行, 0.004秒

图 6-70 例 6-70 查询结果

### 6.3.4 外连接(OUTER JOIN)

外连接是连接的结果集不仅显示满足连接条件的记录，也显示没有满足连接条件的结果的连接，它分为左外连接、右外连接和全外连接。

#### 1. 左外连接

左外连接的语法格式如下：

```
SELECT 列名列表 FROM 表 1 LEFT [OUTER] JOIN 表 2 ON 表 1.列名 = 表 2.列名
```

语法说明：

(1) OUTER 可以省略。

(2) 左外连接包含了左表(表 1)的所有记录，若右表(表 2)中没有与左表对应的记录，则相应的列均为 NULL。

**【例 6-71】** 用左外连接来连接学生表与选课表(连接条件为学生表.学号 = 选课表.学号)。

示例代码如下：

```
SELECT A.*, B.* FROM SC_STU.学生表 A LEFT JOIN SC_STU.选课表 B ON A.学号 = B.学号
```

查询结果如图 6-71 所示。

从查询的结果中发现，结果集包含了学生表中的所有记录，对于学生表与选课表间没有对应记录的选课信息用 NULL 填充。

*查询语句 - LOCALHOST(SYSDBA)

```
SELECT A.*,B.* FROM SC_STU.学生表 A LEFT JOIN SC_STU.选课表 B ON A.学号=B.学号
```

消息　结果集

| | 学号 CHAR(8) | 姓名 VARCHAR(15) | 性别 CHAR(3) | 生日 DATE | 专业 VARCHAR(30) | 年级 CHAR(8) | 学号 CHAR(8) | 课程号 CHAR(5) | 成绩 DEC(5, |
|---|---|---|---|---|---|---|---|---|---|
| 1 | 511005 | 程阳 | 男 | 2002-06-23 | 网络安全与执法 | 2018级 | 511005 | C002 | 52.00 |
| 2 | 511005 | 程阳 | 男 | 2002-06-23 | 网络安全与执法 | 2018级 | 511005 | C005 | 86.00 |
| 3 | 511205 | 任田田 | 女 | 2002-04-13 | 计算机应用_1 | 2018级 | 511205 | C006 | 86.00 |
| 4 | 511206 | 王琴 | 女 | 2002-05-01 | 计算机应用 | 2018级 | NULL | NULL | NULL |
| 5 | 512003 | 张农 | 男 | 2001-09-21 | 网络安全与执法 | 2019级 | 512003 | C002 | 81.00 |
| 6 | 512003 | 张农 | 男 | 2001-09-21 | 网络安全与执法 | 2019级 | 512003 | C003 | 68.00 |
| 7 | 512106 | 徐成凯 | 男 | 2001-02-17 | 安防工程 | 2019级 | NULL | NULL | NULL |
| 8 | 513002 | 马飞 | 男 | 2002-07-10 | 网络安全与执法 | 2020级 | NULL | NULL | NULL |

17行, 0.005秒

图 6-71　例 6-71 查询结果

### 2. 右外连接

右外连接的语法格式如下：

```
SELECT 列名列表 FROM 表 1 RIGHT [OUTER] JOIN 表 2 ON 表 1.列名 = 表 2.列名
```

右外连接的结果集中包括了表 2(右表)的所有记录，当表 2 中的记录在表 1(左表)中无满足连接条件的记录时，左表相应的列均用 NULL 填充。

**【例 6-72】** 用右外连接连接课程表及选课表(连接条件是选课表.课程号 = 课程表.课程号)。

示例代码如下：

```
SELECT A.*, B.* FROM SC_STU.选课表 A RIGHT JOIN SC_STU.课程表 B ON A.课程号 = B.课程号
```

查询结果如图 6-72 所示。

*查询语句 - LOCALHOST(SYSDBA)

```
SELECT A.*,B.* FROM SC_STU.选课表 A
RIGHT JOIN SC_STU.课程表 B ON A.课程号=B.课程号
```

消息　结果集

| | 学号 CHAR(8) | 课程号 CHAR(5) | 成绩 DEC(5, 2) | 课程号 CHAR(5) | 课程名 VARCHAR(60) | 学分 BYTE |
|---|---|---|---|---|---|---|
| 1 | 511005 | C002 | 52.00 | C002 | 程序设计 | 3 |
| 2 | 511005 | C005 | 86.00 | C005 | 警务战术 | 2 |
| 3 | 511205 | C006 | 86.00 | C006 | 现场急救 | 1 |
| 4 | 512003 | C002 | 81.00 | C002 | 程序设计 | 3 |
| 5 | 512003 | C003 | 68.00 | C003 | 数据库 | 3 |
| 6 | 513101 | C001 | 81.00 | C001 | 计算机网络 | 4 |
| 7 | 513101 | C003 | 55.00 | C003 | 数据库 | 3 |
| 8 | 513101 | C007 | 92.00 | C007 | 司法文书制作 | 1 |
| 9 | 513107 | C003 | 85.00 | C003 | 数据库 | 3 |

16行, 0.019秒

图 6-72　例 6-72 查询结果

从查询的结果中发现，结果集包含了课程表(右表)中的所有记录。若课程表中有记录但在选课表(左表)中没有选课信息的将用 NULL 填充。

**【例 6-73】** 用右外连接查询没有被任何人选修的课程信息。

示例代码如下：

SELECT B.* FROM SC_STU.选课表 A RIGHT JOIN SC_STU.课程表 B ON A.课程号 = B.课程号 WHERE A.课程号 IS NULL

查询结果如图 6-73 所示。

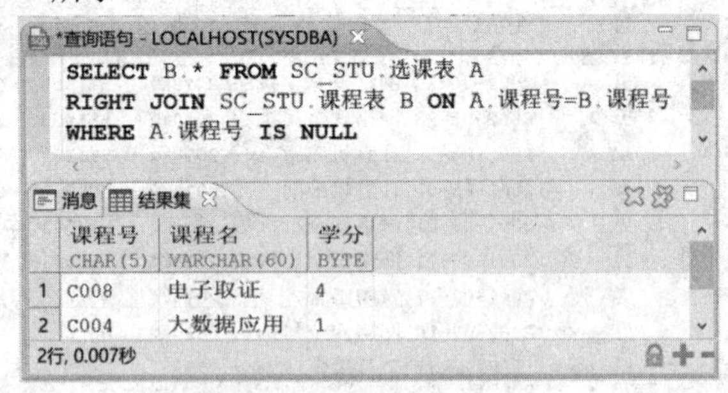

```
SELECT B.* FROM SC_STU.选课表 A
RIGHT JOIN SC_STU.课程表 B ON A.课程号=B.课程号
WHERE A.课程号 IS NULL
```

| | 课程号 CHAR(5) | 课程名 VARCHAR(60) | 学分 BYTE |
|---|---|---|---|
| 1 | C008 | 电子取证 | 4 |
| 2 | C004 | 大数据应用 | 1 |

2行, 0.007秒

图 6-73 例 6-73 查询结果

### 3. 全外连接

全外连接的语法格式如下：

SELECT 列名列表 FROM 表 1 FULL [OUTER] JOIN 表 2 ON 表 1.列名 = 表 2.列名

其中，OUTER 可以省略，全外连接的结果集包括了左表和右表的所有记录，FULL [OUTER] JOIN 为 LEFT [OUTER] JOIN 和 RIGHT [OUTER] JOIN 的集合。若表中某一行在另一表中无匹配行，则相应列的内容为 NULL。当某记录在另一个表中无满足连接条件的记录时，另一个表相应的列值为 NULL。

【例 6-74】 用全外连接来连接学生表和选课表(连接条件是学生表.学号 = 选课表.学号)。

SELECT A.*, B.* FROM SC_STU.学生表 A

FULL JOIN SC_STU.选课表 B ON A.学号=B.学号

查询结果如图 6-74 所示。

```
SELECT A.*,B.* FROM SC_STU.学生表 A
FULL JOIN SC_STU.选课表 B ON A.学号=B.学号
```

| | 学号 CHAR(8) | 姓名 VARCHAR(15) | 性别 CHAR(3) | 生日 DATE | 专业 VARCHAR(30) | 年级 CHAR(8) | 学号 CHAR(8) | 课程号 CHAR(5) | 成绩 DEC(5, 2) |
|---|---|---|---|---|---|---|---|---|---|
| 1 | 511005 | 程阳 | 男 | 2002-06-23 | 网络安全与执法 | 2018级 | 511005 | C002 | 52.00 |
| 2 | 511005 | 程阳 | 男 | 2002-06-23 | 网络安全与执法 | 2018级 | 511005 | C005 | 86.00 |
| 3 | 511205 | 任田田 | 女 | 2002-04-13 | 计算机应用_1 | 2018级 | 511205 | C006 | 86.00 |
| 4 | 512003 | 张农 | 男 | 2001-09-21 | 网络安全与执法 | 2019级 | 512003 | C002 | 81.00 |
| 5 | 512003 | 张农 | 男 | 2001-09-21 | 网络安全与执法 | 2019级 | 512003 | C003 | 68.00 |
| 6 | 513101 | 胡杨林 | 男 | 2002-04-05 | 安防工程 | 2020级 | 513101 | C001 | 81.00 |
| 7 | 513101 | 胡杨林 | 男 | 2002-04-05 | 安防工程 | 2020级 | 513101 | C003 | 55.00 |
| 8 | 513101 | 胡杨林 | 男 | 2002-04-05 | 安防工程 | 2020级 | 513101 | C007 | 92.00 |
| 9 | 513107 | 王琴 | 女 | 2002-09-01 | 安防工程 | 2020级 | 513107 | C003 | 85.00 |
| 10 | 513107 | 王琴 | 女 | 2002-09-01 | 安防工程 | 2020级 | 513107 | C007 | NULL |
| 11 | 514002 | 李倩 | 女 | 2003-01-15 | 网络安全与执法 | 2021级 | 514002 | C007 | 63.00 |
| 12 | 514102 | 周小佳 | 女 | 2002-07-03 | 安防工程 | 2021级 | 514102 | C001 | 76.00 |
| 13 | 514102 | 周小佳 | 女 | 2002-07-03 | 安防工程 | 2021级 | 514102 | C003 | 85.00 |
| 14 | 514102 | 周小佳 | 女 | 2002-07-03 | 安防工程 | 2021级 | 514102 | C006 | 76.00 |
| 15 | 513002 | 马飞 | 男 | 2002-07-10 | 网络安全与执法 | 2020级 | NULL | NULL | NULL |
| 16 | 511206 | 王琴 | 女 | 2002-05-01 | 计算机应用 | 2018级 | NULL | NULL | NULL |
| 17 | 512106 | 徐成凯 | 男 | 2001-02-17 | 安防工程 | 2019级 | NULL | NULL | NULL |

17行, 0.025秒

图 6-74 例 6-74 查询结果

### 6.3.5 自连接(SELF JOIN)

自连接是将一个表与它自身连接，可以看作是一个表的两个副本之间的内连接。在使用自连接时需对自连接的表指定两个不同的名称，使其在逻辑上形成两个表。

【例 6-75】 查询学生表中同名学生的信息。

示例代码如下：

```
SELECT A.* FROM SC_STU.学生表 A JOIN SC_STU.学生表 B ON A.姓名 = B.姓名 WHERE
A.学号<>B.学号
```

查询结果如图 6-75 所示。

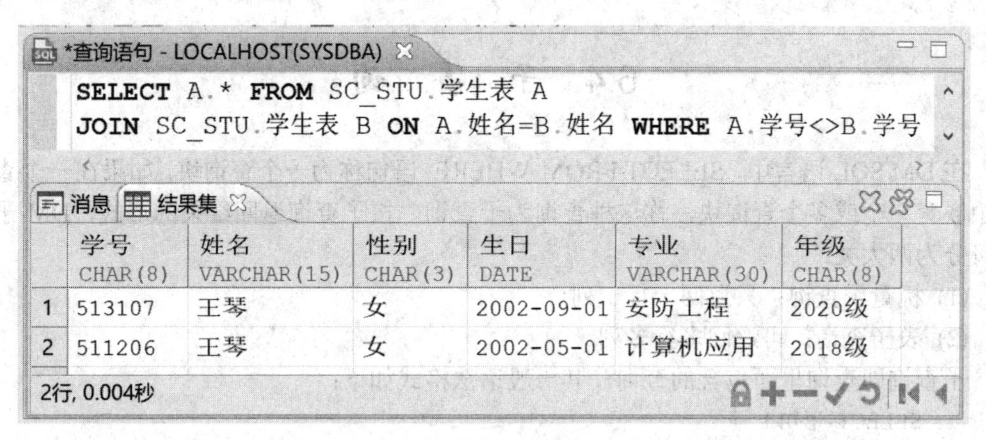


图 6-75 例 6-75 查询结果

### 6.3.6 合并结果集(UNION)

对于查询的结果集，可以用 UNION 语句对其进行合并，其语法格式如下：

```
SELECT 语句
{ UNION
  SELECT 语句
}[, …N]
```

语法说明：

(1) UNION 合并结果集的各查询语句列数相同，对应的数据类型也应兼容。

(2) 默认情况下，系统会自动去掉合并后结果集中的重复行。

(3) 结果集中的列名最终来自第一个 SELECT 语句的列名。

【例 6-76】 查询年龄为 19 岁的学生信息，查询年龄为 20 岁的学生信息，并将两个结果集合并。

示例代码如下：

```
SELECT * FROM SC_STU.学生表 WHERE YEAR(GETDATE())-YEAR(生日) = 19
UNION
SELECT * FROM SC_STU.学生表 WHERE YEAR(GETDATE())-YEAR(生日) = 20
```

查询结果如图 6-76 所示。

消息　结果集

| | 学号<br>CHAR(8) | 姓名<br>VARCHAR(15) | 性别<br>CHAR(3) | 生日<br>DATE | 专业<br>VARCHAR(30) | 年级<br>CHAR(8) |
|---|---|---|---|---|---|---|
| 1 | 514002 | 李倩 | 女 | 2003-01-15 | 网络安全与执法 | 2021级 |
| 2 | 511005 | 程阳 | 男 | 2002-06-23 | 网络安全与执法 | 2018级 |
| 3 | 511205 | 任田田 | 女 | 2002-04-13 | 计算机应用_1 | 2018级 |
| 4 | 511206 | 王琴 | 女 | 2002-05-01 | 计算机应用 | 2018级 |
| 5 | 513002 | 马飞 | 男 | 2002-07-10 | 网络安全与执法 | 2020级 |
| 6 | 513101 | 胡杨林 | 男 | 2002-04-05 | 安防工程 | 2020级 |
| 7 | 513107 | 王琴 | 女 | 2002-09-01 | 安防工程 | 2020级 |
| 8 | 514102 | 周小佳 | 女 | 2002-07-03 | 安防工程 | 2021级 |

8行, 0.002秒

图 6-76　例 6-76 查询结果

# 6.4　子　查　询

在 DM SQL 语言中，SELECT-FROM-WHERE 语句称为一个查询块，如果在一个查询块中嵌套一个或多个查询块，称这种查询为子查询。按子查询返回结果的形式，DM 子查询可分为两大类：

(1) 标量子查询：只返回一行一列。

(2) 表子查询：可返回多行多列。

子查询即查询里面包含的查询，其一般语法格式如下：

```
SELECT 语句 1
(
    SELECT 语句 2
    {…N}
)
```

SELECT 语句 1 为外部查询，SELECT 语句 2 为子查询。子查询返回的结果作为外部查询的条件来检索数据。它有下列限制：

(1) 在子查询中不得有 ORDER BY 子句。

(2) 子查询允许 TEXT 类型与 CHAR 类型字段的值比较。比较时，最多取 TEXT 类型字段的 8188 字节与 CHAR 类型字段进行比较；如果比较的两字段都是 TEXT 类型，则最多取 300× 1024 字节进行比较。

(3) 子查询不能包含在集函数中。

(4) 允许在子查询中嵌套子查询。

## 6.4.1　标量子查询

标量子查询的执行：子查询为外部查询的每一行执行一次，外部查询将子查询引用的外部查询字段的值传给子查询，进行子查询操作；外部查询根据子查询得到结果或结果集返回满足条件的结果行；外部查询的每一行进行同样的操作后得到一个结果集。

标量子查询是一个普通的 SELECT 查询，它只返回一行一列记录。如果返回结果多于一行则会提示单行子查询返回多行；如果返回结果多于一列，则会提示 SELECT 语句列数错误，执行失败。

【例 6-77】 查询和“胡杨林”同专业的学生信息。

示例代码如下：

```
SELECT * FROM SC_STU.学生表
WHERE 专业 = (
    SELECT 专业 FROM SC_STU.学生表
    WHERE 姓名 = '胡杨林'
)
```

查询结果如图 6-77 所示。

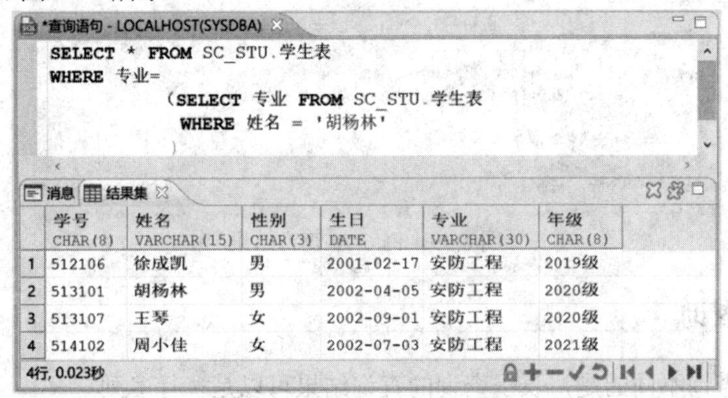

图 6-77　例 6-77 查询结果

该例中，子查询只返回一列值，即安防工程，结果正确，且该例可以用自连接查询来实现。示例代码如下：

```
SELECT * FROM SC_STU.学生表 A, SC_STU.学生表 B
WHERE A.专业 = B.专业 AND B.姓名 = '胡杨林'
```

【例 6-78】 查询学生的年龄大于该生所在年级学生的平均年龄的学生信息。

示例代码如下：

```
SELECT * FROM SC_STU.学生表   WHERE YEAR(GETDATE())-YEAR(生日) >=
(
    SELECT AVG(YEAR(GETDATE())-YEAR(生日)) FROM SC_STU.学生表
)
```

查询结果如图 6-78 所示。

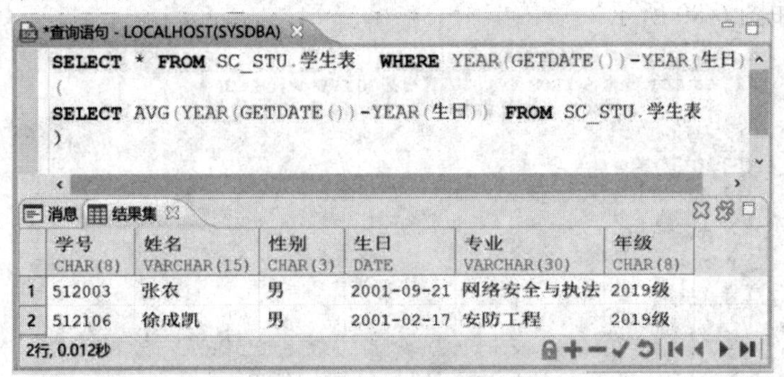

图 6-78　例 6-78 查询结果

该例使用函数+标量子查询，结果正确。

【例 6-79】 当子查询返回行值多于一行时，结果将报错(如查询学号 514102 所选课的名称)。

示例代码如下：

```
SELECT 课程名 FROM SC_STU.课程表 WHERE 课程号 =
        (SELECT 课程号 FROM SC_STU.选课表 WHERE 学号 = '514102')
```

查询结果如图 6-79 所示。

图 6-79　例 6-79 查询结果

## 6.4.2　表子查询

和标量子查询不同的是，表子查询的查询结果可以是多行多列。

一般情况下，表子查询类似标量子查询，单列构成了表子查询的选择清单，但它的查询结果允许返回多行。可以从上下文中区分出表子查询：在其前面始终有一个只对表子查询的运算符：ALL、ANY(或是其同义词 SOME)、IN 和 EXISTS。其中，在 IN/NOT IN 表子查询的情况下，DM 数据库支持查询结果返回多列。

### 1. IN/NOT IN

IN 用于将外部查询的 WHERE 条件表达式与返回的值列表进行比较，如果表达式的值在值列表中则得到结果集，而使用 NOT IN，结果刚好相反。

【例 6-80】 查询学号 514102 所选课的名称(与例 6-79 对比)。

示例代码如下：

```
SELECT 课程名 FROM SC_STU.课程表 WHERE 课程号 IN
(SELECT 课程号 FROM SC_STU.选课表 WHERE 学号 = '514102')
```

查询结果如图 6-80 所示。

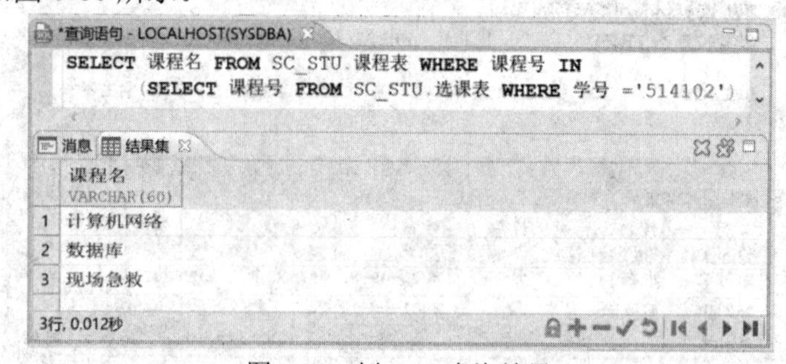


图 6-80　例 6-80 查询结果

【例 6-81】 查询选修了 C001 课程的学生姓名和专业。

示例代码如下：

```
SELECT 姓名, 专业 FROM SC_STU.学生表 a WHERE 学号 IN
( SELECT 学号 FROM SC_STU.选课表 WHERE 课程号 = 'C001')
```

查询结果如图 6-81 所示。

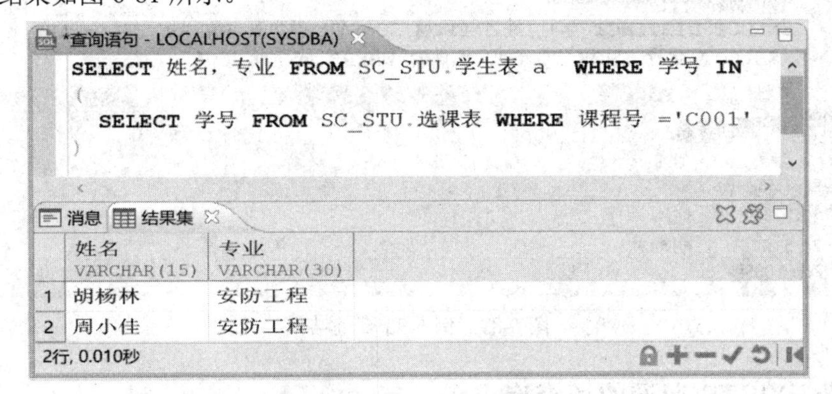


图 6-81　例 6-81 查询结果

## 2. ALL/ANY

ALL 和 ANY 操作符的常见用法是结合一个比较操作符对一个数据列子查询的结果进行测试。它们测试比较值是否与子查询所返回的全部或一部分值匹配。例如，如果比较值小于或是等于子查询所返回的每个值，则 <=ALL 将是 true；如果比较值小于或是等于子查询所返回的任何一个值，则 <=ANY 将是 true。

实际上，IN 和 NOT IN 操作符是 =ANY 和 <>ALL 的简写。

【例 6-82】 查询安防工程专业年龄最大的学生的学号和姓名。

示例代码如下：

```
SELECT 学号, 姓名 FROM SC_STU.学生表  WHERE year(getdate())-year(生日) >= ALL
(SELECT year(getdate())-year(生日) AS 年龄
    FROM SC_STU.学生表 WHERE 专业 = '安防工程' )
```

查询结果如图 6-82 所示。

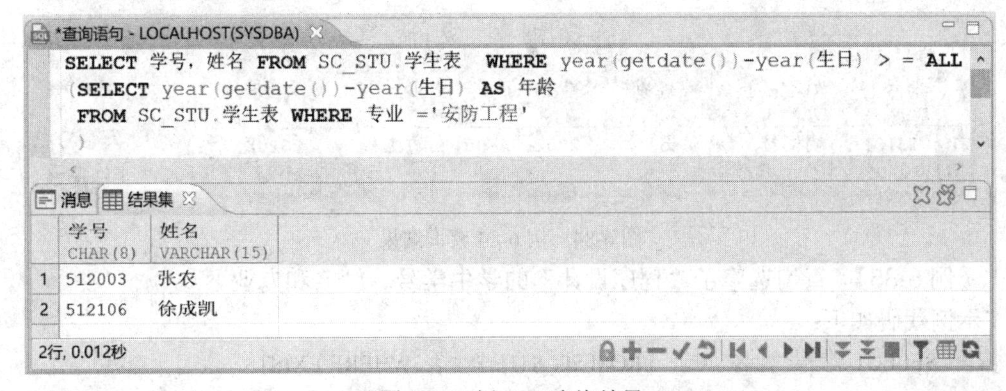


图 6-82　例 6-82 查询结果

【例 6-83】 查询选课表中任何课程成绩低于 60 分的学生信息。

示例代码如下：

```
SELECT DISTINCT 学号, 姓名 FROM SC_STU.学生表 WHERE 学号 = ANY
(SELECT 学号 FROM SC_STU.选课表 WHERE 成绩 < 60)
```

查询结果如图 6-83 所示。

图 6-83　例 6-83 查询结果

### 6.4.3　带 EXISTS 谓词的子查询

EXISTS 判断是对非空集合的测试，并返回 true 或 false。若表子查询返回至少一行，则 EXISTS 返回 true，否则返回 false。若表子查询返回 0 行，则 NOT EXISTS 返回 true，否则返回 false。带 EXISTS 谓词的子查询语法格式如下：

```
[NOT] EXISTS <表子查询>
```

**【例 6-84】** 查询选修课程成绩大于 90 分的学生的基本信息。

示例代码如下：

```
SELECT * FROM SC_STU.学生表 A WHERE EXISTS
(SELECT * FROM SC_STU.选课表 B WHERE B.学号 = A.学号 AND B.成绩 > 90)
```

查询结果如图 6-84 所示。

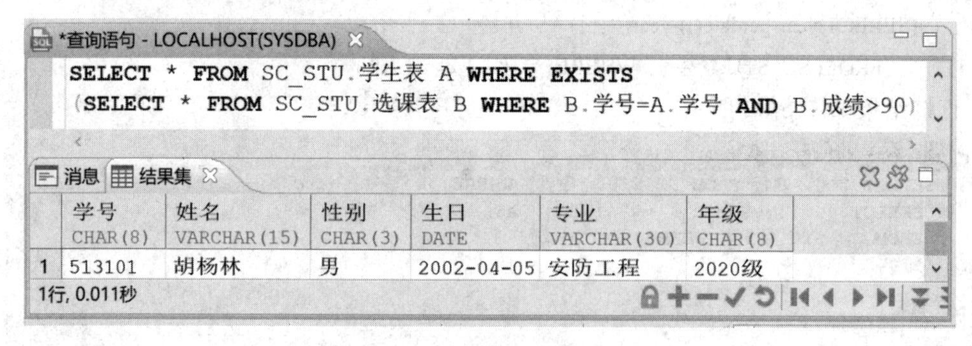


图 6-84　例 6-84 查询结果

**【例 6-85】** 查询选修了“程序设计”的学生学号、姓名和专业。

示例代码如下：

```
SELECT 学号, 姓名, 专业 FROM SC_STU.学生表 WHERE EXISTS
(SELECT * FROM SC_STU.选课表 WHERE 学号 = 学生表.学号 AND 课程号 = 'C002' )
```

查询结果如图 6-85 所示。

图 6-85 例 6-85 查询结果

在表子查询中，还可以通过 EXISTS 和 NOT EXISTS 来判断子查询的结果集是否为空，如果子查询的结果集不为空，使用 EXISTS 则返回 true，否则返回 false。使用 NOT EXISTS 时其返回值与 EXISTS 刚好相反。

### 6.4.4 多层嵌套子查询

在带有子查询的查询语句中，通常也将子查询称内层查询或下层查询。由于子查询还可以嵌套子查询，相对于下一层的子查询，上层查询又称为父查询或外层查询。

由于 DM SQL 语言所支持的嵌套查询功能可以将一系列简单查询构造成复杂的查询，从而有效地增强了 DM SQL 语句的查询功能。以多层嵌套的方式构造语句是 DM SQL“结构化”的特点。嵌套子查询是不依赖于外部查询的一类子查询，这类子查询的执行过程为：首先执行子查询，然后将子查询得到的结果作为外部查询的条件，最后执行外部查询得到结果集。

**【例 6-86】** 查询 C002 课程考试成绩高于学生“程阳”的学生学号和姓名。

示例代码如下：

```
SELECT A.学号, 姓名 FROM SC_STU.学生表 AS A, SC_STU.选课表 AS B
WHERE A.学号 = B.学号 AND 课程号 = 'C002' AND 成绩 > (SELECT 成绩 FROM SC_STU.选课表 WHERE 课程号 = 'C022' AND 学号 = (SELECT 学号 FROM SC_STU.学生表 WHERE 姓名 = '程阳'))
```

查询结果如图 6-86 所示。

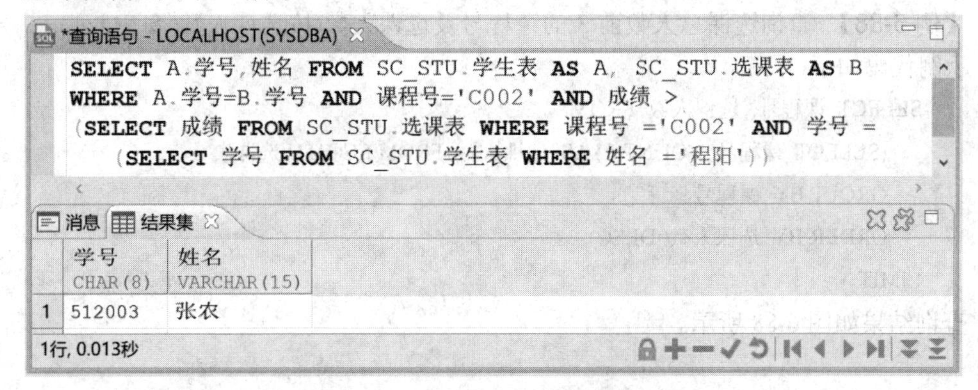


图 6-86 例 6-86 查询结果

【例 6-87】 查询选修了“程序设计”的学生学号、姓名和专业。

示例代码如下：

```
SELECT 学号, 姓名, 专业 FROM SC_STU.学生表 WHERE EXISTS
    (SELECT * FROM SC_STU.选课表 WHERE 学号 = 学生表.学号
    AND 课程号 = (SELECT 课程号 FROM SC_STU.课程表 WHERE 课程名 = '程序设计'))
```

查询结果如图 6-87 所示。

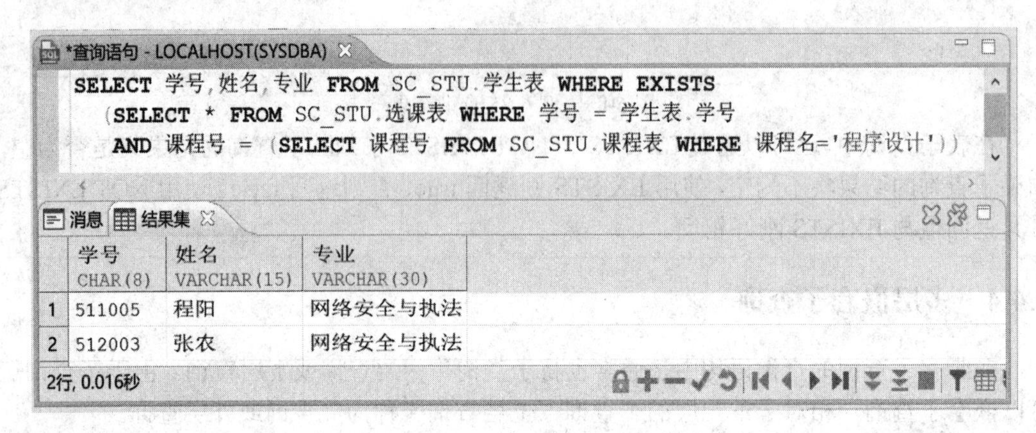


图 6-87 例 6-87 查询结果

数据查询是数据库学习中的重要内容，在应用开发中，经常遇到简单或复杂的各类查询，善用数据查询功能是应用开发的关键。数据查询学习必须配以多练习、多使用才能掌握并善用。

## 6.4.5 派生表子查询

当 SELECT 语句的 FROM 子句中使用独立子查询时，将其称为派生表子查询。派生表子查询是一种特殊的表子查询。派生表是从 SELECT 语句返回的虚拟表。派生表类似于临时表，但是在 SELECT 语句中使用派生表比临时表简单得多，因为它不需要创建临时表的步骤。在 SELCET 语句的 FROM 子句中可以包含一个或多个派生表。派生表嵌套层次不能超过 60 层。

【例 6-88】 查询选课总人数前 3 的课程号及选课人数(按选课人数降序排列)。

示例代码如下：

```
SELECT 课程号, 选课人数 FROM
    (SELECT 课程号, COUNT(*) AS 选课人数 FROM SC_STU.选课表
    GROUP BY 课程号
    ORDER BY 选课人数 DESC)
LIMIT 3
```

查询结果如图 6-88 所示。

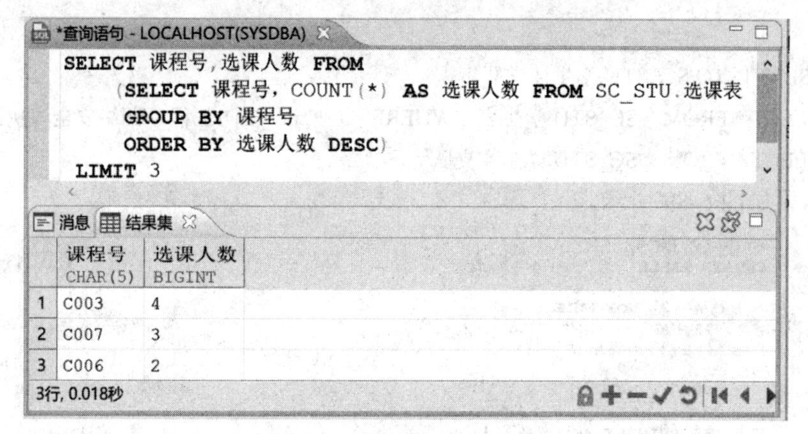


图 6-88　例 6-88 查询结果

# 6.5　数据操作中使用 SELECT 子句

在数据操作过程中使用 SELECT 子句完成相应的数据插入、修改和删除，具体是指在 INSERT 语句、UPDATE 语句和 DELETE 语句中使用 SELECT 子句。

## 6.5.1　INSERT 语句中使用 SELECT 子句

在 INSERT 语句中使用 SELECT 子句可以将一个或多个表或视图中的值添加到另一个表中，使用 SELECT 子句还可以同时插入多行。INSERT 语句中使用 SELECT 子句的语法格式如下：

```
INSERT [INTO] table_name[(column_list)]
SELECT select_list
FROM table_name
[WHERE search_condition]
```

**【例 6-89】** 创建学生表的一个副本“学生 4 支队”，将学生表中“安防工程”和“网络安全与执法”专业学生的数据添加到“学生 4 支队”表中，并显示表中内容。

示例代码如下：

```
CREATE TABLE   SC_STU.学生 4 支队
(
   学号 CHAR(8) NOT NULL,
   姓名 VARCHAR(15) NOT NULL,
   性别 CHAR(3) DEFAULT '男',
   生日 DATE,
   专业 VARCHAR(30),
   年级 CHAR(8),
   CLUSTER PRIMARY KEY(学号),
   CHECK(性别 IN ('男', '女'))
```

```
);
INSERT INTO SC_STU.学生 4 支队
SELECT * FROM   SC_STU.学生表   WHERE  专业  in ('安防工程', '网络安全与执法');
SELECT * FROM   SC_STU.学生 4 支队
```

查询结果如图 6-89 所示。

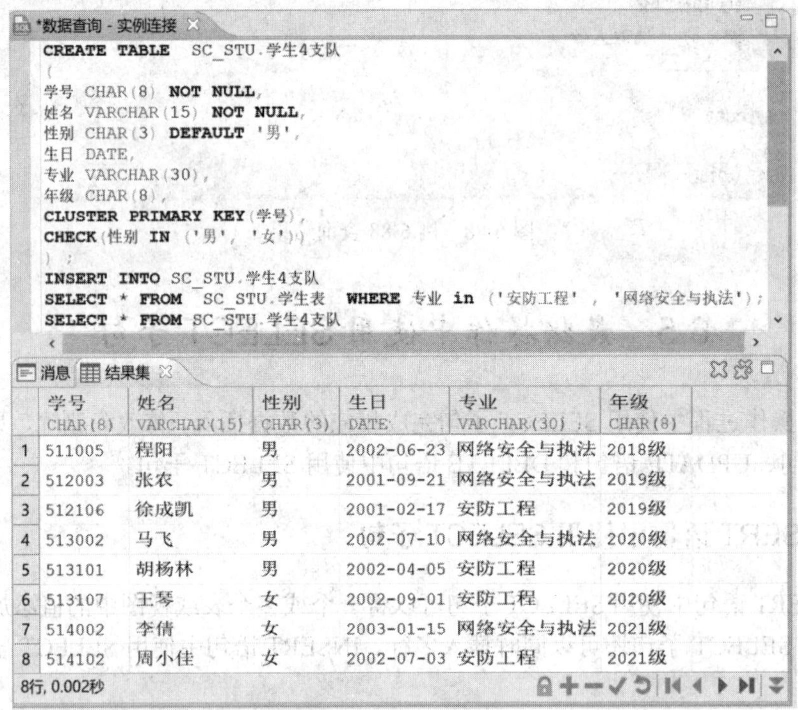


| | 学号 CHAR(8) | 姓名 VARCHAR(15) | 性别 CHAR(3) | 生日 DATE | 专业 VARCHAR(30) | 年级 CHAR(8) |
|---|---|---|---|---|---|---|
| 1 | 511005 | 程阳 | 男 | 2002-06-23 | 网络安全与执法 | 2018级 |
| 2 | 512003 | 张农 | 男 | 2001-09-21 | 网络安全与执法 | 2019级 |
| 3 | 512106 | 徐成凯 | 男 | 2001-02-17 | 安防工程 | 2019级 |
| 4 | 513002 | 马飞 | 男 | 2002-07-10 | 网络安全与执法 | 2020级 |
| 5 | 513101 | 胡杨林 | 男 | 2002-04-05 | 安防工程 | 2020级 |
| 6 | 513107 | 王琴 | 女 | 2002-09-01 | 安防工程 | 2020级 |
| 7 | 514002 | 李倩 | 女 | 2003-01-15 | 网络安全与执法 | 2021级 |
| 8 | 514102 | 周小佳 | 女 | 2002-07-03 | 安防工程 | 2021级 |

图 6-89　例 6-89 查询结果

## 6.5.2 UPDATE 语句中使用 SELECT 子句

在 UPDATE 语句中使用 SELECT 子句可以将子查询的结果作为修改数据的条件。UPDATE 语句中使用 SELECT 子句的语法格式如下：

```
UPDATE table_name
    SET { column_name = { expression } } [, ...n ]
     [WHERE {condition_expression}]
```

其中，condition_expression 中包含 SELECT 子句，SELECT 子句要写在圆括号中。

**【例 6-90】** 在选课表中将 512003 号学生选修的“电子取证”课的成绩修改为 86 分。

示例代码如下：

```
UPDATE SC_STU.选课表  SET  成绩 = 86
WHERE  学号 = '512003' AND
    课程号 = (SELECT  课程号  FROM SC_STU.课程表  WHERE  课程名 = '程序设计');
SELECT * FROM    SC_STU.选课表
WHERE  学号 = '512003'
```

查询结果如图 6-90 所示。

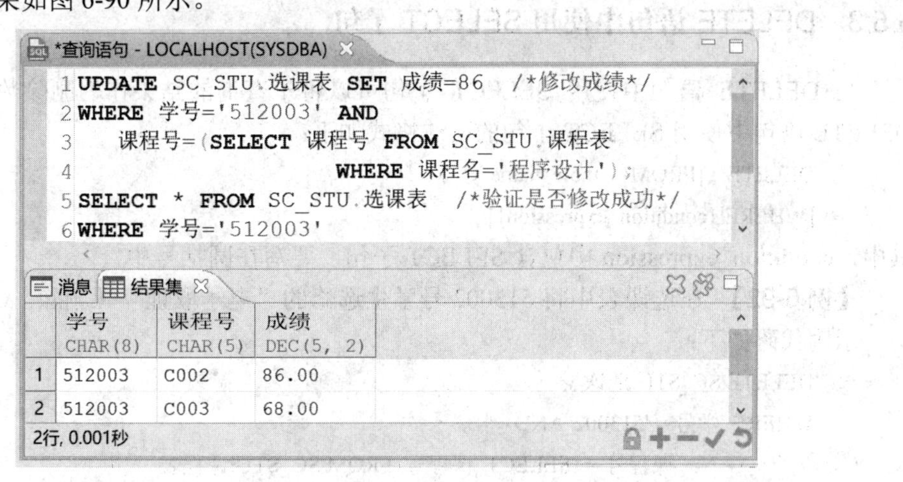


图 6-90　例 6-90 查询结果

**【例 6-91】** 在选课表中将 2018 级网络安全与执法专业程阳选修的 C002 号课的成绩改为 76 分。

方法一：使用 SELECT 子句。

示例代码如下：

```
UPDATE SC_STU.选课表 SET 成绩 = 76 WHERE 课程号 = 'C002'AND 学号 =
(SELECT 学号 FROM SC_STU.学生表
WHERE 姓名 = '程阳' AND 年级 = '2018 级' AND 专业 = '网络安全与执法');
SELECT * FROM  SC_STU.选课表
```

查询结果如图 6-91 所示。

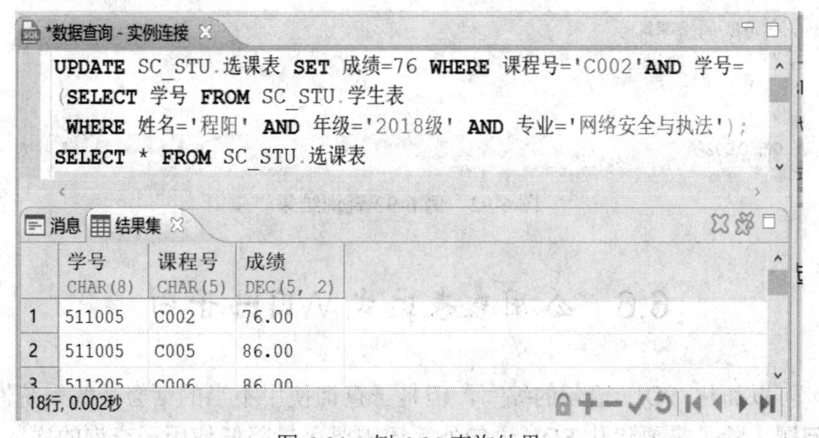


图 6-91　例 6-91 查询结果

方法二：使用 JOIN 内连接。

示例代码如下：

```
UPDATE SC_STU.选课表 SET 成绩 = 76
FROM SC_STU.选课表 a JOIN SC_STU.学生表 b ON  a.学号 = b.学号
WHERE 课程号 = 'C002' AND
姓名 = '程阳' AND 年级 = '2018 级' AND 专业 = '网络安全与执法'
```

### 6.5.3　DELETE 语句中使用 SELECT 子句

在 DELETE 语句中使用 SELECT 子句可以将子查询的结果作为删除数据的条件。DELETE 语句中使用 SELECT 子句的语法格式如下：

```
DELETE  [FROM]  table_name
[WHERE {condition_expression}]
```

其中，condition_expression 中包含 SELECT 子句，要写在圆括号中。

**【例 6-92】** 在选课表中将 513002 号学生选修的“电子取证”课删除。

示例代码如下：

```
DELETE SC_STU.选课表
WHERE 学号 = '513002' AND
          课程号 = (SELECT 课程号 FROM SC_STU.课程表
                    WHERE 课程名 = '电子取证');
SELECT * FROM SC_STU.选课表
WHERE 学号 = '513002'
```

查询结果如图 6-92 所示。

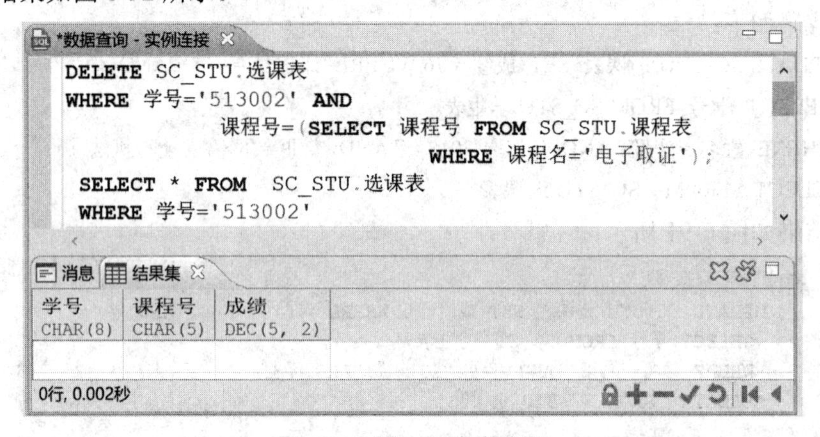


图 6-92　例 6-92 查询结果

## 6.6　公用表表达式 WITH 子句

子查询可以简化 SQL 语句的编写，但是子查询使用不当的话会降低系统性能，为了避免这个问题，除了需要优化 SQL 语句外，还需要尽量降低使用子查询的次数。

**【例 6-93】** 查询学生表中和“胡杨林”同专业同年级的学生信息。

示例代码如下：

```
SELECT * FROM SC_STU.学生表
WHERE 专业 = (SELECT 专业 FROM SC_STU.学生表 WHERE 姓名 = '胡杨林')
    AND 年级 = (SELECT 年级 FROM SC_STU.学生表 WHERE 姓名 = '胡杨林')
```

查询结果如图 6-93 所示。

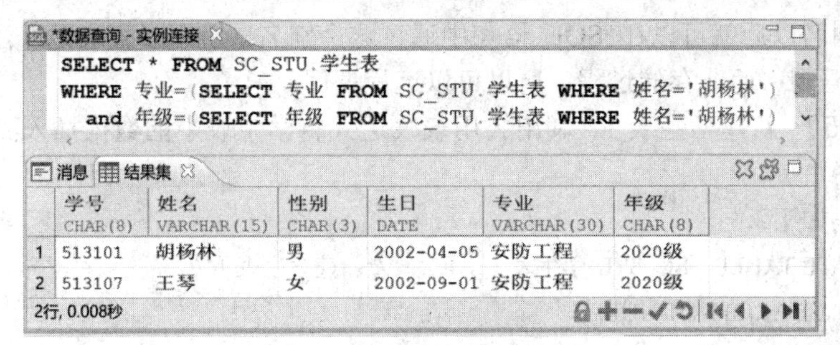


| | 学号 CHAR(8) | 姓名 VARCHAR(15) | 性别 CHAR(3) | 生日 DATE | 专业 VARCHAR(30) | 年级 CHAR(8) |
|---|---|---|---|---|---|---|
| 1 | 513101 | 胡杨林 | 男 | 2002-04-05 | 安防工程 | 2020级 |
| 2 | 513107 | 王琴 | 女 | 2002-09-01 | 安防工程 | 2020级 |

图 6-93　例 6-93 查询结果

这个 SQL 语句可以完成要求的功能，不过可以看到类似的子查询被用了两次，这会带来下面的问题：

(1) 同一个子查询被多次使用会造成这个子查询被执行多次，由于子查询是比较消耗系统资源的操作，所以这会降低系统的性能。

(2) 同一个子查询在多处被使用，这违反了编程中的 DRY(避免重复代码，Don't Repeat Yourself)原则，如果要修改子查询就必须对这些子查询同时修改，很容易造成修改不同步。

造成这种问题的原因就是子查询只能在定义时使用，如果多次使用就必须多次定义，为了解决这种问题，DM 数据库提供了 WITH 子句用于为子查询定义一个别名，这样就可以通过这个别名来引用相应的子查询了，也就实现了“一次定义多次使用”。WITH 子句的语法格式如下：

```
WITH   <公用表表达式的名称>   [<列名>   ({, <列名>})]   AS
( <公用表表达式子查询语句>)
```

【例 6-94】使用公用表表达式查询学生表中和“胡杨林”同专业同年级的学生信息(使用 WITH 子句来改造例 6-93 的 SQL 语句)。

```
WITH A(F1, F2) AS
(SELECT  专业, 年级  FROM SC_STU.学生表
WHERE  姓名 = '胡杨林' )
SELECT * FROM SC_STU.学生表  B, A
WHERE      专业 = A.F1
AND         年级 = A.F2
```

查询结果如图 6-94 所示。

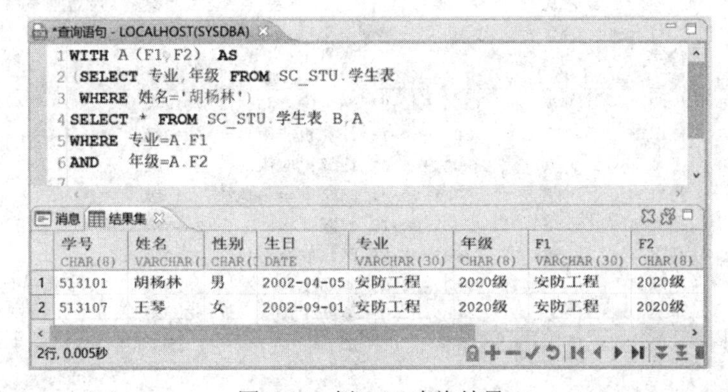


| | 学号 CHAR(8) | 姓名 VARCHAR( | 性别 CHAR( | 生日 DATE | 专业 VARCHAR(30) | 年级 CHAR(8) | F1 VARCHAR(30) | F2 CHAR(8) |
|---|---|---|---|---|---|---|---|---|
| 1 | 513101 | 胡杨林 | 男 | 2002-04-05 | 安防工程 | 2020级 | 安防工程 | 2020级 |
| 2 | 513107 | 王琴 | 女 | 2002-09-01 | 安防工程 | 2020级 | 安防工程 | 2020级 |

图 6-94　例 6-94 查询结果

定义好别名以后就可以在 SQL 语句中通过这个别名来引用子查询了，注意这个语句是一个 SQL 语句，而非存储过程，所以可以远程调用。

**【例 6-95】** 新建学生表 1，利用公用表表达式将学生表中的数据插入到学生表 1 的表中。

示例代码如下：

```
CREATE TABLE    SC_STU.学生表 1              /*新建学生表 1*/
(学号  CHAR(8) NOT NULL,
 姓名  VARCHAR(15) NOT NULL,
 性别  CHAR(3) DEFAULT '男',
 生日  DATE,
 专业  VARCHAR(30),
 年级  CHAR(8),
 CLUSTER PRIMARY KEY(学号),
 CHECK(性别  IN ('男', '女')));
/*利用公用表表达式将学生表中的数据插入到学生表 1*/
INSERT INTO    SC_STU.学生表 1 WITH CTE1 AS(SELECT * FROM SC_STU.学生表)
SELECT * FROM CTE1;
SELECT * FROM SC_STU.学生表 1;          /*验证数据是否插入成功*/
```

查询结果如图 6-95 所示。

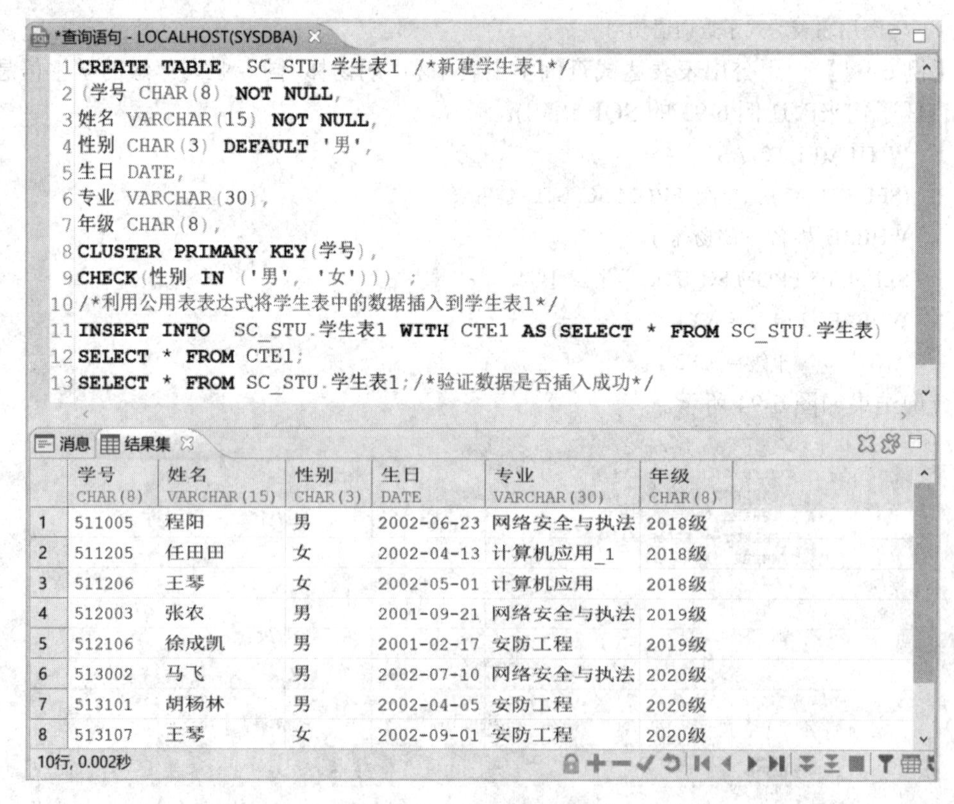


| | 学号 CHAR(8) | 姓名 VARCHAR(15) | 性别 CHAR(3) | 生日 DATE | 专业 VARCHAR(30) | 年级 CHAR(8) |
|---|---|---|---|---|---|---|
| 1 | 511005 | 程阳 | 男 | 2002-06-23 | 网络安全与执法 | 2018级 |
| 2 | 511205 | 任田田 | 女 | 2002-04-13 | 计算机应用_1 | 2018级 |
| 3 | 511206 | 王琴 | 女 | 2002-05-01 | 计算机应用 | 2018级 |
| 4 | 512003 | 张农 | 男 | 2001-09-21 | 网络安全与执法 | 2019级 |
| 5 | 512106 | 徐成凯 | 男 | 2001-02-17 | 安防工程 | 2019级 |
| 6 | 513002 | 马飞 | 男 | 2002-07-10 | 网络安全与执法 | 2020级 |
| 7 | 513101 | 胡杨林 | 男 | 2002-04-05 | 安防工程 | 2020级 |
| 8 | 513107 | 王琴 | 女 | 2002-09-01 | 安防工程 | 2020级 |

图 6-95　例 6-95 查询结果

如果WITH子句所定义的表名被调用两次以上，则优化器会自动将WITH子句所获取的数据放入一个TEMP表里；如果只是被调用一次，则不执行放入操作。很多查询通过这种方法都可以提高查询速度。公用表表达式是一个命名的临时结果集，仅在单个SQL语句(如SELECT、INSERT、UPDATE或DELETE)的执行范围内存在。定义公用表表达式后，可以像SELECT、INSERT、UPDATE、DELETE或CREATE VIEW语句中的视图一样使用它。

## 本章小结

数据查询是数据库学习中的重要内容，在应用开发中，经常遇到简单或复杂的各类查询，善用数据查询功能是应用开发的关键。数据查询学习必须配以多练习、多使用，方能掌握并善用。

# 第7章 视图与索引

视图与索引都是数据库对象。视图常用于显示数据库中集中的、简化的、定制的数据信息，它是一种逻辑表，可简化用户对数据的操作或者控制用户的数据访问，保护数据安全。在使用视图时，常为不同的用户创建不同的视图，实现数据共享和数据安全保密。索引保存着数据表中一列或几列组合的排序结构，像图书的目录。索引的使用可以大大提高数据检索的速度。

## 7.1 视 图

视图分为普通视图和物化视图。普通视图不存储数据，物化视图是从一个或几个基表导出的有真实数据的表。通常所说的视图即指普通视图，后面不作特殊说明的视图均为普通视图。

视图具有将预定义的查询作为对象存储在数据库中的能力，它是一种虚拟表，其内容是查询的定义。同表一样，视图具有一系列带有名称的列和行数据，它存储视图的定义并引用定义视图的基表数据。在使用视图检索数据等操作时，它的数据是动态生成的，操作视图，其实是对基表的操作。

### 7.1.1 视图的概念

视图是由查询语句定义的一个虚拟表，可以看作是一个用户感兴趣的数据监视器。视图本身不存储任何数据，它只存储视图的定义。它看起来像一张表，具有行和列，也可以像表一样作为 SELECT 语句的数据源来使用。

视图是定义的查询语句，视图定义的查询语句中的表称为基表，当基表的数据发生变化时，视图可以直接反映出来。当对视图执行更新操作时，其实操作的是基表中的数据，所以可以通过视图检索基表中的数据，亦可以通过视图更改基表中的数据。

视图是一个窗口，用户透过视图可以看到所需的数据。若用户所需的数据是一张表或几张表的部分列或部分行，那么可以根据用户需求将这些满足条件的数据组织到视图中，不需要修改表结构定义，这样可简化用户操作，同时也可提高数据的独立性，实现数据共享与保密。

视图常用的示例有：一个基表的行或列的子集，两个或多个表的合并，两个或多个表的连接，一个基表的统计，另一个视图或视图和基表组合的子集。

视图的作用类似于筛选，筛选的数据可以来自一个表或多个表，亦可来自其他视图。

通过视图进行查询没有任何限制，修改数据的限制也很少。

## 7.1.2　视图的功能

视图是基于基表定义的，对视图的检索更新操作便是对基表的操作，那么为什么不直接操作基表而要使用视图呢？下面先介绍视图的功能。

### 1. 简化用户的操作

视图的使用将用户的注意力集中于其关心的数据上，通过定义视图，使得用户眼中的数据库结构更为简单、清晰。它只显示特定的数据，不需要的、敏感的数据不引入视图，这样用户就只关注于重要的或适合的数据。

### 2. 视图使用户多角度地看待同一数据

可以为不同的用户定义不同的视图，使得用户以不同的方式看待同一数据。当多个用户使用同一数据库时，视图的机制就显得尤为重要。

### 3. 视图为重构数据库提供了一定程度的逻辑独立性

数据的物理独立性是指用户和应用不依赖于数据库的物理结构。数据的逻辑独立性是指当数据库重新构造，如增加新的关系或对原有关系增加新的列等操作时，用户和应用不会受到影响。

### 4. 视图能够对机密数据提供安全保护

有了视图后，就可以在设计数据库系统时，为不同的用户定义不同的视图，使机密数据不出现在不应看到这些数据的用户视图上，这样视图就自动提供了对数据的安全保护功能。

### 5. 组织数据以便导出其他应用

可以基于连接两个或多个表或视图的复杂查询构建视图，并将数据导出到其他应用程序以进行更深入的分析。例如，使用视图导出数据至 EXCEL 中使用。

## 7.1.3　视图的创建

用户必须要有创建视图的权限并对视图中要引用的基表或视图具有适当的权限。创建视图时需要注意以下几点：

(1) 只能在当前数据库中创建视图。

(2) 一个视图最多引用 1024 个列。

(3) 视图的命名必须符合 DM 数据库中对象标识符的定义规则，对于每个用户模式下所定义的视图名必须是唯一的，而且不能与该用户的某个表同名。可以将视图定义在其他视图或引用之上，即可嵌套定义视图。

(4) 定义视图时，视图的列名默认情况是定义它的查询语句列名。以下情况定义的视图，需要明确指定每一个列的名称：视图的列来自表达式、函数或常量时；视图引用的基表有相同的列名时；希望视图的列名与基表的列名有区别时。

创建视图可以使用 DM 管理工具可视化的方法和 SQL 语句的 CREATE VIEW 命令，下面分别介绍。

1. 使用 DM 管理工具创建视图

【例 7-1】 在 SC_STU 模式下，以学生表、选课表为基表，创建一个名为 V_STU 包含学生学号、姓名、性别、年龄、籍贯、课程号、选课日期、成绩列且含筛选条件学号为 20210001～20210050 或学号为 20210100～20210150 的视图。

其步骤如下：

(1) 在对象导航中，单击“模式”结点并展开。

(2) 找到 SC_STU 模式结点并展开。

(3) 找到并右键单击视图结点，弹出快捷菜单。

(4) 选择“新建视图”菜单命令，弹出如图 7-1 所示的“新建视图”对话框。

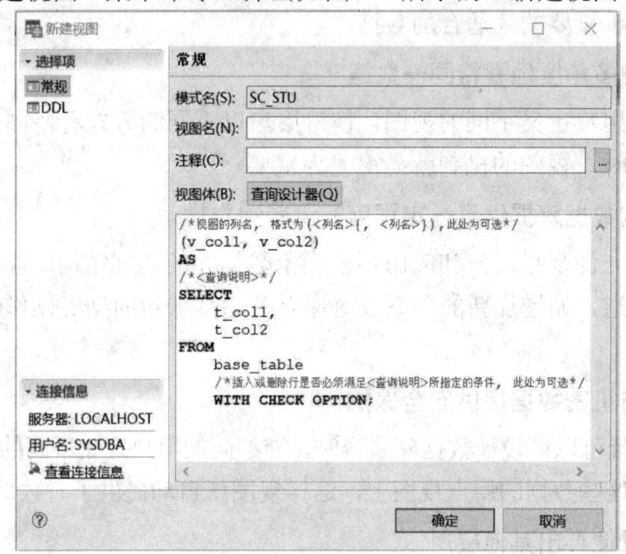


图 7-1　新建视图

(5) 在“新建视图”对话框中单击“查询设计器”按钮，弹出如图 7-2 所示的“查询设计”对话框。

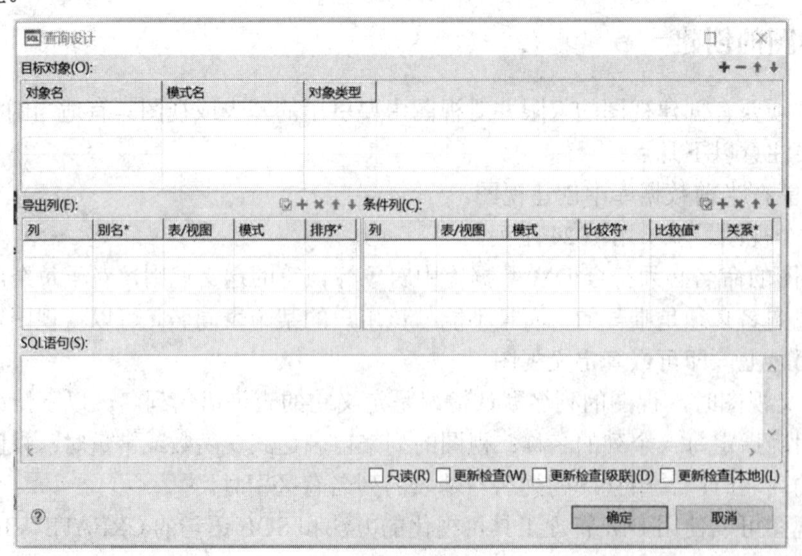


图 7-2　查询设计

(6) 单击“查询设计”对话框中目标对象右侧的 ✚，弹出“对象选择”对话框。

(7) 在“对象选择”对话框中勾选设计视图的基表(需要注意的是选择基表时先在模式下拉列表中选中相应模式)。

(8) 返回“查询设计”窗口，在“导出列”处单击 ✚ 添加列。

(9) 在“查询设计”的“条件列”处单击 ✚ 添加条件列“学号”。

(10) 返回“查询设计”窗口的“条件列”设置条件，其中含比较运算符和条件关系等，如图 7-3 所示。

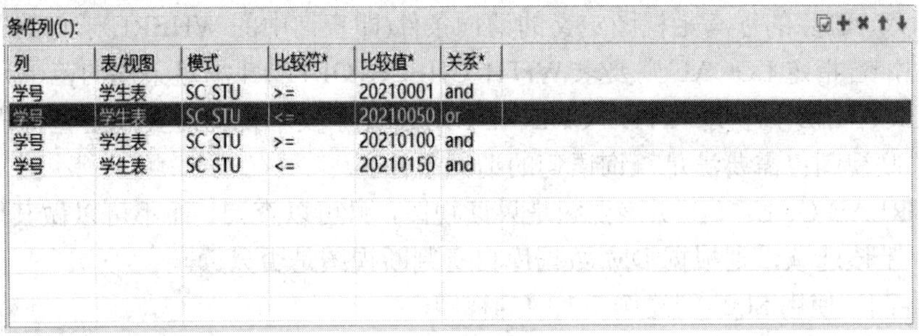

条件列(C):

| 列 | 表/视图 | 模式 | 比较符* | 比较值* | 关系* |
| --- | --- | --- | --- | --- | --- |
| 学号 | 学生表 | SC STU | >= | 20210001 | and |
| 学号 | 学生表 | SC STU | <= | 20210050 | or |
| 学号 | 学生表 | SC STU | >= | 20210100 | and |
| 学号 | 学生表 | SC STU | <= | 20210150 | and |

图 7-3　设置条件

(11) 完成“查询设计”确定后返回“新建视图”对话框，在该对话框的 SQL 命令处修改生日列，改为“(year(curdate())-year(("SC_STU"."学生表"."生日")) as 年龄”，修改 WHERE 条件处的代码，加入多表连接条件和相应的符号使逻辑更清晰，修改后的结果如图 7-4 所示。

```
as
select
        "SC_STU"."学生表"."学号"   ,
        "SC_STU"."学生表"."姓名"   ,
        "SC_STU"."学生表"."性别"   ,
        (year(curdate())-year("SC_STU"."学生表"."生日")) as 年龄  ,
        "SC_STU"."学生表"."籍贯"   ,
        "SC_STU"."选课表"."课程号" ,
        "SC_STU"."选课表"."选课日期",
        "SC_STU"."选课表"."成绩"
from
        "SC_STU"."学生表",
        "SC_STU"."选课表"
where
        ("SC_STU"."学生表"."学号" ="SC_STU"."选课表"."学号" )
        and
        ("SC_STU"."学生表"."学号" >= 20210001
    and "SC_STU"."学生表"."学号" <= 20210050)
     or ("SC_STU"."学生表"."学号" >= 20210100
    and "SC_STU"."学生表"."学号" <= 20210150)
```

图 7-4　SQL 命令

将所有项设计完成，单击“确定”按钮，完成视图的创建。

### 2. 使用 T-SQL 语句创建视图

使用 T-SQL 语句创建视图的基本语法格式如下：

CREATE VIEW [模式名.]视图名 [(列名, {, 列名})]

AS

查询语句

```
[WITH [LOCAL | CASCADED] | CHECK OPTION] | WITH READ ONLY
```

语法说明：

CREATE VIEW：创建视图保留字，与创建表对象一样，若登录的是拥有当前模式的用户，并且当前模式和要引用的模式对象所属的模式相同，则“模式名.”可省略。

列名：在视图中的显示列名。这里可以省略，若省略则使用的是SELECT语句的列名，若SELECT语句定义有别名，则为SELECT查询列的别名。

WITH CHECK OPTION：表示对视图进行UPDATE、INSERT、DELETE操作时要保证更新、插入、删除的行满足视图定义的谓词条件(即查询中的WHERE子句的逻辑条件)。创建视图时，若指定LOCAL则要求WITH CHECK OPTION满足条件的范围只是基表，若指定CASCADED则要求WITH CHECK OPTION不仅本视图需要满足查询语句的谓词条件，相关联视图也需要满足查询语句的谓词条件。

WITH READ ONLY：指明该视图是只读视图，只可以查询，而不可以做其他DML操作。如果不带该选项，则根据DM数据库自身判断视图是否只读。

**【例7-2】** 使用SQL创建例7-1中的视图。

示例代码如下：

```
CREATE VIEW SC_STU.V_STU
AS
SELECT
学号, 姓名, 性别, YEAR(CURDATE())-YEAR(生日) AS 年龄,
籍贯, 课程号, 选课日期, 成绩
FROM SC_STU.学生表 A, SC_STU.选课表 B
WHERE (A.学号 = B.学号)
AND (A.学号 BETWEEN '20210001' AND '20210050')
AND (A.学号 BETWEEN '20210100' AND '20210150')
```

**【例7-3】** 在SC_STU模式基于学生表创建视图V_STU1，含学号、姓名、性别、年龄和籍贯列，筛选条件是籍贯列的值以“贵州”开始，带WITH CHECK OPTION参数。

示例代码如下：

```
CREATE VIEW SC_STU.V_STU1
AS
SELECT 学号, 姓名, 性别, YEAR(CURDATE())-YEAR(生日) AS 年龄, 籍贯
FROM SC_STU.学生表 WHERE 籍贯 LIKE '贵州%'
WITH CHECK OPTION
```

### 7.1.4 视图的维护

#### 1. 修改视图

当视图定义好之后又与需求不相符合时，就需要修改视图。修改视图有两种方法，一是使用管理工具的对象导航，二是使用SQL语句的CREATE OR REPLACE VIEW命令。使用DM管理工具，只需要在要修改的视图上右键单击选择修改命令，在弹出的“视图修

改”对话框中修改即可，与创建视图无异，这里不再赘述。下面主要介绍使用 SQL 语句修改视图。

使用 SQL 语句修改视图的语法格式如下：

```
CREATE OR REPLACE VIEW [模式名.]视图名 [(列名，{, 列名})]
AS
查询语句
[WITH [LOCAL | CASCADED] | CHECK OPTION] | WITH READ ONLY
```

该语法的解释与视图的创建是一样的。

**【例 7-4】** 将例 7-2 中所创建的视图更改为查询筛选条件：所有当前年份前一年级学生的信息和选课信息(学号的前 4 位代表学生年级)。

示例代码如下：

```
CREATE OR REPLACE VIEW SC_STU.V_STU
AS
SELECT
A.学号, 姓名, 性别, YEAR(CURDATE())-YEAR(生日) AS 年龄, 籍贯, 课程号, 选课日期, 成绩
FROM SC_STU.学生表 A, SC_STU.选课表 B
WHERE (A.学号 = B.学号)
AND SUBSTR(A.学号, 1, 4)+1 = YEAR(CURDATE())
```

**2. 删除视图**

当一个视图不再使用后可以将其删除，可以在管理工具的对象导航中删除，也可以使用 SQL 语句删除。对于管理工具的对象导航操作，可直接在删除的视图上右键单击，在弹出的快捷菜单中选择“删除”命令即可。使用 SQL 删除视图的语法格式如下：

```
DROP VIEW[模式名.]视图名[RESTRICT | CASCADE]
```

**【例 7-5】** 将模式 SC_STU 下的 V_STU1 删除。

示例代码如下：

```
DROP VIEW SC_STU.V_STU1
```

### 7.1.5　视图的使用

视图定义好后，用户就可以像对基表一样对视图进行查询等操作。

数据库管理系统执行对视图的操作时，首先检查视图定义的有效性，检查涉及的表、视图是否存在，然后再执行对视图的操作。

**1. 使用视图查询数据**

**【例 7-6】** 在 V_STU1 中查询贵州籍贯学生的信息。

示例代码如下：

```
SELECT * FROM SC_STU.V_STU1
```

**【例 7-7】** 在 V_STU1 中查询贵州籍 22 岁学生的信息，并按学号降序排列。

示例代码如下：

```
SELECT * FROM SC_STU.V_STU1 WHERE 年龄 = 22 ORDER BY 学号 DESC
```

执行结果如图 7-5 所示。

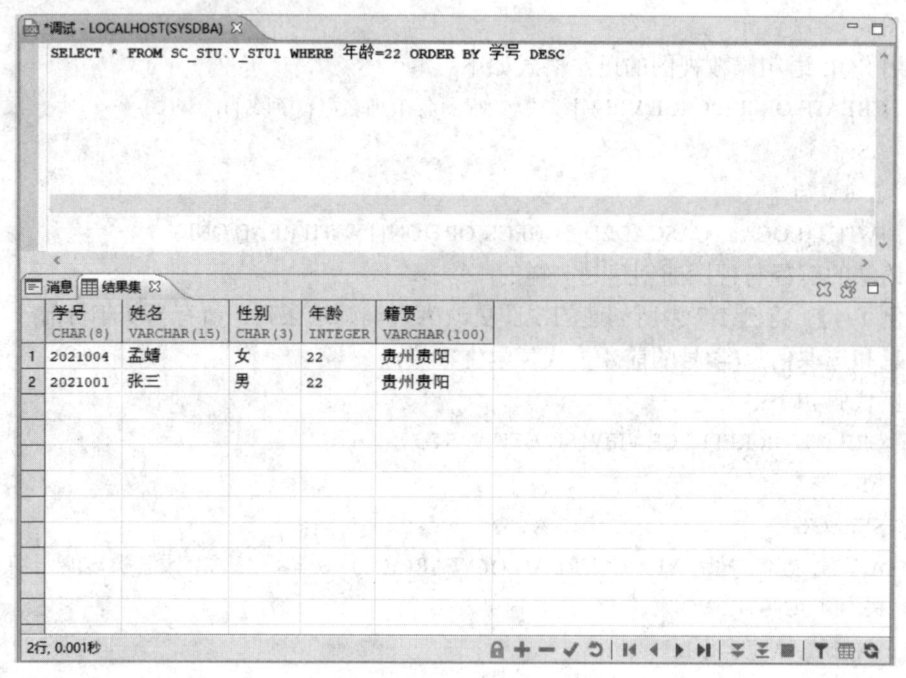


图 7-5　例 7-7 执行结果

**【例 7-8】** 在 SC_STU 下有视图 V3，基于学生表与选课表创建，包括所有有选课信息的学生学号、姓名、性别、年龄及选课信息，在 V3 中按年龄统计各年龄人数。

示例代码如下：

```
SELECT 年龄, COUNT(*) AS 人数 FROM SC_STU.V3 GROUP BY 年龄
```

该例从视图进行数据统计查询，因为一个学生可能选修多门课，一门课可能有多个学生选修，也就意味着视图中同一学生的学号、姓名、性别和年龄可能出现多次，在进行统计时，就有可能出现数据统计重复。所以在使用视图进行查询时，一定要了解使用视图的目的，使用视图应避免带来数据误差，如图 7-6 和图 7-7 所示。

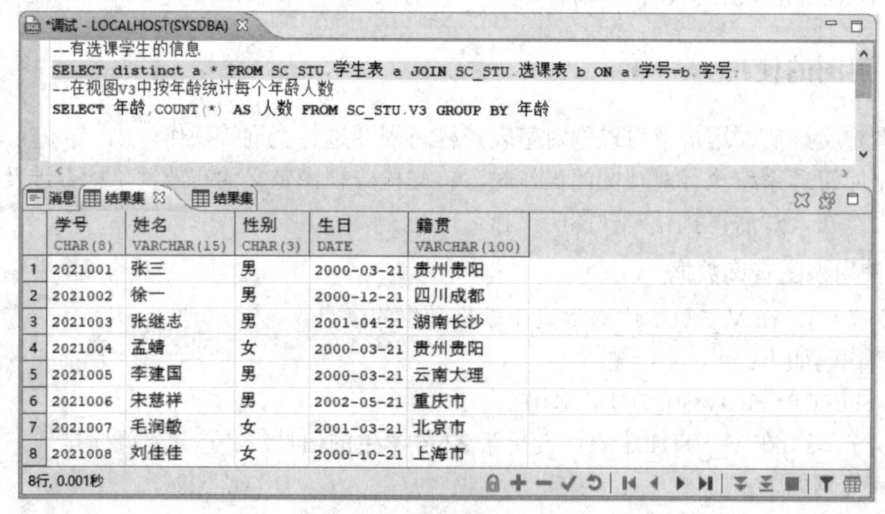


图 7-6　有选课学生的信息

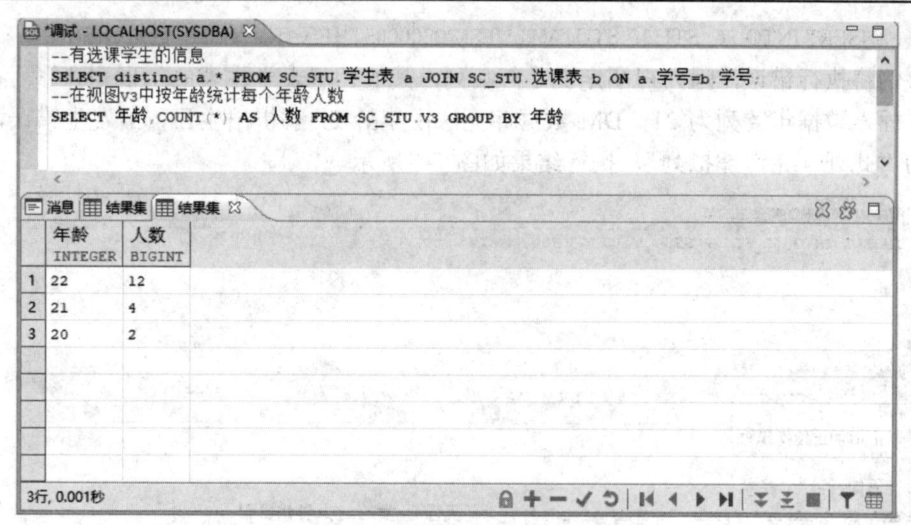


图 7-7　使用视图 V3 按年龄统计结果

### 2. 使用视图更新数据

用户可以对视图进行数据检索，也可以通过视图对基表的数据进行更新，包括插入、修改和删除。使用视图更新数据时有如下准则：

(1) DM 数据库必须能明确地解析对视图所引用的表中特定行所做的操作。如视图 V_STU1 中的年龄列，若在视图中修改年龄则不被允许。因其使用了计算列，而基表学生表存储的为生日。

(2) 对于基表中不允许空值的列，使用视图插入时需要在 INSERT 语句中给予非空列值或 DEFAULT 定义中指出，这样方能确保基表的非空列有值。

(3) 使用视图更新数据，更新的数据需要符合基表中的约束定义。

(4) 若视图定义中有连接查询、集合运算、GROUP BY 子句等，则不能使用视图进行更新数据操作，其为只读视图。

(5) 使用视图更新数据，若视图定义中有 WITH CHECK OPTION 子句，则更新的数据需要满足视图定义的 WHERE 子句语义，如 V_STU1。

**【例 7-9】** 使用 V_STU1 将 20210003 学生的籍贯改为贵州省贵阳市。

示例代码如下：

```
UPDATE SC_STU.V_STU1 SET 籍贯 = '贵州省贵阳市' WHERE 学号 = '20210003'
```

**【例 7-10】** 使用 V_STU1 删除学号为 20210013 的学生。

示例代码如下：

```
DELETE SC_STU.V_STU1 WHERE 学号 = '20210013'
```

**【例 7-11】** 使用 V_STU1 插入一条信息('20200002', '彭文惠', '女', '贵州贵阳')。

示例代码如下：

```
INSERT INTO SC_STU.V_STU1(学号, 姓名, 性别, 籍贯) VALUES('20200002', '彭文惠', '女', '贵州
贵阳')
```

**【例 7-12】** 使用 V_STU1 插入一条信息('20200003', '任天行', '女', 21, '贵州贵阳')。

示例代码如下：

INSERT INTO SC_STU.V_STU1 VALUES('20200003', '任天行', '女', 21, '贵州贵阳')

该例将执行错误，因为视图定义是年龄列，其值为基表学生表的生日列计算而得，使用视图插入数据年龄列为 21，DM 数据库无法由年龄 21 解析出生日，故发生错误，错误提示为“此处不允许虚拟列”，执行结果如图 7-8 所示。

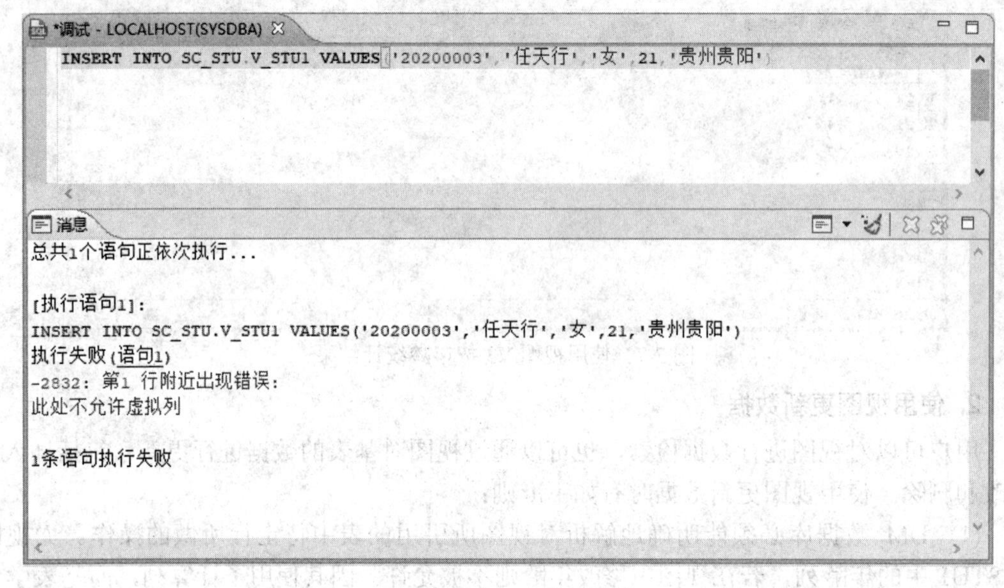


图 7-8　例 7-12 执行结果

**【例 7-13】** 使用 V_STU1 插入一条信息('20200003', '任天行', '女', '四川省成都市')。

示例代码如下：

INSERT INTO SC_STU.V_STU1(学号, 姓名, 性别, 籍贯) VALUES('20200003', '任天行', '女', '四川省成都市')

该例仍然执行错误，因为 V_STU1 视图在定义时指定了“WITH CHECK OPTION”，要求插入的数据满足定义视图查询语句的 WHERE 条件“贵州%”，所以这里插入的籍贯不满足视图定义，错误提示为“违反视图[V_STU1]CHECK 约束”，执行结果如图 7-9 所示。

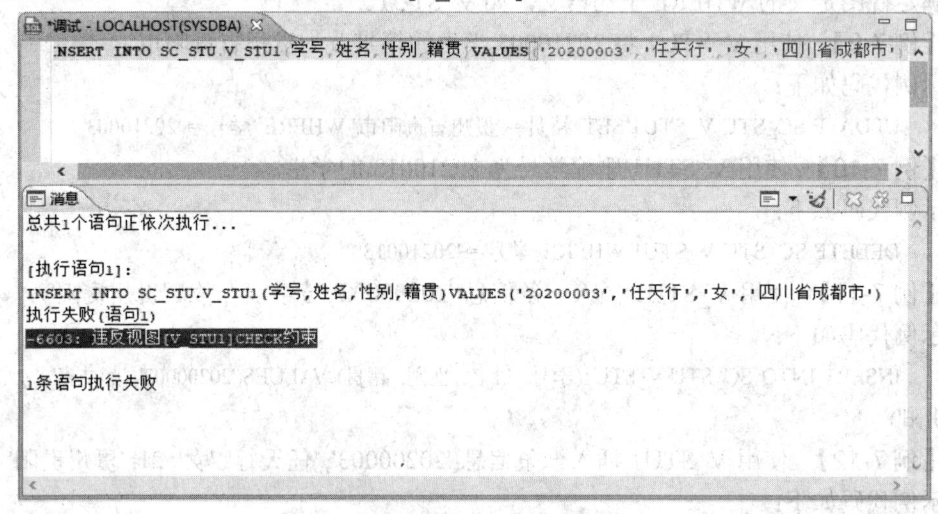


图 7-9　例 7-13 执行结果

# 7.2 物化视图

## 7.2.1 物化视图概述

物化视图是一个表或几个表导出的表，物化视图不同于视图，物化视图存储真实的数据。物化视图的数据也来自基表，但当基表的数据发生改变时，物化视图的数据会变得陈旧，此时需要手动或自动更新物化视图数据。

创建物化视图有以下几点限制：

(1) 物化视图不包括集合操作。

(2) 物化视图定义不能含垂直分区表。

(3) 对物化视图日志和物化视图只能进行查询和创建索引，不能进行数据插入、删除、更新、MERGE INTO 和 TRUNCATE 操作。

(4) 同一张表对象只能创建 127 个物化视图。

(5) 包含物化视图的普通视图及游标是不能更新的。

(6) 如果对某明细表进行 TRUNCATE 操作，那么依赖它的物化视图必须先进行一次完全的刷新后才能快速刷新。

依据定义物化视图的查询语句，物化视图可分为五类：

(1) SIMPLE：无 GROUP BY，无聚集函数，无连接操作。

(2) AGGREGATE：仅包含有 GROUP BY 和聚集函数。

(3) JOIN：仅包含有多表连接。

(4) SUB-QUERY：仅包含有子查询。

(5) COMPLEX：除上述四种外的物化视图类型。

使用视图时，可根据 SYS.USER_MVIEWS 的 MVIEW_TYPE 列来查看物化视图的分类。

## 7.2.2 物化视图的创建

物化视图的创建可以通过 DM 管理工具与 SQL 命令创建。通过 DM 管理工具创建时，直接在对象导航中展开要创建物化视图的模式，找到“物化视图”结点并右键单击，在弹出的快捷菜单中选中“新建物化视图”命令，在弹出的“新建物化视图”对话框中创建即可，这里不作说明。下面主要介绍通过 SQL 命令方式创建物化视图，掌握好 SQL 命令创建物化视图后再回头看对象导航的创建方式，更容易理解。

使用 SQL 命令创建物化视图的语法格式：

```
CREATE MATERIALIZED VIEW [模式名.]视图名[(列名{, 列名})]
[BUILD IMMEDIATE | BUILD DEFERRED]
[STORAGE 子句]
[REFRESH [{FAST | COMPLETE | FORCE}] | [ON DEMAND | ON COMMIT | START WITH 时
```

```
间表达式 | NEXT 时间表达式][WITH PRIMARY KEY | WITH ROWID]] | NEVER REFRESH
    [DISABLE | ENABLE] QUERY REWRITE
    AS
    查询语句
```

语法说明：

CREATE MATERIALIZED VIEW：创建物化视图关键字，后跟模式名.视图名与视图列，与普通视图解释一致。

BUILD IMMEDIATE：立即填充数据，为默认选项。

BUILD DEFERRED：延迟填充数据，刷新项必须为 COMPLETE。

REFRESH：刷新选项，后跟刷新方式。

FAST：根据相关表上的数据更改记录进行增量刷新，为快速刷新，使用 FAST 必须建立物化视图刷新日志。

COMPLETE：通过物化视图定义脚本进行完全刷新。

FORCE：当快速刷新可用时采用快速刷新，否则采用完全刷新，默认选项。

ON DEMAND：用户通过 REFRES 语法进行手动刷新，如果指定了 START WITH 和 NEXT 则不需要此选项。

ON COMMIT：在相关表的事务提交时进行快速刷新。

START WITH：用于指定首次刷新物化视图的时间。若省略该项，则首次刷新时间为当前时间加上 NEXT 刷新时间间隔。

NEXT：用于指定物化视图自己刷新的时间间隔。若省略该项而有首次刷时间，则只刷新一次；若省略该项，时间也省略，则不进行自动刷新操作。

WITH PRIMARY KEY：必须含有主键约束，选择列必须含有所有的 PRIMARY KEY,不能含对象类型。

WITH ROWID：必须基于单表，并且不能包含 DISTINCT、聚合函数、GROUP BY 子句、CONNECT BY 子句、子查询、连接、集合运算。

NEVER REFRESH：不对物化视图进行刷新操作。

QUERY REWRITE：改写选项，当其前为 DISABLE 时禁止物化视图用于改写，为 ENABLE 时允许物化视图用于查询改写。

时间表达式：SYSDATE+常量 | 日期间隔。

创建物化视图需具有创建物化视图的权限，如果使用 SYSDBA 登录数据库，那么创建物化视图将失败，失败原因为“没有创建或修改物化视图的权限”，SYSDBA 不具备物化视图创建与修改的权限。

**【例 7-14】** 在 SC_STU 模式下基于学生表创建一个名为 V1 的物化视图，含学号、姓名、性别、年龄、籍贯，不允许改写查询语句，依据 ROWID 刷新且刷新间隔为 1 天，查询条件根据生日计算的年龄在 20 以下。

示例代码如下：

```
CREATE MATERIALIZED VIEW SC_STU.V1
REFRESH WITH ROWID
START WITH SYSDATE NEXT SYSDATE+1
```

```
AS
SELECT 学号, 姓名, 性别, YEAR(CURDATE())-YEAR(生日) AS 年龄, 籍贯
FROM SC_STU.学生表 WHERE YEAR(CURDATE())-YEAR(生日) < 20
```

该例中使用的是模式的拥有者(STU_DBA)登录数据库且该用户已被授权创建物化视图的权限；该物化视图创建后，在对象导航中的 SC_STU 模式结点下的物化视图中看到创建的物化视图 V1，视图 V1 结点下还可以看到 MTAB$_V1 表(真正存放视图数据的表)，执行结果如图 7-10 所示。

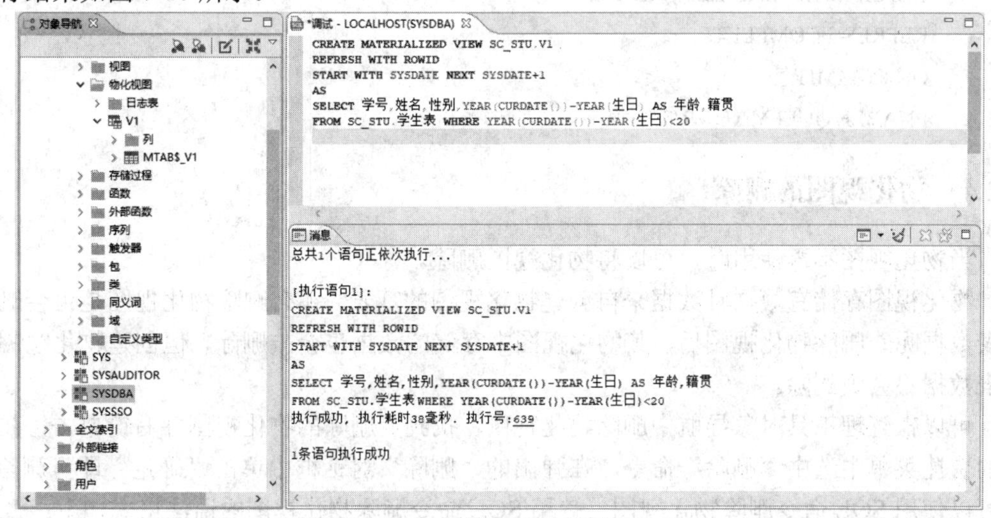


图 7-10　例 7-14 执行结果

**【例 7-15】** 在 SC_STU 模式下基于学生表创建一个名为 V2 的物化视图，含学号、姓名、性别、生日、籍贯，依据 ROWID 快速刷新，查询条件根据生日计算籍贯以贵州开始。

示例代码如下：

```
CREATE MATERIALIZED VIEW SC_STU.V2
REFRESH WITH ROWID
ON COMMIT
AS
SELECT 学号, 姓名, 性别, 生日, 籍贯 FROM SC_STU.学生表 WHERE 籍贯 LIKE '贵州%'
```

### 7.2.3　物化视图的修改

使用 SQL 命令修改物化视图的语法格式如下：

```
ALTER MATERIALIZED VIEW [模式名.]视图名[(列名{, 列名})]
[BUILD IMMEDIATE | BUILD DEFERRED]
[STORAGE 子句]
[REFRESH [{FAST | COMPLETE | FORCE}] | [ON DEMAND | ON COMMIT | START WITH 时
间表达式 | NEXT 时间表达式][WITH PRIMARY KEY | WITH ROWID]] | NEVER REFRESH
[DISABLE | ENABLE] QUERY REWRITE
```

语法说明：

修改物化视图需要用户具有 ALTER ANY MATERIALIZED VIEW 的权限或用户为物化视图的拥有者。

其他选项与创建物化视图解释一致。

**【例 7-16】** 在 SC_STU 模式下的物化视图 V2 做允许查询修改,刷新改为依据 ROWID 事务完成后快速完全刷新。

示例代码如下:

```
ALTER MATERIALIZED VIEW SC_STU.V2
REFRESH COMPLETE
ON COMMIT
ENABLE QUERY REWRITE
```

### 7.2.4 物化视图的删除

当物化视图不再使用时，可以将物化视图删除。

物化视图存储有数据且数据来自创建物化视图的基表，那么删除物化视图是否会删除基表数据呢？删除物化视图后，其物化视图中存储的数据也会被删除，但创建物化视图的基表数据不会被删除。

可以在管理工具对象导航中删除物化视图，找到要删除的物化视图并右键单击，在弹出的快捷菜单中选中“删除”命令，在弹出的“删除”对话框中单击“确定”即可删除。也可以使用 SQL 命令删除物化视图。使用 SQL 命令删除物化视图的语法格式如下:

```
DROP MATERIALIZED VIEW [模式名.]视图名
```

**【例 7-17】** 删除 SC_STU 模式下的物化视图 V2。

示例代码如下:

```
DROP MATERIALIZED VIEW SC_STU.V2
```

## 7.3 索　　引

索引(index)与表、视图一样都是数据库对象，其作用类似书的目录，使用索引可以优化查询并提高数据检索的速度，使得数据库引擎执行效率更高且有针对性地进行数据检索。在庞大的数据库系统中，因数据量较大，灵活使用索引才能有效地辅助存取数据，数据库性能好坏直接与索引的建立适当与否相关。

### 7.3.1 索引的基础知识

#### 1. 索引概述

在数据检索中，有一种结构记录着表中一列或多列按一定顺序建立的排序，以及这些排序列值与记录之间的对应关系，这一结构可以提高数据的检索速度，将这一结构称为索引。索引像一本书的目录(目录中的章节如索引中的排序，对应的页码即为排序与记录的对应关系)，要查一本书的某一内容，首先可在目录中检索，然后根据目录所对应的页码找到想要的内容。数据库中引入索引的目的如下：

(1) 快速存取数据。

(2) 保证数据记录的唯一性。

(3) 实现表与表之间的完整性。

(4) 在分组或排序查询时，可减少分组或排序的时间。

那么，应该怎样正确地创建索引来提高效率呢？需要注意以下几点：

(1) 从大量数据检索小量的记录时，可为查询键创建索引。

(2) 多表连接时，为提高连接性，可为两个表的连接列创建索引。

(3) 给表指定了主键或定义了唯一约束后，会自动在主键或唯一键创建索引。

(4) 经常查询的列重复较少时，可以创建索引。

(5) 取值范围大时，适合建立索引。

(6) CLOB、TEXT 类型的列只能建立全文索引，BLOB 类型列不能建立任何索引。

实际上，并不是说建立索引即可节省系统开销，有几种特殊情况：一是数据库的数据量极少，那么本身建立索引的开销反而会大于不建索引的开销；二是列上有大量的 NULL 值；三是对数据库中的大量数据进行处理时(大约 10%或更多)，使用索引并不能节省开销。

使用索引进行搜索，DM 数据库并没有对表中存储的所有数据进行逐行扫描，它只看索引中定义的有序列，一旦在索引中找到查询记录，得到一个指针，该指针指向表中行数据的对应保存位置存取数据。数据库引入索引后，对于数据库的数据插入、删除和修改等数据更新操作会导致索引发生变化，所以还要对索引进行维护，DM 数据库会自动管理索引。索引往往能提高数据的查询检索速度，但会降低数据的插入、删除和修改效率，因为在对数据进行插入、删除和修改这类更新操作时，DM 数据库不仅要维护数据表，还需要对索引进行管理与维护。

### 2. 索引的分类

索引是与表相关的一种结构，使用索引能使对表的操作执行更快，而且索引能更好地定位数据。DM 数据库为用户的不同场景提供了几种常见类型的索引。

#### 1) 聚集索引

一个普通表有且仅有一个聚集索引，数据通过聚集索引键排序，即索引与数据顺序一致，根据聚集索引键可以快速查询任何记录。

当创建表未指定聚集索引键时，DM 数据库的默认聚集索引键是 ROWID；若指定索引键，那么表中数据都会根据指定索引键排序。建表后，DM 数据库也可以用创建新聚集索引的方式来重建表数据，并按新的聚集索引排序。

创建表时若给表指定主键，则 DM 数据库会自动给主键列加上一个聚集索引。对于表中索引定义的查看，可通过系统表 DBA_INDEXES 来实现。例如，查看学生表的索引定义(该索引创建表对象在指定主键时自动在主键列创建)，示例代码如下：

```
SELECT OWNER
INDEX_NAME, INDEX_TYPE, TABLE_OWNER, TABLE_NAME
FROM DBA_INDEXES WHERE TABLE_NAME = '学生表'
```

查看结果如图 7-11 所示。

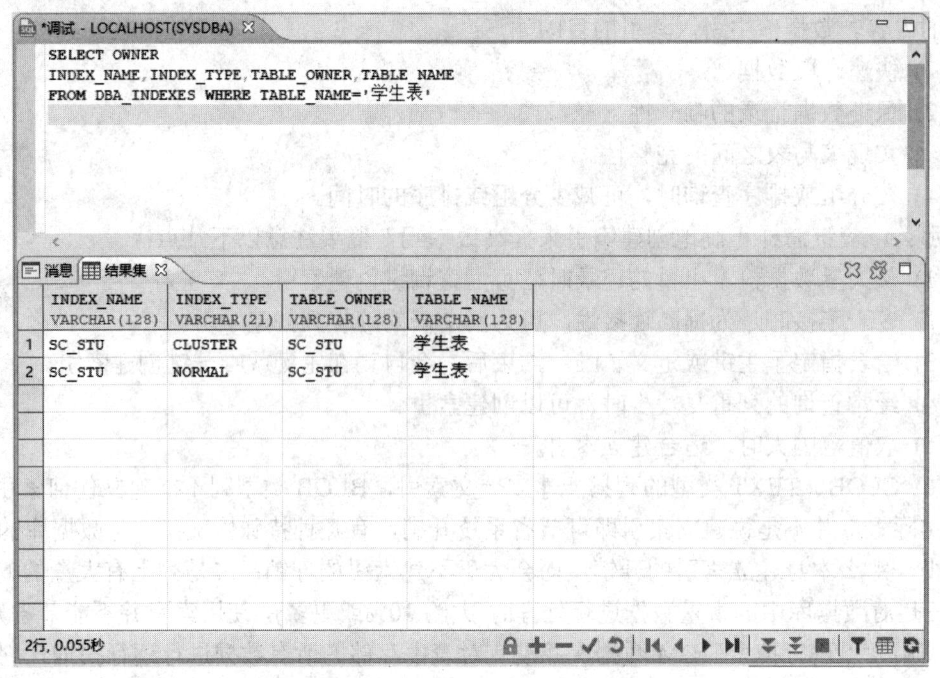


图 7-11　查看表上定义的索引

2) 唯一索引

唯一索引是在数据值唯一的列创建的索引。当给表中的某列创建唯一索引后，DM 数据库会自动给创建索引的列增加一个唯一约束；当给表中的某列定义唯一约束后，DM 数据库会自动给唯一列创建一个唯一索引。若将该约束删除，则对应的唯一索引也将被删除。

3) 函数索引

函数索引包含函数或表达式的预先计算值，即在某列使用函数或表达式后创建的索引，在列上使用函数或表达式预先计算出结果，并将结果存储于索引中。

创建函数索引有如下要求：

(1) 函数索引表达式可以由多列组成，不同的列不能超过 63 个。

(2) 函数索引表达式不能出现大字段和时间间隔类型。

(3) 不支持建立分区函数索引。

(4) 函数索引表达式理论长度不能超过 816 个字符。

(5) 函数索引不能为 CLUSTER 或 PRIMARY KEY。

(6) 当表中含在行前触发器并且该触发器会修改函数索引涉及列的值时，不能建立函数索引。

(7) 若函数索引中含有用户定义函数，则用户定义函数必须是确定性函数。

(8) 若函数索引使用的函数发生变更或删除，则必须手动重建函数索引。

4) 位图索引

对低基数的列创建位图索引，即位图索引主要针对含有大量相同值的列而创建。位图索引使用位图结构表示索引，故当一个表建立有聚集索引(B+树索引结构)时，该表不能创建位图索引。建立位图索引的情况如下：

(1) 作决策支持系统。

(2) 当执行 SELECT COUNT(列名)时，可以直接访问索引中一个位图快速得出统计数据。

(3) 当根据键值做 AND、OR 或 IN(x, y, …)查询时，直接用索引的位图进行或运算，快速得出结果行数据。

位图索引不适合键值较多的列(重复值较少的列)，以及 UPDATE、INSERT、DELETE 频繁的列。

5) 位图连接索引

针对两个或多个表连接的位图索引被广泛应用于数据仓库之中。

使用位图连接索引需注意：

(1) 连接的列必须是维度表(索引列表)中的主键或唯一键，复合主键(多个列组合主键)，必须使用主键中的所有列。

(2) 位图连接索引同样不能建到有聚集索引的表中。

(3) 位图连接索引表仅支持查询操作。

(4) 连接条件只能是等值连接。

(5) 不支持对含有位图连接索引的表中的数据执行 DML，若需要执行 DML，则需删除索引。

(6) 含有位图连接索引的表不支持删除或修改表约束、删除或修改列、更改表名的DDL 操作。

6) 全文索引

全文索引是在表的文本列创建的索引，即数据类型为 CHAR、CHARACTER、VARCHAR、LONGVARCHAR、TEXT 或 CLOB 的列上创建的索引。

全文索引实现对大容量的非结构化数据的快速查找，DM 数据库实现了全文检索功能，并将其作为 DM 数据库服务的一个较独立的组件，提供了准确全文检索功能。

DM 数据库的全文检索根据已有词库建立全文索引，文本的查询完全在索引上进行。全文索引为在字符串数据中进行复杂的词搜索提供了有效方法，用户可以在指定表的文本列上创建和删除全文索引。

当用户填充全文索引时，系统会将定义了全文索引的文本列的内容进行分词，并根据分词结果填充索引，用户可以在进行全文索引填充的列上使用 CONTAINS 谓词进行全文检索。

### 7.3.2　索引的创建与修改

DM 数据库创建索引有自动创建和手动创建两种方式。

(1) 自动创建：在创建表对象时，如果给表定义主键约束，则 DM 数据库会自动在主键列创建一个聚集索引；如果给表的某列定义了唯一约束，则 DM 数据库会自动给唯一列创建一个唯一索引。

(2) 手动创建：用户根据应用领域需求，为提高应用的执行效率，优化数据库设计，给数据库手动添加的一类索引。下面内容学习的即是手动创建索引。对于索引的创建，可以使用 DM 管理工具，也可以使用 SQL 命令。

1. 使用 DM 管理工具创建(修改)索引

其步骤如下：

(1) 在对象导航中展开要创建索引的表所在的模式。

(2) 展开在模式结点下的表结点。

(3) 找到要创建索引的表。

(4) 展开需要创建索引的表结点。

(5) 找到并右键单击索引(修改则展开索引找到要修改的索引并右键单击)。

(6) 在弹出的快捷菜单中选择“新建索引”命令(修改则选择“修改命令”)。

(7) 弹出“新建索引”对话框(如图 7-12 所示)或“修改索引”对话框，在对话框中对索引项进行设置，包括索引名称、索引类型、索引列、排序等选项，确定完成索引的创建或修改。

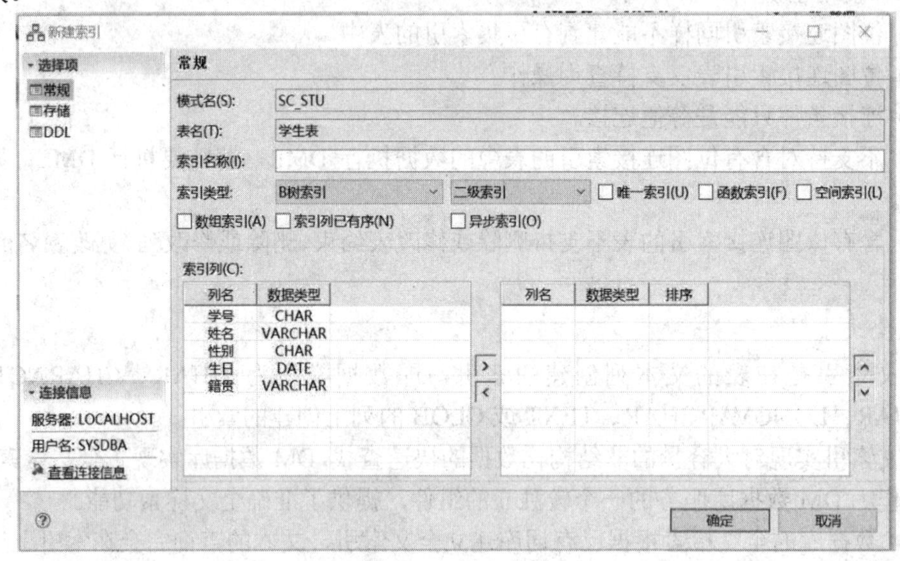


图 7-12　新建索引

2. 使用 SQL 语句创建与修改索引

在前面的索引创建中，大致介绍了 DM 管理工具中通过对象导航创建与修改索引的方法，索引的创建与修改主要使用 SQL 语句。

1) 常用索引的创建与修改

其语法格式如下：

```
CREATE [OR REPLACE][CLUSTER | NOT PARTIAL][UNIQUE | BITMAP | SPATIAL]
INDEX 索引名 ON [模式名.]表名(索引列, {索引列})
[GLOBAL][STORAGE 子句][NOSORT][ONLINE]
```

语法说明：

CREATE[OR REPLACE]：CREATE 创建数据库对象关键字，创建索引也使用该关键字，后跟 OR REPLACE，即 CREATE OR REPLACE 代表修改索引。

CLUSTER | NOT PARTIAL：创建聚集或非聚集索引，CLUSTER 为聚集索引，NOT PARTIAL 为非聚集索引，在不指明的前提下创建索引默认为非聚集索引。

UNIQUE | BITMAP | SPATIAL：唯一索引、位图索引或空间索引。

INDEX：索引保留字，代表创建的数据库对象为索引对象，后跟创建的索引名称。

ON [模式名.]表名(索引列, {索引列}：表示在某种模式下的某个表的某个列或某几个列上创建索引。

GLOBAL：指明该索引为全局索引，仅对表的水平分区表支持该选项，非水平分区表可忽略该选项，表上的 PRIMARY KEY 会自动变为全局索引。

NOSORT：指明创建索引的列已按照索引中指定的顺序排序，不需要建索引时排序，提高创建索引的效率。若数据非有序却指定了 NOSORT，则在创建索引时会报错。

ONLINE：表示创建索引过程中可以对索引依赖的表做增、删、改操作，即支持异步索引。

2) 位图连接索引的创建与修改

其语法格式如下：

```
CREATE[OR REPLACE]BITMAP INDEX 索引名 ON [模式名.]表名
([模式名.]表名 | 别名.索引列[ASC | DESC], {…})
FROM [模式名.]表 1[表 1 别名], [模式名.]表 2 [表 2 别名]
WHERE 条件表达
[STORAGE 子句]
```

语法说明：

CREATE[OR REPLACE]：与创建常用索引一样，表示创建或修改索引关键字。

BITMAP INDEX：表示创建或修改的索引为位图索引。

[模式名.]表名 | 别名.索引列[ASC | DESC]，{…}：表示在连接查询结果集的某个列创建索引，索引列排序方式 ASC 或 DESC，即升序或降序，默认 ASC。

FROM：后跟连接操作的表。

WHERE：连接操作的数据筛选条件。

3) 全文索引的创建

其语法格式如下：

```
CREATE CONTEXT INDEX 索引名 ON [模式名.]表名(索引列)
[LEXER 分词参数][SYNC]
```

语法说明：

CREATE CONTEXT INDEX：表示创建全文索引，后跟索引名。

ON [模式名.]表名(索引列)：索引创建于某种模式下的某个表的某一列。

LEXER：指定分词参数。分词参数有：

- CHINESE_LEXER：中文最少分词。
- CHINESE_VGRAM_LEXER：机械双字分词。
- CHINESE_FP_LEXER：中文最多分词。
- ENGLISH_LEXER：英文分词。
- DEFAULT_LEXER：默认分词，为中文最少分词。

指定中文分词参数可以切分英文，但是指定英文分词参数不可以切分中文，当使用英文分词算法对中文文本进行分词时，分词结果将为空，经过全文索引的创建和更新后，可以进行全文检索。全文检索支持的检索方式有：

CONTAINS 谓词内支持 AND、OR 和 AND NOT 的短语查询组合条件，例如查询学生表中籍贯在黔南都匀的记录：

```
SELECT * FROM SC_STU.学生表 WHERE CONTAINS (籍贯,'黔南' AND '都匀' )
```

全文检索支持单词或者句子的检索，例如查询学生表中地址在南明区园林路的记录：

```
SELECT * FROM SC_STU.学生表  WHERE CONTAINS(籍贯, '南明区园林路')
```

不支持模糊方式的全文检索，如查询“南明区*”。

检索条件子句可以和其他子句共同组成 WHERE 的检索条件，例如查询学生表中籍贯在园林路且性别为男的记录：

```
SELECT * FROM SC_STU.学生表  WHERE CONTAINS(籍贯, '园林路') AND  性别 = '男'
```

SYNC：设置该属性会同步填充索引信息，没有设置该选项则需要用全文索引修改语句填充全文索引信息，之后才能进行全文检索；该选项只能保证创建全文索引时和表数据同步，当表数据发生改变时，仍需要填充全文索引信息。

4) 全文索引的修改

其语法格式如下：

```
ALTER CONTEXT INDEX  索引名 ON [模式名.]表名 REBILD | INCREMENT
```

语法说明：

REBILD | INCREMENT：完全填充全文索引或增量填充全文索引。完全填充是删除原有的全文索引，对表进行全表扫描，逐一构建全文索引；增量填充是在上一次完全填充之后，表数据发生了变化，可以使用增量填充来填充全文索引。

创建全文索引后需要通过修改全文索引来填充全文索引信息，在完全填充全文索引后，如果表的数据发生改变则需要增量填充全文索引。

当对创建全文索引的表进行批量数据更新时，需要完全填充。

### 7.3.3　索引示例

【例 7-18】 在 SC_STU 模式下的学生表姓名列创建一个非聚集的普通索引 index1。

示例代码如下：

```
CREATE INDEX index1 ON SC_STU.学生表(姓名);
```

【例 7-19】 修改 SC_STU 模式下的学生表，增加一个移动电话列，并在移动电话列创建一个唯一索引 index2。

示例代码如下：

```
ALTER TABLE SC_STU.学生表
ADD  移动电话  CHAR(11);
CREATE UNIQUE INDEX index2 ON SC_STU.学生表(移动电话);
```

【例 7-20】 修改 SC_STU 模式下的学生表，增加一个邮箱列，并在姓名和邮箱列增加一个唯一的组合索引 index3。

示例代码如下：

```
ALTER TABLE SC_STU.学生表
ADD 邮箱 CHAR(50);
CREATE UNIQUE INDEX index3 ON SC_STU.学生表(姓名, 邮箱);
```

执行结果如图 7-13 所示。

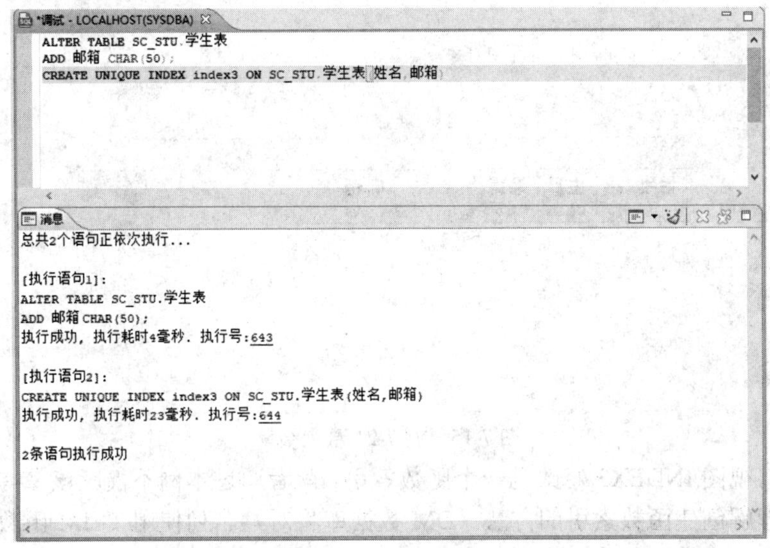


图 7-13　例 7-20 执行结果

**【例 7-21】** 修改 INDEX3 索引，改为在姓名列创建 TRIM 函数索引(TRIM 函数去掉姓名两边的空格)，并查询使用 TRIM 函数查询去掉姓名两边空格后姓王的学生信息。

示例代码如下：

```
CREATE OR REPLACE INDEX INDEX3 ON SC_STU.学生表(TRIM(BOTH ' ' FROM 姓名));
SELECT * FROM SC_STU.学生表 WHERE TRIM(BOTH ' ' FROM 姓名) LIKE '王%';
```

创建索引如图 7-14 所示。

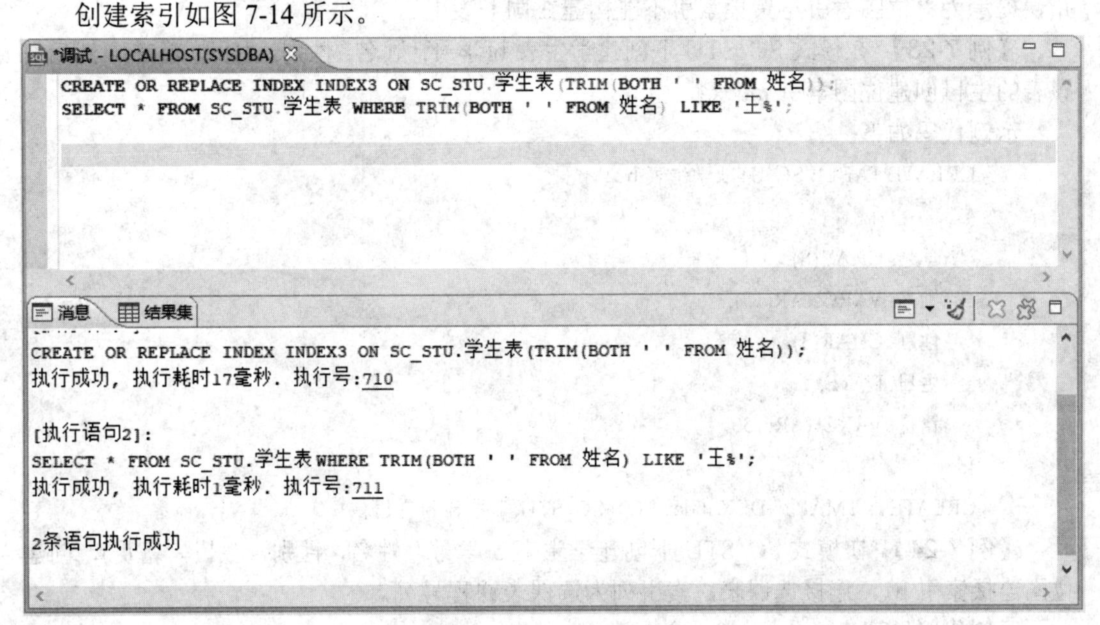


图 7-14　例 7-21 创建索引

查询结果如图 7-15 所示。

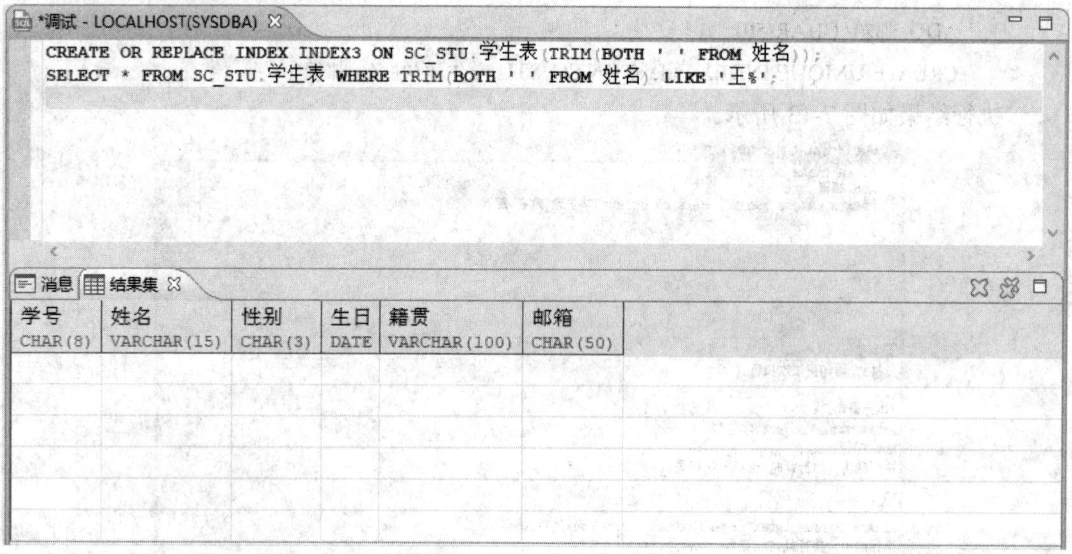

*调试 - LOCALHOST(SYSDBA)

```
CREATE OR REPLACE INDEX INDEX3 ON SC_STU.学生表(TRIM(BOTH ' ' FROM 姓名));
SELECT * FROM SC_STU.学生表 WHERE TRIM(BOTH ' ' FROM 姓名) LIKE '王%';
```

消息 结果集

| 学号<br>CHAR(8) | 姓名<br>VARCHAR(15) | 性别<br>CHAR(3) | 生日<br>DATE | 籍贯<br>VARCHAR(100) | 邮箱<br>CHAR(50) |
|---|---|---|---|---|---|

图 7-15　例 7-21 查询结果

该示例将视图 INDEX3 修改为一个函数索引，读者通过本例不仅应该掌握修改索引语法，更应该理解创建函数索引的方法；DM 数据库将对姓名列使用 TRIM 函数去除姓名前后的空格并存储起来，当某个查询使用了 TRIM 函数对姓名列去除空格进行查询时，DM 数据库的查询不再做函数运算，而是直接使用函数索引进行数据检索。

**【例 7-22】** 在模式 SC_STU 下的学生表的生日列创建位图索引。

示例代码如下：

```
CREATE BITMAP INDEX index4 ON SC_STU.学生表(生日);
```

该示例将执行错误，原因如索引概述所讲，创建了聚集索引的表不能创建位图索引，错误提示为“位图索引与聚集索引不能构建在同一表上”。

**【例 7-23】** 在模式 SC_STU 下创建学生表 b(学号，姓名，性别，生日，籍贯)，然后在该表的生日创建位图索引 index4。

示例代码如下：

```
CREATE TABLE SC_STU.学生表 b
(
    学号 CHAR(8),
    姓名 VARCHAR(15),
    性别 CHAR(3),
    生日 DATE,
    籍贯 VARCHAR(150)
);
CREATE BITMAP INDEX index4 ON SC_STU.学生表 b(生日);
```

**【例 7-24】** 在模式 SC_STU 下创建学生表 b(学号，姓名，性别，生日，籍贯)，创建位图连接索引 b1，连接选课表，索引列为选课表课程号列。

示例代码如下：

```
CREATE BITMAP INDEX b1
ON SC_STU.学生表 b(b.课程号)
FROM SC_STU.学生表 b a, SC_STU.选课表 b
WHERE A.学号 = B.学号
```

该示例创建位图连接索引失败，失败提示为“连接索引中唯一约束条件缺失”，原因是选课表是组合主键(学号，课程号)，位图连接索引要求要全部使用组合主键的所有列。

执行结果如图 7-16 所示。

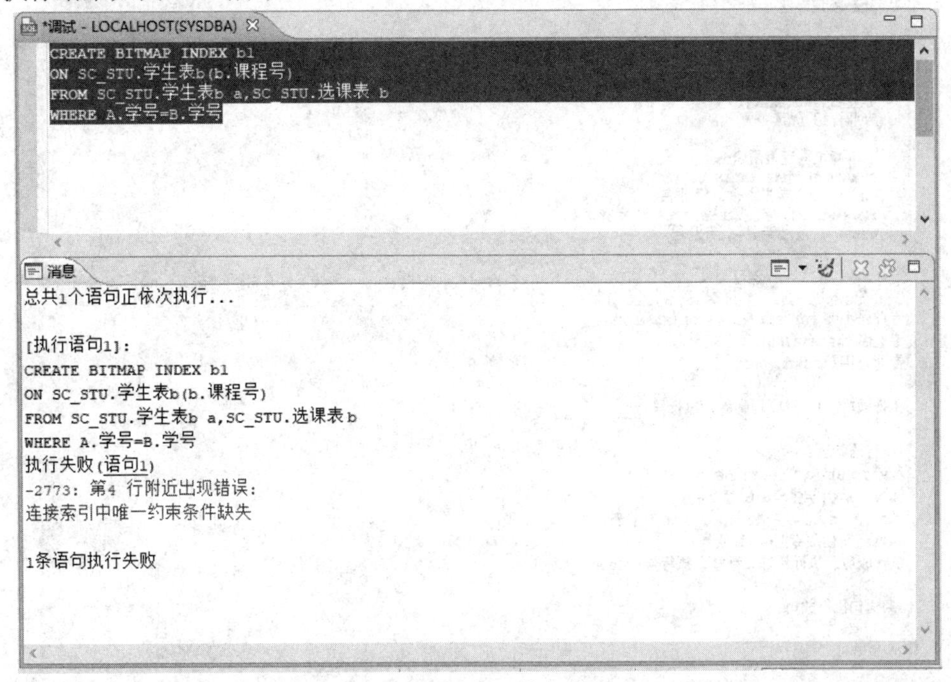


图 7-16　例 7-24 执行结果

【例 7-25】修改学生表 b，增加“所属专业”列，类型为 INT，创建专业表(专业号，专业名，专业介绍)，专业号类型 INT，自增列，主键列，在学生表 b 创建位图连接索引 b2，连接选课表，索引列为专业表的专业名，连接选课表。

示例代码如下：

```
--修改学生表 b
ALTER TABLE SC_STU.学生表 b
ADD 所属专业 INT;
--创建专业表
CREATE TABLE SC_STU.专业表
(
    专业号 INT IDENTITY(1, 1) PRIMARY KEY,
    专业名 VARCHAR(60),
    专业介绍 VARCHAR(600)
);
--创建位图连接索引 b2
```

```
CREATE BITMAP INDEX b2
ON SC_STU.学生表 b(b.专业名)
FROM SC_STU.学生表 b a, SC_STU.专业表 b
WHERE a.所属专业 = b.专业号;
```

执行结果如图 7-17 所示。

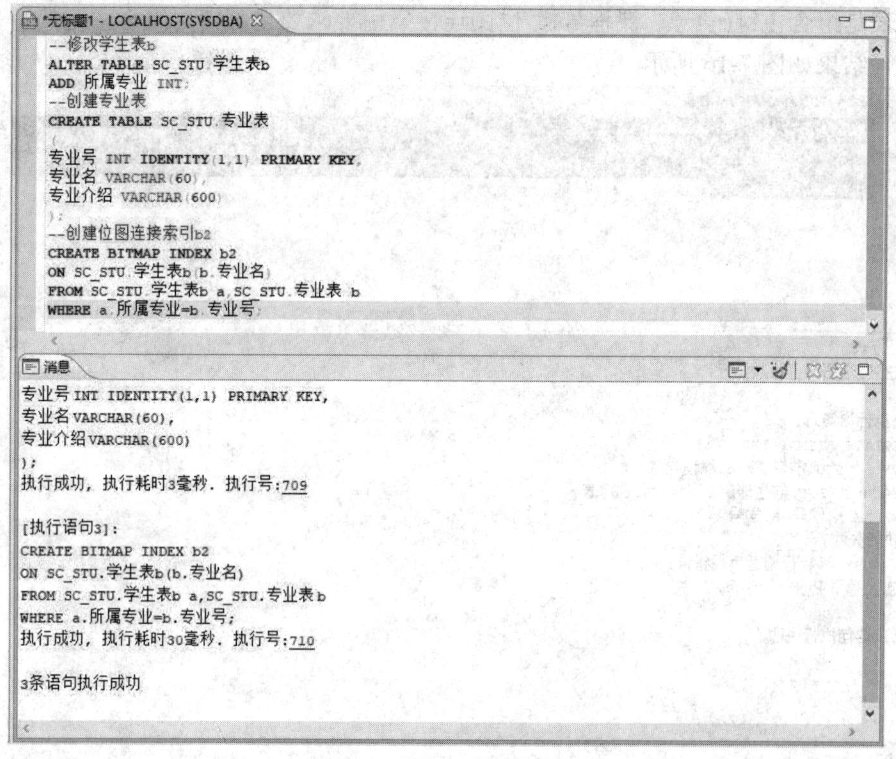


图 7-17　例 7-25 执行结果

当建立了位图连接索引，在进行连接查询时，查询语句仍然是传统的连接查询语句，但 DM 数据库在进行数据检索时，不需要再对连接表进行连接操作，因为位图连接索引已存储连接后的数据，可以大大提高数据检索速度。

**【例 7-26】** 为 SC_STU 模式下的学生表的籍贯列创建全文索引 c1。

示例代码如下：

```
CREATE CONTEXT INDEX c1 ON SC_STU.学生表(籍贯) LEXER CHINESE_LEXER;
```

**【例 7-27】** 全文索引已创建，使用全文索引检索籍贯含“黔南”的学生信息。

示例代码如下：

```
SELECT * FROM SC_STU.学生表  WHERE CONTAINS(籍贯, '黔南');
```

该查询将不会得到任何结果，学生表中是含有黔南学生信息的，那为何没有检索出数据呢？原因是当创建全文索引后，需要完全填充全文索引。

**【例 7-28】** 修改全文索引 c1，完全填充索引，再执行例 7-26。

示例代码如下：

```
ALTER CONTEXT INDEX c1 ON SC_STU.学生表  REBUILD;
SELECT * FROM SC_STU.学生表  WHERE CONTAINS(籍贯, '黔南');
```

执行结果如图 7-18 所示。

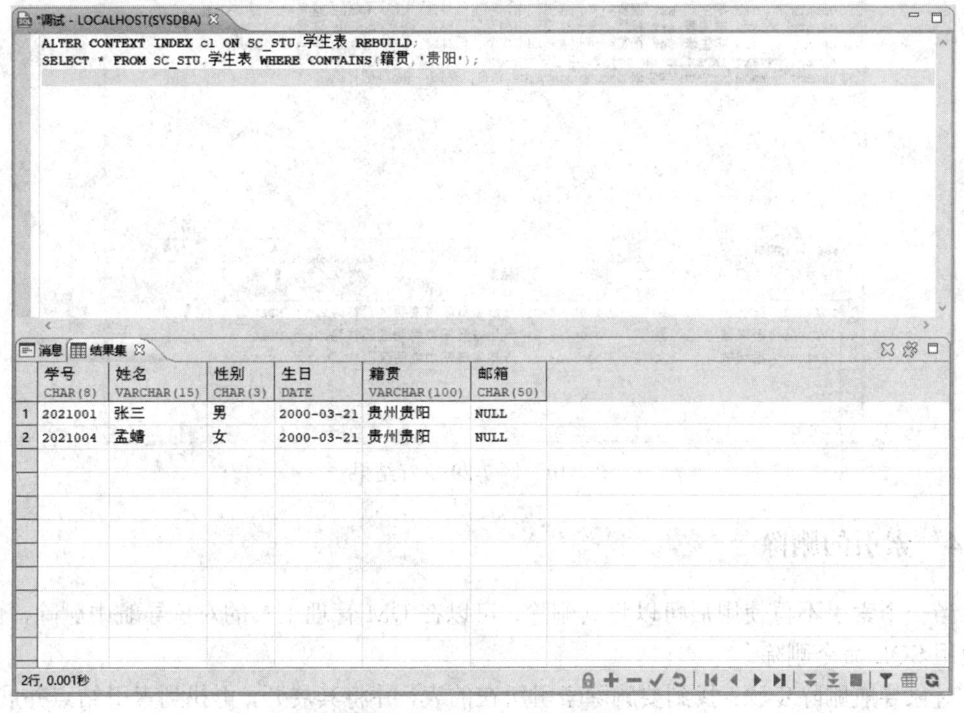


| | 学号 CHAR(8) | 姓名 VARCHAR(15) | 性别 CHAR(3) | 生日 DATE | 籍贯 VARCHAR(100) | 邮箱 CHAR(50) |
|---|---|---|---|---|---|---|
| 1 | 2021001 | 张三 | 男 | 2000-03-21 | 贵州贵阳 | NULL |
| 2 | 2021004 | 孟蜻 | 女 | 2000-03-21 | 贵州贵阳 | NULL |

图 7-18　例 7-28 执行结果

**【例 7-29】** 在 SC_STU 模式下学生表的籍贯创建全文索引 c2，中文分词最多，带 SYNC 参数，修改学生表数据，将学号 20210006、20210009、20210012 的学生的籍贯分别改为贵州省贵阳市南明区园林路 120 号、198 号、132 号，完全填充全文索引 c2，使用 c2 索引查询籍贯含“贵阳”和“园林”的学生信息。

示例代码如下：

```
CREATE CONTEXT INDEX c2 ON SC_STU.学生表(籍贯) LEXER CHINESE_FP_LEXER SYNC;
UPDATE SC_STU.学生表 SET 籍贯 = '贵州省贵阳市南明区园林路 120 号' WHERE 学号= '20210006';
UPDATE SC_STU.学生表 SET 籍贯 = '贵州省贵阳市南明区园林路 198 号' WHERE 学号 = '20210009';
UPDATE SC_STU.学生表 SET 籍贯 = '贵州省贵阳市南明区园林路 132 号' WHERE 学号 = '20210012';
ALTER CONTEXT INDEX c2 ON SC_STU.学生表 REBUILD
SELECT * FROM SC_STU.学生表 WHERE CONTAINS(籍贯, '贵阳' AND '园林');
```

本例中在籍贯列创建全文索引 c2，必须先删除学生表的全文索引 c1，否则会出错；LEXER 为 CHINESE_FP_LEXER SYNC，即中文分词最多，读者可以更换为 CHINESE_LEXER(中文分词最少)，然后使用同样的查询条件“贵阳”和“园林”查看结果，看能否查出数据，从而更好地理解参数。

执行结果如图 7-19 所示。

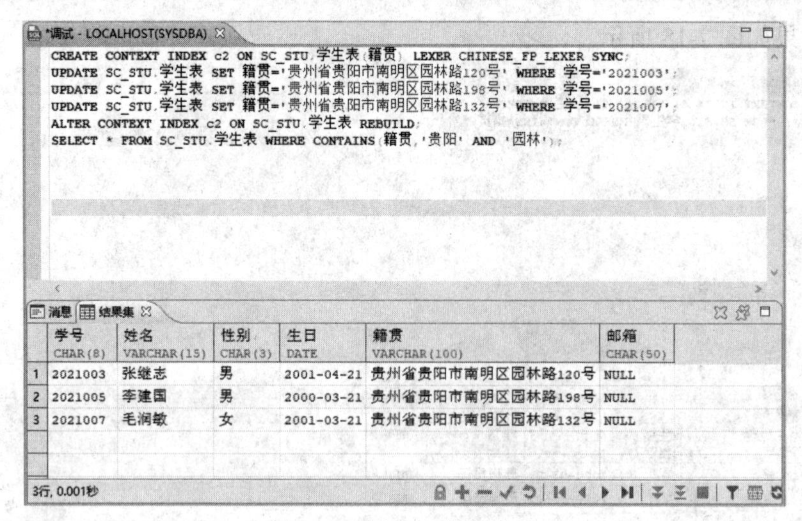


图 7-19　例 7-29 执行结果

### 7.3.4　索引的删除

当一个索引不再使用后可以将其删除，可以在 DM 管理工具的对象导航中删除，也可以使用 SQL 命令删除。

对象导航删除步骤：找到要删除索引所在的表，并将其展开，再找到索引结点并展开，找到要删除的索引，单击右键弹出快捷菜单，选择“删除命令”即可。

SQL 命令删除索引是通过 DROP INDEX 或 DROP CONTEXT INDEX 命令实现的。

常用索引、位图连接索引的删除语法格式如下：

```
DROP INDEX [模式名.]索引名
```

全文索引的删除语法格式如下：

```
DROP CONTEXT INDEX  索引名 ON [模式名.]表名
```

**【例 7-30】** 删除学生表上的索引 index1。

示例代码如下：

```
DROP INDEX SC_STU.index1
```

**【例 7-31】** 删除学生表中籍贯列上的全文索引 c1。

示例代码如下：

```
DROP CONTEXT INDEX c1 ON SC_STU.学生表
```

## 本 章 小 结

本章介绍了视图与索引的概念、创建与维护等相关知识。视图是数据共享和数据安全的有效保障；索引是提高数据库检索数据速度的重要措施。掌握视图与索引是掌握 DM 数据库的基础，读者应结合本章示例，勤练习、重理解，掌握好本章重要知识点。

# 第 8 章　DM SQL 编程

在 DM 数据库的日常数据处理中，一条 SQL 语句可完成单一的数据处理功能，但在实际应用环境中，对于复杂的事务处理有时就需要组织多条 SQL 语句来完成。DM 数据库将变量、程序控制语句、函数等结构化程序设计要素融入 DM SQL 语言中，可丰富 DM SQL 语句功能，进行复杂的逻辑业务处理。本章将从 DM SQL 程序的特点、结构、规则等开始介绍，学习 DM SQL 程序设计基础，为后续章节的存储过程与触发器做准备。

## 8.1　DM SQL 程序概述

在学习 DM SQL 编程前，先要了解一些 DM SQL 的基本知识。

### 8.1.1　DM SQL 程序简介

DM SQL 是一种功能强大的事务处理语言，它是程序控制语句与 SQL 语句块的结合，通过 DM SQL 程序，可以编写并处理复杂业务的程序，丰富应用开发，增加数据处理能力。DM SQL 有如下特点。

#### 1. 引入了编程中的过程式结构

SQL 是一种非过程化语言，向服务器发送 SQL 命令时，告诉服务器做什么，并不指定服务怎么做。DM SQL 增加了结构化程序设计中的条件和过程控制语句，方便用户控制命令的执行。

#### 2. 改善了系统性能

在应用开发中，一是可以把数据库数据返回应用，应用对数据进行处理，这种处理方式需要占用大量的网络带宽；二是可以把一些数据处理通过 SQL 编程的方式交给服务器处理，把处理好的结果直接返回应用，这一方式大大减小了网络通信流量，减轻了网络负担。因此，利用 DM SQL 程序处理一些复杂的业务逻辑，可以改善系统运行性能。

#### 3. 具有异常处理能力

程序运行不可避免地会发生各种错误，DM SQL 程序像高级程序设计语言一样，有异常处理机制，并可捕获异常错误，避免发生系统崩溃的现象。

#### 4. 模块化编程

DM SQL 程序的基本单元是块，可以把某个业务逻辑的 SQL 组成一个程序块，程序块可以嵌套组合成功能更为强大的程序块，实现模块化的编程，便于管理、调试与维护。

### 8.1.2 DM SQL 程序块结构

DM SQL 程序的基础单元是语句块，DM SQL 程序的语句块由块声明、执行部分及异常处理部分构成，语句结构如下：

```
DECLARE …
BEGIN
...
EXCEPTION
...
END
```

程序块说明：

DECLARE：声明部分，其后是对程序块中使用到的变量、常量的声明。如果不需要变量或常量，则可省略声明部分。

BEGIN：程序块的执行部分，即主要业务逻辑功能的实现部分，通常是 SQL 语句块。

EXCEPTION：程序块的异常处理部分，可写可不写。如果需要异常处理，则从该关键字开始进行异常处理 DM SQL 语句块的编写，它表示执行部分的结束。

END：整个程序块的结束。若有异常处理，则异常处理到此处结束；若无异常处理，则执行部分到此结束。

像 C 语言一样，DM SQL 的每条语句以“；”结束(DECLARE、BEGIN、EXCEPTION 除外)。

### 8.1.3 DM SQL 程序编码规则

编写 DM SQL 程序，要遵循 DM SQL 的编码规则。

#### 1. 变量命名规则

(1) 变量命名必须以字母开头。

(2) 变量可以同时包含字母和数字。

(3) 变量可以包含特殊字符。

(4) 变量名不能超过 30 字符。

(5) 不能用保留字作为变量名。

#### 2. 一些建议

定义变量时，建议使用 v_作为前缀；定义常量时，使用 c_作为前缀；定义游标时，使用_cursor 作为后缀；定义异常时，使用 e_作为前缀。当然，为了提高开发应用系统的可阅读性和协作开发效率，也可以使用自己的定义规则。总之，统一的便于理解的定义能让数据库开发事半功倍。

### 8.1.4　DM SQL 程序注释

注释是程序中用于说明程序内容的文字，它不执行且不参与程序。它的功能就是对程序的文字说明，使用注释可以提高程序的可阅读性，对于维护程序、合作编写程序也有很大的帮助。因此，写程序时要养成使用注释的良好习惯。

1. 行内注释

如果整行都是注释而非所要执行的程序行，那么可以使用行内注释(又称单行注释)，其注释符为“--”

2. 块注释

如果要注释的内容较长，而且在多行中，那么可以使用块注释(又称为多行注释)，其注释符为“/*…*/”。

## 8.2　事　　务

### 8.2.1　事务概述

事务是 DM 数据库中的执行单元，它由一系列的 SQL 语句组成，这个可执行单元要么完成全部操作，要么失败，并将所做的一切复原。

为使数据库能被并发地访问操作，避免数据存取的不一致性，DM 数据库提供了事务相关技术，可有效地处理数据库的并发操作。

1. 事务简介

DM 数据库提供了事务机制，确保数据能够被正确修改，避免因数据只修改一部分而造成的数据不完整。

事务的原则统称为 ACID，具体如下：

(1) 原子性(Atomic)：事务是原子的，要么完成所有操作，要么退出所有操作。如果事务的某条语句失败，那么作为事务的所有语句将不被执行。

(2) 一致性(Condemoltent)：事务是一致的，在事务完成或失败时，要求数据库处于同一状态。由事务引发的从一种状态到另一种状态的变化是一致的。

(3) 隔离性(Isolated)：事务是独立的，不与数据库的其他事务交叉或冲突。

(4) 持久性(Durable)：事务是持久的，事务在完成后无须考虑数据库发生的任何事情。

2. 事务的提交

事务的提交就是提交对数据库数据的修改，将对数据的所有操作保存到数据库中，更改的记录被写入日志，更改的数据被写入数据文件，同时释放事务占用的资源。

1) DM 数据库对事务的操作

提交事务前，DM 数据库数据更新的操作如下：

(1) 生成回滚记录，回滚记录包含各更新数据的原始值。

(2) 生成重做日志记录。

(3) 更新的数据写入数据缓冲区。

提交事务后，DM 数据库数据更新的操作如下：

(1) 将更新数据写入数据文件，更新日志并写入日志文件。

(2) 释放事务占用的锁，标记事务完成。

(3) 返回提交成功。

2) DM 数据库事务提交模式

(1) 自动提交模式：除了命令行交互式工具 DIsql 外(DIsql 是 DM 数据库的一个命令行工具，以命令行的方式与 DM 数据库服务器进行交互。安装 DM 数据库成功后，即可在安装目录的 bin 目录下找到它)，DM 数据库缺省都采用自动提交模式。如果不手动设置提交模式，那么所有的 SQL 语句都会在执行结束后提交或失败回滚，每个事务都是一条 SQL 语句。在 DIsql 中，通过 SET AUTOCOMMIT ON 设置会话为自动提交模式。

(2) 手动提交模式：DM 数据库用户或应用开发人员明确定义事务的开始与结束，这些事务被称为显式事务，DIsql 未设置自动提交，就处于手动提交模式。

(3) 隐式提交模式：在手动提交模式下，当遇到 DDL(数据定义)语句时，DM 数据库的数据会自动提交前面的事务，然后开始新的事务并执行 DDL 语句，这种提交模式称为隐式提交，相关的事务称为隐式事务。

当 DM 数据库遇到 CREATE、ALTER、TRUNCATE、DROP、GRANT、REVOKE 等语句时，将自动提交前面的事务。

### 3. 事务回滚

事务回滚指撤销该事务所做的任何更改。回滚分为自动回滚、手动回滚、回滚到保存点和语句级回滚。

1) 自动回滚

若事务运行期间出现连接断开，DM 数据库就会自动回滚产生的事务，撤销事务执行的所有数据库更改，并释放事务使用的所有数据库资源。

自动回滚从事务重做日志中读取信息以重新执行没有写入磁盘的已提交事务，或者回滚连接断开时还没有来得及提交的事务。

2) 手动回滚

在实际应用中，当某条 SQL 语句执行失败时，用户会主动使用回滚语句或者编程接口提供的回滚函数来回滚整个事务，避免不合理的数据污染数据库，导致数据的不一致。

3) 回滚到保存点

除了回滚整个事务外，DM 数据库的用户还可以部分回滚未提交事务，即从事务的最末端回滚到事务中任意一个被称为保存点的标记处。用户在事务内可以声明多个被称为保存点的标记，将一个大事务划分为几个较小的片段。之后用户在对事务进行回滚操作时，就可以选择从当前执行位置回滚到事务内的任意一个保存点。将事务回滚到某个保存点的过程如下：

(1) 只回滚保存点之后的语句。

(2) 保留该保存点，其后创建的保存点被清除。

(3) 释放此保存点之后获得的所有锁，保留该保存点之前的锁。

4) 语句级回滚

如果一条 SQL 语句执行过程中发生了错误，那么该语句所做的操作及所产生的影响将被回滚。若此时语句从未执行过，则语句级回滚只是此语句所做的操作无效，不影响后面语句的执行及对数据所做的操作。

### 8.2.2　事务的处理语句

事务的处理语句有：

(1) COMMIT [WORK]：COMMIT 是提交语句，它使得自事务开始执行对所有数据的修改成为数据库永久部分，标记一个事务的结束。

(2) ROLLBACK：回滚事务语句，常用于回滚到某一保存点，其语法格式如下：

```
ROLLBACK TO SAVEPOINT 保存点名
```

(3) SAVEPPOINT：保存事务，作为事务撤销所到达的位置标记，其语法格式如下：

```
SAVEPOINT  保存点名
```

**【例 8-1】** 事务示例。

示例代码如下：

```
INSERT INTO SC_STU.学生表
VALUES('20190062', '李七', '女', '2000-10-11', '贵州贵阳', '13965498754');
SAVEPOINT s;
UPDATE SC_STU.学生表  SET  姓名 = '李八' WHERE  学号 = '20190062';
SAVEPOINT s;
UPDATE SC_STU.学生表  SET  姓名 = '李九' WHERE  学号 = '20190062';
INSERT INTO SC_STU.学生表
VALUES(20190063, '李七', '女', '2000-10-11', '贵州贵阳', '13965398754');
ROLLBACK TO SAVEPOINT s;
```

该例开始执行一个事务，该事务要完成向学生表插入一条学号为 20190062 的学生信息数据，然后设置第一个事务保存点 s，将 20190062 的学生姓名改为李八，设置第二个事务保存点 s，再将 20190062 的学生姓名改为李九，插入一条学号为 20190063(已存在)的数据至学生表，回滚事务至保存点 s。

执行结果分析：在插入第二条学号为 20190063 的学生信息时回滚事务，回滚至 s。因示例中定义的两个保存点名均为 s，第二个保存点将覆盖第一个保存点，故事务撤销至第二个修改姓名为李九的语句。该示例将会向学生表插入一条学号 20190062 的学生信息，最终将该学生的姓名改为李八而非李九，插入学号为 20190063 的学生的信息也被回滚，执行结果如图 8-1 所示。

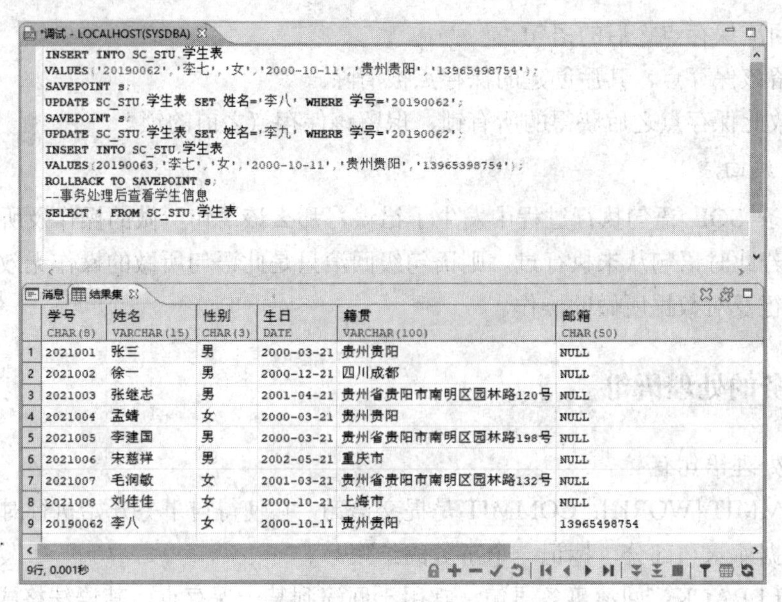


图 8-1　例 8-1 执行结果

# 8.3　锁与并发控制

锁是防止其他事务访问指定资源的手段，是实现并发控制的主要方式，即多个用户访问或操作同一数据库中数据而不发生数据不一致的有效保障。锁可以防止脏读、不可重复读和幻觉读。

(1) 脏读：当一个事务正在访问数据库并且对数据进行修改，而这种修改还没有提交到数据库中时，另外一个事务也访问并且使用了这个数据，因为这个数据是还没有提交的数据，那么另一个事务读到的数据就是脏数据，脏数据所做的操作可能是错误的。

(2) 不可重复读：一个事务多次读同一数据，第一个事务可能对数据库的数据进行两次读取，当第一次读数据时，第二个事务也访问修改数据，那么在第一个事务的两次读数据间由于第二个事务的修改，两次读到的数据不一致，称为不可重复读。

(3) 幻觉读：当事务不是独立执行时发生的一种现象。如果第一个事务对一个表中进行了修改，这种修改涉及表中的全部数据行，同时，第二个事务也修改这个表中的数据，也就是向表中插入一行新数据，那么第一个事务操作用户会发现表中还有没有修改的记录行，就好像发生了幻觉一样。

## 8.3.1　锁的模式

锁定资源有两种基本模式：读操作要求的共享锁和写操作要求的排它锁。除这两种基本模式外，还有意图锁、修改锁、模式锁等特殊情况的锁。各种类型的锁中，有些锁之间可以兼容，有些锁之间是不兼容的。

### 1. 共享锁(S)

共享锁允许并行事务读取同一种资源，这时的事务不能修改访问数据。当使用共享锁锁定资源时，不允许修改数据的事务访问数据。当读数据事务完成后，立即释放所占用的资源。一般地，当 SELECT 语句访问数据时，系统将自动对所访问的数据使用共享锁锁定。

#### 2. 排它锁(X)

排它锁就是在同一时间内只允许一个事务访问资源，其他事务都不能在有排它锁的资源上访问。在有排它锁的资源上，不能放置共享锁，也就是说，不允许可以产生共享锁的事务访问这些资源，只有产生排它锁的事务结束后，排它锁锁定的资源才能被其他事务使用。对于那些修改数据的事务，如 INSERT、UPDATE、DELETE 语句，系统会自动在所修改的事务上放置排它锁。

#### 3. 意图锁

系统使用意图锁来最小化锁之间的冲突。意图锁建立一个锁机制的分层结构，这种结构依据锁定的资源范围，从低到高依次是行级锁层、页级锁层和表级锁层。意图锁表示系统希望在层次低的资源上使用共享锁或排它锁。例如，放置在表级上的意图锁表示一个事务可以在表中的页或者行上放置共享锁。在表级上设置意图锁可以防止以后另外一个修改该表中页的事务使用排它锁。意图锁可以提高性能，这是因为系统只需要在表级上检查意图锁，并且确定一个事务能否在某个表上安全地获取一个锁，而不需要检查表上每一个行锁或者页锁，还会确定一个事务是否可以锁定整个表。

意图锁有意图共享锁(IS)、意图排它锁(IX)和使用意图排它的共享锁(SIX)三种。意图共享锁表示读低层次资源的事务的意图，把共享放在这些单个的资源上；意图排它锁包括意图共享锁，它是意图共享锁的超集；使用意图排它的共享锁表示允许并行读取顶层资源的事务的意图，并且修改一些低层次的资源，把意图排它锁放在这些单个资源上。例如，表上的一个使用意图排它的共享锁把共享锁放在表上，允许并行读取，并且把意图排它锁放在将要修改的页上，把排它锁放在修改的行上。每一个表一次只能有一个使用意图排它的共享锁，因为表级共享锁会阻止对表的任何修改。使用意图排它锁的共享锁是共享锁和意图排它锁的组合。

### 8.3.2　显示锁定表

用户可以根据自己的需要显式地对表对象进行封锁。其语法格式如下：

LOCK TABLE [模式名.]表名 IN 封锁方式 MODE[NOWAIT]

语法说明：

封锁方式：即锁定的模式，分别为 INTENT SHARE、INTENT EXCLUDE、SHARE 和 EXCLUDE。其含义如下：

· INTENT SHARE：意图共享锁，不允许其他事务独占访问表，不同的事务可以同时更新表数据，也支持在表上创建索引，但不支持修改表定义。

· INTENT EXCLUDE：意图排它锁，不允许其他事务独占访问和独占修改，不同的事务可以同时更新表数据，但不支持创建索引，也不支持修改表定义。

· SHARE：共享锁，只允许其他事务共享访问数据，即只允许其他事务对数据的查询，不允许更新。

· EXCLUDE：排它锁，独占访问表，其他事务不允许访问该表。

NOWAIT：若不能立即上锁成功，则返回报错信息，不再等待。

### 8.3.3　锁的信息

为了方便用户查看当前系统中锁的状态，DM 数据库专门提供了一个 V$LOCK 动态视图，通过该视图，用户可以查看系统当前所有锁的详细信息，如锁的内存地址、所属事务ID、上锁的对象、锁模式、对象及行事务 ID。查看锁的语法格式如下：

```
SELECT * FROM V&LOCK
```

### 8.3.4　死锁的处理

死锁是一个很重要的话题。在事务和锁的使用过程中，死锁是一个不可避免的现象。死锁通常在以下两种情况下发生：

(1) 当两个事务分别锁定了两个单独的对象时，每一个事务都要求在另外一个事务锁定的对象上获得一个锁，因此每一个事务都必须等待另外一个事务释放占有的锁，这时就会发生死锁，这种死锁是典型的死锁形式。

(2) 在一个数据库中有若干长时间运行的事务，它们执行并行的操作，当设计处理一个非常复杂的查询时，就可能由于不能控制处理的顺序而发生死锁。

当发生死锁现象时，系统可以自动检测，然后通过自动取消其中一个事务来结束死锁。在发生死锁的两个事务中，根据事务处理时间的长短来确定它们的优先级。处理时间长的事务具有较高的优先级，时间较短的事务具有较低的优先级。在发生冲突时，保留优先级高的事务，取消优先级低的事务。

## 8.4　变　量

变量是程序用来临时存储数据的，可以通过变量来控制程序的执行及数据库与 DM SQL 程序的通信。变量首先要声明，然后赋值使用。

### 8.4.1　变量的声明与赋值

在使用局部变量前，首先要声明变量来给变量指定一个变量名和数据类型，要求精度和小数位数的变量，还需要指定其精度及小数位数。

声明变量、赋值变量的语法格式如下：

```
--声明
DECLARE 变量名[CONSTANT] 数据类型[NOT NULL] [ := DEFAULT 默认值]
…
--赋值
变量名 := 值表达式
…
```

语法说明：

DECLARE：变量声明关键字，声明变量由 DECLARE 开始。

变量名：声明的变量名称，要符合 DM 数据库的标识符定义规则。

CONSTANT：常量关键字，如果声明变量指定 CONSTANT，则代表声明的是一个常量。

数据类型：变量的数据类型，除了表对象章节介绍的一些类型外，还可以是标量、复合型、引用和 LOB 类型。

NOT NULL：标记该变量不能为空，必须给予初始化值。

DEFAULT：给予变量赋默认值。

赋值：变量的赋值使用“:=”运算符，类似于 PASCAL 语言，不同于 SQL Server 的 SET 赋值。

**【例 8-2】** 声明“v_xm”“v_xb”，类型分别为 VARCHAR(15)和 CHAR(3)，“v_xb”默认值为“男”，执行部分赋值变量“v_xm”的值为“张三”，根据两个变量的值，在学生表查询相关信息。

示例代码如下：

```
DECLARE
v_xm VARCHAR(15);
v_xb CHAR(3) := '男';
BEGIN
v_xm := '张三';
SELECT * FROM SC_STU.学生表 WHERE 姓名 = v_xm AND 性别 = v_xb;
END
```

## 8.4.2 运算符

DM SQL 中常用的运算符如表 8-1 所示。

表 8-1 运 算 符

| 分 类 | 运 算 符 | 用 途 | 示 例 |
|---|---|---|---|
| 比较运算符 | >、>=、=、<、<=、<>、!=、!>、!< | 比较大小 | 学号 = '2016001' |
| 范围运算符 | BETWEEN…AND | 判断是否在范围内 | 成绩 BETWEEN 80 AND 90 |
| | NOT BETWEEN…AND | | |
| 列表运算符 | IN | 判断值是否在列表中 | 性别 IN('男', '女') |
| | NOT IN | | |
| 匹配运算符 | LIKE | 判断是否与有通配符的字符串相符 | 姓名 LIKE '张%' |
| | NOT LIKE | | |
| 空值运算符 | IS NULL | 判断列值是否空 | 籍贯 IS NULL |
| | IS NOT NULL | | |
| 逻辑运算符 | AND | 用于 WHERE 子句多个逻辑条件的连接 | 性别 = '男'AND 姓名 LIKE '李_' |
| | OR | | |
| | NOT | | |

### 8.4.3　变量类型

DM SQL 的数据类型包括标量类型(Scalar)、大对象(Large Object，LOB)数据类型、%TYPE 类型、%ROWTYPE 类型、记录类型、数组类型和集合类型等。

1. 标量类型

标量类型是单个值，没有内部组成的类型。标量类型如表 8-2 所示。

表 8-2　标 量 类 型

| 类型 | 声　明 | 说　明 |
| --- | --- | --- |
| 数值型 | NUMERIC[(p[, s])],<br>DEC[(p[, s])],<br>DECIMA[(p[, s])] | p 为精度即数据的位数(整数位和小数位的和)，s 为小数点后的位数，0≤s≤p≤38。声明时，s 与前面的“,”可省略，此时 s 的值默认为 0，也可以省略(p, s)，此时 p 默认为 16，s 默认为 0，不能单独省略 p。例如，NUMERIC(5, 1)定义了小数位与整数位和为 5，小数位为 1，存储范围为-9999.9～9999.9 |
| | BIT | 只存储 0、1 或 NULL，常用于标记状态 |
| | INTEGER, INT<br>PLS_INTEGER | 有符号的精度为 10，标度为 0 的整型数据，存储范围为 -2 147 483 648～2 147 483 648，占 4 B |
| | BIGINT | 占 8 B，精度为 19，标度为 0 的有符号整数，存储范围为 $-2^{63}$～$2^{63}-1$ |
| | BYTE | 类似于 SQL Server 的 TINYINT，精度为 3，标度为 0 的无符号整型数据 |
| | SMALLINT | 有符号的精度为 5，标度为 0 的整型数据 |
| | BINARY | 定长二进制类型，用于存储长度为 n 个字节的二进制数据，n 默认为 1 B，n 的最大长度由数据库页的大小决定 |
| | VARBINARY | 变长二进制类型，用于存储可变长度的二进度数据，默认值为 8188，最大长度由数据库页的大小决定 |
| | REAL | 带二进制浮点型数据，存储二进制的精度为 24，存储十进制的精度为 7，存储范围为 -3.4E+38～3.4E+38 |
| | FLOAT[(精度)] | 带二进制浮点型数据，二进制精度最大不超过 53，若省略精度，则二进制数精度为 53，十进度数精度为 15，存储范围为 -1.7E+308～1.7E+308，如 FLOAT(24) |
| | DOUBLE[(精度)] | 与 FLOAT 相似 |
| | DOUBLE<br>PRECISION | 带二进制双精度浮点型数据，二进制数精度为 53，十进度数精度为 15，存储范围为 -1.7E+308～1.7E+308 |

续表

| 类型 | 声 明 | 说 明 |
|---|---|---|
| 字符型 | CHAR[(n)] | 用来存放固定长度的字符数据，存储长度 n 的取值取决于数据库页面的大小，(n)可以省略，这时长度默认为 1(即 n 默认值为 1)。对于定长型字符型，不论用户存放的数据长度有多长(不超过 n)，其都占用 n 个字符或 n 个字节的空间，通常用于定义如身份证号、手机号等长度固定的字符串。相较于 VARCHAR(n)变长类型，其有更高的数据检索效率 |
| | VARCHAR[(n)],<br>CHARACTER[(n)] | 用来存放可变长度的 n 个字符型数据，n 的取值最大为 8188，若省略 n，则 n 的值默认为 8188。相较于定长字符型，变长字符型根据用户存储的字符长度(不超过 n)确定其占用的空间，即存储占用空间为实际的字符或字节数，而不一定是 n，通常用于定义姓名、籍贯、图书名称等值的长度不固定的属性 |
| 日期<br>时间型 | DATE | 日期型数据，定义了包括“年-月-日”内容的信息，存储 0001-1-1～9999-12-31 之间的任意日期。在 DM 数据库中，日期的表示格式为年-月-日、年/月/日或年.月.日 |
| | TIME | 时间型数据，定义了包括“时：分：秒”内容的信息，定义 00:00:00.000000～23:59:59.999999 之间的有效时间，秒后面的小数点可以精确到 6 位小数，若省略，则默认为 0 |
| | TIMESTAMP | 时间戳类型，包括“年-月-日时：分：秒”内容的信息，定义了 0001-1-1 00:00:00.000000～9999-12-3123:59:59.999999 之间的有效日期时间 |
| | TIME[(小数秒精度)]<br>WITH TIME ZONE | 其定义是在 TIME 类型后面加时区信息 |
| | TIMESTAMP[(小数秒精度)]WITH TIME ZONE | 带本地时区的 TIMESTAMP 类型数据，它能将标准的时区 TIMESTAMP WITH TIME ZONE 转化为本地时区 |
| 布尔型 | BOOL,<br>BOOLEAN | 值为 true 或 false 的类型，即真或假 |

### 2. 大对象数据类型

大对象数据类型 LOB 用于存储图像、声音等多媒体数据。LOB 可以是二进制也可以是字符数据，最大不超过 2 GB。DM 数据库的大对象数据类型包括 BLOB、CLOB、TEXT、IMAGE、LONGVARBINARY 和 LONGVARCHAR 六种。

### 3. %TYPE 类型

在 DM SQL 的程序处理中，有一类变量声明其与表对象中某列的类型一样，多用于获取该表中某列的数据，当修改表更改列的类型时，变量的类型也跟着表中列的类型而更改。

DM 数据库提供的%TYPE 类型附加在表对象的列或另一个变量上，当它附加的表的列类型或变量类型发生变化时，它的类型也随之而变，方便程序处理。

【例 8-3】 %TYPE 变量声明。

示例代码如下：

```
DECLARE
v_xm SC_STU.学生表.姓名%TYPE;
```

该例中声明了一个 v_xm 变量，它的类型为 SC_STU 模式下学生表姓名列的类型，如果修改表的定义，将学生表的姓名列改为 VARCHAR(30)(原来为 VARCHAR(15))，则变量 v_xm 也将随之更改。这样做的好处是：在一些程序处理中，若想获得某一列数据，那么需要去查该列的定义，但如果将其定义为%TYPE，则直接引用该列，因为附加了列的类型，这样方便程序的编写。

**4. %ROWTYPE 类型**

与%TYPE 类型类似，%ROWTYPE 声明用来记录表中的一行，当表结构发生改变时，如增加或删除列，被声明为%ROWTYPE 类型的变量也随之改变。

【例 8-4】 %ROWTYPE 变量声明。

示例代码如下：

```
DECLARE
XS_ROW SC_STU.学生表%ROWTYPE;
BEGIN
SELECT * INTO XS_ROW FROM SC_STU.学生表  WHERE  学号 = '20210004';
PRINT XS_ROW.学号;
PRINT XS_ROW.姓名;
PRINT XS_ROW.性别;
END
```

该示例首先声明了一个@ROWTYPE 变量 XS_ROW，记录学生表结构，然后查询学号为 20210004 的学生信息并写入变量 XS_ROW，使用 PRINT 函数打印变量 XS_ROW 记录的学号、姓名和性别。

**5. 记录类型**

%ROWTYPE 记录表的结构，定义为该类型的变量可以用来获取表中的一行数据并进行处理。DM SQL 还允许用户定义自己的记录结构，并用它来定义变量，类似于 C 语言的结构体。

记录类型定义的语法格式如下：

```
TYPE  类型名 IS RECORD(
    记录字段数据类型  [NOT NULL] [DEFAULT] := 默认值
    {, 记录字段数据类型  [NOT NULL] [DEFAULT] := 默认值}
)
```

【例 8-5】 记录类型示例。

示例代码如下：

```
DECLARE
TYPE r_xs IS RECORD
```

```
(
    xh SC_STU.学生表.学号%TYPE,
    xm SC_STU.学生表.姓名%TYPE,
    xb SC_STU.学生表.性别%TYPE
);
v_xs r_xs;
BEGIN
SELECT 学号, 姓名, 性别 INTO v_xs FROM sc_stu.学生表 WHERE 学号 = '20210005';
SELECT v_xs.xh, v_xs.xm, v_xs.xb;
END;
```

该示例首先定义了一个记录类型 r_xs，包括 xh、xm、xb 三个字段，三个字段的类型分别附加学生表的学号、姓名、性别的类型，然后使用该定义的记录类型定义一个变量 v_xs，该变量就有了结构，使用查询语句读取学生表的学号、姓名、性别，并写入记录变量 v_xs，最后通过 SELECT 语句输出。

### 6. 数组类型

DM SQL 支持数组的定义，且支持静态数组和动态数组。

需要注意的是，DM SQL 的数组下标是从 1 开始的。

1) 静态数组

静态数据是在定义数组时就给出下标即数组的大小，大小在数组的生命周期内不能发生改变。其语法格式如下：

```
TYPE 数组名 IS ARRAY 数据类型[常量{, 常量}]
```

语法说明：

常量{，常量}即数组大小，如果定义多个，则表示多维数组。

2) 动态数组

动态数组是在执行代码时为数组分配空间，即数组的大小在代码执行过程中动态确定，需要手动释放内存空间占用。其语法格式如下：

```
TYPE 数组名 IS ARRAY 数据类型[{, }]
```

语法说明：

动态数组的中括号内不指明数组大小，若为多维动态数据，则用“,”表示维度；动态数组在执行语句中使用时需要动态分配空间，分配空间的语法格式如下：

```
数组名 := NEW 数据类型[常量{, 常量}]
```

或

```
数组名 := NEW 数据类型[常量][]
```

**【例 8-6】** 静态数组示例。

示例代码如下：

```
DECLARE
--定义数组类型
TYPE A_AR IS ARRAY DEC(4, 3)[10];
```

```
--定义多组数据类型
TYPE B_AR IS ARRAY DEC(4, 3)[2, 5];
--数组类型变量
a A_AR;
--多组数据变量
b B_AR;
--字符串变量
str VARCHAR(75) := 'a 数组为:';
BEGIN
FOR i IN 1..10 LOOP                   --i 由 1 循环至 10
a[i] := RAND();                       --取 0～1 的随机数据赋值 a[i]
END LOOP;
--嵌套循环，取 0～1 的随机数据赋值 b[i][j]
FOR i IN 1..2 LOOP
FOR j IN 1..5 LOOP
b[i][j] = RAND();
END LOOP;
END LOOP;
--将数组 a 的每一项累加入字符串 str
FOR i IN 1..10 LOOP
--CONCAT 函数连接两个字符串
str := CONCAT(str, CONVERT(VARCHAR(5), a[i]));
str := CONCAT(str, ', ');
END LOOP;
PRINT str;
PRINT 'b 数组为: ' ;
str := '';
--嵌套循环将数组 B 的每一项循环累加入字符串 str
FOR i IN 1..2 LOOP
FOR j IN 1..5 LOOP
str := CONCAT(str, CONVERT(VARCHAR(5), b[i][j]));
str := CONCAT(str, ', ');
END LOOP;
PRINT str;
Str := '';
END LOOP;
END;
```

该示例定义了两个静态数组，一个一维，一个二维，分别取 0～1 的 10 个随机数赋值两个数组，调整格式输出，执行结果如图 8-2 所示。

```
*调试 - LOCALHOST(SYSDBA)
DECLARE
--定义数组类型
TYPE A_AR IS ARRAY DEC(4,3)[10];
--定义多组数据类型
TYPE B_AR IS ARRAY DEC(4,3)[2,5];
--数组类型变量
a A_AR;
--多组数据变量
b B_AR;
--字符串变量
str VARCHAR(75):='a数组为:';
BEGIN
FOR i in 1..10 LOOP--i由1循环至10
a[i]:=RAND();--取0至1的随机数据赋值a[i]
END LOOP;
--嵌套循环，取0至1的随机数据赋值b[i][j]
FOR i IN 1..2 LOOP
FOR j IN 1..5 LOOP
b[i][j]=RAND();
END LOOP;
END LOOP;
--将数组a的每一项累加入字符串str
FOR i IN 1..10 LOOP
--CONCAT函数连接两个字符串
str:=CONCAT(str,CONVERT(VARCHAR(5),a[i]));
str:=CONCAT(str,',')
END LOOP;
PRINT str;
PRINT 'b数组为:' ;
str:='';
--嵌套循环将数组B的每一项循环累加入字符串str
FOR i IN 1..2 LOOP
FOR j IN 1..5 LOOP
str:=CONCAT(str,CONVERT(VARCHAR(5),b[i][j]));
str:=CONCAT(str,',');
END LOOP;
PRINT str;
str:='';
END LOOP;
END;

消息
执行成功, 执行耗时11毫秒. 执行号:676
a数组为:0.101,0.185,0.915,0.103,0.802,0.517,0.420,0.435,0.175,0.551,
b数组为:
0.161,0.057,0.411,0.342,0.455,
0.249,0.290,0.557,0.828,0.369,

影响了0条记录
```

图 8-2　例 8-6 执行结果

**【例 8-7】** 动态数组示例。

示例代码如下：

```
DECLARE
--定义动态数组类型
TYPE A_AR IS ARRAY DEC(4, 3)[];
--定义动态多组数据类型
TYPE B_AR IS ARRAY DEC(4, 3)[, ];
--数组类型变量
a A_AR;
--多组数据变量
b B_AR;
--字符串变量
str VARCHAR(75) := 'a 数组为:';
BEGIN
--给动态数组分配空间
a := NEW DEC[10];
b := NEW DEC[2, 5];
FOR i IN 1..10 LOOP                --i 由 1 循环至 10
a[i] := RAND();                    --取 0～1 的随机数据赋值 a[i]
END LOOP;
```

```
--嵌套循环，取 0～1 的随机数据赋值 b[i][j]
FOR i IN 1..2 LOOP
FOR j IN 1..5 LOOP
b[i][j] = RAND();
END LOOP;
END LOOP;
--将数组 a 的每一项累加入字符串 str
FOR i IN 1..10 LOOP
--concat 函数连接两个字符串
str := CONCAT(str, CONVERT(VARCHAR(5), a[i]));
str := CONCAT(str, ', ');
END LOOP;
PRINT str;
PRINT 'b 数组为: ' ;
str := '';
--嵌套循环将数组 B 的每一项循环累加入字符串 str
FOR i IN 1..2 LOOP
FOR j IN 1..5 LOOP
str := CONCAT(str, CONVERT(VARCHAR(5), b[i][j]));
str := CONCAT(str, ', ');
END LOOP;
PRINT str;
str := '';
END LOOP;
END;
```

**【例 8-8】** 数组与表连接查询。

示例代码如下：

```
DECLARE
TYPE XS_R IS RECORD
(
    xh SC_STU.学生表.学号%TYPE,
    xm SC_STU.学生表.姓名%TYPE,
    xb SC_STU.学生表.性别%TYPE
);
TYPE XS_AR IS ARRAY XS_R[];
a XS_AR;
TYPE XH IS ARRAY CHAR(8)[2];
x XH := XH('20210001', '20210003');
BEGIN
```

```
a = NEW XS_R[2];
FOR i IN 1..2 LOOP
SELECT 学号, 姓名, 性别 INTO a[i] FROM SC_STU.学生表
WHERE 学号 = x[i];
END LOOP;
SELECT * FROM ARRAY a ARR, SC_STU.选课表 b WHERE ARR.xh = b.学号;
END;
```

执行结果如图 8-3 所示。

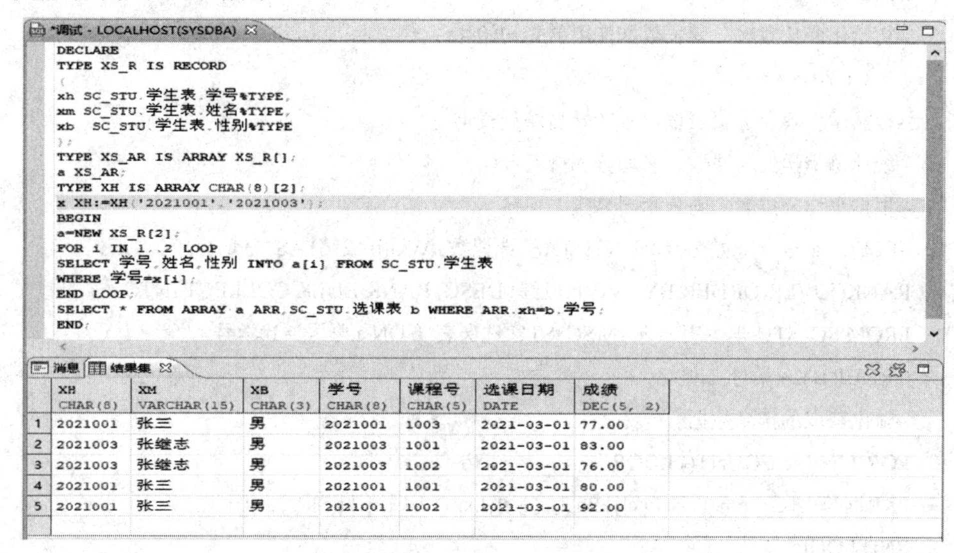


| | XH CHAR(8) | XM VARCHAR(15) | XB CHAR(3) | 学号 CHAR(8) | 课程号 CHAR(5) | 选课日期 DATE | 成绩 DEC(5, 2) |
|---|---|---|---|---|---|---|---|
| 1 | 2021001 | 张三 | 男 | 2021001 | 1003 | 2021-03-01 | 77.00 |
| 2 | 2021003 | 张继志 | 男 | 2021003 | 1001 | 2021-03-01 | 83.00 |
| 3 | 2021003 | 张继志 | 男 | 2021003 | 1002 | 2021-03-01 | 76.00 |
| 4 | 2021001 | 张三 | 男 | 2021001 | 1001 | 2021-03-01 | 80.00 |
| 5 | 2021001 | 张三 | 男 | 2021001 | 1002 | 2021-03-01 | 92.00 |

图 8-3　例 8-8 执行结果

### 7. 集合类型

1) 变长数组

变长数组是一种有最大容量的可伸缩数组。变长数组下标是由 1 开始的有序数字，有多种方法可以操纵变长数组项。

变长数组定义的语法格式如下：

```
TYPE 数组名 IS ARRAY(常量) OF 数据类型
```

变长数组的数据类型可以是基本的类型，也可以是对象、记录、其他变长数组等。

**【例 8-9】** 变长数组示例。

示例代码如下：

```
DECLARE
--定义记录型，含学号、姓名、选课数、平均分、排名字段
TYPE CJ IS RECORD
(
    xh SC_STU.学生表.学号%TYPE,
    xm SC_STU.学生表.姓名%TYPE,
    kc SMALLINT,
```

```
    jf DEC(5, 2),
    pm BYTE
);
--定义变长数组，数据最大 100，类型为记录型 CJ
TYPE CJ_A IS VARRAY(100) OF CJ;
--声明变长数组
c CJ_A;
BEGIN
--初始化变长数组，变长数据使用前先初始化
c := CJ_A();
--根据学生表和选课表按学号、姓名统计查询
--统计每个学生选课数、平均分和排名
--根据平均分排名，同分则同名次
SELECT a.学号, a.姓名, COUNT(*) AS 选课数, AVG(b.成绩) AS 平均分,
RANK()OVER(ORDER BY AVG(b.成绩) DESC) RANK BULK COLLECT INTO c
FROM SC_STU.学生表 a JOIN SC_STU.选课表 b ON a.学号 = b.学号
GROUP BY a.学号, a.姓名;
--输出获取的排名数据
FOR J IN 1..c.COUNT() LOOP
PRINT '第' || c[j].pm || '名:' || c[j].xh || ', ' || c[j].xm || ', ' || c[j].kc || ', ' || c[j].jf;
END LOOP;
END;
```

执行结果如图 8-4 所示。

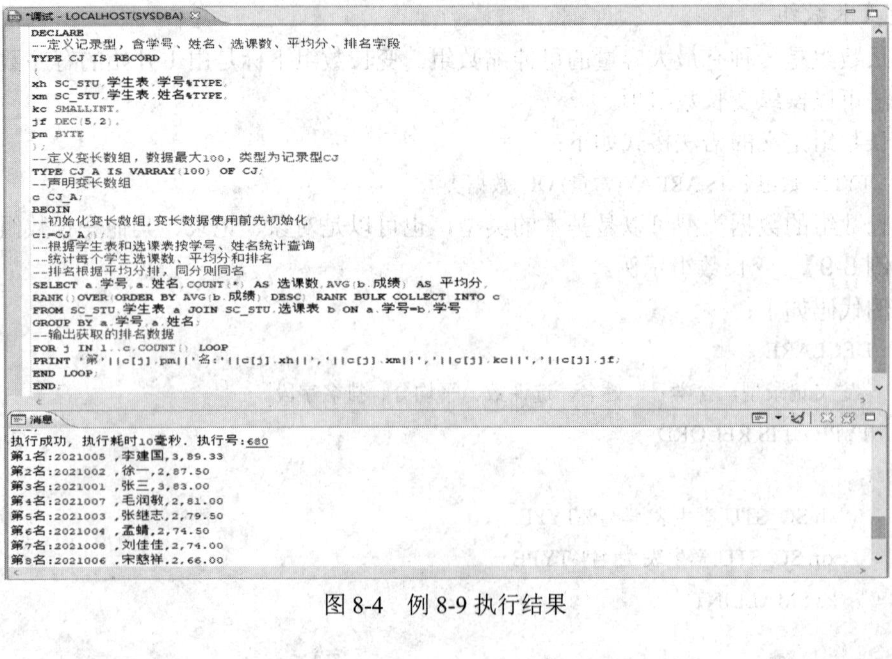

```
*调试 - LOCALHOST(SYSDBA)
DECLARE
--定义记录型，含学号、姓名、选课数、平均分、排名字段
TYPE CJ IS RECORD
(
xh SC_STU.学生表.学号%TYPE,
xm SC_STU.学生表.姓名%TYPE,
kc SMALLINT,
jf DEC(5,2),
pm BYTE
);
--定义变长数组，数据最大100，类型为记录型CJ
TYPE CJ_A IS VARRAY(100) OF CJ;
--声明变长数组
c CJ_A;
BEGIN
--初始化变长数组,变长数据使用前先初始化
c:=CJ_A();
--根据学生表和选课表按学号、姓名统计查询
--统计每个学生选课数、平均分和排名
--排名根据平均分排，同分则同名
SELECT a.学号,a.姓名,COUNT(*) AS 选课数,AVG(b.成绩) AS 平均分,
RANK()OVER(ORDER BY AVG(b.成绩) DESC) RANK BULK COLLECT INTO c
FROM SC_STU.学生表 a JOIN SC_STU.选课表 b ON a.学号=b.学号
GROUP BY a.学号,a.姓名;
--输出获取的排名数据
FOR j IN 1..c.COUNT() LOOP
PRINT '第'||c[j].pm||'名:'||c[j].xh||','||c[j].xm||','||c[j].kc||','||c[j].jf;
END LOOP;
END;

消息
执行成功，执行耗时10毫秒. 执行号:680
第1名:2021005 ,李建国,3,89.33
第2名:2021002 ,徐一,2,87.50
第3名:2021001 ,张三,3,83.00
第4名:2021007 ,毛润敏,2,81.00
第5名:2021003 ,张继志,2,79.50
第6名:2021004 ,孟鲭,2,74.50
第7名:2021008 ,刘佳佳,2,74.00
第8名:2021006 ,宋慈祥,2,66.00
```

图 8-4　例 8-9 执行结果

2) 索引表

索引表是 DM SQL 的一种快速、方便地管理相关数据的方法，类似于数组又不同于数组。数组定义只涉及数组项，索引表可定义表项，同时可以定义下标项，建立下标与表项的一一对应关系，通过下标项可以找到对应的原索引项。通过索引表可以对大量类型相同的数据进行存储、排序和更新等操作。

索引表定义的语法格式如下：

```
TYPE 索引表名 IS TABLE OF 数据类型 1 INDEX BY 数据类型 2
```

语法说明：数据类型 1 为索引表项的类型，可以是基本的数据类型，也可以是对象、记录、静态数组类型，但不能为动态数组；数据类型 2 为下标的类型，仅支持 INTEGER/INT 和 VARCHAR。

**【例 8-10】** 索引表示例。

示例代码如下：

```
DECLARE
--定义记录型
TYPE XS_R IS RECORD(
    xh SC_STU.学生表.学号%TYPE,
    xm SC_STU.学生表.姓名%TYPE
);
--定义索引表，表项为记录型，下标为 VARCHAR
TYPE SY IS TABLE OF XS_R INDEX BY VARCHAR(10);
s SY;
BEGIN
--从学生表读取一条数据写入下标为 '记录 1' 的索引项
SELECT TOP 1 学号, 姓名 INTO s['记录 1'].xh, s['记录 1'].xm FROM SC_STU.学生表;
--通过'记录 1'打印出索引项
PRINT s['记录 1'].xh || ', ' || s['记录 1'].xm;
END;
```

3) 嵌套表

嵌套表元素的下标由 1 开始，且元素个数无限制。

嵌套表定义的语法格式如下：

```
TYPE 嵌套表名 IS TABLE OF 元素数据类型
```

4) 集合类型的属性与方法

变长数组、索引表和嵌套表是对象类型，它们本身有属性与方法，在使用这一类对象时，可以通过其属性与方法丰富编程。这些属性与方法如下：

(1) COUNT 属性：返回集合中的元素个数。

(2) DELETE[(x[, y])]方法：删除集合中的元素。若省略括号及括号中的内容，则删除所有元素；若省略 y，则将集合中第 x 个元素删除；若方法参数 x、y 不省略，则表示删除从第 x 元素到第 y 元素之间的所有元素。

(3) EXISTS(x)：判断集合中位置 x 是否有元素。

(4) EXTEND[(x[, y])]：扩展集合元素。若不省略参数，则代表在集合末尾扩展 x 个与 y 位置相同的元素；若省略 y，则表示在集合末尾扩展 x 个 NULL 元素；若省略 x 与 y，则在集合末尾扩展一个 NULL 元素。

(5) FIRST 和 LAST：返回集合的第一个、最后一个元素。

(6) NEXT(x)和 PRIOR(x)：返回集合中 x 位置的后一个、前一个元素。

(7) TRIM[(x)]：从集合的末尾删除元素，不带参数表示从末尾删除一个元素，带参数 x 表示从末尾删除 x 个元素。

### 8. 类类型

DM SQL 通过类类型实现面向对象的程序设计。使用类类型，可提高 DM SQL 程序的代码重用性。

DM SQL 类类型与 C++类的定义相似，首先类头完成类声明，然后类体完成类的实现。类类型可以定义以下内容：

- 类型定义：类中可以定义游标、记录、数组、索引表等数据类型。类类型定义好后，在类中可以用其声明类的成员。
- 属性：类中的成员变量，可以是基本的数据类型，也可以是类中定义的类型。
- 成员方法：类中的过程或函数，通过它实现类的功能。它在类头声明，在类中实现。
- 构造函数：创建类的实例调用的函数。构造函数名与类名要一样；构造函数的返回类型为类自身。

DM SQL 为每个类提供两个默认的构造函数：0 参构造函数和全参(参数与属性个数相同)构造函数。用户可以自定义构造函数，构造函数可以重载，但重载的构造函数参数个数必须不同。若用户定义了 0 参或全参构造函数，则 DM SQL 提供的 0 参或全参默认构造函数将被覆盖。

#### 1) 类的声明

类的声明在类头中完成，使用 CREATE CLASS 语句实现声明。其语法格式如下：

```
CREATE [OR REPLACE] CLASS [模式名.] 类名 AS | IS
[{TYPE 类型定义;}]
[{成员变量名数据类型[ := 默认值];}]
{PROCEDURE 过程名 [参数列表];}
{FUNCTION 函数名([参数{, 参数}]) [RETURN 返回的数据类型] [PIPELINED];}
END [类名];
```

#### 2) 类的实现

类的实现在类体中完成，类体的定义通过 CREATE CLASS BODY 命令实现，类体实现主要是类的过程和函数的实现，过程与函数必须是在类头中声明过的。

其语法格式如下：

```
CREATE [OR REPLACE] CLASS BODY [模式名.]类名 AS | IS
{过程实现;}
{函数实现;}
```

```
END [类名]
```

语法说明：

类体中的过程与函数必须与类头中声明的一致，包括名称与参数，类中的函数可以重载。

3) 类的使用

类定义好后，就可以使用了，也可以用类定义表对象的列数据类型，也可以将类作为其他类的成员变量，还可以实例化类创建类的对象来实现业务逻辑的处理。

类作为表中列的数据类型或其他类的成员变量，不能修改类也不能删除类中定义的数据类型。实例化类可以实现代码的重用，简化程序设计工作。实例化类通过 NEW 调用构造函数来实现。实例化前，实例化的对象名要先声明。其语法格式如下：

```
DECLARE
...
对象名 类名;            --声明类的对象
...
BEGIN
--类的实例化
对象名 = NEW 类的构造函数(构造函数参数列表);
...
END;
```

定义表列为类类型或实例化类后，表列和实例对象便具有了类的成员属性和方法。

作为列类型的成员属性与方法访问有：

(1) 属性访问：列名.属性。

(2) 方法访问：列名.方法(方法参数)。

作为实例对象的成员属性与方法访问有：

(1) 属性访问：对象名.属性。

(2) 方法访问：对象名.方法(参数)。

4) 类的删除

类的删除包括类头删除和类体删除。类头删除可以将类体一并删除，也可以单独删除类体。

删除类头的语法格式如下：

```
DROP CLASS [模式名.]类名
```

删除类体的语法格式如下：

```
DROP CLASS BODY [模式名.]类名
```

## 8.5　流程控制语句

流程控制语句是用于控制程序执行和流程分支的语句，这些语句包括条件控制语句、无条件转移语句和循环语句。使用这些流程控制语句，可以使程序更具结构性和逻辑性，从而完成较复杂的操作。

### 8.5.1　IF 条件控制语句

在程序控件中，经常要根据特定的条件执行不同的操作或运算，IF 条件控制语句使得程序可以根据不同条件的结果来执行不同的操作，其语法格式如下：

```
IF  条件表达式 1 THEN
条件表达式 1 成立执行语句;
{[ELSIF  条件表达式 n THEN
    条件表达式 n 成立执行语句;
]}
[ELSE
    所有条件表达式不成立执行语句;
]
END IF;
```

该语法中，ELSIF 及 ELSE 选项不是必需项，具体根据程序需要的条件判断使用结构；条件表达式不仅可以使用比较运算符，还可以使用范围运算符 BETWEEN…AND、列表运算符 IN、匹配运算符 LIKE 等。

**【例 8-11】** IF 条件控制语句示例。

示例代码如下：

```
DECLARE
age BYTE := 0;
BEGIN
IF(SELECT COUNT(*) FROM SC_STU.学生表  WHERE  学号 = '20210001') > 0 THEN
SELECT  YEAR(GETDATE())-YEAR(生日)  INTO  age  FROM  SC_STU.学生表  WHERE  学号 =
'20210001';
IF age >= 18 THEN
PRINT '学号为 20210001 的学生已成年，年龄为:' || age;
ELSE
PRINT '学号为 2016002 的学生未成年，年龄为:' || age;
END IF;
ELSE
PRINT '不存在学号 20210001 的学生';
END IF;
END;
```

该程序首先定义变量 age，然后判断学号为 20210001 的学生是否存在。若该生存在，则查看该生的年龄并存入 age。若年龄大于 18，则输出已成年和实际年龄，否则输出未成年和实际年龄。若 20210001 的学生不存在，则直接输出“不存在学号 20210001 的学生”。

## 8.5.2 CASE 语句

CASE 语句用于简单的 SQL 表达式，它可以用在任何允许使用表达式的地方并根据条件的不同而返回不同的值。CASE 类似于 C 语言的 SWITCH。CASE 表达式分为简单的 CASE 表达式和搜索 CASE 表达式。

### 1. 简单的 CASE 表达式

简单的 CASE 表达式将一个测试表达式与一组简单的表达式进行比较，如果某个简单的表达式与测试表达式的值相等，则返回相应结果表达式的值，其语法格式如下：

```
CASE  测试表达式
WHEN 测试值 1 THEN 结果表达式 1
WHEN 测试值 2 TEHN 结果表达式 2
…
[ELSE 结果表达式 n]
END CASE
```

简单的 CASE 表达式以 CASE 开始，以 END CASE 结束。测试表达式是用于条件判断的表达式，测试值用于与测试表达式比较，即将测试表达式与每个测试值比较，当其与某一测试值相等时，就返回该测试值的 THEN 子句的结果表达式；若与所有的测试值都不相等，则返回 ELSE 后的结果表达式 n。若 CASE 表达式无 ELSE 子句，则返回一个 NULL 值。

**【例 8-12】** 简单的 CASE 表达式。

示例代码如下：

```
SELECT *, CASE 性别
WHEN '男' THEN '先生'
WHEN '女' THEN '女士'
END CASE 称谓 FROM SC_STU.学生表
```

该示例检索学生表学生信息，并加入一个 CASE 表达式列“称谓”，根据性别的男与女赋予“先生”或“女士”。

### 2. 搜索 CASE 表达式

与简单的 CASE 表达式相比较，在搜索 CASE 表达式中，CASE 关键字后不跟任何表达式，在各 WHEN 关键字后面跟的都是布尔表达式，其语法格式如下：

```
CASE
WHEN 布尔表达式 1 THEN 结果 1
WHEN 布尔表达式 2 THEN 结果 2
…
ELSE 结果 n
END CASE
```

搜索 CASE 表达式在执行时，它将测试每一个布尔表达式，如果结果为真，则返回相应的结果，否则检测 ELSE 的存在，若存在 ELSE 则返回 ELSE 后的结果，否则返回一个 NULL。需要注意的是，若有多个布尔表达式的值为真，则只返回第一个为真的结果。

【例 8-13】 按学号与姓名统计查询每个学生的学号、姓名及平均分，并根据平均分值判断好、优、良、中、差的等级。

示例代码如下：

```
SELECT a.学号, a.姓名, AVG(成绩)  平均分,
RANK() OVER(ORDER BY AVG(成绩) DESC)  排名,
CASE
WHEN AVG(成绩) >= 90 THEN '好'
WHEN AVG(成绩) >= 80 THEN '优'
WHEN AVG(成绩) >= 70 THEN '良'
WHEN AVG(成绩) >= 60 THEN '中'
ELSE '差' END CASE  等级
FROM SC_STU.学生表  a JOIN SC_STU.选课表  b ON a.学号 = b.学号
GROUP BY A.学号, A.姓名
```

执行结果如图 8-5 所示。

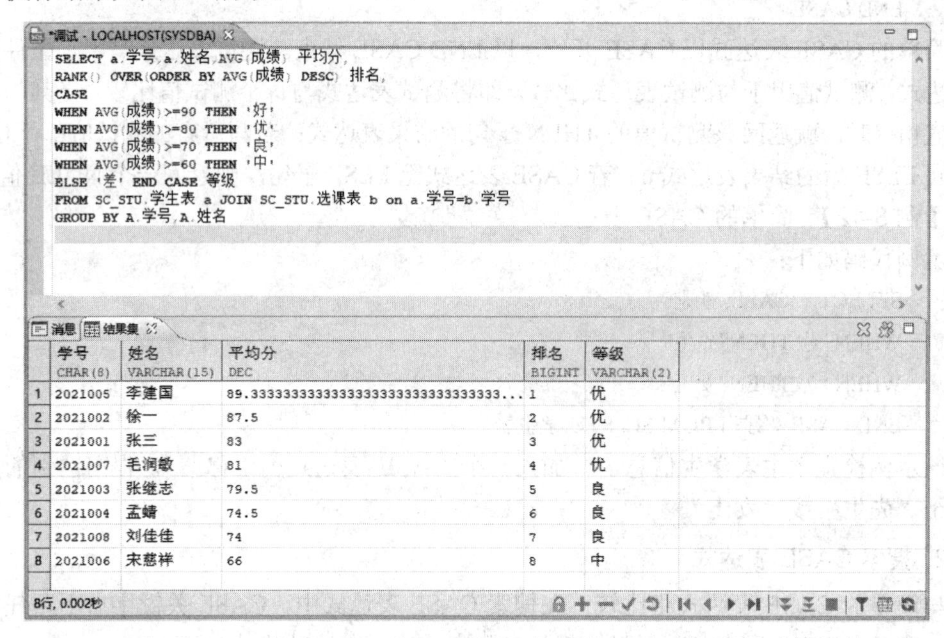


| | 学号 CHAR(8) | 姓名 VARCHAR(15) | 平均分 DEC | 排名 BIGINT | 等级 VARCHAR(2) |
|---|---|---|---|---|---|
| 1 | 2021005 | 李建国 | 89.3333333333333333333333333333333... | 1 | 优 |
| 2 | 2021002 | 徐一 | 87.5 | 2 | 优 |
| 3 | 2021001 | 张三 | 83 | 3 | 优 |
| 4 | 2021007 | 毛润敏 | 81 | 4 | 优 |
| 5 | 2021003 | 张继志 | 79.5 | 5 | 良 |
| 6 | 2021004 | 孟婧 | 74.5 | 6 | 良 |
| 7 | 2021008 | 刘佳佳 | 74 | 7 | 良 |
| 8 | 2021006 | 宋慈祥 | 66 | 8 | 中 |

图 8-5　例 8-13 执行结果

## 8.5.3　循环语句

在程序中，当要重复处理某项工作时，就可以使用循环语句，DM SQL 中提供了多种循环结构。

### 1. LOOP 循环

LOOP 循环是最简单的循环结构，它没有循环判断语句，所以跳出该循环体需要借助 EXIT(类似于 C 语言的 BREAK)。

其语法格式如下：

```
LOOP
循环体
END LOOP;
```

### 2. WHILE 循环

WHILE 循环根据条件表达式判断是否执行循环体，条件表达式为 true，则执行循环体，否则执行循环后的语句，也可以通过 EXIT 退出循环。

其语法格式如下：

```
WHILE 条件表达式 LOOP
循环体
END LOOP;
```

### 3. FOR 循环

FOR 循环由下限表达式循环执行至上限表达式，如果下限表达式大于上限表达式，则不执行循环体。执行时，首先将下限表达式赋值计数器(如果有 REVERSE，则相反)，然后执行循环体，执行完循环体，计数器加 1(REVERSE 关键字则减 1)，检测计数器的值，如果小于循环上限表达式(REVERSE 关键字则相反)，则继续执行循环体，直到计数器不在循环范围时跳出循环，当然也可以在需要的时候使用 EXIT 退出循环。

其语法格式如下：

```
FOR 计数器 IN [REVERSE] 下限..上限 LOOP
循环体
END LOOP;
```

### 4. REPEAT 循环

REPEAT 循环执行循环体，直到条件表达式不成立。

其语法格式如下：

```
REPEAT
循环体
UNTIL 条件表达式;
```

**【例 8-14】** 使用 DM SQL 循环打印九九乘法表。

示例代码如下：

```
DECLARE
str VARCHAR(200) := '';
BEGIN
FOR i IN 1..9 LOOP
FOR j IN 1..i LOOP
str := str || i || '*' || j || '=' || i*j;
IF j < i THEN
str := str || ', ';
END IF;
END LOOP;
```

```
PRINT str;
str := '';
END LOOP;
END;
```

执行结果如图 8-6 所示。

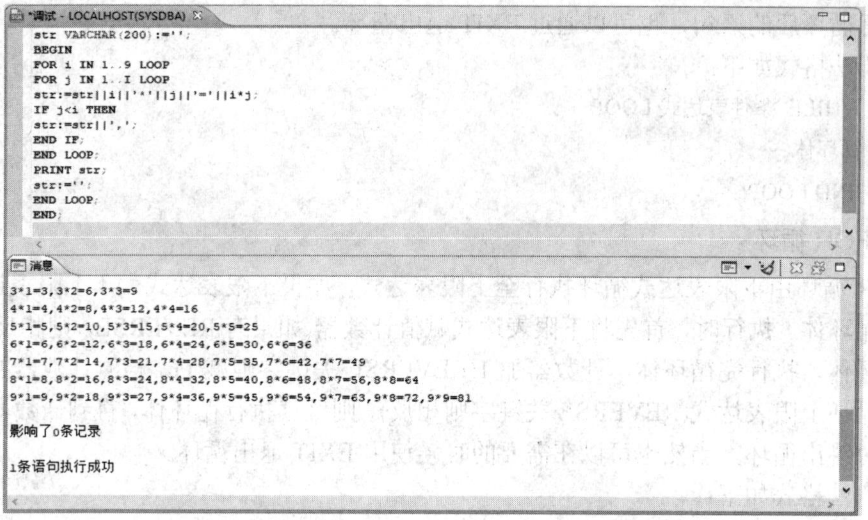

```
*调试 - LOCALHOST(SYSDBA)
str VARCHAR(200):='';
BEGIN
FOR i IN 1..9 LOOP
FOR j IN 1..I LOOP
str:=str||i||'*'||j||'='||i*j;
IF j<i THEN
str:=str||',';
END IF;
END LOOP;
PRINT str;
str:='';
END LOOP;
END;

消息
3*1=3,3*2=6,3*3=9
4*1=4,4*2=8,4*3=12,4*4=16
5*1=5,5*2=10,5*3=15,5*4=20,5*5=25
6*1=6,6*2=12,6*3=18,6*4=24,6*5=30,6*6=36
7*1=7,7*2=14,7*3=21,7*4=28,7*5=35,7*6=42,7*7=49
8*1=8,8*2=16,8*3=24,8*4=32,8*5=40,8*6=48,8*7=56,8*8=64
9*1=9,9*2=18,9*3=27,9*4=36,9*5=45,9*6=54,9*7=63,9*8=72,9*9=81

影响了0条记录

1条语句执行成功
```

图 8-6　例 8-14 执行结果

### 8.5.4　其他控制语句

#### 1. GOTO 语句

GOTO 为无条件跳转语句，程序执行由当前语句直接跳转到 GOTO 的标号处，标号在同一 SQL 程序中必须唯一。

其语法格式如下：

```
GOTO 标号名;
标号定义：<<标号名>>
```

#### 2. NULL 语句

NULL 不进行任何操作，仅将程序传递给下一条语句，使用它仅是为提高程序的可读性。

#### 3. CONTINUE 语句

CONTINUE 语句是指退出本次循环后转入下一次循环或指定标签循环的开始位置来开始循环，即循环体内 CONTINUE 后的 SQL 语句不再执行，直接转入下一次循环或指定标签的循环。但是，如果 CONTINUE 带有 WHEN 条件表达式，则只在表达式成立时才转入下一次循环或指定标签的循环。若表达式不成立，则继续执行循环体。

其语法格式如下：

```
CONTINUE [[标签] WHEN 条件表达式];
```

# 8.6 异常处理

在程序编写过程中，往往会有不经意的或未曾意想的情况使得程序不能正常执行，发生这种情况可能会导致整个系统崩溃，采取适当的措施防止此类情况发生是很有必要的。

在编写 DM SQL 程序时，良好的符合逻辑的异常处理是优秀设计的基础。在程序出现错误时，正常执行被终止，程序跳转至异常处理部分。DM SQL 提供了异常处理机制，其常用的预定义异常如表 8-3 所示。

表 8-3　常用的预定义异常

| 异 常 名 | 异 常 说 明 |
| --- | --- |
| EC_TOO_MANY_ROWS | SELECT INTO 包含多行 |
| EC_NO_DATA_FOUND | 数据未找到 |
| EC_RN_VIOLATE_UNIQUE_CONSTRAINT | 违反唯一约束 |
| EC_INVALID_OP_IN_CURSOR | 无效游标操作 |
| EC_DATA_DIV_ZERO | 除 0 错误 |

**【例 8-15】** 异常处理示例。

示例代码如下：

```
DECLARE
xh CHAR(8);
BEGIN
SELECT 学号 INTO xh FROM SC_STU.学生表;
EXCEPTION
WHEN TOO_MANY_ROWS THEN
PRINT '返回多条数据';
END;
```

### 1. 异常处理语法

异常处理的语法格式如下：

```
EXCEPTION
WHEN 异常名 1 OR 异常名 2 … THEN
异常处理 1;
异常处理 2;
…
WHEN 异常名 1_1 OR 异常名 1_2 … THEN
异常处理 1_1;
异常处理 1_2;
…
[WHEN OTHERS THEN
```

```
其他异常处理项;
]
```

### 2. 用户定义异常

DM SQL 允许程序员把一些特定的状态定义为异常，在一定情况下抛出。

1) 使用 EXCEPION FOR 定义异常

其语法格式如下：

```
异常名 EXCEPTION [FOR 自定义错误码]
```

语法说明：

错误码必须在 -20 000～-30 000 之间，若未指定，则 DM SQL 会自动给予错误码，取值范围为 -10 001～-15 000。

2) 使用 EXCEPTION_INIT 定义异常

其语法格式如下：

```
异常变量名 EXCEPTION;
PRAGMA EXCEPTION_INIT(异常变量名，错误码);
```

语法说明：异常变量名必须在程序声明的地方予以声明后才能使用。

### 3. 抛出异常

(1) 有异常名抛出的语法格式如下：

```
RAISE 异常名;
```

(2) 无异常名抛出的语法格式如下：

```
RAISE_APPLICATION_ERROR_ERROR(错误码 IN INT, 错误信息 IN INT);
```

语法说明：

错误码和前面介绍异常定义中的错误码是一样的取值范围，用户可自定义错误信息，但不超过 2000 B。

**【例 8-16】** 自定义异常示例。

示例代码如下：

```
DECLARE
--自定义异常名声明
not_found_xh EXCEPTION;
BEGIN
UPDATE SC_STU.学生表 SET 性别 = '女' WHERE 学号 = '20210020';
--上一条 SQL 语句没有数据
if SQL%NOTFOUND THEN
--抛出自定义异常
RAISE not_found_xh;
END IF;
COMMIT;
EXCEPTION
WHEN not_found_xh THEN
```

```
PRINT '没有该学号学生';
END;
```

该例中，上一条 SQL 语句没有找到数据，抛出自定义异常，在后面捕获。属性%NOTFOUND 在程序设计中会经常用到，与其相类似的属性如表 8-4 所示。

表 8-4　属　性

| 属　性 | 说　明 |
| --- | --- |
| %ISOPEN | 判断游标是否打开，若打开则返回 true |
| %NOTFOUND | 判断上一条 SQL 语句按照条件是否找到数据，未找到则返回 true，找到则返回 false |
| %FOUND | 判断上一条 SQL 语句按照条件是否找到数据，找到则返回 true，未找到则返回 false |
| %ROWCOUNT | 判断上一条 SQL 语句影响的数据行数 |

# 8.7　游　　标

游标是很多基于关系模型的 DBMS 都提供的一种数据访问机制，允许用户对结果集中的数据逐行扫描、逐行处理。它是一种数据处理方法，用于存储过程、触发器和 SQL 程序之中，类似于 C 语言中的指针。DM 数据库作为一款优秀的基于关系模型的分布式数据库管理系统，也不例外地提供了这一对数据逐行处理的功能。使用游标有以下优点：

(1) 允许程序对由 SELECT 查询语句返回的结果集中的每一次执行相同或不同的操作，而不是对整个集合执行同一个操作。

(2) 具有对基于游标位置中的行进行删除和更新的功能。

(3) 游标作为数据库管理系统和应用程序设计之间的桥梁，可将两种处理方式连接起来。

## 8.7.1　游标的读数据

### 1. 声明游标

和局部变量一样，在使用游标前，先声明游标。

其语法格式 1 如下：

```
DECLARE
CURSOR 游标名[(参数 1 数据类型, 参数 2 数据类型…)]
[RETURN 数据类型] [FAST | NOFAST]
IS
SELECT 语句
```

语法说明：

[(参数 1 数据类型，参数 2 数据类型…)]：声明游标时，可以定义传入参数供 SELECT 语句使用，当打开游标时，传入参数。

FAST | NOFAST：快速游标或普通游标，默认为普通游标。若定义为快速游标，则不需要打开游标，即可提前获取游标要处理的 SELECT 语句结果集。快速游标仅支持 NEXT 获取游标数据。

其语法格式 2 如下：

```
DECLARE
...
CURSOR 游标名;
...
```

语法说明：

该语法也是声明游标变量，相比于语法 1 中的声明方式，该语法可以在打开游标时动态给予查询语句。

### 2. 打开游标

其语法格式 1 如下：

```
OPEN 游标名[(参数值 1，参数值 2…)];
```

语法说明：

该语法对应声明游标中的语法 1，参数值与声明中的参数一一对应。

其语法格式 2 如下：

```
OPEN 游标名 FOR SELECT 语句;
```

语法说明：

该语法的打开游标方式对应声明游标中的语法 2。

### 3. 读游标

声明游标并打开后，就可以读取游标中的数据，FETCH 可读取游标中某一行数据并做进一步处理。读游标的语法格式如下：

```
FETCH [NEXT | PRIOR | FIRST | LAST | ABSOLUTEN | RELATIVEN]
FROM 游标名 INTO 赋值变量 1，赋值变量 2，…
```

语法说明：

NEXT：返回紧跟当前行之后的结果行，并将当前行递增为结果行。若游标为第一次数据提取操作，则返回结果集中的第一行；若当前行已指向游标最后一条记录，则执行 FETCH NEXT 游标属性%NOTFOUND 的值为 true。

PRIOR：返回紧跟当前行的前一结果行，并将当前行递减为结果行。

FIRST：返回游标中的第一行，并将第一行作为当前行。

LAST：返回游标中的最后一行，并将其作为当前行。

ABSOLUTEN：当 n 为正数时，返回从游标头开始的第 n 行记录，并将其作为当前行；当 n 为负数时，返回游标尾之前的第 n 行记录，并将其作为当前行。

RELATIVEN：当 n 为正数时，返回当前行后的第 n 行记录，并将其作为当前行；当 n 为负数时，返回当前行之前的第 n 行记录，并将其作为当前行。

INTO：允许将游标提取的数据存放在变量中，其后的赋值变量列表从左至右与游标结果集中相关列数据一一对应，且变量列表中变量数据类型与游标结果集中列数据类型要匹配或支持隐式转换，变量数目也应与游标中的列数目一致。

### 4. 关闭游标

打开并使用完游标后，要及时关闭游标，释放游标所占用的资源。关闭游标的语法格式如下：

```
CLOSE 游标名
```

**【例 8-17】** 现有学生表_b(学号，姓名，性别，年龄)，使用游标逐条获取学生表中贵州省学生的学号、姓名、性别、生日，根据获取生日计算年龄(若足月则为当前系统时期年份减去生日年份，若未足月则为当前系统时间年份减去生日年份再减 1)，将获取的学号、姓名、性别及计算的年龄逐条插入学生表_b(该例事实上可以通过一条 SQL 查询语句完成，这里使用游标目的是让读者通过它掌握游标的使用)。

方法一的示例代码如下：

```
DECLARE
xh CHAR(8);
xm VARCHAR(15);
xb CHAR(3);
nl BYTE;
m BYTE;
CURSOR c(p VARCHAR(10)) IS
SELECT 学号, 姓名, 性别, YEAR(CURDATE())-YEAR(生日), MONTH(生日)
FROM SC_STU.学生表 WHERE 籍贯 LIKE p || '%';
BEGIN
OPEN c('贵州');
LOOP
FETCH c INTO xh, xm, xb, nl, m;
IF c%notfound THEN
EXIT;
END IF;
IF m > MONTH(CURDATE()) THEN
nl := nl-1;
END IF;
INSERT INTO SC_STU.学生表_b VALUES(xh, xm, xb, nl);
END LOOP;
CLOSE c;
END;
```

方法一说明：该方法使用了带参数的游标来实现，目的是让读者了解参数在游标中的使用。读者通过该例，应掌握当游标放入存储过程或存储函数中时，根据存储过程或存储函数传入的值来灵活使用游标。

方法二(游标变量实现)的示例代码如下：

```
DECLARE
xh CHAR(8);
xm VARCHAR(15);
xb CHAR(3);
nl BYTE;
m BYTE;
CURSOR c;
BEGIN
OPEN c FOR SELECT 学号, 姓名, 性别, YEAR(CURDATE())-YEAR(生日), MONTH(生日)
FROM SC_STU.学生表 WHERE 籍贯 LIKE '贵州%';
LOOP
FETCH c INTO xh, xm, xb, nl, m;
IF c%notfound THEN
EXIT;
END IF;
IF m > MONTH(CURDATE()) THEN
nl := nl-1;
END IF;
INSERT INTO SC_STU.学生表_b VALUES(xh, xm, xb, nl);
END LOOP;
CLOSE c;
END;
```

### 8.7.2 游标更新数据

使用游标不仅可以逐条读取游标数据处理，而且可以通过游标更新数据。其步骤为：

(1) 声明游标。声明时游标必须带关键字 FOR UPDATE。

(2) 打开游标。

(3) 定位游标。它通过 FETCH 语句推动游标指针指向需要更新数据的位置。

(4) 更新游标位置数据。这里需要在更新语句的 WHERE 条件中使用 CURRENT 关键字，WHERE 条件的具体语法为“WHERE CURRENT OF 游标名”。

(5) 关闭游标。

【例 8-18】 使用游标读取学生表_b 的数据，并通过游标更新游标第二条记录，将第二条记录性别改为女。

示例代码如下：

```
DECLARE
CURSOR c IS SELECT * FROM SC_STU.学生表_b FOR UPDATE;
BEGIN
OPEN c;
```

```
FETCH ABSOLUTE 2 c;
UPDATE SC_STU.学生表_b SET 性别 = '女' WHERE CURRENT OF c;
COMMIT;
END;
```

【例 8-19】 使用游标读取学生表_b 的数据，并通过游标删除第三条记录。

示例代码如下：

```
DECLARE
CURSOR c IS SELECT * FROM SC_STU.学生表_b FOR UPDATE;
BEGIN
OPEN c;
FETCH ABSOLUTE 3 c;
DELETE SC_STU.学生表_b WHERE CURRENT OF c;
COMMIT;
END;
```

## 本 章 小 结

DM SQL 编程是复杂业务处理的基础，是有效编写存储过程与触发器的前驱知识。本章由 DM SQL 编程的基础知识开始介绍，最后介绍游标，这些都是 DM SQL 编程的基础内容。若想在以后的开发中处理好复杂业务、写好存储过程与触发器的程序，那么对本章知识的掌握就是前提条件。

# 第 9 章　DM SQL 数据库对象编程

在一些应用开发中，对于复杂事务的处理，往往需要先将业务逻辑写成一组 SQL 语句集，在应用程序开发中再直接调用写好的语句集，并返回相应的数据给应用程序；有时，在数据库的维护与管理中也需要编写一些 SQL 语句集。这种预先编写的可供用户调用的 SQL 语句集在应用开发或数据库维护管理中具有不可替代的作用，数据库中数据的准确性与一致性可以通过在编写时定义约束来确保。另外，有时还需要在对某些表的数据进行更新操作时强制执行某些处理，这些处理不必由用户调用，而是在执行 SQL 语句时自动触发。本章将介绍存储过程、函数、触发器和包，学习编写存储过程、存储函数等语句集来实现某些逻辑功能，并使用触发器这一特殊的存储过程来实现数据完整性，同时学习使用包来管理存储过程与存储函数。

## 9.1　存储过程

### 9.1.1　认识存储过程

存储过程是数据库中为实现某些特定功能而编写的一组语句集，是数据库最重要的对象之一；编写好的存储过程一次编译，永久有效；用户可通过调用存储过程实现特定功能服务应用的开发。存储过程是各数据库管理系统应用中最为广泛、最为灵活的技术；学好存储过程，有助于数据库管理及数据库系统的开发。

在数据库系统的开发中，应用程序的编写通常要不断与数据库进行交互，读写数据库中的数据并处理。应用程序与数据库间的数据交互通常有两种，一种是通过应用程序向数据库服务器发送 SQL 命令并返回处理结果；另一种是在数据库中创建某些功能的存储过程，应用程序通过对存储过程的调用完成某些操作。对于一些复杂的业务处理或是经常性的操作，编写存储过程无疑是较为理想的一种方法。

存储过程的使用具有以下优势：

(1) 可提高数据库系统的可维护性。存储过程是一组语句集，是某一功能的实现；编写好的存储过程可以共享给多个应用程序，确保数据访问和操作的一致性，提高程序的可维护性；对于应用程序中某些数据处理的修改，只需修改存储过程而不必更新应用程序。

(2) 可提高数据库系统的执行效率。存储过程是一次编译，永久有效，以后在调用存储过程时不需要再编译，SQL 命令每次调用则需再编译，因此使用存储过程可以提高系统的执行效率。

(3) 可提高数据库系统的安全性。管理员可以授予用户访问存储过程的权限，而不授予其操作表的权限；这样，用户可通过存储过程访问存储过程所涉及的表，而不是直接访问存储过程中涉及的表。通过存储过程访问表是有限制的，从而保证了表中数据的安全性。

(4) 可减少网络流量。存储过程是存放在系统服务器上的，调用只需要传送一条命令即可，减少了复杂 SQL 命令传输导致的流量消耗。

### 9.1.2 存储过程的创建

存储过程的创建可以使用 DM SQL 的 CREATE [OR REPLACE] PROCEDURE 命令，也可以使用 DM 管理工具。不管哪种创建方法，都需掌握基本的 SQL 命令及编程语法。使用 DM 管理工具创建存储过程并没有减少存储过程的创建工作量，故这里不作讲解。存储过程的创建方法主要以使用 DM SQL 为主。

创建存储过程的语法格式如下：

```
CREATE [OR REPLACE] PROCEDURE [模式名.]存储过程名
WITH ENCRYPTION
[参数名 IN | OUT  数据类型{[, 参数名 IN | OUT  数据类型]}]
AS | IS
声明部分;
BEGIN
存储过程 SQL 程序块;
[EXCEPTION
    异常处理程序块;
]
END;
```

语法说明：

CREATE [OR REPLACE] PROCEDURE：创建存储过程或修改存储过程对象关键字，创建存储过程时，后跟要创建的存储过程名。若使用存储过程所属用户登录且已将创建存储过程的模式切换为当前模式，则可省略[模式名.]。

WITH ENCRYPTION：若指定该参数，则存储过程主体将是加密存储的数据库对象。

[参数名 IN | OUT 数据类型{[, 参数名 IN | OUT 数据类型]}]：存储过程参数的定义，IN 表示参数为输入参数，即调用存储过程传递给存储过程执行存储过程主体需要的参数；OUT 则表示参数为输出参数，即存储过程执行返回给用户的参数。数据类型可以是基本的 DM 数据库类型，也可以是用户定义的如记录等类型。存储过程可定义为多个输入参数和多个输出参数。

声明部分：声明存储过程中需要用到的一些变量等内容。

存储过程 SQL 程序块：存储过程的主体，该语句集为某一应用功能的实现，存储过程主体定义通过前一章学习的 DM SQL 编程内容完成。

异常处理程序块：执行存储过程异常时执行的程序块，SQL 代码内容为前一章学习的异常处理。

【例 9-1】 创建不带参数的存储过程：现有学生表(学号，姓名，性别，生日，籍贯)，创建存储过程并获取学生的基本信息及年龄(若生日月份足月，则年龄为当前系统日期年份减生日年份；若不足月，则年龄为当前系统日期年份减生日年份再减 1。若为男，则性别为 GG；若为女，则性别为 MM)。

示例代码如下：

```
CREATE PROCEDURE SC_STU.R_if
AS
BEGIN
SELECT 学号, 姓名, CASE 性别
WHEN '男' THEN 'GG'
WHEN '女' THEN 'MM'
END CASE 性别, CASE
WHEN MONTH(生日) > MONTH(CURDATE())
THEN YEAR(CURDATE())-YEAR(生日)-1
WHEN MONTH(生日) <= MONTH(CURDATE())
THEN YEAR(CURDATE())-YEAR(生日)
ELSE NULL END CASE 年龄, 籍贯
FROM SC_STU.学生表;
END;
```

【例 9-2】 创建带输入参数的存储过程：现有学生表(学号，姓名，性别，生日，籍贯)，创建存储过程并根据传入学号获取学生的基本信息及年龄(若生日月份足月，则年龄为当前系统日期年份减生日年份；若不足月，则年龄为当前系统日期年份减生日年份再减 1。若为男，则性别为 GG；若为女，则性别为 MM)。

示例代码如下：

```
CREATE PROCEDURE SC_STU.R_if1
(xh IN CHAR(8))
AS
BEGIN
SELECT 学号, 姓名, CASE 性别
WHEN '男' THEN 'GG'
WHEN '女' THEN 'MM'
END CASE 性别, CASE
WHEN MONTH(生日) > MONTH(CURDATE())
THEN YEAR(CURDATE())-YEAR(生日)-1
WHEN MONTH(生日) <= MONTH(CURDATE())
THEN YEAR(CURDATE())-YEAR(生日)
ELSE NULL END CASE 年龄, 籍贯
FROM SC_STU.学生表 WHERE 学号 = xh;
END;
```

【例 9-3】创建带输入参数的存储过程：某组织数据库的 SC_STU 模式下含表 MemberInfo (num, name, placement, …)，其中，num 为成员编号，name 为姓名，placement 为安置人编号。现根据该 MemberInfo 表信息，通过传入成员编号获取该成员直接安置人员和所有传递安置人员信息，含安置人员所处传入编号的成员的发展层级，将获取的信息存入存储过程创建的 temp_p 表中。

示例代码如下：

```
CREATE OR REPLACE PROCEDURE SC_STU.R_placement
(n VARCHAR(50))
AS
--定义变量 nle 存储安置人员所处层级
nle SMALLINT := 2;
BEGIN
/*判断是否存在表 temp_p，若存在则删除该表中的数据，若不存在该表则创建该表。
因 DM 不支持在存储过程中直接使用 DDL 语句删除表和创建表，
故在存储过程中需使用 EXECUTE IMMEDIATE 执行动态 SQL 语句，实现表的删除或表的创建*/
IF (SELECT COUNT(*) FROM ALL_TABLES
WHERE OWNER = 'SC_STU'
AND TABLE_NAME = 'temp_p')>0 THEN
DELETE SC_STU.temp_p;
ELSE
--创建 temp_p 临时表存储需要查询的用户的发展下线情况
EXECUTE IMMEDIATE
'CREATE TABLE SC_STU.temp_p
(
    num VARCHAR(50) NOT NULL PRIMARY KEY,
    placement VARCHAR(50),
    name VARCHAR(500),
    nle SMALLINT
)';
END IF;
--将传入的会员编号的直接下线及层级写入 temp_p 表
INSERT INTO SC_STU.temp_p
SELECT num, placement, name, nle
FROM SC_STU.MemberInfo WHERE placement = n;
--通过属性%ROWCOUNT，循环读取各层成员并插入临时表
WHILE SQL%ROWCOUNT>0 LOOP
nle := nle+1;
INSERT INTO SC_STU.temp_p
```

```
SELECT b.num, b.placement, b.name, nle
FROM SC_STU.temp_p a
JOIN SC_STU.MemberInfo b
ON a.num = b.placement
WHERE a.le = nle-1;
END LOOP;
END;
```

**【例 9-4】** 创建带输入参数及输出参数的存储过程：现有学生表(学号，姓名，性别，生日，籍贯)，创建存储过程并根据传入学号获取该学生的年龄。

示例代码如下：

```
CREATE OR REPLACE PROCEDURE SC_STU.R_if2
(xh IN CHAR(8), age OUT BYTE)
AS
BEGIN
SELECT CASE
WHEN MONTH(生日) > YEAR(CURDATE())
THEN YEAR(CURDATE())-YEAR(生日)-1
WHEN MONTH(生日) <= YEAR(CURDATE())
THEN YEAR(CURDATE())-YEAR(生日)
ELSE NULL
END CASE INTO age
FROM SC_STU.学生表
WHERE 学号 = xh;
END;
```

### 9.1.3 存储过程的执行

存储过程是数据库最重要的对象之一，创建好的存储过程像高级程序设计语言中的函数一样；当要实现存储过程的功能时，可直接调用存储过程，返回结果或结果集；存储过程的执行可通过 CALL 命令进行调用。

CALL 命令的语法格式如下：

```
[CALL] [模式名.]存储过程名[(参数值{，参数值})]
```

**【例 9-5】** 执行例 9-1 中无参数的存储过程。

示例代码如下：

```
SC_STU.R_if;
```

或

```
CALL SC_STU.R _if;
```

执行结果如图 9-1 所示。

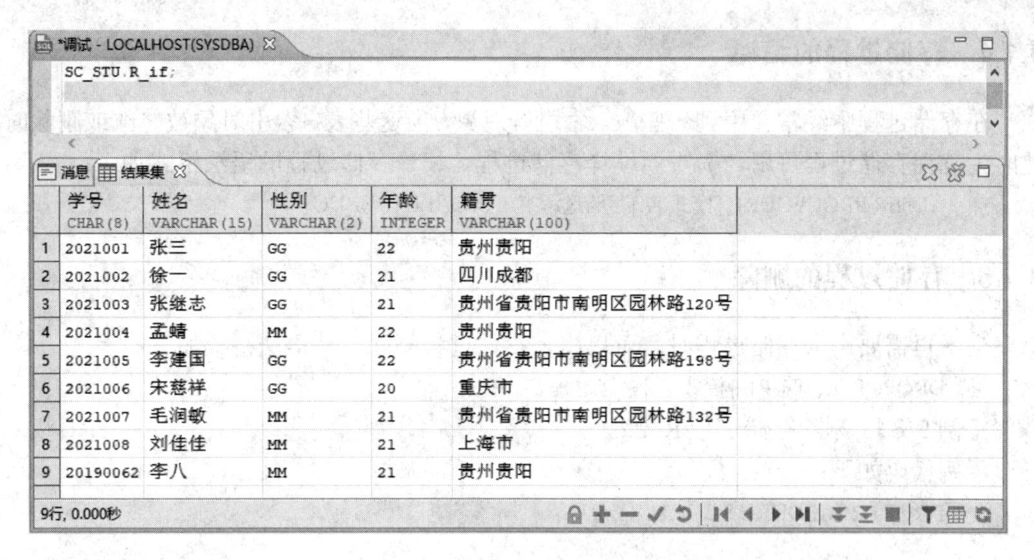


| | 学号 CHAR(8) | 姓名 VARCHAR(15) | 性别 VARCHAR(2) | 年龄 INTEGER | 籍贯 VARCHAR(100) |
|---|---|---|---|---|---|
| 1 | 2021001 | 张三 | GG | 22 | 贵州贵阳 |
| 2 | 2021002 | 徐一 | GG | 21 | 四川成都 |
| 3 | 2021003 | 张继志 | GG | 21 | 贵州省贵阳市南明区园林路120号 |
| 4 | 2021004 | 孟婧 | MM | 22 | 贵州贵阳 |
| 5 | 2021005 | 李建国 | GG | 22 | 贵州省贵阳市南明区园林路198号 |
| 6 | 2021006 | 宋慈祥 | GG | 20 | 重庆市 |
| 7 | 2021007 | 毛润敏 | MM | 21 | 贵州省贵阳市南明区园林路132号 |
| 8 | 2021008 | 刘佳佳 | MM | 21 | 上海市 |
| 9 | 20190062 | 李八 | MM | 21 | 贵州贵阳 |

图 9-1　例 9-5 执行结果

【例 9-6】 执行例 9-2 中带输入参数的存储过程。

示例代码如下：

```
CALL SC_STU.R_if1('20210001')
```

【例 9-7】 执行例 9-4 中带输入输出参数的存储过程。

示例代码如下：

```
DECLARE
age BYTE := 0;
BEGIN
CALL SC_STU.R_if2('20210001', age);
PRINT age;
END;
```

执行结果如图 9-2 所示。

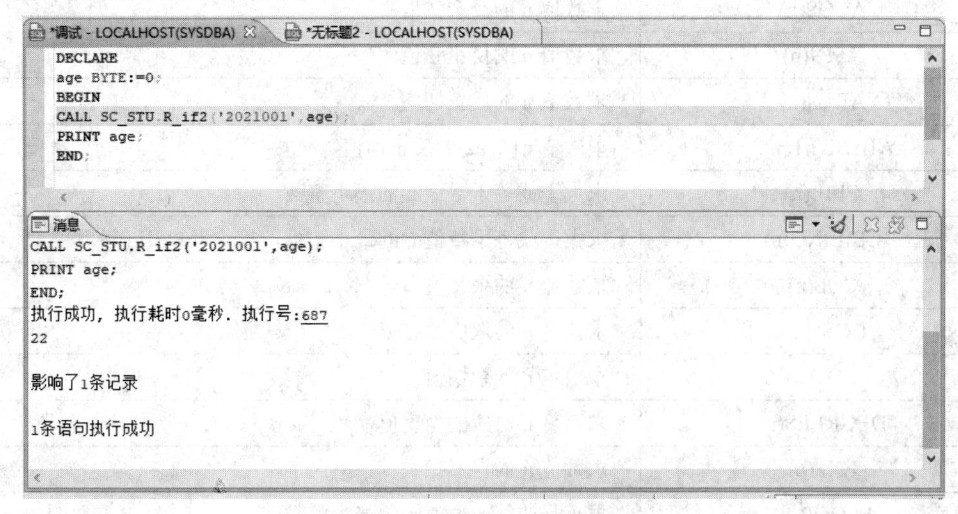


图 9-2　例 9-7 执行结果

### 9.1.4 存储过程的编译

在存储过程中经常会用到一些表、索引等对象，当这些表、索引对象被修改或删除时，此时为确保存储过程可用，需重新编译存储过程。编译存储过程的语法格式如下：

```
ALTER PROCEDURE [模式名.]存储过程名 COMPILE [DEBUG]
```

### 9.1.5 存储过程的删除

当不再需要一个存储过程时，可以将该存储过程删除。其语法格式如下：

```
DROP PROCEDURE [模式名.]存储过程名
```

【例 9-8】 删除存储过程 R_if2。

示例代码如下：

```
DROP PROCEDURE SC_STU.R_if2
```

## 9.2 函　　数

### 9.2.1 系统函数

系统函数为 DM SQL 提供了内置的供用户调用的函数，每个函数都有一个函数名，函数名后有一对小括号，括号内有参数或无参数。DM SQL 提供了很多系统函数，包括数值函数、字符串函数、日期时间型函数、空值判断函数、类型转换函数、杂类函数，本节不一一列举这些函数，但为方便用户查询，给出各类函数的功能说明，如表 9-1～表 9-6 所示。

表 9-1　数值函数

| 函数名 | 功能说明 |
| --- | --- |
| ABS(n) | 求数值 n 的绝对值 |
| ACOS(n) | 求数值 n 的反余弦值 |
| ASIN(n) | 求数值 n 的反正弦值 |
| ATAN(n) | 求数值 n 的反正切值 |
| ATAN2(n1, n2) | 求数值 n1、n2 的反正切值 |
| CEIL(n) | 求大于或等于数值 n 的最小整数 |
| CEILING(n) | 求大于或等于数值 n 的最小整数，等价于 CEIL(n) |
| COS(n) | 求数值 n 的余弦值 |
| COSH(n) | 求数值 n 的双曲余弦值 |
| COT(n) | 求数值 n 的余切值 |
| DEGREES(n) | 求弧度 n 对应的角度值 |
| EXP(n) | 求数值 n 的自然指数 |
| FLOOR(n) | 求小于或等于数值 n 的最大整数 |

续表

| 函 数 名 | 功 能 说 明 |
|---|---|
| GREATEST(n1, n2, n3) | 求 n1、n2 和 n3 三个数中最大的一个 |
| GREAT (n1, n2) | 求 n1、n2 两个数中最大的一个 |
| LEAST(n1, n2, n3) | 求 n1、n2 和 n3 三个数中最小的一个 |
| LN(n) | 求数值 n 的自然对数 |
| LOG(n1[, n2]) | 求数值 n2 以 n1 为底数的对数 |
| LOG10(n) | 求数值 n 以 10 为底的对数 |
| MOD(m, n) | 求数值 m 被数值 n 除的余数 |
| PI() | 得到常数 π |
| POWER(n1, n2)/POWER2(n1, n2) | 求数值 n2 以 n1 为基数的指数 |
| RADIANS(n) | 求角度 n 对应的弧度值 |
| RAND([n]) | 求一个 0～1 之间的随机浮点数 |
| ROUND(n[, m]) | 求四舍五入值函数 |
| SIGN(n) | 判断数值的数学符号 |
| SIN(n) | 求数值 n 的正弦值 |
| SINH(n) | 求数值 n 的双曲正弦值 |
| SQRT(n) | 求数值 n 的平方根 |
| TAN(n) | 求数值 n 的正切值 |
| TANH(n) | 求数值 n 的双曲正切值 |
| TO_NUMBER(char[, fmt]) | 将 CHAR、VARCHAR、VARCHAR2 等类型的字符串转换为 DECIMAL 类型的数值 |
| TRUNC(n[, m]) | 截取数值函数 |
| TRUNCATE(n[, m]) | 截取数值函数，等价于 TRUNC(n[, m]) |
| TO_CHAR(n[, fmt[, 'nls']]) | 将数值类型的数据转换为 VARCHAR 类型输出 |
| BITAND(n1, n2) | 求两个数值型数值按位进行 AND 运算的结果 |

**表 9-2　字符串函数**

| 函 数 名 | 功 能 说 明 |
|---|---|
| ASCII(char) | 返回字符对应的整数 |
| ASCIISTR(char) | 将字符串 char 中的非 ASCII 字符转换成\XXXX(UTF-16)格式，ASCII 字符保持不变 |
| BIT_LENGTH(char) | 求字符串的位长度 |
| CHAR(n) | 返回整数 n 对应的字符 |
| CHAR_LENGTH(char)/ CHARACTER_LENGTH(char) | 求字符串的串长度 |
| CHR(n) | 返回整数 n 对应的字符，等价于 CHAR(n) |

续表一

| 函 数 名 | 功 能 说 明 |
| --- | --- |
| CONCAT(char1, char2, char3, …) | 顺序联结多个字符串成为一个字符串 |
| DIFFERENCE(char1, char2) | 比较两个字符串的 SOUNDEX 值之差异，返回两个 SOUNDEX 值串同一位置出现相同字符的个数 |
| INITCAP(char) | 将字符串中单词的首字符转换成大写的字符 |
| INS(char1, begin, n, char2) | 删除在字符串 char1 中以 begin 参数所指位置开始的 n 个字符，再把 char2 插入到 char1 串的 begin 所指位置 |
| INSERT(char1, n1, n2, char2) /INSSTR(char1, n1, n2, char2) | 将字符串 char1 从 n1 的位置开始删除 n2 个字符，并将 char2 插入到 char1 中 n1 的位置 |
| INSTR(char1, char2[, n, [m]]) | 从输入字符串 char1 的第 n 个字符开始查找字符串 char2 的第 m 次出现的位置，以字符计算 |
| INSTRB(char1, char2[, n, [m]]) | 从 char1 的第 n 个字节开始查找字符串 char2 的第 m 次出现的位置，以字节计算 |
| LCASE(char) | 将大写的字符串转换为小写的字符串 |
| LEFT(char, n)/LEFTSTR(char, n) | 返回字符串最左边的 n 个字符组成的字符串 |
| LEN(char) | 返回给定字符串表达式的字符(而不是字节)个数(汉字为一个字符)，其中不包含尾随空格 |
| LENGTH(char) | 返回给定字符串表达式的字符(而不是字节)个数(汉字为一个字符)，其中包含尾随空格 |
| OCTET_LENGTH(char) | 返回输入字符串的字节数 |
| LOCATE(char1, char2[, n]) | 返回 char1 在 char2 中首次出现的位置 |
| LOWER(char) | 将大写的字符串转换为小写的字符串 |
| LPAD(char1, n, char2) | 在输入字符串的左边填充上 char2 指定的字符，将其拉伸至 n 个字节长度 |
| LTRIM(char1, char2) | 从输入字符串中删除所有的前导字符，这些前导字符由 char2 来定义 |
| POSITION(char1, /INchar2) | 求 char1 在 char2 中第一次出现的位置 |
| REPEAT(char, n)/ REPEATSTR(char, n) | 返回将字符串重复 n 次形成的字符串 |
| REPLACE(STR, search[, replace]) | 将输入字符串 STR 中所有出现的字符串 search 都替换成字符串 replace，其中 STR 为 CHAR、CLOB 或 TEXT 类型 |
| REPLICATE(char, times) | 把字符串 char 复制 times 份 |
| REVERSE(char) | 将字符串反序 |
| RIGHT/RIGHTSTR(char, n) | 返回字符串最右边 n 个字符组成的字符串 |
| RPAD(char1, n, char2) | 类似 LPAD 函数，只是向右拉伸该字符串使之达到 n 个字节长度 |
| RTRIM(char1, char2) | 从输入字符串的右端开始删除 char2 参数中的字符 |
| SOUNDEX(char) | 返回一个表示字符串发音的字符串 |

续表二

| 函 数 名 | 功 能 说 明 |
|---|---|
| SPACE(n) | 返回一个包含 n 个空格的字符串 |
| STRPOSDEC(char) | 把字符串 char 中最后一个字符的值减一 |
| STRPOSDEC(char, pos) | 把字符串 char 中指定位置 pos 上的字符值减一 |
| STRPOSINC(char) | 把字符串 char 中最后一个字符的值加一 |
| STRPOSINC(char, pos) | 把字符串 char 中指定位置 pos 上的字符值加一 |
| STUFF(char1, begin, n, char2) | 删除在字符串 char1 中以 begin 参数所指位置开始的 n 个字符，再把 char2 插入到 char1 串的 begin 所指位置 |
| SUBSTR(char, m, n) /SUBSTRING(charFROMm[FORn]) | 返回 char 中从字符位置 m 开始的 n 个字符 |
| SUBSTRB(char, n, m) | 与 SUBSTR 函数等价的单字节形式 |
| TO_CHAR(character) | 将 VARCHAR、CLOB、TEXT 类型的数据转化为 VARCHAR 类型输出 |
| TRANSLATE(char, from, to) | 将所有出现在搜索字符集中的字符转换成字符集中的相应字符 |
| TRIM([LEADING \| TRAILING \| BOTH][exp][]FROMchar2]) | 删去字符串 char2 中由 char1 指定的字符 |
| UCASE(char) | 将小写的字符串转换为大写的字符串 |
| UPPER(char) | 将小写的字符串转换为大写的字符串 |
| REGEXP | 根据符合 POSIX 标准的正则表达式进行字符串匹配 |
| OVERLAY(char1 PLACING char2 FROM int[FOR int]) | 字符串覆盖函数，用 char2 覆盖 char1 中指定的子串，返回修改后的 char1 |
| TEXT_EQUAL | 返回两个 LONGVARCHAR 类型的值的比较结果，相同返回 1，否则返回 0 |
| BLOB_EQUAL | 返回两个 LONGVARBINARY 类型的值的比较结果，相同返回 1，否则返回 0 |
| NLSSORT(str1[, nls_sort = str2]) | 返回对汉字排序的编码 |
| GREATEST(char1, char2, char3) | 求 char1、char2 和 char3 中最大的字符串 |
| GREAT(char1, char2) | 求 char1、char2 中最大的字符串 |
| TO_SINGLE_BYTE(char) | 将多字节形式的字符(串)转换为对应的单字节形式 |
| TO_MULTI_BYTE(char) | 将单字节形式的字符(串)转换为对应的多字节形式 |
| EMPTY_CLOB() | 初始化 CLOB 字段 |
| EMPTY_BLOB() | 初始化 BLOB 字段 |
| UNISTR(char) | 将字符串 char 中的 ASCII 码转成本地字符，其他字符保持不变 |
| ISNULL(char) | 判断表达式是否为 NULL |
| CONCAT_WS(delim, char1, char2, char3, …) | 顺序联结多个字符串成为一个字符串，并用 delim 分割 |
| SUBSTRING_INDEX(char, delim, count) | 按关键字截取字符串，截取到指定分隔符出现指定次数位置之前 |

表 9-3　时间日期型函数

| 函 数 名 | 功 能 说 明 |
| --- | --- |
| ADD_DAYS(date, n) | 返回日期加上 n 天后的新日期 |
| ADD_MONTHS(date, n) | 在输入日期上加上指定的几个月，返回一个新日期 |
| ADD_WEEKS(date, n) | 返回日期加上 n 个星期后的新日期 |
| CURDATE() | 返回系统当前日期 |
| CURTIME(n) | 返回系统当前时间 |
| CURRENT_DATE() | 返回系统当前日期 |
| CURRENT_TIME(n) | 返回系统当前时间 |
| CURRENT_TIMESTAMP(n) | 返回系统当前带会话时区信息的时间戳 |
| DATEADD(datepart, n, date) | 向指定的日期加上一段时间 |
| DATEDIFF(datepart, date1, date2) | 返回跨两个指定日期的日期和时间边界数 |
| DATEPART(datepart, date) | 返回代表日期的指定部分的整数 |
| DAY(date) | 返回日期中的天数 |
| DAYNAME(date) | 返回日期的星期名称 |
| DAYOFMONTH(date) | 返回日期为所在月份中的第几天 |
| DAYOFWEEK(date) | 返回日期为所在星期中的第几天 |
| DAYOFYEAR(date) | 返回日期为所在年中的第几天 |
| DAYS_BETWEEN(date1, date2) | 返回两个日期之间的天数 |
| EXTRACT(时间字段 FROM date) | 抽取日期时间或时间间隔类型中某一个字段的值 |
| GETDATE(n) | 返回系统当前时间戳 |
| GREATEST(date1, date2, date3) | 求 date1、date2 和 date3 中的最大日期 |
| GREAT(date1, date2) | 求 date1、date2 中的最大日期 |
| HOUR(time) | 返回时间中的小时分量 |
| LAST_DAY(date) | 返回输入日期所在月份最后一天的日期 |
| LEAST(date1, date2, date3) | 求 date1、date2 和 date3 中的最小日期 |
| MINUTE(time) | 返回时间中的分钟分量 |
| MONTH(date) | 返回日期中的月份分量 |
| MONTHNAME(date) | 返回日期中月分量的名称 |
| MONTHS_BETWEEN(date1, date2) | 返回两个日期之间的月份数 |
| NEXT_DAY(date1, char2) | 返回输入日期指定若干天后的日期 |
| NOW(n) | 返回系统当前时间戳 |
| QUARTER(date) | 返回日期在所处年中的季节数 |
| SECOND(time) | 返回时间中的秒分量 |
| ROUND(date1[, fmt]) | 把日期四舍五入到最接近格式元素指定的形式 |

续表

| 函数名 | 功能说明 |
| --- | --- |
| TIMESTAMPADD(datepart, n, timestamp) | 返回时间戳 timestamp 加上 n 个 datepart 指定的时间段的结果 |
| TIMESTAMPDIFF(datepart, timeStamp1, timestamp2) | 返回一个表明 timestamp2 与 timestamp1 之间的指定 datepart 类型时间间隔的整数 |
| SYSDATE() | 返回系统的当前日期 |
| TO_DATE(CHAR[, fmt[, 'nls']]) /TO_TIMESTAMP(CHAR[, fmt[, 'nls']]) /TO_TIMESTAMP_TZ(CHAR[, fmt]) | 字符串转换为日期时间数据类型 |
| FROM_TZ(timestamp, timezone \| tz_name]) | 将时间戳类型 timestamp 和时区类型 timezone(或时区名称 tz_name)转换为 timestamp withtimezone 类型 |
| TRUNC(date[, fmt]) | 把日期截断到最接近格式元素指定的形式 |
| WEEK(date) | 返回日期为所在年中的第几周 |
| WEEKDAY(date) | 返回当前日期的星期值 |
| WEEKS_BETWEEN(date1, date2) | 返回两个日期之间相差的周数 |
| YEAR(date) | 返回日期的年分量 |
| YEARS_BETWEEN(date1, date2) | 返回两个日期之间相差的年数 |
| LOCALTIME(n) | 返回系统当前时间 |
| LOCALTIMESTAMP(n) | 返回系统当前时间戳 |
| OVERLAPS | 返回两个时间段是否存在重叠 |
| TO_CHAR(date[, fmt[, nls]]) | 将日期数据类型 date 转换为一个在日期语法 fmt 中指定语法的 VARCHAR 类型字符串 |
| SYSTIMESTAMP(n) | 返回系统当前带数据库时区信息的时间戳 |
| NUMTODSINTERVAL(dec, interval_unit) | 转换一个指定的 dec 类型值到 interval day to second |
| NUMTOYMINTERVAL (dec, interval_unit) | 转换一个指定的 dec 类型值到 interval year to month |
| WEEK(date, mode) | 根据指定的 mode 计算日期为一年中的第几周 |
| UNIX_TIMESTAMP(datetime) | 返回自标准时区的 1970-01-01 00:00:00+0:00 到本地会话时区的指定时间的秒数差 |
| FROM_UNIXTIME(unixtime) | 返回自 1970-01-01 00:00:00 的秒数差转换成本地会话时区的时间戳类型 |
| FROM_UNIXTIME(unixtime, fmt) | 将自 1970-01-01 00:00:00 的秒数差转换成本地会话时区的指定 fmt 格式的时间串 |
| SESSIONTIMEZONE | 返回当前会话的时区 |
| DATE_FORMAT(d, format) | 以不同的格式显示日期/时间数据 |
| TIME_TO_SEC(d) | 将时间换算成秒 |
| SEC_TO_TIME(sec) | 将秒换算成时间 |
| TO_DAYS(timestamp) | 转换成公元 0 年 1 月 1 日的天数差 |
| DATE_ADD(datetime, interval) | 返回一个日期或时间值加上一个时间间隔的时间值 |
| DATE_SUB(datetime, interval) | 返回一个日期或时间值减去一个时间间隔的时间值 |

表 9-4　空值判断函数

| 函 数 名 | 功 能 说 明 |
| --- | --- |
| COALESCE(n1, n2, …, nx) | 返回第一个非空的值 |
| IFNULL(n1, n2) | 当 n1 为非空时，返回 n1；若 n1 为空，则返回 n2 |
| ISNULL(n1, n2) | 当 n1 为非空时，返回 n1；若 n1 为空，则返回 n2 |
| NULLIF(n1, n2) | 如果 n1 = n2，则返回 NULL，否则返回 n1 |
| NVL(n1, n2) | 返回第一个非空的值 |
| NULL_EQU | 返回两个类型相同的值的比较 |

表 9-5　类型转换函数

| 函 数 名 | 功 能 说 明 |
| --- | --- |
| CAST(value AS 类型说明) | 将 value 转换为指定的类型 |
| CONVERT(类型说明, value) | 将 value 转换为指定的类型 |
| HEXTORAW(exp) | 将 exp 转换为 BLOB 类型 |
| RAWTOHEX(exp) | 将 exp 转换为 VARCHAR 类型 |
| BINTOCHAR(exp) | 将 exp 转换为 CHAR 类型 |
| TO_BLOB(value) | 将 value 转换为 BLOB 类型 |
| UNHEX(exp) | 将十六进制的 exp 转换为格式字符串 |
| HEX(exp) | 将字符串的 exp 转换为十六进制字符串 |

表 9-6　杂 类 函 数

| 函 数 名 | 功 能 说 明 |
| --- | --- |
| DECODE(exp, search1, result1, …, searchn, resultn[, default]) | 查表译码 |
| ISDATE(exp) | 判断表达式是否为有效的日期 |
| ISNUMERIC(exp) | 判断表达式是否为有效的数值 |
| DM_HASH(exp) | 根据给定表达式生成 HASH 值 |
| LNNVL(condition) | 根据表达式计算结果返回布尔值 |
| LENGTHB(value) | 返回 value 的字节数 |
| FIELD(value, e1, e2, e3, e4...en) | 返回 value 在列表 e1, e2, e3, e4, …, en 中的位置序号，若不在输入列表中则返回 0 |

【例 9-9】 已知 2021—2022 学年第一学期的开学日期是 2021 年 8 月 30 日，有 18 个教学周，试打印简单校历。

示例代码如下：

```
DECLARE
b_date DATE := '2021-8-30';
e_date DATE;
i BYTE := 1;
```

```
str VARCHAR(20);
BEGIN
str := '第' || i || '教学周:';
--使用系统函数 ADD_DAYS
e_date := ADD_DAYS(b_date, 6);
--可以直接写为:b_date+6
PRINT str || b_date || '至' || e_date;
i := i+1;
WHILE i <= 16 LOOP
str := '第' || i || '教学周:';
b_date := ADD_DAYS(e_date, 1);
e_date := ADD_DAYS(b_date, 6);
PRINT str || b_date || '至' || e_date;
i := i+1;
END LOOP;
END;
```

执行结果如图 9-3 所示。

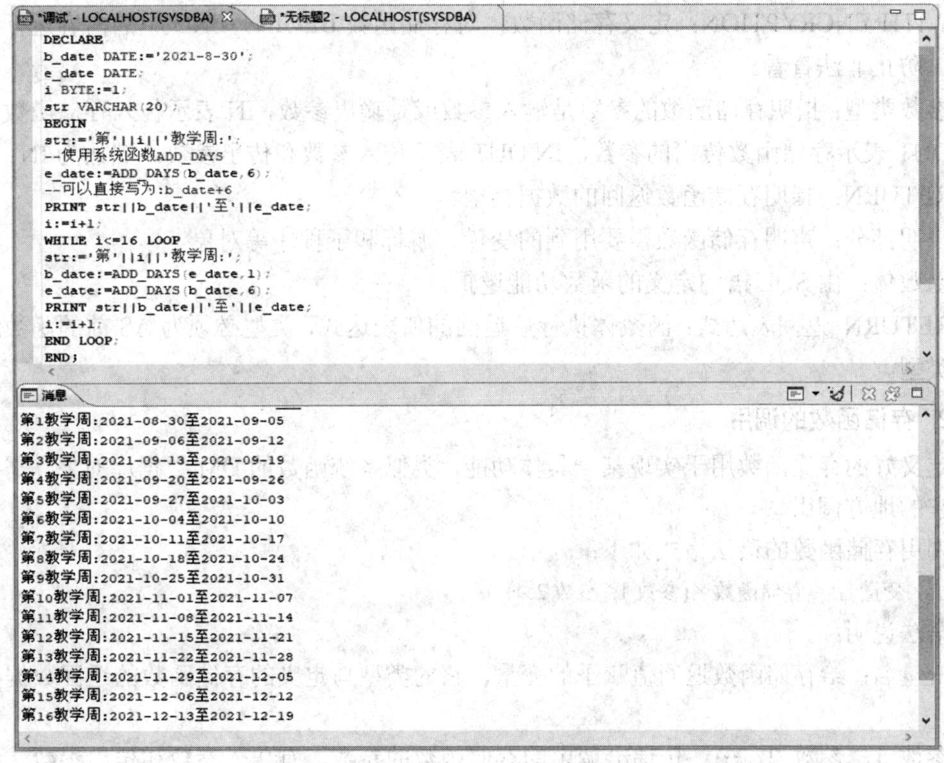


图 9-3　例 9-9 执行结果

### 9.2.2　存储函数

存储函数由 CREATE OR REPLACE FUNCTION 语句创建，使用 DROP FUNCTION 删

除，下面分别介绍。

### 1. 存储函数的创建

创建存储函数的语法格式如下：

```
CREATE OR REPLACE FUNCTION [模式名.]函数名
[WITH ENCRYPTION]
(参数 1 参数类型 数据类型，参数 2 参数类型 数据类型，…)
RETURN 函数返回数据类型
AS
声明部分
BEGIN
函数体;
RETURN 返回表达式;
EXCEPTION
异常处理;
END;
```

语法说明：

WITH ENCRYPTION：定义存储函数，对存储函数 BEGIN…END 中的内容进行加密存储，防止非法查看。

参数类型：指明存储函数的参数是输入参数或是输出参数，IN 表示传入存储函数的参数，OUT 表示存储函数传出的参数，IN OUT 表示传入参数和传出参数，默认为 IN。

RETURN：指明存储函数返回的数据类型。

声明部分：声明存储函数需要用到的变量、游标和子程序等对象。

函数体：由 SQL 语句定义的函数功能逻辑。

RETURN 返回表达式：函数体执行后返回的值表达式，类型必须为 AS 前的函数返回数据类型。

### 2. 存储函数的调用

定义好的存储函数用于实现某一具体功能，类似系统函数的 DM 数据库对象，需要在使用它的地方调用。

调用存储函数的语法格式如下：

```
变量名 := 存储函数名(参数 1, 参数 2, …);
```

语法说明：

变量名：给存储函数返回值赋予的变量，它的类型与定义的存储函数的返回数据类型一致。

参数 1，参数 2，…：传递给调用的存储函数的参数，有传入参数和传出参数，类型要与存储函数定义时的参数数据类型一致。

### 3. 存储函数的编译

存储函数体内可能有引用表、索引等 DM 数据库对象，这些对象可能在 DM 数据库使用期间被修改或删除，此时为确保存储函数能正确执行，需要重新编译存储函数，其语法格式如下：

```
ALTER FUNCTION 存储函数名 COMPILE [DEBUG]
```

### 4. 存储函数的删除

当存储函数不再使用时，可以将其删除，其语法格式如下：

```
DROP FUNCTION 存储函数名;
```

### 5. 存储函数的一些说明

存储函数只是 DM SQL 自定义函数的一种形式，事实上 DM SQL 有很强的扩展能力，它还可以使用 C 外部函数、JAVA 外部函数来丰富 SQL 程序的编写，本书旨在介绍 DM 数据库，对于外部函数的使用，读者可根据具体使用环境查阅相关资料。

**【例 9-10】** 根据学生表编写存储函数，其功能为传入学号、传出姓名、返回学生实际年龄(实际年龄：足月为系统日期年份减生日年份；未足月为系统日期年份减生日年份再减 1)；调用函数打印 20210005 的姓名与年龄；删除创建的函数。

创建函数的示例代码如下：

```
CREATE OR REPLACE FUNCTION SC_STU.R_AGE
(xh IN CHAR(8), xm OUT VARCHAR(15))
RETURN BYTE AS
age BYTE;
m BYTE;
BEGIN
SELECT 姓名, YEAR(CURDATE())-YEAR(生日), MONTH(生日) INTO xm, age, m
FROM SC_STU.学生表 WHERE 学号 = xh;
IF m > MONTH(CURDATE()) THEN
age := age-1;
END IF;
RETURN AGE;
END;
```

调用函数的示例代码如下：

```
DECLARE
xm VARCHAR(15);
xh CHAR(8) := '20210005';
age BYTE;
BEGIN
age := SC_STU.R_AGE(xh, xm);
PRINT xm || '的实际年龄:' || age;
END;
```

删除函数的示例代码如下：

```
DROP FUNCTION SC_STU.R_AGE;
```

# 9.3　触　发　器

触发器是 DM 数据库提供给程序员和数据分析员的，用以保证数据完整性的一种方法。它是与表事件相关的特殊的存储过程，它的执行不是由程序调用，也不是手工启动，而是由事件来触发某个操作，事件包括 INSERT 语句、UPDATE 语句和 DELETE 语句，可以协助应用在数据库端确保数据的完整性。

## 9.3.1　触发器基础知识

触发器是提供给程序员和数据分析员来确保 DM 数据库数据准确与一致的一种方法；它是与表事件、模式操作事件、数据库系统事件相关联的特殊的存储过程；它的执行不是由程序调用，也不是手工启动，而是由事件来触发，由 DM 数据库系统自动调用的。触发器实际也是一组 DM SQL 语句集，是控制与数据或结构变化等相关的数据库的一种方法。触发器常用于加强数据的完整性约束和业务规则等。

### 1. 触发器的作用

(1) 强制数据库实现完整性规则。

(2) 级联修改数据库中所有相关的表，自动触发其他与之相关的操作。

(3) 跟踪变化、撤销或回滚违法操作，防止非法修改数据。

(4) 自动生成自动增长字段。

(5) 提供审计。

(6) 允许或限制修改某些表。

(7) 保证数据同步复制。

### 2. 触发器与约束

触发器的优点在于它可以包含使用 SQL 语句的复杂处理逻辑，因此它支持约束的所有功能。但触发器也有缺点，如占用内存、过度使用造成数据库维护困难等，其往往不是实现数据一致性等特定功能的首选解决方案。总的来说，只有在约束无法实现特定功能的情况下，才考虑通过触发器来完成，这是在处理约束与触发器操作过程中的一个基本原则。

在约束所支持的功能无法满足应用程序的功能要求时，下列情况下触发器就极为有用：

(1) Check 约束只能根据逻辑表达式或同一表中的其他列来验证列值，如果应用要求根据另一个表中的列验证列值，那么就可以使用触发器。

(2) 约束只能通过标准的系统错误信息传递错误，如果应用程序要求使用自定义信息和较为复杂的错误处理，那么就可以使用触发器。

(3) 除非 References 子句定义了级联级引用操作，否则 Foreign Key 约束只能以与另一列中的值完全匹配的值来验证列值。

### 3. 触发器与存储过程

触发器是一种特殊的存储过程，那么触发器与存储过程又有什么不同呢？

触发器与存储过程的主要区别在于触发器运行方式的不同。存储过程必须由用户、应用程序或者触发器来显式地调用并执行，而触发器是当特定时间或事件出现的时候，自动执行或者激活，与连接至数据库中的用户或者应用程序无关。

#### 4. 触发器的优点

(1) 触发器可通过数据库中的相关表实现级联更改(级联引用完整性，可以更有效地执行这些更改)。

(2) 触发器可实现比 Check 更为复杂的约束。

(3) 与 Check 不同，触发器可以引用其他表中的列。

(4) 触发器可以评估数据修改前后的表状态，并根据差异找对策。

(5) 一个表中的多个同类触发器允许采取多个不同对策来响应同一个更新语句。

(6) 防止对数据架构进行某种引用更改。

(7) 希望数据库发生某种情况以响应数据库架构中的更改。

(8) 记录数据库架构中的更改或事件。

#### 5. 触发器的分类

DM 数据库触发器大致可分为表触发器、INSTEAD OF 触发器、事件触发器、时间触发器。

(1) 表触发器：创建于数据表之上，当对表进行 INSERT、UPDATE、DELETE 操作时触发并执行的触发器。

(2) INSTEAD OF 触发器：创建在视图上，当使用视图对基表数据进行 INSERT、UPDATE、DELETE 操作时触发并执行的触发器。该触发器使用触发器主体程序代替原有操作对视图进行的更新操作。

(3) 事件触发器：使用数据定义语言(DDL)操作数据库或产生某些系统事件时触发并执行的触发器。

(4) 时间触发器：DM 数据库提供给用户的，根据用户定义时间点、时间区域、时间间隔等方式来激发的触发器。

#### 6. 关于“:OLD”与“:NEW”标识

行级触发器中引入了“:OLD”与“:NEW”两个特殊的标识，这两个标识用来访问和操作当前被处理记录中的数据，用于行级触发器；这两个标识类型为“触发器表%TYPE”类型，它们在不同的触发事件中，其事件处理逻辑也不同。

(1) INSERT 事件逻辑：“:OLD”标识所有字段均为空，当插入数据完成后，新插入的数据被插入“:NEW”标识中。

(2) UPDATE 事件逻辑：更新前的数据被写入“:OLD”标识；当更新完成后，更新后的数据被写入“:NEW”标识。

(3) DELETE 事件逻辑：被删除的数据被写入“:OLD”标识，“:NEW”标识中不记录数据信息。

### 9.3.2　触发器的创建

下面介绍表触发器、INSTEAD OF 触发器、事件触发器、时间触发器的创建。

### 1. 表触发器的创建

创建表触发器的语法格式如下：

```
CREATE [OR REPLACE] TRIGGER [模式名.]触发器名
[WITH ENCRYPTION]
BEFORE | AFTER INSERT | UPDATE | DELETE
{[OR INSERT | UPDATE | DELETE]} ON 触发表名
[REFERENCING OLD [ROW] [AS] 引用变量名] |
[NEW [ROW] [AS] 引用变量名]
[FOR EACH {ROW | STATEMENT}}
[WHEN 条件表达式]
触发器主体 SQL 语句块;
```

语法说明：

CREATE [OR REPLACE] TRIGGER：创建或修改触发器关键字，后面跟要创建的触发器名称；若创建触发器的模式为当前模式，则[模式名.]可省略。

WITH ENCRYPTION：触发器加密存储。

BEFORE | AFTER：触发器类型，BEFORE 为指明触发器在执行触发语句之前触发(如 INSERT 数据前触发)，AFTER 则为触发器在触发语句之后触发(如 INSERT 数据后触发)。

INSERT | UPDATE | DELETE：触发事件，分别表示向表中插入数据、修改数据、删除数据，即当对表进行插入、修改和删除时触发，这三个事件可以为数据组合事件；如果触发器定义三个事件中的两个以上事件即可触发，那么事件间用 OR。需要注意的是，当触发器定义组合事件时，如何判断是哪个事件呢？可以在触发器处理过程中使用如下谓词判断所执行的操作。

• INSERTING：进行插入操作时该谓词为 TRUE。

• DELETING：进行删除操作时该谓词为 TRUE。

• UPDATING[(列名)]：未指定列名时对触发器表进行修改操作，谓词就为 TRUE；指定列名且只有在对列名进行数据修改时，谓词才为 TRUE。

REFERENCING OLD [ROW] [AS] 引用变量名：类似定义谓词别名，在后面的 WHEN 子句可以使用定义的别名来访问当前行的新值或旧值。

FOR EACH {ROW | STATEMENT}：行级或是语句级触发器，ROW 为行级(元组级)，STATEMENT 为语句级。

WHEN 条件表达式：该语句只用于行级触发器，即当条件表达式成立时，才激发触发器。

触发器主体 SQL 语句块：DM SQL 程序，即当事件发生时要执行的处理逻辑。

**【例 9-11】** 表触发器(AFTER)：在学生表(学号，姓名，性别，生日，籍贯)上创建一个触发器，当要删除某个学生时，检查选课表(学号，课程号，选课时间，成绩)中有无该学生选课信息，若有，则给出“不允许删除该生，因为该生有选修课程”的提示信息，实现类似外键约束的功能。

示例代码如下：

```
CREATE OR REPLACE TRIGGER SC_STU.t1
AFTER DELETE ON SC_STU.学生表
```

```
FOR EACH ROW
DECLARE
e1 EXCEPTION FOR -20003;
BEGIN
IF (SELECT COUNT(*) FROM SC_STU.选课表
WHERE  学号 =: OLD.学号) > 0 THEN
INSERT INTO SC_STU.学生表 1
VALUES(:OLD.学号, :OLD.姓名, :OLD.性别, :OLD.生日, :OLD.籍贯);
RAISE e1;
END IF;
END;
```

该触发器创建后，当删除有选课的学生信息时，数据随之被删除，但因其有选修课程，数据又从“ :OLD”标识中被回写入学生表，抛出用户定义异常，执行结果如图 9-4 所示。

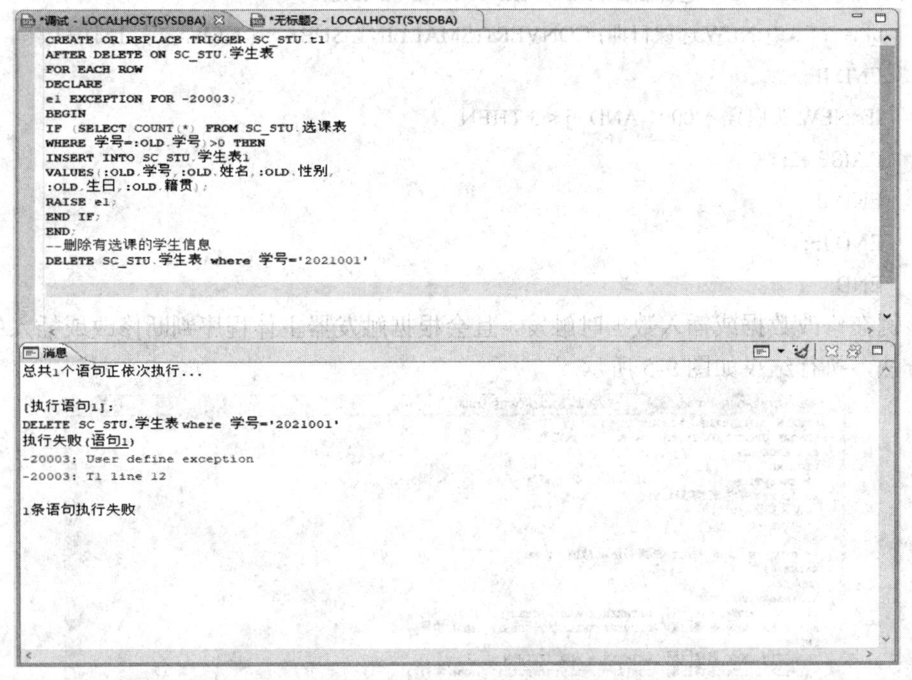


图 9-4　例 9-11 执行结果

**【例 9-12】** 表触发器(BEFORE)：当修改选课表成绩或插入选课表数据时触发。修改成绩时，保证修改后的成绩不能低于修改前的成绩；插入数据时，确保选修 0004 这门课程的学生已是高年级学生(课程号 0004 为 DM 数据库基础，高年级指大三以上学生，学号的前 4 位代表年级)。

示例代码如下：

```
CREATE OR REPLACE TRIGGER SC_STU.t2
BEFORE UPDATE OR INSERT ON SC_STU.选课表
FOR EACH ROW
DECLARE
```

```
e2 EXCEPTION;
xh SC_STU.学生表.学号%TYPE;
--定义变量 nj 记录年级
nj BYTE := 0;
BEGIN
IF UPDATING AND (:OLD.成绩 >: NEW.成绩) THEN
RAISE e2;
END IF;
IF INSERTING THEN
IF MONTH(:NEW.选课日期) BETWEEN 2 AND 7 THEN
nj := YEAR(:NEW.选课日期)-CONVERT(SMALLINT, SUBSTR(:NEW.学号, 1, 4));
END IF;
IF MONTH(:NEW.选课日期) BETWEEN 9 AND 12 THEN
nj := YEAR(:NEW.选课日期)-CONVERT(SMALLINT, SUBSTR(:NEW.学号, 1, 4))+1;
END IF;
IF :NEW.课程号 = '0004' AND nj < 3 THEN
RAISE e2;
END IF;
END IF;
END;
```

该例在修改数据或插入数据时触发，且会根据触发器主体程序判断修改或插入的数据是否合法，执行结果如图 9-5 所示。

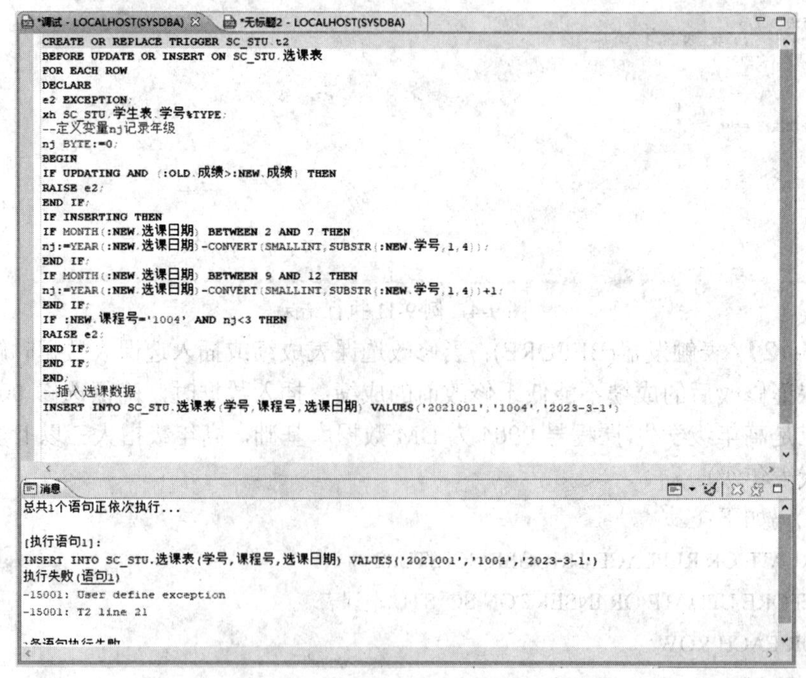


图 9-5　例 9-12 执行结果

### 2. INSTEAD OF 触发器的创建

创建 INSTEAD OF 触发器的语法格式如下：

```
CREATE [OR REPLACE] TRIGGER [模式名.]触发器名
[WITH ENCRYPTION]
INSTEAD OF INSERT | UPDATE | DELETE
{[OR INSERT | UPDATE | DELETE]} ON 视图名
[REFERENCING OLD [ROW] [AS] 引用变量名] |
[NEW [ROW] [AS] 引用变量名]
[FOR EACH {ROW | STATEMENT}]
[WHEN 条件表达式]
触发器主体 SQL 语句块;
```

语法说明：

INSTEAD OF 触发器的语法定义与表触发器的基本一致，唯一不同之处在于语句“INSTEAD OF INSERT | UPDATE | DELETE{[OR INSERT | UPDATE | DELETE]} ON 视图名”，该语句指明在视图上创建的是 INSTEAD OF 触发器，当使用视图插入、删除和修改数据时，使用触发器主体里定义的语句块替代插入、删除或修改数据的操作。

**【例 9-13】** 创建 INSTEAD OF 触发器：基于学生表创建视图 v1(学号，姓名，性别，年龄，籍贯)，使用视图向学生表插入数据(因学生表无年龄列，视图中的年龄为计算列，那么使用视图插入年龄时无法由年龄解释出生日，该触发器实现插入数据时抛弃年龄，把其他列值插入基表)。

示例代码如下：

```
--创建视图 v1
CREATE VIEW SC_STU.v1 AS
SELECT 学号, 姓名, 性别,
YEAR(CURDATE())-YEAR(生日) 年龄,
籍贯 FROM SC_STU.学生表
--创建 INSTEAD OF 触发器
CREATE OR REPLACE TRIGGER t3
INSTEAD OF INSERT
ON SC_STU.v1
FOR EACH ROW
BEGIN
INSERT INTO SC_STU.学生表(学号, 姓名, 性别, 籍贯)
VALUES(:NEW.学号, :NEW.姓名, :NEW.性别, :NEW.籍贯);
END;
```

### 3. 事件触发器的创建

创建事件触发器的语法格式如下：

```
CREATE [OR REPLACE] TRIGGER [模式名.]触发器名
```

```
[WITH ENCRYPTION]
BEFORE | AFTER
CREATE | ALTER | DROP | GRANT | REVOKE
 | TRUNCATE | COMMENT | LOGIN | LOGOUT
 | SERERR | BACKUP DATABASE | RESTORE DATABASE
 | AUDIT | NOAUDIT | TIMER | STARTUP | SHUTDOWN
 ON [模式名.]SCHEMA | DATABASE
[WHEN 条件表达式]
触发器主体 SQL 语句块;
```

语法说明：

该语法的重点是触发器事件。在触发器事件中，CREATE 至 COMMENT 为数据定义 DDL 事件，LOGIN 至 SHUDOWN 为系统事件。DDL 事件可以多个组合，当多个组合时，各个事件用 OR 连接(如 CREATE OR DROP)，同理系统事件也可以用 OR 组合多个系统事件(如 LOGIN OR STARTUP)。

【例 9-14】 创建事件触发器：登录服务器，打印“登录成功”。

示例代码如下：

```
CREATE OR REPLACE TRIGGER SC_STU.t4
AFTER LOGIN ON DATABASE
BEGIN
PRINT '登录成功';
END;
```

### 4. 时间触发器的创建

创建时间触发器的语法格式如下：

```
CREATE [OR REPLACE] TRIGGER [模式名.]触发器名
[WITH ENCRYPTION]
AFTER TIMER ON DATABASE
FOR ONCE AT DATETIME 时间表达式
FOR EACH 月变量 MONTH DAY 日变量
 | {FOR EACH 月变量 MONTH DAY 日变量 OF WEEK 周变量}
 | {FOR EACH 月变量 MONTH DAY 日变量 OF WEEK LAST}
 | {FOR EACH 周变量 WEEK 日变量{, 日变量}}
 | FOR EACH 日变量 DAY
 | AT TIME 时间表达式
 | {NULL} | {FROM DATETIME 起始时间 FOR EACH 分变量 MINUTE } | }{FROM
DATETIME 起始时间 TO DATETIME 结束时间} FOR EACH 分变量 MINUTE
 {FROM DATETIME 起始时间 FOR EACH 分变量 MINUTE } | }{FROM DATETIME 起始时间
TO DATETIME 结束时间 FOR EACH 分变量 MINUTE }
[WHEN 条件表达式]
```

触发器主体 SQL 语句块;

语法说明：

该语法较复杂，但内容与上面的类似，这里仅对部分语法作解释。

FOR ONCE AT DATETIME 时间表达式：在某个时间触发一次。

FOR EACH 月变量 MONTH DAY 日变量：每××月(月变量指定)的第××天(日变量)触发。

FOR EACH 周变量 WEEK 日变量{, 日变量}：每××周(周变量指定)的××日(日变量指定)触发。

FROM DATETIME 起始时间 TO DATETIME 结束时间} FOR EACH 分变量 MINUTE：从起始时间到结束时间每隔××分(分变量指定)触发。

【例 9-15】 创建时间触发器：若 SC_STU 模式下有 TEMP_P 表，存储着数据库操作的一些临时数据，现要求创建触发器来完成每周一的 23 点清除该表中的所有数据。

示例代码如下：

```
CREATE OR REPLACE TRIGGER SC_STU.t_b
AFTER TIMER ON DATABASE FOR EACH 1 WEEK 1
AT TIME '23:00:00'
BEGIN
DELETE TEMP_P;
END;
```

### 9.3.3 触发器的维护

触发器创建之后，当触发器没有使用价值时可以禁用或删除触发器。

**1. 删除触发器**

删除触发器的语法格式如下：

```
DROP TRIGGER [模式名.]触发器名
```

【例 9-16】 删除 SC_STU 模式下的 t_b 触发器。

示例代码如下：

```
DROP TRIGGER SC_STU.t_b
```

**2. 禁用或启用触发器**

禁用或启用触发器的语法格式如下：

```
ALTER TRIGGER [模式名.]触发器名 DISABLE | ENABLE
```

语法说明：

DISABLE | ENABLE 中，DISABLE 为禁用触发器，ENABLE 为启用触发器。

【例 9-17】 禁用模式 SC_STU 下的触发器 t2。

示例代码如下：

```
ALTER TRIGGER SC_STU.t2 DISABLE
```

# 9.4 DM 数据库包

DM 数据库使用包来管理存储过程与存储函数扩展数据库功能。

## 9.4.1 包的创建

创建 DM 数据库包，包括包头的创建与包体的创建。

### 1. 包头的创建

创建包头，即指定包的内容信息，但包头未包括任何存储过程与存储函数代码。其语法格式如下：

```
CREATE [OR REPLACE] PACKAGE [模式名.]包名
AS | IS
包内声明列表;
END [包名]
```

语法说明：

包内声明列表：包的列表部件与顺序无关；存储过程与存储函数声明为前向声明，包头声明中不包含任何实现代码。

### 2. 包体的创建

创建包体的语法格式如下：

```
CREATE [OR REPLACE] PACKAGE BODY [模式名.]包名
AS | IS
包体内容;
END [包名]
```

语法说明：

(1) 包头声明的变量、游标、异常、类型定义等在包体中直接引用。

(2) 包体中不能使用包头中未声明的对象。

(3) 包体中的过程、函数必须与包头中的一致，含参数、参数类型。

(4) 一个会话，如果指定包名，用户就可以访问包中的对象。

(5) 未在包头中声明的变量与方法称为局部变量与局部方法，只能在包体内使用。

(6) 局部变量必须在所有方法的实现之前声明，局部方法使用前进行声明与实现。

## 9.4.2 包的删除

包的删除包括包头删除和包体删除，和其他 DM 数据库对象一样，使用 DROP 命令删除。

### 1. 包头的删除

删除包头的语法格式如下：

```
DROP PACKAGE [模式名.]包名
```

2. 包体的删除

删除包体的语法格式如下：

```
DROP PACKAGE BODY [模式名.]包名
```

### 9.4.3 包的使用

包创建好后，包括了存储过程，也包括了存储函数。要调用包中的存储过程与存储函数实现相应的逻辑功能，可使用如下语法格式：

```
CALL 包名.过程名 | 函数名
```

对于包的调用，若存储过程或存储函数有输入参数，则调用时需传入参数值；若有输出参数，则需定义变量，用于获取执行存储过程和存储函数的输出值。

【例 9-18】 创建包，包中含本章中例 9-3 和例 9-4 实现的存储过程，以及例 9-10 实现的存储函数。

示例代码如下：

```
CREATE OR REPLACE PACKAGE SC_STU.pg1
AS
--包头声明包体中包含的存储过程与存储函数
PROCEDURE R_placement(n VARCHAR(50));
PROCEDURE R_if2(xh IN CHAR(8), age OUT BYTE);
FUNCTION R_AGE(xh IN CHAR(8), xm OUT VARCHAR(15))
RETURN BYTE;
END;
CREATE OR REPLACE PACKAGE BODY SC_STU.pg1
AS
--实现包体存储过程 R_placement
PROCEDURE R_placement
(n VARCHAR(50))
AS
nle SMALLINT := 2;
BEGIN
IF (SELECT COUNT(*) FROM ALL_TABLES
WHERE OWNER = 'SC_STU'
AND TABLE_NAME = 'temp_p')>0 THEN
DELETE SC_STU.temp_p;
ELSE
EXECUTE IMMEDIATE
'CREATE TABLE SC_STU.temp_p
(
```

```
    num VARCHAR(50) NOT NULL PRIMARY KEY,
    placement VARCHAR(50),
    name VARCHAR(500),
    le SMALLINT
)';
END IF;
INSERT INTO SC_STU.temp_p
SELECT num, placement, name, nle
FROM SC_STU.MemberInfo WHERE placement = n;
WHILE SQL%ROWCOUNT > 0 LOOP
nle := nle+1;
INSERT INTO SC_STU.temp_p
SELECT b.num, b.placement, b.name, nle
FROM SC_STU.temp_p a
JOIN SC_STU.MemberInfo b
ON a.num = b.placement
WHERE a.le = nle-1;
END LOOP;
END;
--实现包体存储过程 r_if2
PROCEDURE r_if2
(xh IN CHAR(8), age OUT BYTE)
AS
BEGIN
SELECT CASE
WHEN MONTH(生日) > YEAR(CURDATE())
THEN YEAR(CURDATE())-YEAR(生日)-1
WHEN MONTH(生日) <= YEAR(CURDATE())
THEN YEAR(CURDATE())-YEAR(生日)
ELSE NULL
END CASE INTO age
FROM SC_STU.学生表
WHERE  学号 = xh;
END;
--实现包体存储函数 R_AGE
FUNCTION R_AGE
(xh IN CHAR(8), xm OUT VARCHAR(15))
RETURN BYTE AS
age BYTE;
```

```
m BYTE;
BEGIN
SELECT 姓名, YEAR(CURDATE())-YEAR(生日),
MONTH(生日) into xm, age, m
FROM SC_STU.学生表 WHERE 学号 = xh;
IF m>MONTH(CURDATE()) THEN
age := age-1;
END IF;
RETURN AGE;
END;
END;
```

**【例 9-19】** 调用包中的存储函数 R_AGE，获取学号 20210001 的姓名与年龄并输出。

示例代码如下：

```
DECLARE
xm VARCHAR(15);
age BYTE;
BEGIN
age := SC_STU.pg1.R_age('20210001', xm);
PRINT xm || '的真实年龄为:' || age;
END;
```

## 本 章 小 结

在应用开发中，并不是所有的访问都是通过 SQL 命令实现的，因为对于复杂的数据请求及处理，传递 SQL 命令是不推荐的非理智方式，必须使用存储过程或存储函数来处理这类复杂数据请求。通过对触发器的学习，读者可了解这一特殊的存储过程可以实现约束不能实现的数据完整性、响应数据库或服务器级的事件。通过对包的学习，读者可了解存储过程与存储函数，从而为处理复杂业务带来便利。同时，通过多个实例对相关知识的阐述，读者需要在理解语法的基础上练习，并熟练掌握和使用。

# 第 10 章　DM 作业管理

在 DM 数据库管理中，有许多工作是重复的，如定期备份数据库、定期生成报表等，这些工作单调而且费时；如果能够让这些烦琐的工作自动完成，就可以节省大量的时间，同时减少人工操作的失误。本章介绍的作业管理就是为实现这些工作的自动化处理、数据库管理的高效率以及高质量数据的形成而服务的。

## 10.1　作 业 概 述

作业是由 DM 代理程序按顺序执行的一系列指定工作。作业中执行的操作包括运行 DM PL/SQL 脚本、定期对数据进行备份、对数据库数据进行检查等。DM 数据库使用作业来完成经常重复和可调度的任务。作业按调度的安排可以在服务器上执行，也可以由警报触发执行，并且作业可产生警报通知用户作业的状态。

作业步骤是作业对一个数据库或一个服务器执行的动作；每个 DM 作业由一个或多个步骤组成，至少有一个作业步骤。

作业的调度是用户定义的时间表，在给定的特定时刻到来时，系统自动启动作业，依次执行作业中的一个或多个作业步骤。调度可以是一次性的，即一次完成作业中的所有步骤至作业结束；也可以是周期性的，即按照用户意图隔一定时间周而复始地调度作业，完成作业中的一个或多个作业步骤。

警报是系统中发生某个事件，如发生了特定的数据库操作、出错信号、作业启动抑或执行完成等事件，这些事件便称为警报；它用于通知指定操作员，以便其迅速了解系统的状态。警报为特定数据库事件，可以定义事件的产生条件，也可以定义警报产生时系统的动作，如通知操作员执行某个 DM 作业。

在创建作业之前，数据库必须有存储作业数据的系统表操作权限，这些系统表有 SYSJOBS、SYSJOBSTEPS、SYSJOBSCHEDULES、SYSMAILINFO、SYSJOBHISTORIES2、SYSSTEPHISTORIES2、SYSALERTHISTORIES、SYSOPERATORS、SYSALERTS 和 SYSALERTNOTIFICATIONS，也就是在创建作业前需要创建代理环境，创建代理环境即创建了这些表；这是准备工作，这些表均处于 SYSJOB 模式下。那么如何创建代理环境来完成作业的准备工作呢？先来简单了解一些系统表，出于篇幅考虑，这里不一一介绍，读者可以在创建代理环境后，在 SYSJOB 模式下找到这些表查看其列的构成。

(1) SYSJOBS 表：存储用户定义的作业信息。每一个作业对应此表中的一条记录。每一条记录都有一个自增 ID(IDENTITY 列)，用来唯一表示这个作业，同时每个作业都具有一个不可以同名的聚集关键字 NAME。

(2) SYSJOBSTEPS 表：存储作业包括的所有步骤信息。每一行存储了某个作业的某个步骤的所有属性。这个表的聚集关键字为 JOBID 和步骤名，即在一个指定的作业下，不能有两个同名的步骤。

(3) SYSJOBSCHEDULES 表：一个作业可以有多个调度，调度用来指定一个作业的执行情况，可以指定作业的执行方式及时间范围。该表存储作业的调度信息，聚集关键字为 JOBID 及调度名，即对于一个指定的作业，不能具有同名的调度。

(4) SYSJOBHISTORIES2 表：存储作业执行情况的日志。当一个作业执行完成后，会向这个表中插入一条作业执行情况的记录。这个表中的所有记录都是作业在运行过程中由系统自动插入的，不是由用户来操作的。

(5) SYSSTEPHISTORIES2 表：存储作业步骤执行情况的日志。每当一个作业步骤执行完成时都会向这个表中插入一条作业步骤执行情况的记录。如果为重试步骤，则 RETRY_ATTEMPTS 会记录重试的次数。

(6) SYSOPERATORS 表：存储作业管理系统中所有已定义操作员的信息，以 NAME 为聚集索引，即不能具有同名的操作员。

(7) SYSALERTS 表：存储作业管理系统中所有已定义的警报信息，聚集索引为 NAME，即不能定义同名的警报。

(8) SYSALERTNOTIFICATIONS 表：存储警报需要通知操作员的信息，即警报和操作员的关联信息。以 ALERTNAME 和 OPERID 为聚集关键字，所以对于一个指定的警报和指定的操作员，它们只能有一个关联关系。

(9) SYSALERTHISTORIES 表：存储警报发生的历史记录的日志。每个警报发生时都会先向这个表中插入相应的记录，然后 DMJMON 服务通过扫描这个表把信息取出来，再通过邮件或者网络发送的方式通知关联的操作员，这个表中的所有信息都是在发生警报时由系统自动向这个表中插入的。

(10) SYSMAILINFO 表：存储作业管理系统管理员的信息。每一个作业管理系统管理员对应这个表中的一条记录，登录用户名是唯一的，因为这个表是以第一列 LOGIN_NAME 为聚集关键字的。此处的 LOGIN_NAME 必须是 DM 数据库的登录用户名称。

使用 DM 管理工具创建代理环境的步骤如下：

(1) 在对象导航中的服务器结点下找到代理结点。

(2) 右键单击代理结点，弹出快捷菜单。

(3) 在快捷菜单中选择创建代理环境命令(右键的清除代理环境项可以删除代理环境及作业相关模式及系统表)。

(4) 弹出代理环境创建成功对话框，即完成代理环境的创建。

通过系统过程创建代理环境的语法格式如下：

```
SP_INIT_JOB_SYS(1);
```

其中，参数为 1，表示创建了代理环境；若参数为 0，则删除代理环境。

创建完成代理环境，在代理结点下可看到新增的几个子结点，即作业、警报和操作员，如图 10-1 所示；同时创建了模式 SYSJOB，模式下自动创建了各作业相关的系统表，如图 10-2 所示。

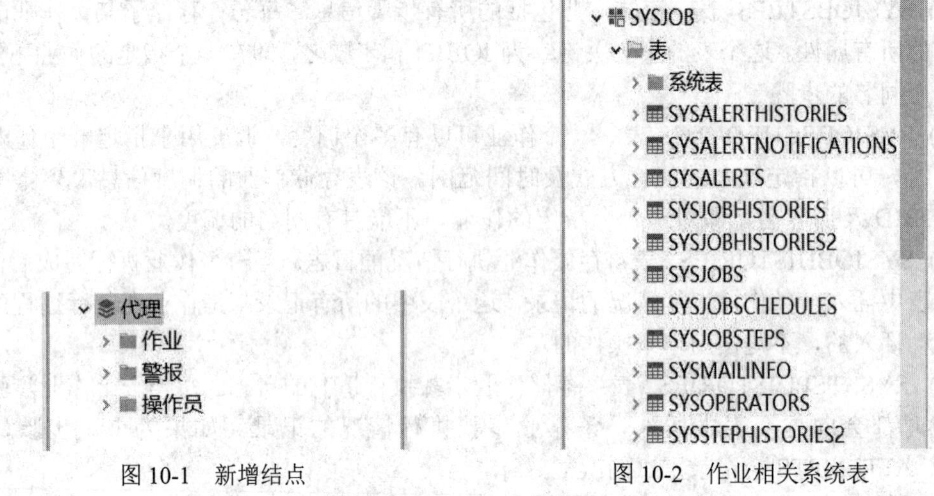


图 10-1　新增结点　　　　图 10-2　作业相关系统表

DM 作业管理由 DBA 来完成，要能创建、配置和调试作业，用户需要具有管理作业的权限，即 ADMIN JOB 权限。默认情况下，DBA 具有创建、配置和调试作业的权限，普通用户若需要得到作业相关的管理权限，则需要授权。

## 10.2　操作员管理

创建作业需指定操作员，所以在进行作业管理学习前先来了解操作员的操作管理。

### 10.2.1　创建操作员

操作员的创建可以通过 DM 管理工具实现，也可以通过系统存储过程 SP_CREATE_OPERATOR 实现。管理工具的实现较为简单，通过右键快捷菜单相关命令项即可完成，这里不作相关介绍。

创建操作员的语法格式如下：

```
SP_CREATE_OPERATOR (OPR_NAME VARCHAR(128),
ENABLED INT, EMAILADDR VARCHAR(128),
NETSEND_IP VARCHAR(128))
```

语法说明：

OPR_NAME：操作员名称，必须是有效的标识符，同时不能是 DM 关键字；不能有同名操作员，如果创建同名操作员，系统就会报错。

ENABLED：是否启用这个操作员，1 表示是，0 表示否。

EMAILADDR：操作员的 EMAIL 地址。

NETSEND_IP：操作员的 IP 地址(用于网络发送)，在创建时必须指定合法的 IP 地址，否则报错。

**【例 10-1】** 创建一个名为 stu_or 的操作员。

示例代码如下：

```
SP_CREATE_OPERATOR('stu_or', 1, '33780709@qq.com', '192.168.188.11')
```

### 10.2.2　操作员的维护

当需要重新设置操作员时，可以修改操作员信息；当不需要操作员管理作业时，可以删除操作员。

1. 修改操作员

修改操作员通过系统存储过程 SP_ALTER_OPERATOR 实现。其语法格式如下：

```
SP_ALTER_OPERATOR (OPR_NAME VARCHAR(128),
ENABLED INT，EMAILADDR    VARCHAR(128),
NETSEND_IP VARCHAR(128))
```

语法说明：

修改操作员的语法定义与创建操作员的一致。

【例 10-2】 将操作员 stu_or 的邮箱改为 963@qq.com。

示例代码如下：

```
SP_ALTER_OPERATOR('stu_or', 1, '963@qq.com', '192.168.188.11')
```

2. 删除操作员

删除操作员通过系统存储过程 SP_DROP_OPERATOR 实现。其语法格式如下：

```
SP_DROP_OPERATOR(OPR_NAME VARCHAR(128))
```

语法说明：

OPR_NAME 是要删除的操作员名。

【例 10-3】 删除操作员 stu_or。

示例代码如下：

```
SP_DROP_OPERATOR('stu_or')
```

## 10.3　作 业 管 理

### 10.3.1　作业的创建与维护

作业的创建通过系统存储过程 SP_CREATE_JOB 完成。

1. 作业的创建

创建作业的语法格式如下：

```
SP_CREATE_JOB (
    JOB_NAME VARCHAR(128),
    ENABLED INT,
    ENABLED_EMAIL INT,
    EMAIL_OPTR_NAME VARCHAR(128),
    EMAIL_TYPE INT,
```

```
        ENABLED_NETSEND INT,
        NETSEND_OPTR_NAME VARCHAR(128),
        NETSEND_TYPE INT,
        DESCRIBE VARCHAR(8187)
    )
```

语法说明：

JOB_NAME：作业名称，必须是有效的标识符，同时不能是 DM 关键字。作业不能重名，重名则报错。

ENABLED：作业是否启用，1 表示启用，0 表示不启用。

ENABLED_EMAIL：作业是否开启邮件系统，1 表示是，0 表示否。如果开启，那么该作业相关的一些日志会通过邮件通知操作员；不开启就不会发送邮件。

EMAIL_OPTR_NAME：指定操作员名称。如果开启了邮件通知功能，邮件会发送给该操作员。在创建时系统会检测这个操作员是否存在，如果不存在则报错。

EMAIL_TYPE：开启了邮件发送之后，在三种情况下发送邮件，分别是 0、1、2。0 表示在作业执行成功后发送，1 表示在作业执行失败后发送，2 表示在作业执行结束后发送。

ENABLED_NETSEND：作业是否开启网络发送，1 表示是，0 表示否。如果开启，那么这个作业相关的一些日志会通过网络发送来通知操作员；如果不开启就不会通知。

NETSEND_OPTR_NAME：指定操作员名称。如果开启了网络信息通知功能，则会通过网络发送来通知该操作员。在创建时系统会检测这个操作员是否存在，如果不存在则报错。

NETSEND_TYPE：开启了网络发送之后，在三种情况下发送网络信息。这三种情况和上面的 EMAIL_TYPE 是完全一样的(网络发送功能只有 Windows 早期版本上才支持，比如 Windows 2000/XP 且一定要开启 MESSAGER 服务。Windows 7 和 Windows 8 系统因为取消了 MESSAGER 服务，所以不支持该功能)。

DESCRIBE：作业描述信息，最长为 500 B。

**【例 10-4】** 创建一个名为 test 的作业。

示例代码如下：

```
SP_CREATE_JOB('test', 1, 0, 'stu_or', 0, 0, 'stu_or', 0, '这是一个测试作业')
```

### 2. 作业的修改

修改作业通过系统存储过程 SP_ALTER_JOB 完成。其语法格式如下：

```
SP_ALTER_JOB (
    JOB_NAME VARCHAR(128),
    ENABLED INT,
    ENABLED_EMAIL INT,
    EMAIL_OPTR_NAME VARCHAR(128),
    EMAIL_TYPE INT,
    ENABLED_NETSEND INT,
    NETSEND_OPTR_NAME VARCHAR(128),
```

```
    NETSEND_TYPE INT,
    DESCRIBE VARCHAR(8187)
)
```

语法说明：

修改作业的语法定义与创建作业的一致。

**3. 作业的删除**

作业的删除通过系统存储过程 SP_DROP_JOB 实现。其语法格式如下：

```
SP_DROP_JOB(JOB_NAME VARCHAR(128))
```

语法说明：

JOB_NAME：要删除的作业名称。

**【例 10-5】** 删除作业 test。

示例代码如下：

```
SP_DROP_JOB('test')
```

## 10.3.2　配置作业

作业的创建是最基本的一项操作，创建的作业是一个空作业，不能执行任何操作；如果想要这个作业执行一些指定的操作，还需要对这个作业进行配置。

**1. 开始作业配置**

DM 通过系统存储过程 SP_JOB_CONFIG_START 来指定对一个作业配置的开始。其语法格式如下：

```
SP_JOB_CONFIG_START (JOB_NAME VARCHAR(128))
```

开始作业配置之后到结束作业配置之前这段时间，当前会话处于作业配置状态。配置状态不允许做任何创建、修改、删除对象(作业、操作员、警报)的操作。开始作业配置和结束作业配置两个过程配合使用，是为了保证作业配置的完整性。因为作业配置全部都是 DDL 操作，所以在配置过程中建议用户不要做任何的 COMMIT 操作或者设置 DDL 自动提交(例如，不要设置 dm.ini 文件中 DDL_AUTO_COMMIT = 1)，否则在配置作业过程中，一旦错误的作业配置 DDL 操作被自动提交，将不能回滚。在 DM 的作业配置过程中，如果配置出现错误，可以直接使用 ROLLBACK 将错误的配置回滚到 SP_JOB_CONFIG_START 刚执行的状态；因为在这个过程执行时会自动提交前面所做的操作，所以在配置一个作业开始前，也需要谨慎，需要考虑前面做的操作是否需要提交。

**【例 10-6】** 启动 test 作业的配置。

```
SP_JOB_CONFIG_START('test')
```

**2. 配置作业步骤**

启动作业配置后，即可增加、删除作业步骤；若未启动作业配置，配置作业步骤则会报错。

1) 增加作业步骤

增加作业步骤通过系统存储过程 SP_ADD_JOB_STEP 实现。其语法格式如下：

```
SP_ADD_JOB_STEP (
    JOB_NAME VARCHAR(128),
    STEP_NAME VARCHAR(128),
    TYPE INT,
    COMMAND VARCHAR(8187),
    SUCC_ACTION INT,
    FAIL_ACTION INT,
    RETRY_ATTEMPTS INT,
    RETRY_INTERVAL INT,
    OUTPUT_FILE_PATH VARCHAR(256),
    APPEND_FLAG INT
)
```

语法说明：

JOB_NAME：作业的名称，表示正在给某一个作业增加步骤，这个参数必须为上面调用 SP_JOB_CONFIG_START 函数时指定的作业名，否则系统会报错。同时系统会检测这个作业是否存在，不存在也会报错。

STEP_NAME：增加的步骤名，必须是有效的标识符，同时不能是 DM 关键字。同一个作业不能有两个同名的步骤，创建时会检测这个步骤是否已经存在，如果存在则报错。

TYPE：步骤的类型，取值为 0、1、2、3、4、5 和 6(0 表示执行一段 SQL 语句或者是语句块；1 表示执行基于 V1.0 版本的备份还原操作，没有 WITHOUTLOG 和 PARALLEL 选项；2 表示重组数据库；3 表示更新数据库的统计信息；4 表示执行 DTS(数据迁移)；5 表示执行基于 V1.0 版本的备份还原操作，有 WITHOUTLOG 和 PARALLEL 选项；6 表示执行基于 V2.0 版本的备份还原操作。

COMMAND：指定不同步骤类型(TYPE)下，步骤在运行时所执行的语句。它不能为空。

- 当 TYPE = 0 时，COMMAND 是要执行的 SQL 语句或者语句块。如果要指定多条语句，语句之间必须用分号隔开。不支持多条 DDL 语句一起执行，否则在执行时可能会报出不可预知的错误信息。

- 当 TYPE = 1 时，COMMAND 是一个字符串。该字符串由[备份模式][备份压缩类型] [base_dir, …, base_dir | bakfile_path]三个部分组成。第一部分是一个字符，表示备份模式，0 表示完全备份，1 表示增量备份，如果第一个字符不是这两个值中的一个，系统会报错。第二部分是一个字符，表示备份时是否进行压缩，0 表示不压缩，1 表示压缩。第三部分是路径命令。路径命令有两种具体的格式(第一种对应于增量备份，因为它必须要指定一个或者多个基础备份路径，每个路径之间需要用逗号隔开，接着是备份路径，基础备份路径与备份路径需要用“|”隔开；如果不指定备份路径，则不需要“|”，同时系统会自动生成一个备份路径。例如 01E:\base_bakdir1，base_bakdir2 | bakdir。第二种对应于完全备份，因为不需要指定基础备份路径，所以就不需要“|”符号了，直接从第三个字符开始指定备份路径即可，例如 01E:\bakdir。如果不指定备份路径，则系统会自动生成

一个备份路径)。

• 当 TYPE = 2、3 或 4 时，COMMAND 是由系统内部根据不同 TYPE 类型生成的不同语句或者过程。

• 当 TYPE = 5 时，COMMAND 是一个字符串。该字符串由[备份模式][备份压缩类型][备份日志类型][备份并行类型][预留][base_dir, …, base_dir | bakfile_path | parallel_file]六个部分组成。第一部分是一个字符，表示备份模式，0 表示完全备份，1 表示增量备份。如果第一个字符不是这两个值中的一个，系统会报错。第二部分是一个字符，表示备份时是否进行压缩，0 表示不压缩，1 表示压缩。第三部分是一个字符，表示是否备份日志，0 表示备份，1 表示不备份。第四部分是一个字符，表示是否并行备份，0 表示普通备份，1 表示并行备份，并行备份映射放到最后，以“|”分割。第五部分是一个保留字符，用 0 填充。第六部分是路径命令。路径命令有两种具体的格式。第一种对应于增量备份，因为它必须要指定一个或者多个基础备份路径，每个路径之间需要用逗号隔开，接着是备份路径，最后并行备份映射文件。并行备份映射文件、基础备份路径与备份路径需要用“|”隔开，如果不指定备份路径与并行备份映射文件，则不需要“|”，例如 01000E:\base_bakdir1, base_bakdir2 | bakdir | parallel_file_path 就是一个合法的增量备份命令。第二种对应于完全备份，因为不需要指定基础备份路径，所以就不需要“|”符号了，直接从第三个字符开始指定备份路径即可，例如 01000E:\bakdir。如果不指定备份路径，系统会自动生成备份路径。

• 当 TYPE = 6 时，COMMAND 是一个字符串。该字符串由[备份模式][备份压缩类型][备份日志类型][备份并行数][USE PWR][MAXPIECESIZE][RESV1][RESV2][base_dir, …, base_dir | bakfile_dir]九个部分组成。第一部分是一个字符，表示备份模式，0 表示完全备份，1 表示差异增量备份，3 表示归档备份，4 表示累计增量备份，如果第一个字符不是这四个值中的一个，系统会报错。第二部分是一个字符，表示备份时是否进行压缩，取值范围为 0～9，0 表示不压缩，1 表示 1 级压缩，2 表示 2 级压缩，以此类推，9 表示 9 级压缩。第三部分是一个字符，表示是否备份日志，0 表示备份，1 表示不备份。第四部分是一个字符，表示并行备份并行数，取值范围为 0～9，其中 0 表示不进行并行备份，1 表示使用并行数默认值 4；2～9 表示并行数。第五部分是一个字符，表示并行备份时，是否使用 USE PWR 优化增量备份，0 表示不使用，1 表示使用(只是语法支持，没有实际作用)。第六部分是一个字符，表示备份片大小的上限(MAXPIECESIZE)，0 表示默认值，1～9 依次表示备份片的大小，1 为 128 MB 备份片，9 为 32 GB 的备份片。第七部分为一个字符，表示是否在备份完归档后，删除备份的归档文件，0 表示不删除，1 表示删除。第八部分是一个保留字符，用 0 填充。第九部分是路径命令。路径命令有两种具体的格式。第一种对应于增量备份，因为它必须要指定一个或者多个基础备份路径，每个路径之间需要用逗号隔开，接着是备份路径。基础备份路径与备份路径需要用“|”隔开，例如 01000000E:\base_bakdir1，base_bakdir2 | bakdir 就是一个合法的增量备份命令。第二种对应于完全备份，就不需要“|”符号了，直接从第八个字符开始指定备份路径即可，例如 01000000E:\bakdir。如果不指定备份路径，那么系统会自动生成一个备份路径。

SUCC_ACTION：指定步骤执行成功后下一步该做的事，取值为 0 或 1。0 表示执行下一步；1 表示报告执行成功并执行下一步。

FAIL_ACTION：指定步骤执行失败后下一步该做的事，取值为 0 或 2。0 表示执行下一步；2 表示报告执行失败并结束作业。

RETRY_ATTEMPTS：当步骤执行失败后需要重试的次数，取值范围为 0～100。

RETRY_INTERVAL：每两次步骤执行重试之间的间隔时间，不能大于 10 s。

OUTPUT_FILE_PATH：步骤执行时输出文件的路径。该参数已废弃，没有实际意义。

APPEND_FLAG：输出文件的追写方式。如果指定输出文件，那么这个参数表示在写入文件时是否从文件末尾开始追写，1 表示是，0 表示否。如果是 0，那么从文件指针当前指向的位置开始追写。例如，语句 SP_ADD_JOB_STEP('TEST', 'STEP1', 0, 'INSERT INTO MYINFO VALUES(1000, "HELLOWORLD"); ', 0, 0, 2, 1, NULL, 0)为作业 TEST 增加了步骤 STEP1。STEP1 指定的是执行 SQL 语句，其 COMMAND 参数指定的是向 MYINFO 表中插入一条记录，执行成功和失败的下一步动作都是 STEP_ACTION_NEXT_STEP(执行下一步)，同时指定了失败后只重试两次，时间间隔为 1 s。

【例 10-7】 给作业 test 增加一个步骤，执行删除 sc_stu 模式下的 temp_p 表的数据。

示例代码如下：

```
SP_ADD_JOB_STEP('test', 'step1', 0, 'delete sc_stu.temp_p', 0, 0, 1, 2, NULL, 0)
```

【例 10-8】 给作业 test 增加一个步骤，对数据库进行完全压缩备份。

示例代码如下：

```
SP_ADD_JOB_STEP('test', 'step2', 1, '01D:\data', 0, 0, 1, 2, NULL, 0)
```

2) 修改作业步骤

修改作业步骤通过系统存储过程 SP_ALTER_JOB_STEP 完成。其语法格式如下：

```
SP_ALTER_JOB_STEP (
    JOB_NAME VARCHAR(128),
    STEP_NAME VARCHAR(128),
    TYPE INT,
    COMMAND VARCHAR(8187),
    SUCC_ACTION INT,
    FAIL_ACTION INT,
    RETRY_ATTEMPTS INT,
    RETRY_INTERVAL INT,
    OUTPUT_FILE_PATH   VARCHAR(256),
    APPEND_FLAG INT
)
```

3) 删除作业步骤

删除作业步骤通过系统存储过程 SP_DROP_JOB_STEP 完成。其语法格式如下：

```
SP_DROP_JOB_STEP(
JOB_NAME VARCHAR(128),
```

```
STEP_NAME VARCHAR(128)
)
```

语法说明：

JOB_NAME 是要删除步骤的作业名，STEP_NAME 是步骤名。

【例 10-9】 删除作业 test 的步骤 step2。

示例代码如下：

```
SP_DROP_JOB_STEP('test', 'step2')
```

### 3. 配置作业调度

配置好作业步骤后，就可以配置作业调度了。

1) 增加作业调度

增加作业调度通过系统存储过程 SP_ADD_JOB_SCHEDULE 实现。其语法格式如下：

```
SP_ADD_JOB_SCHEDULE (
    JOB_NAME VARCHAR(128),
    SCHEDULE_NAME VARCHAR(128),
    ENABLED INT,
    TYPE INT,
    FREQ_INTERVAL INT,
    FREQ_SUB_INTERVAL INT,
    FREQ_MINUTE_INTERVAL INT,
    STARTTIME VARCHAR(128),
    ENDTIME VARCHAR(128),
    DURING_START_DATE VARCHAR(128),
    DURING_END_DATE VARCHAR(128),
    DESCRIBE VARCHAR(500)
)
```

语法说明：

JOB_NAME：作业名称，指定要给该作业增加调度，这个参数必须是配置作业开始时指定的作业名，否则报错；同时系统还会检测这个作业是否存在，如果不存在也会报错。

SCHEDULE_NAME：待创建的调度名称，必须是有效的标识符，同时不能是 DM 关键字。指定的作业不能创建两个同名的调度，创建时会检测这个调度是否已经存在，如果存在则报错。

ENABLED：调度是否启用，为布尔类型，1 表示启用，0 表示不启用。

TYPE：指定调度类型，取值为 0、1、2、3、4、5、6、7、8(0 表示指定作业只执行一次，1 表示按天的频率来执行，2 表示按周的频率来执行，3 表示在一个月的某一天执行，4 表示在一个月的第一周的第几天执行，5 表示在一个月的第二周的第几天执行，6 表示在一个月的第三周的第几天执行，7 表示在一个月的第四周的第几天执行，8 表示在一个月的最后一周的第几天执行。当 TYPE = 0 时，其执行时间由参数 DURING_START_DATE 指定)。

FREQ_INTERVAL：与 TYPE 有关，表示不同调度类型下的发生频率(当 TYPE = 0 时，这个值无效，系统不做检查；当 TYPE = 1 时，表示每几天执行，取值范围为 1～100；当 TYPE = 2 时，表示的是每几个星期执行，取值范围没有限制；当 TYPE = 3 时，表示每几个月中的某一天执行，取值范围没有限制；当 TYPE = 4 时，表示每几个月的第一周执行，取值范围没有限制；当 TYPE = 5 时，表示每几个月的第二周执行，取值范围没有限制；当 TYPE = 6 时，表示每几个月的第三周执行，取值范围没有限制；当 TYPE = 7 时，表示每几个月的第四周执行，取值范围没有限制；当 TYPE = 8 时，表示每几个月的最后一周执行，取值范围没有限制)。

FREQ_SUB_INTERVAL：与 TYPE 和 FREQ_INTERVAL 有关，表示不同 TYPE 的执行频率，在 FREQ_INTERVAL 基础上，继续指定更为精准的频率(当 TYPE = 0 或 1 时，这个值无效，系统不做检查。当 TYPE = 2 时，表示某一个星期的星期几执行，可以同时选中七天中的任意几天，取值范围为 1～127。因为每周有七天，所以 DM 数据库系统内部用 7 位二进制来表示选中的日子。从最低位开始算起，依次表示周日、周一……周六。选中周几，就将该位置 1，否则置 0。例如，选中周二和周六，7 位二进制就是 1000100，转化成十进制就是 68，所以 FREQ_SUB_INTERVAL 就取 68。当 TYPE = 3 时，表示将在一个月的第几天执行，取值范围为 1～31。当 TYPE 为 4、5、6、7 或 8 时，都表示将在某一周内的第几天执行，取值范围为 1～7，表示周一到周日。

FREQ_MINUTE_INTERVAL：一天内每隔多少分钟执行一次，有效值范围为 0～1439，单位为分钟，0 表示一天内执行一次。

STARTTIME：定义作业被调度的起始时间，必须是有效的时间字符串，不可以为空。

ENDTIME：定义作业被调度的结束时间，可以为空，但如果不为空，指定的必须是有效的时间字符串，同时必须要在 STARTTIME 时间之后。

DURING_START_DATE：指定作业被调度的起始日期，必须是有效的日期字符串，不可以为空。

DURING_END_DATE：指定作业被调度的结束日期，可以为空，如果 DURING_END_DATE 和 ENDTIME 都为空，调度活动就会一直持续下去；但如果不为空，必须是有效的日期字符串，同时必须是在 DURING_START_DATE 日期之后。

DESCRIBE：表示调度的注释信息，最大长度为 500 个字节。

**【例 10-10】** 给作业 test 增加一个调度：从 2021 年 7 月 1 日开始每个月的第一天的 00:00:00 调度作业。

示例代码如下：

```
SP_ADD_JOB_SCHEDULE('test', 'sc1', 1, 3, 1, 1, 0, '00:00:00', NULL, '2021-7-1', NULL, '这是一个调度测试')
```

2) 修改作业调度

修改作业调度通过系统存储过程 SP_ALTER_JOB_SCHEDULE 实现。其语法格式如下：

```
SP_ALTER_JOB_SCHEDULE (
    JOB_NAME VARCHAR(128),
    SCHEDULE_NAME VARCHAR(128),
```

```
    ENABLED INT,
    TYPE INT,
    FREQ_INTERVAL INT,
    FREQ_SUB_INTERVAL INT,
    FREQ_MINUTE_INTERVAL INT,
    STARTTIME VARCHAR(128),
    ENDTIME VARCHAR(128),
    DURING_START_DATE VARCHAR(128),
    DURING_END_DATE VARCHAR(128),
    DESCRIBE   VARCHAR(500)
)
```

语法说明：

修改作业调度的语法定义与增加作业调度的一样。

3) 删除作业调度

删除作业调度通过系统存储过程 SP_DROP_JOB_SCHEDULE 实现。其语法格式如下：

```
SP_DROP_JOB_SCHEDULE (
    JOB_NAME VARCHAR(128),
    SCHEDULE_NAME VARCHAR(128)
)
```

语法说明：

JOB_NAME 是作业名，SCHEDULE_NAME 是调度名。

【例 10-11】 删除作业 test 的调度 sc1。

示例代码如下：

```
SP_DROP_JOB_SCHEDULE('test', 'sc1')
```

### 4. 结束作业配置

当配置好作业步骤和作业调度后，便可以结束作业配置，并提交作业配置，同时将这个作业加入运行队列；这一步可以通过系统存储过程 SP_JOB_CONFIG_COMMIT 实现。其语法格式如下：

```
SP_JOB_CONFIG_COMMIT (
    JOB_NAME VARCHAR(128)
)
```

当结束了作业配置，且作业处于 ENABLE 状态，这个作业才真正算是一个有效作业，也就是从“结束作业配置”时刻开始就会根据它所定义的调度来执行操作了。

【例 10-12】 结束作业 test 配置并提交。

示例代码如下：

```
SP_JOB_CONFIG_COMMIT('test')
```

# 10.4　作业日志

## 10.4.1　查看作业信息

创建的每一个作业信息都存储在作业表 SYSJOBS 中，通过表 SYSJOBS，可以看到所有已经创建的作业信息。

【例 10-13】 通过 SYSJOBS 表查看 test 作业记录。

示例代码如下：

```
SELECT * FROM SYSJOB.SYSJOBS WHERE NAME = 'test'
```

## 10.4.2　清除作业日志记录

日志记录不断增加，会越来越庞大，所以用户需要及时清理过时的日志。可以通过系统过程 SP_JOB_CLEAR_HISTORIES 清除迄今为止某个作业的所有日志记录，即删除表 SYSJOBHISTORIES2、SYSSTEPHISTORIES2 中的相关记录。如果该作业还在继续工作，那么后续会在表 SYSJOBHISTORIES2、SYSSTEPHISTORIES2 中产生该作业的新日志。

清除作业日志记录的语法格式如下：

```
SP_JOB_CLEAR_HISTORIES (
    JOB_NAME VARCHAR(128)
)
```

【例 10-14】 清除作业 test 所有记录。

示例代码如下：

```
SP_JOB_CLEAR_HISTORIES('test')
```

# 10.5　警　报

警报是 DM 数据库发生某个错误或某一事件后通知操作员的一种机制。通过警报，操作员可以根据需要对 DM 数据库实施监测，确保 DM 数据库系统的安全稳定运行。

## 10.5.1　警报的管理

### 1. 创建警报

警报的创建可通过系统存储过程 SP_CREATE_ALERT 实现。其语法格式如下：

```
SP_CREATE_ALERT(
    NAME VARCHAR(8188),
    ENABLED INT,
    TYPE INT,
```

```
    ERRTYPE INT,
    ERRCODED INT,
    DELAYTIME INT,
    ADDITION_TXT VARCHAR(8188)
)
```

语法说明：

NAME：创建的警报名称。

ENABLED：是否开启警报，0 表示未开启，1 表示开启。

TYPE：警报类型。DM 警报分错误警报和事件警报，0 表示错误警报，1 表示事件警报。

ERRTYPE：错误类型或事件类型，其值与 TYPE 相关。

- 若 TYPE 为 0，则其取值为：1 表示常规错误；2 表示启动错误；3 表示系统错误；4 表示服务器配置错误；5 表示分析阶段错误；6 表示权限错误；7 表示运行时错误；8 表示备份恢复错误；9 表示作业管理错误；10 表示数据库复制错误；11 表示其他错误。也可直接指定错误码(错误码可通过 DM 安装目录 dmdbms\doc\的“DM8 程序员手册.pdf”查看，如图 10-3 所示)。

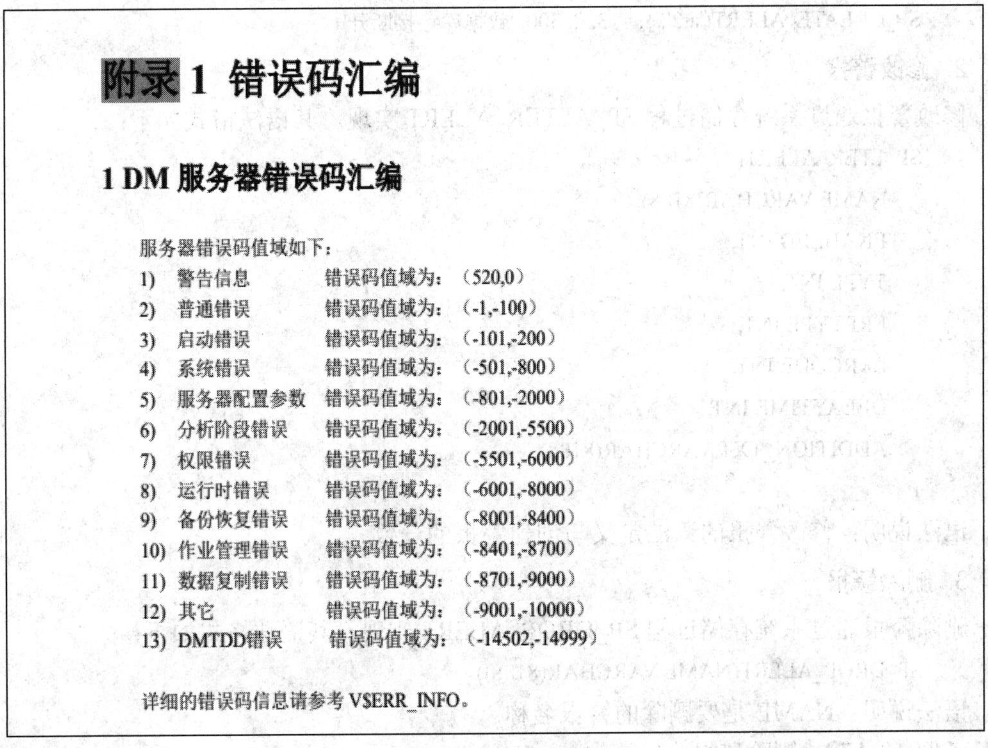

附录 1 错误码汇编

1 DM 服务器错误码汇编

服务器错误码值域如下：

1) 警告信息　错误码值域为：（520,0）
2) 普通错误　错误码值域为：（-1,-100）
3) 启动错误　错误码值域为：（-101,-200）
4) 系统错误　错误码值域为：（-501,-800）
5) 服务器配置参数　错误码值域为：（-801,-2000）
6) 分析阶段错误　错误码值域为：（-2001,-5500）
7) 权限错误　错误码值域为：（-5501,-6000）
8) 运行时错误　错误码值域为：（-6001,-8000）
9) 备份恢复错误　错误码值域为：（-8001,-8400）
10) 作业管理错误　错误码值域为：（-8401,-8700）
11) 数据复制错误　错误码值域为：（-8701,-9000）
12) 其它　错误码值域为：（-9001,-10000）
13) DMTDD错误　错误码值域为：（-14502,-14999）

详细的错误码信息请参考 V$ERR_INFO。

图 10-3　错误码

- 若 TYPE 为 1，则其取值为：1 表示 DDL 事件；2 表示授权回收事件；3 表示连接断开数据库事件；4 表示数据备份恢复事件。

ERRCODE：事件编码。当 TYPE 参数为 0 时，该值取 -1；当 TYPE 参数为 1 时，该值与 ERRTYPE 相关。

- 若 ERRTYPE 为 1，则 ERRCODE 的值为：1 表示创建 CREATE；2 表示 ALTER；

4 表示 DROP；8 表示 TRUNCATE。若多个事件启动警报，则其值相加，例如值为 14，表示 ALTER、DROP、TRUNCATE 发生时警报。

· 若 ERRTYPE 值为 2，则 ERRCODE 的值为：1 表示 GRANT；2 表示 REVOKE。若多个事件启动警报，则其值相加，例如值为 3，表示 GRANT、REVODE 发生时警报。

· 若 ERRTYPE 值为 3，则 ERRCODE 的值为：1 表示 LOGIN；2 表示 LOGOUT。若多个事件启动警报，则其值相加，例如值为 3，表示 LOGIN、LOGOUT 发生时警报。

· 若 ERRTYPE 值为 4，则 ERRCODE 的值为：1 表示 BACKUP；2 表示 RESTORE。若多个事件启动警报，则其值相加，例如值为 3，表示 BACKUP、RESTORE 发生时警报。

DELAYTIME：警报延迟时间，取值范围为 1～3600 s。

ADDITION_TXT：警报描述信息。

**【例 10-15】** 创建警报 at1：当数据库发生备份错误时延时 300 s 发出警报。

示例代码如下：

```
SP_CREATE_ALERT('at1', 1, 0, 8, -1, 300, '数据库备份恢复错误')
```

**【例 10-16】** 创建警报 at2：当数据库发生连接断开错误时延时 300 s 发出警报。

示例代码如下：

```
SP_CREATE_ALERT('at2', 1, 1, 3, 2, 300, '数据库连接断开')
```

### 2. 修改警报

修改警报通过系统存储过程 SP_ALTER_ALERT 实现。其语法格式如下：

```
SP_LTER_ALERT(
    NAME VARCHAR(8188),
    ENABLED INT,
    TYPE INT,
    ERRTYPE INT,
    ERRCODE INT,
    DELAYTIME INT,
    ADDITION_TXT VARCHAR(8188)
)
```

语法说明：修改警报的语法定义与创建警报的一致。

### 3. 删除警报

删除警报通过系统存储过程 SP_DROP_ALERT 实现。其语法格式如下：

```
SP_DROP_ALERT(NAME VARCHAR(8188))
```

语法说明：NAME 是要删除的警报名称。

**【例 10-17】** 删除警报 at1。

示例代码如下：

```
SP_DROP_ALERT('at1')
```

### 4. 查看警报

创建好警报后，可以查看警报的信息，警报存储于 SYSJOB 模式下的 SYSALERTS 表中。

【例 10-18】 查看已定义的警报。

示例代码如下：

```
SELECT * FROM SYSJOB.SYSALERTS
```

### 10.5.2　关联警报

警报创建好后，如何通知操作员数据库系统发生的事件呢？在前面章节中介绍了操作员的相关操作，警报创建通知操作员便需要关联操作员，通过操作员邮箱通知操作员数据库发生的事件。

**1. 关联操作员**

警报关联操作员通过系统存储过程 SP_ALERT_ADD_OPERATOR 实现。其语法格式如下：

```
SP_ALERT_ADD_OPERATOR(
    ALERT_NAME VARCHAR(8188),
    OPR_NAME VARCHAR(8188),
    EMAIL INT,
    NET INT
)
```

语法说明：

ALERT_NAME：警报名。

OPR_NAME：操作员名。

EMAIL：取值为 0 或 1，1 表示通过电子邮箱通知操作员。

NET：取值为 0 或 1，1 表示通过网络通知操作员。

【例 10-19】 关联警报 at2 与操作员 stu_or。

示例代码如下：

```
SP_ALERT_ADD_OPERATOR('at2', 'stu_or', 1, 1)
```

**2. 删除警报关联**

若不再关联警报与操作员，可以使用系统存储过程 SP_ALERT_DROP _OPERATOR 删除关联。其语法格式如下：

```
SP_ALERT_DROP _OPERATOR(
    ALERT_NAME VARCHAR(8188),
    OPR_NAME VARCHAR(8188),
)
```

语法说明：

ALERT_NAME 是警报名，OPR_NAME 是操作员名。

【例 10-20】 删除警报 at2 与操作员 stu_or 的关联。

示例代码如下：

```
SP_ALERT_DROP_OPERATOR('at2', 'stu_or')
```

# 本章小结

本章主要介绍了通过系统存储过程的方式管理操作员、作业、警报等内容，作业管理包括创建与维护作业、配置作业步骤、配置作业调度等内容，警报包括警报的管理与警报的关联。本章内容使用的系统存储过程，其参数较多，较难掌握，尤其是配置作业步骤和作业调度，需要多练习来掌握系统存储过程中各参数的使用技巧。作为一款优秀的数据库管理系统，DM 数据库不仅提供了丰富的存储过程操纵作业、警报。

# 第 11 章　DM 数据控制

数据控制通过对用户(角色)权限的管理来防止数据的非授权访问、修改和破坏，并保证被授权用户能按其授权范围安全访问需要的数据。DM 数据库的数据控制用于保护存储在 DM 数据库中的数据的机密性、完整性和可用性，防止这些数据的非授权泄露、修改和破坏，并确保授权用户按其授权访问需要的数据。DM 数据控制对敏感信息部分尤为重要。

## 11.1　DM 数据库权限概述

DM 数据库通过控制权限防止数据的非法访问、修改和破坏，对用户的权限有着严格的规定；没有相应的权限，用户将无法完成相应的操作。

DM 数据库权限分配存储于系统表 DBA_SYS_PRIVS(GRANTEE, PRIVILEGE, ADMIN_OPTION)中，表中各列说明如下：

(1) GRANTEE：被授权用户。

(2) PRIVILEGE：权限名称。

(3) ADMIN_OPTION：是否可以转授，值为 YES 或 NO，YES 表示可以转授，NO 表示禁止转授。

用户可以通过查询该表获取某一用户或角色所具有的权限。

**【例 11-1】** 查询 DBA 角色的权限。

示例代码如下：

```
SELECT * FROM DBA_SYS_PRIVS WHERE GRANTEE = 'DBA'
```

查询结果如图 11-1 所示。

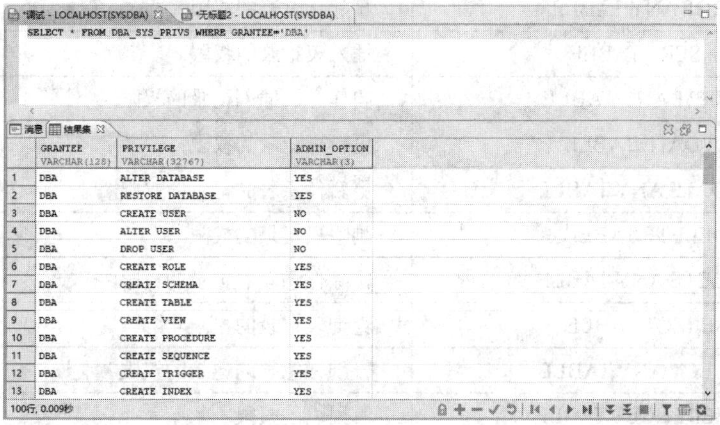

*调试 - LOCALHOST(SYSDBA)　*无标题2 - LOCALHOST(SYSDBA)

SELECT * FROM DBA_SYS_PRIVS WHERE GRANTEE='DBA'

消息　结果集

| | GRANTEE VARCHAR(128) | PRIVILEGE VARCHAR(32767) | ADMIN_OPTION VARCHAR(3) |
|---|---|---|---|
| 1 | DBA | ALTER DATABASE | YES |
| 2 | DBA | RESTORE DATABASE | YES |
| 3 | DBA | CREATE USER | NO |
| 4 | DBA | ALTER USER | NO |
| 5 | DBA | DROP USER | NO |
| 6 | DBA | CREATE ROLE | YES |
| 7 | DBA | CREATE SCHEMA | YES |
| 8 | DBA | CREATE TABLE | YES |
| 9 | DBA | CREATE VIEW | YES |
| 10 | DBA | CREATE PROCEDURE | YES |
| 11 | DBA | CREATE SEQUENCE | YES |
| 12 | DBA | CREATE TRIGGER | YES |
| 13 | DBA | CREATE INDEX | YES |

100行, 0.009秒

图 11-1　例 11-1 查询结果

### 11.1.1 DM 数据库权限分类

DM 数据库权限分为数据库权限和对象权限。

1. 数据库权限

数据库权限是与数据库安全有关的最重要的权限，这一类权限是针对数据库管理员的。数据库权限主要包括权限的分配、回收和查询等工作。DM 数据库提供了 100 多种数据库权限，数据库权限一般由 SYSDBA、SYSAUDITOR、SYSSSO 指定，若其他用户被授予权限分配的特权，则该用户就拥有了分配普通用户的权限。常用的数据库权限如表 11-1 所示。

表 11-1　常用的数据库权限

| 数据库权限名称 | 权 限 说 明 |
| --- | --- |
| CREATE TABLE | 在自己的模式中创建表的权限 |
| CREATE VIEW | 在自己的模式中创建视图的权限 |
| CREATE USER | 创建用户的权限 |
| CREATE TRIGGER | 在自己的模式中创建触发器的权限 |
| CREATE PROCEDURE | 在自己的模式中创建存储过程的权限 |
| ALTER USER | 修改用户的权限 |
| ALTER DATABASE | 修改数据库的权限 |

不同类型的数据库对象，其相关的数据库权限也不相同。

表对象常用的数据库权限如表 11-2 所示。

表 11-2　表对象常用的数据库权限

| 数据库权限名称 | 权 限 说 明 |
| --- | --- |
| CREATE TABLE | 创建表的权限 |
| CREATE ANY TABLE | 在任意模式下创建表的权限 |
| ALTER ANY TABLE | 修改任意表的权限 |
| DROP ANY TABLE | 删除任意表的权限 |
| INSERT TABLE | 插入表记录的权限 |
| INSERT ANY TABLE | 向任意表插入记录的权限 |
| UPDATE TABLE | 更新表记录的权限 |
| UPDATE ANY TABLE | 更新任意表的记录的权限 |
| DELETE TABLE | 删除表记录的权限 |
| DELETE ANY TABLE | 删除任意表的记录的权限 |
| SELECT TABLE | 查询表记录的权限 |
| SELECT ANY TABLE | 查询任意表的记录的权限 |
| REFERENCES TABLE | 引用表的权限 |
| REFERENCES ANY TABLE | 引用任意表的权限 |

续表

| 数据库权限名称 | 权 限 说 明 |
| --- | --- |
| DUMP TABLE | 导出表的权限 |
| DUMP ANY TABLE | 导出任意表的权限 |
| GRANT TABLE | 向其他用户进行表上权限授权的权限 |
| GRANT ANY TABLE | 向其他用户进行任意表上权限授权的权限 |

存储程序对象常用的数据库权限如表 11-3 所示。

表 11-3 存储程序对象常用的数据库权限

| 数据库权限名称 | 权 限 说 明 |
| --- | --- |
| CREATE PROCEDURE | 创建存储程序的权限 |
| CREATE ANY PROCEDURE | 在任意模式下创建存储程序的权限 |
| DROP PROCEDURE | 删除存储程序的权限 |
| DROP ANY PROCEDURE | 删除任意存储程序的权限 |
| EXECUTE PROCEDURE | 执行存储程序的权限 |
| EXECUTE ANY PROCEDURE | 执行任意存储程序的权限 |
| GRANT PROCEDURE | 向其他用户进行存储程序上权限授权的权限 |
| GRANT ANY PROCEDURE | 向其他用户进行任意存储程序上权限授权的权限 |

与数据库对象(如表、视图、用户、触发器等)相关的创建、修改和删除权限，其权限命令分别为 CREATE、ALTER、DROP；对于这些对象，用户都在自己的模式下进行操作，如果其他用户需要操作这些对象，需要具有相应的 ANY 权限(本书中示例多数为使用 SYSDBA 操作模式 SC_STU 下的数据库对象，SYSDBA 具有对应的 ANY 权限，即创建表具有的 CREATE ANY TABLE 权限，删除表具有的 DROP ANY TABLE 权限)，用户被授予转授权时，DM 数据库允许用户把所拥有的权限再授予其他用户。

### 2. 对象权限

对象权限是对数据库对象的访问权限，这类权限主要是针对普通用户的，常用对象权限如表 11-4 所示。

表 11-4 对 象 权 限

| 对象权限名称 | 权 限 说 明 |
| --- | --- |
| SELECT | 针对表、视图和序列的查询操作权限 |
| INSERT | 针对表、视图的数据插入操作权限 |
| DELETE | 针对表、视图的数据删除操作权限 |
| UPDATE | 针对表、视图的数据修改操作权限 |
| REFERENCES | 针对表的建立关联操作(外键约束)的权限 |
| DUMP | 针对表的转储权限 |
| EXECEUTE | 针对存储过程、存储函数、包、类、类型、目录的执行权限 |
| READ \| WRITE | 针对目录用户的读与写的权限 |
| USAGE | 针对某个域对象使用的权限 |

对象权限的授予一般由对象的所有者完成，也可由 SYSDBA 或具有某对象权限且具有转授权限的用户授予，但最好由对象的所有者完成。

### 11.1.2　访问控制

DM 数据库采用“三权分立”或“四权分立”的安全机制，将系统中所有的权限按照类型进行划分，为每个管理员分配相应的权限，管理员之间的权限相互制约又相互协助，从而使整个系统具有较高的安全性和较强的灵活性。

在创建 DM 数据库时可通过建库参数 PRIV_FLAG 设置使用“三权分立”或“四权分立”安全机制，此参数仅在 DM 安全版本下提供，即仅在 DM 安全版本提供“四权分立”安全机制，缺省是指采用“三权分立”安全机制。

使用“三权分立”安全机制时，将系统管理员分为数据库管理员、数据库安全员和数据库审计员三种类型。在安装过程中，DM 数据库会预设数据库管理员账号 SYSDBA、数据库安全员账号 SYSSSO 和数据库审计员账号 SYSAUDITOR，其缺省口令都与用户名一致。

使用“四权分立”安全机制时，将系统管理员分为数据库管理员、数据库对象操作员、数据库安全员和数据库审计员四种类型；在“三权分立”的基础上，新增加了数据库对象操作员账户 SYSDBO，其缺省口令为 SYSDBO。

#### 1. 数据库管理员(DBA)

每个数据库至少需要一个数据库管理员来管理，数据库管理员可能是多人组成的一个团队，也可能只有一个人。在不同的数据库系统中，数据库管理员的职责会有比较大的区别，总体而言，数据库管理员的职责主要如下：

(1) 评估数据库服务器所需的软、硬件运行环境。

(2) 安装和升级 DM 服务器。

(3) 设计数据库结构。

(4) 监控和优化数据库的性能。

(5) 计划和实施备份与故障恢复。

#### 2. 数据库安全员(SSO)

有些应用对于安全性有着很高的要求，传统的由 DBA 一人拥有所有权限并且承担所有职责的安全机制可能无法满足企业实际需要，此时数据库安全员和数据库审计员两类管理用户就显得异常重要，他们对于限制和监控数据库管理员的所有行为都起着至关重要的作用。数据库安全员的主要职责是制定并应用安全策略，强化系统安全机制。

数据库安全员 SYSSSO 是 DM 数据库初始化的时候就已经创建好的，可以以该用户登录到 DM 数据库来创建新的数据库安全员。SYSSSO 或者新的数据库安全员都可以制定自己的安全策略，在安全策略中定义安全级别、范围和组，然后基于定义的安全级别、范围和组来创建安全标记，并将安全标记分别应用到主体(用户)和客体(各种数据库对象，如表、索引等)，以便启用强制访问控制功能。

数据库安全员不能对用户数据进行增、删、改、查，也不能执行普通的 DDL 操作(如创建表、视图等)。他们只负责制定安全机制，将合适的安全标记应用到主体和客体；通过这种方式，可以有效地对 DBA 的权限进行限制，DBA 此后就不能直接访问添加有安全标记的数据了，除非安全员给 DBA 也设定了与之匹配的安全标记，DBA 的权限受到了有效的约束。数据库安全员也可以创建和删除新的安全用户，向这些用户授予和回收与安全相关的权限。

**3. 数据库审计员(AUDITOR)**

可以想象一下，某个企业内部的 DBA 非常熟悉公司内部 ERP 系统的数据库设计；该系统包括了员工工资表，里面记录了所有员工的工资，公司的出纳通过查询系统内部员工工资表来发放工资。传统的 DBA 集所有权限于一身，可以很容易地修改工资表，从而导致公司工资账务错乱。为了预防该问题，可以采用前面数据库安全员制定安全策略的方法，避免 DBA 或者其他数据库用户具有访问该表的权限。为了能够及时找到 DBA 或者其他用户的非法操作，DM 数据库还可以在系统建设初期，由数据库审计员(SYSAUDITOR 或者其他由 SYSAUDITOR 创建的审计员)来设置审计策略(包括审计对象和操作)；在需要时，数据库审计员可以查看审计记录，及时分析并查找出原因。

从上面的介绍中也可以看出，在 DM 数据库中，数据库审计员的主要职责是对系统管理员和安全保密管理员的日志进行审查分析。

**4. 数据库对象操作员(DBO)**

数据库对象操作员是“四权分立”新增加的一类用户，可以创建数据库对象，同时对自己拥有的数据库对象(表、视图、存储过程、序列、包、外部链接等)具有所有的对象权限，并可以授出与回收，但其无法管理与维护数据库对象。

# 11.2　角色管理

## 11.2.1　角色概述

**1. 角色简介**

角色是一组权限的组合，使用角色的目的是使权限管理更加方便。假设有 10 个用户，这些用户为了访问数据库，至少拥有 CREATE TABLE、CREATE VIEW 等权限。如果将这些权限分别授予这些用户，那么需要进行的授权次数是比较多的。但是如果把这些权限事先放在一起，然后作为一个整体授予这些用户，那么每个用户只需授权一次，授权的次数将大大减少，而且用户数越多，需要指定的权限越多，这种授权方式的优越性就越明显。这些事先组合在一起的一组权限就是角色；角色中的权限既可以是数据库权限，也可以是对象权限，还可以是别的角色。

为了使用角色，首先在数据库中创建一个角色，这时角色中没有任何权限。然后向角色中添加权限。最后将这个角色授予用户，这个用户就具有了角色中的所有权限。

在使用角色的过程中，可以随时向角色中添加权限，也可以随时从角色中删除权限，用户的权限也会随之改变。如果要收回所有权限，只需将角色从用户收回即可。

**2. 角色分类**

在 DM 数据库中有两类角色，一类是 DM 数据库预设定的角色，一类是用户自定义的角色。

DM 数据库提供了一系列的预定义角色以帮助用户进行数据库权限的管理。预定义角色在数据库被创建之后即存在，并且已经包含了一些权限，数据库管理员可以将这些角色直接授予用户。

在“三权分立”和“四权分立”机制下，DM 数据库的预定义角色及其所具有的权限是不相同的。表 11-5 列出了“三权分立”机制下常见的系统角色。

**表 11-5 “三权分立”机制下常见的系统角色**

| 角色名称 | 角色说明 |
|---|---|
| DBA | DM 数据库系统中对象与数据操作的最高权限集合，拥有构建数据库的全部特权，只有 DBA 才可以创建数据库结构 |
| RESOURCE | 可以创建数据库对象，对有权限的数据库对象进行数据操作，不可以创建数据库结构 |
| PUBLIC | 不可以创建数据库对象，只能对有权限的数据库对象进行数据操作 |
| VTI | 具有系统动态视图的查询权限，VTI 默认授权给 DBA 且可转授 |
| SOI | 具有系统表的查询权限 |
| DB_AUDIT_ADMIN | 数据库审计的最高权限集合，可以对数据库进行各种审计操作，并创建新的审计用户 |
| DB_AUDIT_OPER | 可以对数据库进行各种审计操作，但不能创建新的审计用户 |
| DB_AUDIT_PUBLIC | 不能进行审计设置，但可以查询审计相关字典表 |
| DB_AUDIT_VTI | 具有系统动态视图的查询权限，DB_AUDIT_VTI 默认授权给 DB_AUDIT_ADMIN 且可转授 |
| DB_AUDIT_SOI | 具有系统表的查询权限 |
| DB_POLICY_ADMIN | 数据库强制访问控制的最高权限集合，可以对数据库进行强制访问控制管理，并创建新的安全管理用户 |
| DB_POLICY_OPER | 可以对数据库进行强制访问控制管理，但不能创建新的安全管理用户 |
| DB_POLICY_PUBLIC | 不能进行强制访问控制管理，但可以查询强制访问控制相关字典表 |
| DB_POLICY_VTI | 具有系统动态视图的查询权限，DB_POLICY_VTI 默认授权给 DB_POLICY_ADMIN 且可转授 |
| DB_POLICY_SOI | 具有系统表的查询权限 |

相较于“三权分立”，“四权分立”多了如下角色权限：

(1) DB_OBJECT_ADMIN：可以在自己的模式下创建各种数据库对象并进行数据操作，也可以创建和删除非模式对象。

(2) DB_OBJECT_OPER：可以在自己的模式下创建数据库对象并进行数据操作。

(3) DB_OBJECT_PUBLIC：不可以创建数据库对象，只能对有权限的数据库对象进行数据操作。

(4) DB_OBJECT_VTI：具有系统动态视图的查询权限，DB_OBJECT_VTI 默认授权给 DB_OBJECT_ADMIN 且可转授。

(5) DB_OBJECT_SOI：具有系统表的查询权限。

### 11.2.2　创建角色

除了 DM 数据库给予的系统角色外，用户还可以自定义角色。

#### 1. 创建数据库角色

具有 CREATE ROLE 数据库权限的用户也可以创建新的角色。

创建数据库角色的语法格式如下：

```
CREATE ROLE 角色名
```

语法说明：

角色名的长度不能超过 128 个字符；角色名不允许和系统已存在的用户名重名；角色名不允许是 DM 数据库保留字。

**【例 11-2】** 创建一个名为 STU_R 的角色。

示例代码如下：

```
CREATE ROLE STU_R
```

#### 2. 删除角色

删除角色的语法格式如下：

```
DROP ROLE [IF EXISTS] 角色名
```

**【例 11-3】** 删除名为 STU_R 的角色。

示例代码如下：

```
CREATE ROLE STU_R
DROP ROLE IF EXISTS STU_R
```

#### 3. 将角色权限授予用户

授予用户角色权限的语法格式如下：

```
GRANT 角色名{, 角色名} TO 用户或角色{, 用户或角色}
[WITH ADMIN OPTION];
```

语法说明：

角色的授予者必须为拥有相应角色及其转授权的用户；接受者必须与授予者类型一致(譬如不能把审计角色授予标记角色)；支持角色的转授；不支持角色的循环转授，如将 BOOKSHOP_ROLE1 授予 BOOKSHOP_ROLE2，BOOKSHOP_ROLE2，不能再授予 BOOKSHOP_ROLE1。

**【例 11-4】** 将 STU_R 的角色授予 STU_DBA。

示例代码如下：

```
GRANT "STU_R" TO "STU_DBA"
```

#### 4. 回收用户角色

用户被授予某一角色后，便拥有了该角色的权限；当不希望用户拥有角色权限时，可以使用 REVOKE 语句收回该角色。

收回用户角色的语法格式如下：

```
REVOKE [ADMIN OPTION FOR] 角色名{, 角色名}
FROM 角色名 | 用户名;
```

语法说明：

权限收回者必须是具有收回相应角色以及转授权的用户；使用 GRANT OPTION FOR 选项的目的是收回用户或角色权限转授的权利，而不收回用户或角色的权限。

#### 5. 角色的启动与禁用

某些时候，用户不愿意删除一个角色，但是却希望这个角色失效，此时可以使用 DM 系统存储过程 SP_SET_ROLE 来设置这个角色为不可用；当希望启用某个被禁用的角色时，可以通过 DM 系统存储过程 SP_SET_ROLE 来实现。系统存储过程 SP_SET_ROLE 有两个参数，第一个参数为需启用或禁用的角色名称，第二个参数取值 0 或 1，0 表示禁用角色，1 表示启用角色。

当然也可以通过管理工具直接在角色名的右键快捷菜单中选择角色的启用与禁用。

**【例 11-5】** 将 STU_R 禁用。

示例代码如下：

```
SP_SET_ROLE('STU_R', 0)
```

## 11.3 权 限 管 理

权限管理是指设计和实现允许或禁止数据库用户操作或访问数据库及数据库对象的安全机制。这是数据库系统安全的具体体现，用户要进行数据库的各种活动，需要有对应的权限。

### 11.3.1 数据库权限管理

#### 1. 使用 DM 管理工具分配数据库权限

使用 DM 管理工具分配数据库权限的步骤如下：

(1) 在 DM 管理工具对象导航中找到要授权的角色或用户。

(2) 在角色或用户名上单击右键。

(3) 在弹出的快捷菜单中选修改命令。

(4) 在修改角色或修改用户对话框的左边选项卡中选择“系统权限”。

(5) 勾选设置角色权限或用户权限即可(角色权限如图 11-2 所示，用户权限如图 11-3 所示)。

图 11-2　角色权限

图 11-3　用户权限

### 2. 使用 DM SQL 分配数据库权限

使用 DM SQL 分配数据库权限的语法格式如下：

```
GRANT 数据库权限{, 数据库权限}
TO 用户名或角色名{, <用户名或角色名>}
[WITH ADMIN OPTION]
```

语法说明：

授权者必须具有对应的数据库权限以及其转授权；接受者必须与授权者用户类型一致；如果有 WITH ADMIN OPTION 选项，那么接受者可以再把这些权限转授给其他用户或角色。

**【例 11-6】** 授予角色 STU_R 的 CREATE TABLE、CREATE VIEW 权限，并允许其转授。

示例代码如下：

```
GRANT CREATE TABLE, CREATE VIEW
TO STU_R
WITH ADMIN OPTION
```

**【例 11-7】** 授予用户 STU_DBA 的 CREATE PROCEURE、CREATE TRIGGER 权限，并允许其转授。

示例代码如下：

```
GRANT CREATE PROCEDURE, CREATE TRIGGER
TO STU_DBA
WITH ADMIN OPTION
```

### 3. 数据库权限的收回

可以使用 REVOKE 语句收回授出的指定数据库权限。其语法格式如下：

```
REVOKE [ADMIN OPTION FOR]数据库权限{, 数据库权限}
FROM 用户名或角色名{,<用户名或角色名>}
```

语法说明：

权限收回者必须是具有收回相应数据库权限以及转授权的用户；ADMIN OPTION FOR 选项的意义是取消用户或角色的转授权限，但是权限不收回。

【例 11-8】 收回授予 STU_DBA 的 CREATE TRIGGER 权限及转让权限。

示例代码如下：

```
REVOKE ADMIN OPTION FOR CREATE TRIGGER
FROM STU_DBA
```

## 11.3.2 对象权限管理

### 1. 使用 DM 管理工具分配用户或角色对象权限

使用 DM 管理工具分配对象权限的步骤如下：

(1) 在 DM 管理工具中找到要授权的角色或用户。

(2) 在角色或用户名上单击右键。

(3) 在弹出的快捷菜单中选修改命令。

(4) 在修改角色或修改用户对话框的左边选项卡中选择“对象权限”。

(5) 勾选设置角色权限或用户对象权限即可(角色权限如图 11-4 所示，用户权限如图 11-5 所示)。

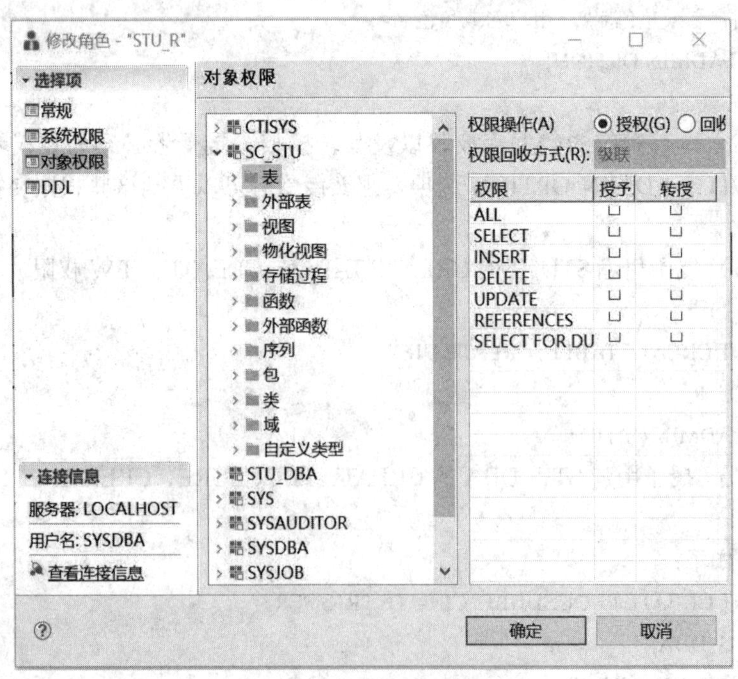


图 11-4　角色权限

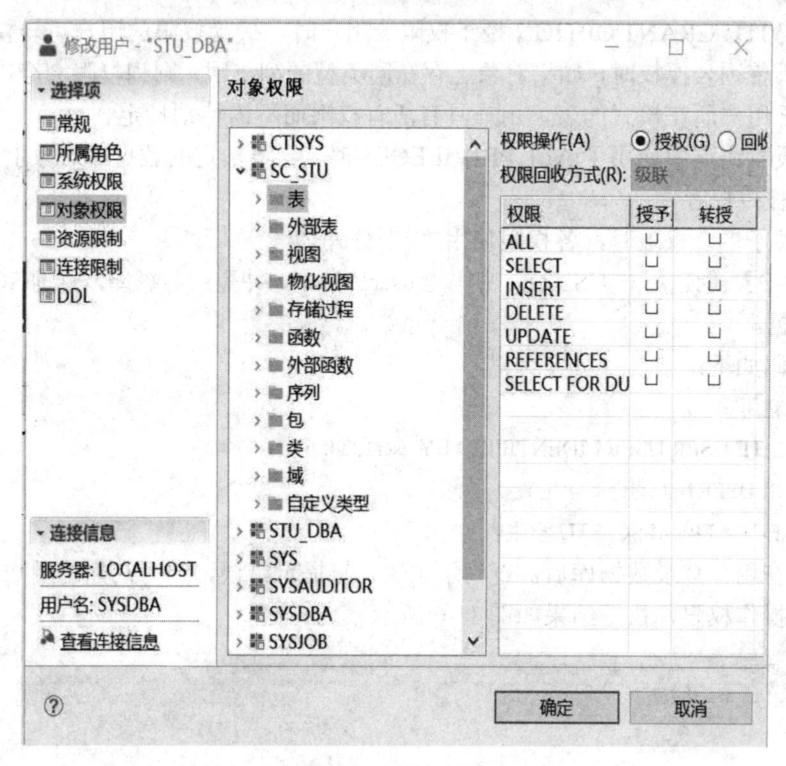


图 11-5　用户权限

### 2. 使用 DM SQL 授予对象权限

使用 GRANT 语句将对象权限授予用户和角色。其语法格式如下：

```
GRANT ALL [PRIVILEGES] | SELECT[(列名 1，列名 2，…)] |
INSERT[(列名 1，列名 2，…)] |
UPDATE[(列名 1，列名 2，…)] |
DELETE |
REFERENCES[(列名 1，列名 2，…)] |
EXECUTE | EAD | WRITE | USAGE
ON [TABLE | VIEW | PROCEDURE | PACKAGE |
CLASS | TYPE | SEQUENCE | DIRECTORY | DOMAIN]
[<模式名>.]表名 | 视图名 | 存储过程 | 函数名 |
包名 | 类名 | 类型名 | 序列名
TO 用户名或角色名{，用户名或角色名}
[WITH GRANT OPTION]
```

语法说明：

(1) 授权者必须是具有对应对象权限以及其转授权的用户。

(2) 如果未指定对象的模式名，则模式为授权者所在的模式，而 DIRECTORY 为非模式对象，即没有模式。

(3) 如果设定了对象类型，则该类型必须与对象的实际类型一致，否则会报错。

(4) 当 WITH GRANT OPTION 授予权限给用户时，接受权限的用户可转授此权限。

(5) 当不带列表授权时，如果对象上存在同类型的列权限，则列权限会全部自动合并。

(6) 对于用户所在模式的表，用户具有所有权限而不需特别指定。

(7) 当授权语句中使用了 ALL PRIVILEGES 时，会将指定的数据库对象上所有的对象权限都授予被授权者。

(8) 当授予多个权限时，各权限使用“，”分隔。

**【例 11-9】** 创建用户 USER1，密码为 user123456，并登录数据库，查询 SC_STU 模式下学生表数据。

示例代码如下：

```
--创建用户
CREATE USER USER1 IDENTIFIED BY user123456;
--使用 USER1 登录查询学生表
SELECT * FROM SC_STU.学生表
```

该例是在用户登录数据库后，查询学生表，将提示错误，因为创建的用户无对应的数据库表对象操作权限，执行结果如图 11-6 所示。

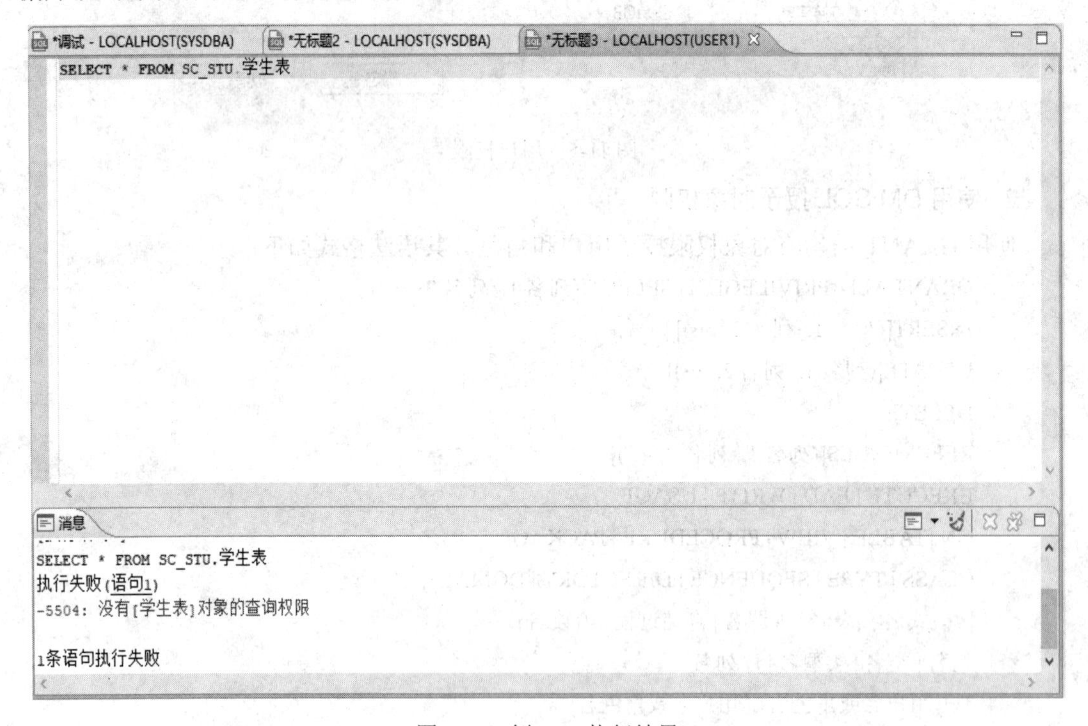


图 11-6　例 11-9 执行结果

**【例 11-10】** 使用 SYSDBA 给例 11-9 所创建的用户 USER1 授予对 SC_STU 模式下的学生表的所有权限。

示例代码如下：

```
GRANT ALL PRIVILEGES ON TABLE SC_STU.学生表
TO USER1 WITH GRANT OPTION
```

执行结果如图 11-7 所示。

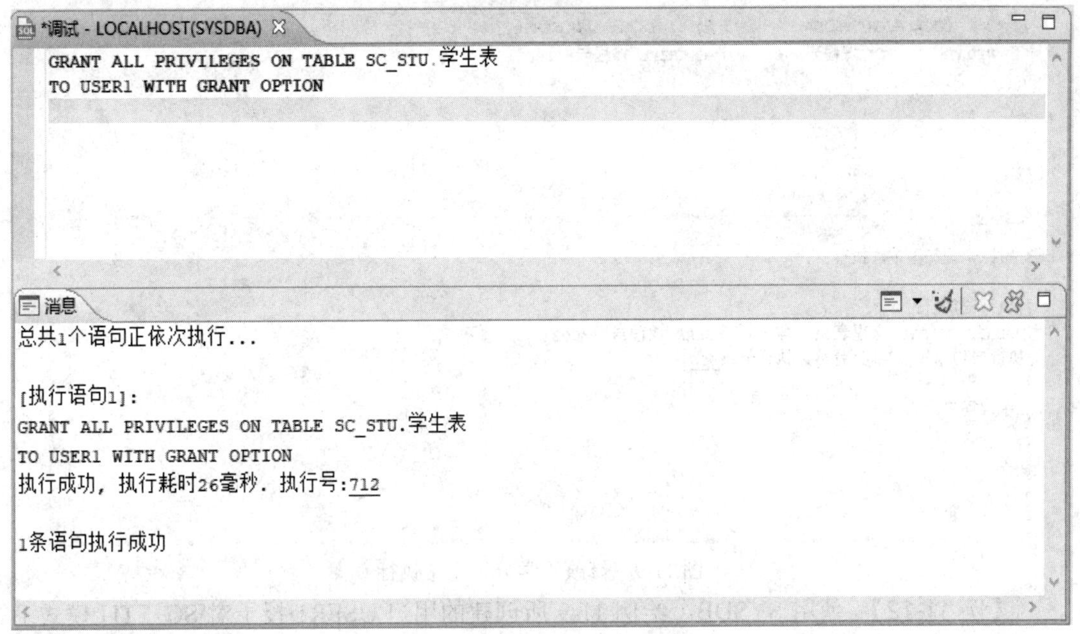


图 11-7　例 11-10 执行结果

**【例 11-11】** 使用 SYSDBA 给例 11-9 所创建的用户 USER1 授予对 SC_STU 模式下的课程表查询、修改学分的权限。

示例代码如下：

```
GRANT SELECT, UPDATE(学分) ON TABLE SC_STU.课程表
TO USER1 WITH GRANT OPTION
```

当授权后，对课程表的修改仅限学分列，若修改其他列，则会提示无权限；若修改学分列，则可正常执行，如图 11-8 和图 11-9 所示。

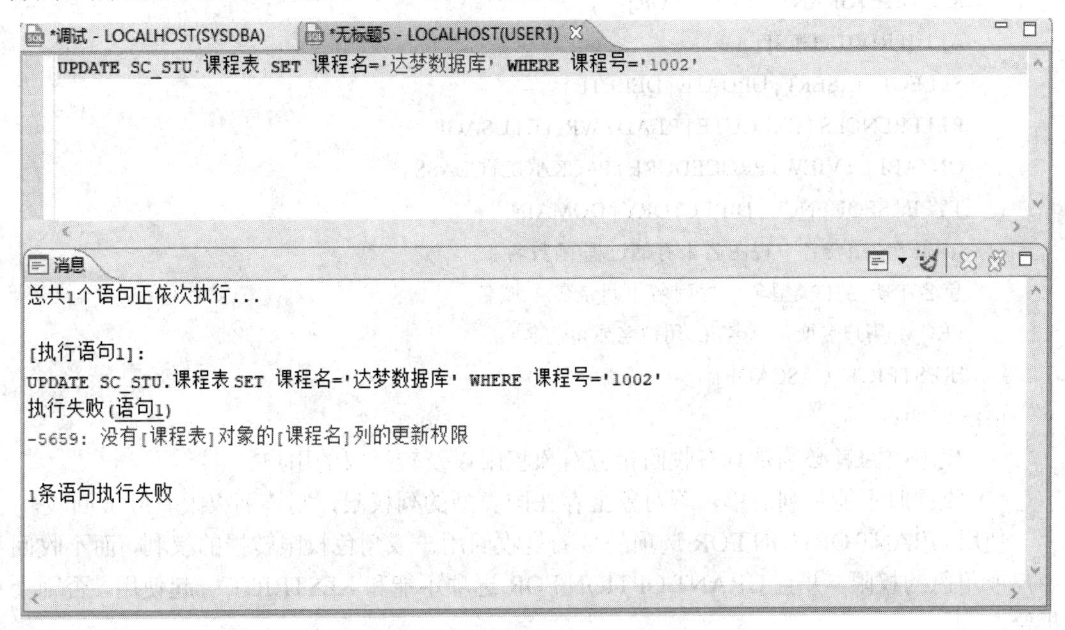


图 11-8　修改“课程名”不被允许

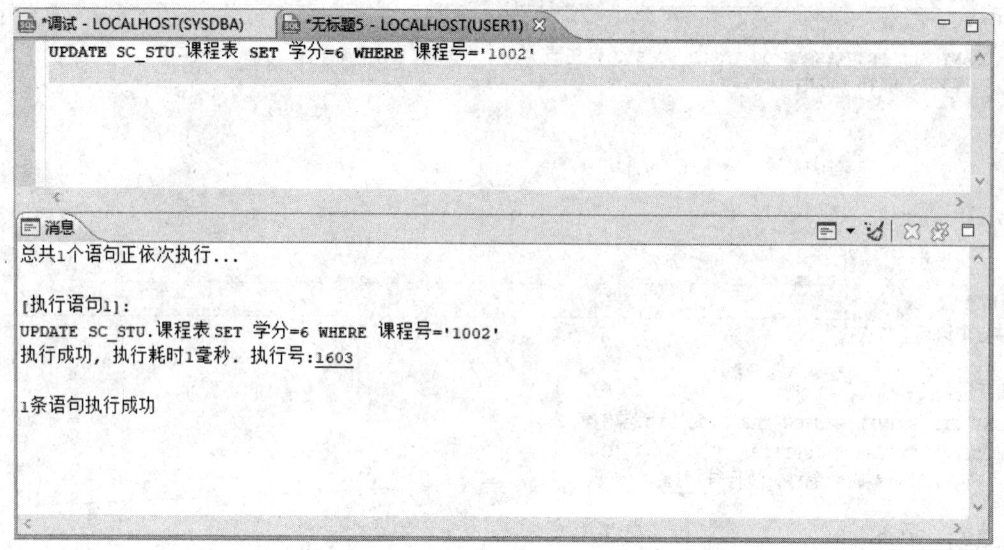


图 11-9　修改“学分”正常执行

**【例 11-12】** 使用 SYSDBA 给例 11-9 所创建的用户 USER1 授予对 SC_STU 模式下的选课表查询、修改成绩、删除数据的权限。

示例代码如下：

```
GRANT SELECT, UPDATE(成绩), DELETE ON TABLE SC_STU.选课表
TO USER1 WITH GRANT OPTION
```

### 3. 对象权限的收回

DM 对象权限可以使用 REVOKE 语句收回授出的指定数据库对象的指定权限。其语法格式如下：

```
REVOKE [GRANT OPTION FOR]
ALL [PRIVILEGES] |
SELECT | INSERT | UPDATE | DELETE |
REFERENCES | EXECUTE | READ | WRITE | USAGE
ONTABLE | VIEW | PROCEDURE | PACKAGE | CLASS |
TYPE | SEQUENCE | DIRECTORY | DOMAIN
[<模式名>.]表名 | 视图名 | 存储过程/函数名 |
包名 | 类名 | 类型名 | 序列名 | 目录名 | 域名
FROM 用户名或角色名 {, 用户名或角色名>}
[RESTRICT | CASCADE]
```

语法说明：

(1) 权限收回者必须是具有收回相应对象权限以及转授权的用户。

(2) 收回时不能带列清单，若对象上存在同类型的列权限，则该列权限一并被回收。

使用 GRANT OPTION FOR 选项的目的是收回用户或角色权限转授的权利，而不收回用户或角色的权限，并且 GRANT OPTION FOR 选项不能和 RESTRICT 一起使用，否则会报错。

(3) 在收回权限时，设定不同的收回选项，其意义不同。若不设定收回选项，则无法收回授予时带 WITH GRANT OPTION 的权限，但也不会检查要收回的权限是否存在限制；若设定为 RESTRICT，则无法收回授予时带 WITH GRANT OPTION 的权限，也无法收回存在限制的权限，如角色上的某权限被别的用户用于创建视图等；若设定为 CASCADE，则可收回授予时带或不带 WITH GRANT OPTION 的权限，带 WITH GRANT OPTION 还会引起级联收回。利用此选项时也不会检查权限是否存在限制。另外，利用此选项进行级联收回时，若被收回对象上存在另一条路径授予同样权限给该对象，则仅需收回当前权限(如用户 A 给用户 B 授权且允许其转授，B 将权限转授给 C。当 A 收回 B 的权限时必须加 CASCADE 收回选项)。

【例 11-13】 使用 SYSDBA 收回 USER1 对 SC_STU 模式下的学生表的所有权限。

示例代码如下：

```
REVOKE GRANT OPTION FOR ALL PRIVILEGES
ON SC_STU.学生表  FROM USER1 CASCADE
```

【例 11-14】使用 SYSDBA 收回 USER1 对 SC_STU 模式下的选课表删除数据、修改数据的权限。

示例代码如下：

```
REVOKE GRANT OPTION FOR DELETE, UPDATE
ON SC_STU.选课表  FROM USER1 CASCADE
```

## 本 章 小 结

使用数据库存储数据要能保障数据的安全，DM 数据控制能在一定范围内确保数据的安全，防止数据泄漏。本章的 DM 数据控制只是 DM 数据安全管理的部分内容，DM 数据安全管理还包括策略、审计、通信加密、存储加密、加密引擎、资源限制、客体重用等相关内容，受篇幅限制，本书不能一一介绍。为管理好数据库，确保数据库的安全，读者应不局限于本章数据控制内容，跳出书本，扩展知识(可在 DM 安装目录 dmdbms\doc 下阅读 DM 安全管理的 PDF 文档)，方能掌握 DM 数据库安全管理机制。

# 参 考 文 献

[1] 曾昭文, 龚建华. DM 数据库应用基础[M]. 北京：电子工业出版社，2016.
[2] 吴照林, 戴剑伟. DM 数据库 SQL 指南[M]. 北京：电子工业出版社，2016.
[3] 宋庆江, 张显强, 赵志东. SQL Server 数据库及其在油漆物证中的应用[M]. 北京：中国人民公安大学出版社，2019.